高等职业教育土木建筑类专业新形态教材
"十三五"江苏省高等学校重点教材
编号：2018-1-097

建筑节能技术

(第2版)

主　编　史晓燕　王　鹏
副主编　李松良　吕　艳　华常春　陈梅梅
参　编　宋志雄　康静劼　陈　婷　任　洁
　　　　张淑静　高　云　张　帅

北京理工大学出版社
BEIJING INSTITUTE OF TECHNOLOGY PRESS

内容提要

本书根据国家建筑节能和绿色建筑有关标准及规范,结合教育部高等教育的基本要求和注重实践能力、职业技能的培养目标,并结合建筑节能新技术和BIM技术应用进行编写,重点介绍了建筑节能和绿色建筑概念、建筑节能技术基础理论知识、既有居住建筑的节能改造方案、BIM技术在建筑节能中的应用,以及建筑节能知识在实际工程中的应用,以培养学生对建筑节能的意识和职业能力。全书共8章,主要内容包括建筑节能概述、建筑节能设计、建筑围护构件节能技术、建筑给水排水节能技术、建筑采暖系统节能技术、空调通风系统节能技术、建筑照明节能技术和建筑节能检测等。

本书可作为高等院校土木工程类相关专业的教材,也可作为土建类其他层次教育相关专业的教材及土建工程技术人员的参考书。

版权专有　侵权必究

图书在版编目(CIP)数据

建筑节能技术 / 史晓燕,王鹏主编. —2版. —北京:北京理工大学出版社,2020.8(2024.2重印)

ISBN 978-7-5682-8956-6

Ⅰ.①建… Ⅱ.①史… ②王… Ⅲ.①建筑热工-节能-高等学校-教材　Ⅳ.①TU111.4

中国版本图书馆CIP数据核字(2020)第159781号

责任编辑:封　雪	**文案编辑**:封　雪
责任校对:刘亚男	**责任印制**:边心超

出版发行 /	北京理工大学出版社有限责任公司
社　　址 /	北京市丰台区四合庄路6号
邮　　编 /	100070
电　　话 /	(010)68914026(教材售后服务热线)
	(010)68944437(课件资源服务热线)
网　　址 /	http://www.bitpress.com.cn
版 印 次 /	2024年2月第2版第5次印刷
印　　刷 /	北京紫瑞利印刷有限公司
开　　本 /	787 mm×1092 mm　1/16
印　　张 /	17
字　　数 /	466千字
定　　价 /	48.00元

图书出现印装质量问题,请拨打售后服务热线,负责调换

第 2 版前言

地球是人类共同的家园，也是人类共同的赖以繁衍生息的栖息地，构建绿色生态环境已成为21世纪世界各国的共同目标。节约资源和保护环境是我国的基本国策。

党的二十大报告指出，推动绿色发展，促进人与自然和谐共生，"我们要推进美丽中国建设，坚持山水林田湖草沙一体化保护和系统治理，统筹产业结构调整、污染治理、生态保护、应对气候变化，协同推进降碳、减污、扩绿、增长，推进生态优先、节约集约、绿色低碳发展"。积极稳妥推进碳达峰碳中和，"实现碳达峰碳中和是一场广泛而深刻的经济社会系统性变革。立足我国能源资源禀赋，坚持先立后破，有计划分步骤实施碳达峰行动"，"推动能源清洁低碳高效利用，推进工业、建筑、交通等领域清洁低碳转型"。实施和实现建筑节能，涉及广大从业人员，特别是设计、管理、施工等技术工作者对建筑节能的认知和责任意识。建筑节能涉及的知识面广，与人类生活、生产和可持续发展关联度极高，在普通高校土木工程类各专业开设建筑节能技术课程作为职业拓展课程，是推进建筑节能的一项重要举措。

近年来，《建筑节能技术》教材编写组致力于"节能减排技术普及公共服务平台"的建设与研究，结合新时代建筑业发展的要求、建筑节能新技术、建筑节能和绿色建筑新标准及新规范，对教材进行了修订。按照修编计划，本书第2版根据最新的规范、标准对原有章节内容进行了修编，新增了BIM技术在建筑节能中的应用及既有建筑节能改造技术的内容，可以作为高等院校土木工程类相关专业职业拓展课程教材和广大建筑业从业人员的参考书。

建筑节能涉及学科分支多，内容广泛，涵盖建筑学、施工技术、建筑材料、建筑设备、建筑物理、新能源技术应用及建筑节能的标准、规范等。作为高等院校土木工程类相关专业职业拓展课程教材，本书的特点如下：

（1）坚持以学生为中心、以职业能力与职业素养的培养为核心，重视实践技能的培养和应用能力的训练。校企紧密合作，编排教材内容。通过与江苏省扬建集团等建筑龙头企业的合作，将建筑节能典型项目引入课程实践教学环节；将建筑节能理念和技术、建筑节能职业准则等贯穿于教材开发、编写的全过程。

（2）针对土木工程类不同的专业方向，优化课程内容，对接职业岗位。对接施工员、质检员、造价员等职业岗位需求，既注重建筑节能基础知识、技术的系统阐述，又注重建筑节能施工技术及应用，各章均安排了技术应用的典型工程案例，以培养学生解决问题的能力，提升学生的综合应用能力。

（3）本书修编时强化教材设计，培养创新能力。注重内容结构的内在逻辑性和基础性，每章有"学习目标""本章导入""本章小结""典型工程案例""复习思考题"和"综合训练题"。通过综合性试验实训项目的设计，提高学生实际动手能力，培养学生综合思维能力，激发学生创新能力。利用BIM软件建立建筑模型、节能模型，对门窗、墙等围护结构进行节能设计、能耗分析，创新建筑节能设计手段，提升解决实际问题的能力。

（4）融合"互联网+"，拓展教材知识。本书结合高等院校学生的认知特点，对于较难的或工程实践性较强的知识点，设置了相应的二维码，采用文档、视频、仿真动画、图片等形式介绍工程知识或新技术；通过互联网技术将整个建筑节能分部相关施工工艺过程以更加直观化、形象化、生动化的方式展现给学生，教师可灵活运用翻转课堂、混合式教学等多种教学模式。

（5）为推进线上线下混合教学，本书在"超星学习通"平台配套开设了《建筑节能技术》在线开放课程，读者可通过扫描右侧的二维码或登陆以下网址进行学习：https://mooc1-1.chaoxing.com/course/200709292.html。

因本书第1版主编华常春教授已退休，在华常春教授的推荐下，本书第2版由扬州职业大学土木工程学院史晓燕、王鹏担任主编并主持修订，在此特别感谢华常春教授对修订工作的指导和支持。另外，本书由李松良、吕艳、华常春、陈梅梅担任副主编，宋志雄、康静劼、陈婷、任洁、张淑静、高云、张帅参与编写。其中第1章由华常春、史晓燕共同修编；第2章由康静劼、陈婷、史晓燕共同修编；第3章由史晓燕、任洁共同修编；第4章由李松良、王鹏共同修编；第5章由王鹏、李松良共同修编；第6章由吕艳、宋志雄、王鹏共同修编；第7章由张淑静、王鹏共同修编；第8章由史晓燕、高云、张帅共同修编。

本书在编写过程中引用了国家和相关部门制定的建筑节能规范、标准，参考了一些专家的书目、文章或资料，在此向相关作者表示衷心的感谢！借此机会特别感谢在本书构思、编写、审稿和出版过程中给予鼎力支持与指导的领导或专家——吴书安、吕凡任、王欣、束必清、杨鼎宜等，感谢积极支持编写工作（包括提供BIM建模、资料、制作图表、文字校对等工作）的闫志刚、刘月林、朱爱科、刘宁、樊乾豪、黄灿明、孔维星、田玲等同志，以及提供建筑节能检测案例的江苏扬建集团的华正检测有限公司。

在编写过程中，我们虽对本书的特色建设做了许多努力，但由于水平和能力有限，书中仍存在一些疏漏或不妥之处，敬请同行们使用时批评指正，以便再次修订时改进。

编　者

第1版前言

人类在不同历史时期对环境问题的认识程度是不同的，节能问题是近年来各国政府和公众最为关注的环境问题之一。我国"十二五"期间要实现节约能源6.7亿 t标准煤的目标，其中建筑节能占17.3%，建筑节能发展前景广阔，意义重大。

实施和实现建筑节能，涉及广大从业人员，特别是设计、管理、施工等技术工作者对建筑节能的认知和责任意识，建筑节能涉及的知识面广，与人类生活、生产和可持续发展关联度极大，在普通高校土建类各专业开设建筑节能技术作为职业拓展课程，是推进建筑节能的一项重要举措。

近年来，编者致力于"节能减排技术普及公共服务平台"的建设与研究，结合建筑业发展面临的要求和建筑节能的形势和任务，2010年编写了《建筑节能技术》宣传读本发放给相关单位，在此基础上组织编写成《建筑节能技术》自编教材在高等院校试用一年。现按照项目计划，在试用修订基础上将这本《建筑节能技术》出版并作为高等院校土建类各专业职业拓展课程教材。期待通过这门课程教学，学生能够掌握建筑节能技术基础知识，树立建筑节能意识，形成建筑节能理念，遵守建筑节能职业准则，正确认识建筑节能对缓解能源供需矛盾、节约资源、促进经济社会持续健康发展的作用和意义，继而通过将来的职业生涯应用、普及和推广建筑节能技术，为节能减排做出贡献。

建筑节能涉及的学科分支多，内容广泛，涵盖建筑学、施工技术、建筑材料、建筑设备、建筑物理、新能源技术应用及建筑节能的标准、规范等。作为高等院校土建类各专业职业拓展课程，本教材的特点如下：

（1）注重将建筑能耗的现状与能源消耗、资源节约、建设美丽中国的关系，建筑节能的意义和作用，建筑节能理念，建筑节能意识，建筑节能职业准则等贯穿于教材开发、编写的始终。

（2）针对土建类不同的专业方向，对课程的理念、思路、知识结构、能力构架、实践性环节设计、职业性、示范性、目标效果预期等进行详细研究，使教材的适用性大大增强。

（3）本教材编写时结合"主题鲜明，紧跟形势，技术规范，案例丰富"等特点，从建筑节能的相关概念到设计、建筑能效标志及制度推进，从建筑节能技术到设备选型及照明节能,从建筑节能检测技术到新的建筑节能规范标准等,系统阐述了建筑节能的相关知识,注重内容结构的内在逻辑性和基础性,力求使学生通过学习,获得适应社会发展进步要求的比较完整的建筑节能技术基础知识,进一步了解各类建筑经济活动对环境的影响以及与环境的相互制约和相互促进。

(4)突出职业性和实践性环节设计。教材每章有"学习目标""本章导入""本章小结""典型工程案例""复习思考题"和"综合训练题",注重理论联系实际,关注新知识、新技术及其应用;强调工程现场教学内容,如施工技术、节能材料特性及科学应用;强调实验实训设计教学内容,提高动手能力和解决实际问题能力;强调实体模型、图片、视频、仿真动画教学内容,帮助建立建筑模型,对门窗、墙等围护结构进行节能设计;强调校企合作教学内容,利用校企合作实验实训基地,由企业工程师指导实验,组织教师参与建筑节能研发(设计与施工),积累工程经验,提升实践性教育教学效果。

本书由华常春教授任主编,史晓燕、王鹏、李松良任副主编。本书在编写的过程中依据或引用了国家和相关部门制定的建筑节能规范、标准,参考了一些专家的书目、文章或资料,在此向相关作者表示衷心的感谢!借此机会要特别感谢在本书构思、编写、审稿和出版过程中给予鼎力支持与指导的领导或专家吴书安、吕凡任、王欣、陈梅梅等,感谢积极参与编写工作(包括提供资料、制作图表、文字校对等工作)的金耀华、任洁、吕艳、宋志雄等同事!

在本书的编写过程中,我们对教材的特色建设做了许多努力,但由于水平和能力有限,仍存在一些疏漏或不妥之处,敬请广大读者使用时批评指正,以便修订时改进。

编　者

目 录

第1章 建筑节能概述 1
1.1 国内外建筑能耗现状 1
1.1.1 我国建筑能耗现状 1
1.1.2 国外建筑能耗现状 3
1.2 建筑节能的含义、作用与意义 3
1.2.1 建筑节能的含义 3
1.2.2 建筑节能的作用与意义 3
1.3 我国建筑节能的目标与任务 4
1.3.1 我国建筑节能发展概况 4
1.3.2 我国建筑节能发展所面临的形势 5
1.3.3 "十三五"建筑节能的目标和任务 6

第2章 建筑节能设计 13
2.1 建筑节能设计概述 14
2.1.1 建筑节能设计的基本知识 14
2.1.2 建筑节能设计的有关规定 20
2.1.3 建筑节能设计的相关法规和标准 22
2.1.4 建筑节能设计审查 23
2.2 单体建筑的节能设计 24
2.2.1 建筑节能设计的四个基本原则 25
2.2.2 建筑与建筑热工节能设计 26
2.2.3 建筑主体结构的节能设计 28
2.2.4 建筑设备的节能设计 30
2.3 建筑能耗指标简介 34
2.3.1 建筑节能设计的六个关键术语 34
2.3.2 其他建筑节能术语 36
2.3.3 绿色建筑相关术语 38
2.4 《建筑能效标识技术标准》简介 39
2.4.1 我国推行建筑能效标识的必要性 39
2.4.2 《建筑能效标识技术标准》的主要内容 39
2.5 BIM技术在建筑节能中的应用 42
2.5.1 BIM技术及软件简介 42
2.5.2 BIM技术在建筑节能设计中的应用 49
2.6 既有建筑节能改造设计 57
2.6.1 既有建筑节能改造发展现状 57
2.6.2 既有建筑节能改造设计前的节能诊断 58
2.6.3 既有居住建筑节能改造方案 61

第3章　建筑围护构件节能技术··········69
3.1　墙体的节能设计与施工技术··········69
3.1.1　墙体的节能设计与构造··········70
3.1.2　墙体的材料选择··········71
3.1.3　外墙外保温的质量验收··········73
3.1.4　玻璃幕墙的节能设计与施工··········78
3.2　门窗的节能设计与施工技术··········85
3.2.1　门窗的节能设计与构造做法··········85
3.2.2　门窗的材料选择··········86
3.2.3　节能门窗的质量验收··········89
3.3　屋面的节能设计与施工技术··········91
3.3.1　屋面的节能设计与构造··········91
3.3.2　屋面保温材料的选择··········91
3.3.3　屋面节能工程的质量验收··········94
3.3.4　太阳能屋面的设计与施工··········96
3.4　楼地面的节能设计与施工技术··········98
3.4.1　楼地面的节能设计与构造··········98
3.4.2　楼地面保温层的材料选择··········103
3.4.3　楼地面保温工程的施工与质量验收··········103

第4章　建筑给水排水节能技术··········114
4.1　建筑给水排水系统节能途径与设计··········114
4.1.1　建筑给水系统节能设计··········114
4.1.2　建筑热水系统节能设计··········116
4.1.3　建筑污水系统节能设计··········120
4.1.4　建筑中水系统节能设计··········120
4.1.5　建筑雨水系统节能设计··········123
4.2　建筑给水排水系统设备的选择··········124
4.2.1　建筑给水系统设备的选择··········124
4.2.2　建筑热水供应设备的选择··········125
4.2.3　建筑污水系统设备的选择··········126
4.2.4　建筑中水系统设备的选择··········126
4.2.5　建筑雨水系统设备的选择··········126
4.3　给水排水系统的运行维护··········127
4.3.1　给水系统的运行维护··········127
4.3.2　排水系统的运行维护··········127
4.3.3　水泵的运行维护··········127

第5章　建筑采暖系统节能技术··········136
5.1　建筑采暖节能设计与途径··········136
5.1.1　居住建筑采暖系统的节能设计··········136
5.1.2　公共建筑采暖系统的节能设计··········140
5.1.3　采暖节能新途径及采暖方式··········143
5.2　建筑采暖设备选型··········151
5.3　建筑采暖设备质量验收··········152
5.3.1　一般规定··········152
5.3.2　主控项目··········152
5.3.3　一般项目··········154
5.4　建筑采暖系统的运行维护··········154

第6章　空调通风系统节能技术··········159
6.1　空调系统的节能途径··········159
6.2　变流量技术··········161
6.2.1　变风量（VAV）空调系统··········161

6.2.2 变制冷剂流量（VRV）空调系统 ……………………………… 162
6.2.3 变水量（VWV）空调系统 …… 164

6.3 蓄能（冷）空调技术 …………… 165
6.3.1 空调蓄冷技术的概念、分类与特点 …………………………… 166
6.3.2 全负荷蓄冷与部分负荷蓄冷 …… 167
6.3.3 冰蓄冷空调系统的运行模式 …… 168
6.3.4 蓄冷设备 ………………………… 170

6.4 建筑热电冷三联供技术 …………… 171
6.4.1 概述 ……………………………… 171
6.4.2 热电冷联供的驱动装置 ………… 171
6.4.3 热电冷联供常用设备及系统形式 … 173
6.4.4 热电冷联供的应用现状及发展趋势 ……………………………… 174

6.5 热回收技术 ………………………… 175
6.5.1 转轮（回转）式热回收 ………… 176
6.5.2 板翅式热回收 …………………… 177
6.5.3 热管式热回收 …………………… 177
6.5.4 盘管式热回收 …………………… 178

6.6 中央空调系统节能控制 …………… 178
6.6.1 冷热源节能控制 ………………… 179
6.6.2 冷热源的部分负荷性能及台数配置 ……………………… 179
6.6.3 水系统节能控制 ………………… 180
6.6.4 风系统节能控制 ………………… 181
6.6.5 中央空调系统节能新技术 ……… 181

6.7 高大空间建筑物空调节能技术 …… 182
6.7.1 概述 ……………………………… 182
6.7.2 分层空调区冷负荷的组成 ……… 183
6.7.3 分层空调气流组织形式 ………… 184

6.8 通风系统的节能 …………………… 184
6.8.1 自然通风 ………………………… 184
6.8.2 机械通风 ………………………… 188

6.9 制冷系统设备选型与安装 ………… 188
6.9.1 冷、热源系统设计选型的原则 … 188
6.9.2 主要设备选型 …………………… 190
6.9.3 辅助设备选型 …………………… 194

6.10 通风与空调节能工程的质量验收 ………………………… 199
6.10.1 一般规定 ……………………… 199
6.10.2 主控项目 ……………………… 199
6.10.3 一般项目 ……………………… 202

6.11 制冷系统的运行与维护 ………… 202
6.11.1 空调设备的节能维护保养 …… 202
6.11.2 空调系统的节能维护保养 …… 204

第7章 建筑照明节能技术 ………… 211
7.1 建筑采光的节能设计 …………… 211
7.1.1 合理优先利用自然光 ………… 212
7.1.2 自然采光节能设计 …………… 213
7.1.3 自然采光新技术 ……………… 217

7.2 电气照明节能设计 ……………… 220
7.2.1 电气照明节能设计的原则 …… 221
7.2.2 电气照明节能的照度标准 …… 221
7.2.3 电气照明节能的主要技术措施 … 223

  7.2.4 典型公共建筑照明节能设计应用……227

7.3 建筑照明系统质量验收……227
  7.3.1 一般规定……227
  7.3.2 主控项目……228
  7.3.3 一般项目……229

第8章 建筑节能检测……236

8.1 建筑节能检测概述……236
  8.1.1 建筑节能检测的目的和意义……236
  8.1.2 建筑节能检测的发展及现状……237
  8.1.3 建筑节能检测基本知识……238

8.2 建筑节能检测内容……241
  8.2.1 保温材料性能检测……241
  8.2.2 围护结构性能检测……242
  8.2.3 建筑设备系统性能检测……243
  8.2.4 节能工程现场检测……245

8.3 建筑节能检测方法和技术……245
  8.3.1 建筑节能检测方法和技术的标准、规范……245
  8.3.2 建筑节能材料检测技术和方法……245
  8.3.3 建筑围护结构节能检测方法和技术……247
  8.3.4 采暖系统热工性能检测……256

参考文献……262

第1章　建筑节能概述

学习目标

1. 了解国内外建筑能耗现状及发展概况，了解我国建筑节能发展所面临的形势，了解我国建筑节能的目标与任务。
2. 掌握建筑节能的含义、作用和意义。

本章导入

随着生产力的快速发展，世界各国能源消耗量越来越大，与此同时，全球能源供应却日益紧张，生产力发展与能源短缺的矛盾日益加剧，使得能源节约及综合利用问题越来越受到世界各国的普遍关注。

我国是一个能源消耗大国，一方面人均资源和能源相对贫乏（不到世界人均水平的一半），每年要从国外进口大量的石油和天然气等；另一方面我国能源利用率低，大约为30%（日本的能源利用率可达到57%）。我国是一个建筑大国，建筑能耗占社会总能耗近30%，建筑能耗已经成为仅次于工业能耗的第二大能源消耗，每年新增建筑面积达18亿～20亿m^2，相当于全世界其他国家建筑面积的总和，而单位建筑面积能耗相当于发达国家的2～3倍。随着我国城市化进程的加速发展，建筑能耗所占的比重必将逐年攀升。建筑节能潜力很大、任务艰巨。建筑节能不仅可以缓解能源供需矛盾，还能促进建筑业和国民经济可持续发展。这就要求了解建筑能耗现状，了解建筑节能与建筑能耗之间的关系，认识建筑节能的重要性和必要性，建立起建筑节能的理念和责任意识，明确我国建筑节能的目标要求和任务，为实现节能减排作出努力和贡献。

1.1　国内外建筑能耗现状

建筑能耗有广义和狭义之分。广义的建筑能耗是指从建筑材料制造、建筑施工、建筑使用直至建筑报废全过程的总能耗。其包括建筑材料生产用能、建筑材料运输用能、房屋建造和维修过程中的用能，以及建筑使用过程中的建筑运行能耗。我国目前处于城市建设高峰期，城市规模的不断扩大促使建材业、建造业飞速发展，由此造成的能源消耗已占到我国总能耗的约30%。然而，这部分能耗完全取决于建造业的发展，与建筑运行能耗属完全不同的两个范畴。狭义的建筑能耗是指建筑运行能耗，即维持建筑功能所消耗的能量。其包括建筑采暖、通风、空调、照明、热水供应、烹调、家用电器、办公设备、电梯等各类建筑内使用电器的能耗，其将一直伴随建筑物的使用过程而发生。在建筑的全生命周期中，建筑材料和建造过程所消耗的能源一般只占建筑总能耗的20%左右，大部分能耗发生在建筑物的运行过程中。因此，降低建筑运行能耗是建筑节能工作中的关键点。在我国，建筑能耗的含义已与发达国家相一致，就是指建筑运行能耗。

1.1.1　我国建筑能耗现状

我国是一个发展中大国，又是一个建筑大国，每年新建建筑面积为18亿～20亿m^2，相当于世界其他国家建筑面积的总和。随着全面建成小康社会的逐步推进，建筑业也在迅猛发展，建筑总能耗将迅速增长。

1. 我国建筑能耗特点

（1）南方地区和北方地区[①]能耗差异大。我国处于北半球的中低纬度，地域广阔，南北跨越严寒、寒冷、夏热冬冷、温和及夏热冬暖等多个气候带。夏季最热月大部分地区室外平均温度超过 26 ℃，需要空调；冬季气候地区差异很大，夏热冬暖地区的冬季平均气温高于 10 ℃，而严寒地区冬季室内外温差可高达 50 ℃，全年 5 个月需要采暖；我国北方地区的城镇约为 70% 的建筑面积冬季采用了集中采暖方式，而南方大部分地区冬季无采暖措施，或只是使用空调器、小型锅炉等分散采暖方式。

（2）城乡住宅能耗差异大。我国城乡住宅使用的能源种类不同，城市以煤、电、燃气为主，而农村除部分煤、电等商品能源外，在许多地区，秸秆、薪柴等生物质能仍为农民使用的主要能源；另外，我国目前城乡居民年平均消费性支出差异较大，城乡居民各类电器保有量和使用时间差异较大，这也是城乡住宅能耗差异大的原因。

（3）不同规模的公共建筑（除采暖外）单位建筑面积能耗差异大。当单栋面积超过 2 万 m^2，采用中央空调时，其单位建筑面积能耗是小规模不采用中央空调的公共建筑能耗的 3～8 倍，并且其用能特点也与小规模公共建筑不同。因此，可将公共建筑分为大型公共建筑与一般公共建筑两类。

2. 我国民用建筑能耗分类

（1）北方城镇建筑供暖能耗，包括供暖热源、循环水泵和辅助设备所消耗的能源。黄河流域以北地区，包括黑龙江、吉林、辽宁、内蒙古、新疆、青海、甘肃、宁夏、山西、北京、天津、河北的全部城镇及陕西北部、山东北部、河南北部的部分城镇，这些地区采暖能耗与建筑物的保温水平、供热系统状况和采暖方式有关。

（2）公共建筑能耗，包括公共建筑内空调、通风、照明、生活热水、电梯、办公设备等使用的所有能耗，但不包括北方城镇建筑供暖能耗。

（3）城镇居住建筑能耗，为城镇居住建筑使用过程中消耗的从外部输入的能源量。城镇居住建筑能耗包括每户内使用的能源和公摊部分使用的能源，但不包括北方城镇建筑供暖能耗。

（4）农村居住建筑能耗，为农村居住建筑使用过程中消耗的从外部输入的能源量。农村居住建筑能耗包括炊事、照明、家电等用能。目前，在农村还存在燃烧秸秆、薪柴等非商品能源现象，因此，该类建筑能耗因地域和经济发展水平不同而有很大差异。

截至 2017 年，我国建筑总面积约为 732 亿 m^2，2017 年我国建筑总运行能耗约为 9.63 亿 tce[②]（未计生物质能），占社会总能耗的 20% 左右。2017 年我国各类建筑能源消耗情况见表 1-1。

表 1-1 2017 年我国建筑总运行能耗情况

民用建筑能耗分类	总面积	每平方米商品能能耗	每平方米生物质能能耗	商品能	生物质能	总运行能耗
	亿 m^2	kgce[③]/m^2	kgce/m^2	亿 tce	亿 tce	亿 tce
北方城镇采暖	140	14.4	—	2.01	—	2.01
城镇住宅（除北方采暖）	238	9.5	—	2.26	—	2.26
公共建筑（除北方采暖）	123	23.9	—	2.93	—	2.93
农村建筑	231	10.5	3.9	2.43	(0.9)	3.33
总和	732	58.3	3.9	9.63	0.9	10.53

---

① 本书中的"北方地区"是指采取集中供热方式的省、自治区和直辖市，包括北京、天津、河北、山西、内蒙古、辽宁、吉林、黑龙江、山东、河南、陕西、甘肃、青海、宁夏、新疆。

② tce 是吨标准煤当量，能量消耗一般折算成标准煤耗，用此单位。

③ kgce 是千克标准煤当量。

从表 1-1 中可以看出，我国各类建筑能耗按占建筑总能耗的比例分别为：北方城镇采暖能耗约为 21.9%；城镇住宅（除北方采暖）能耗约为 23.5%；公共建筑（除北方采暖）能耗约为 30.4%；农村建筑能耗约为 25.2%。

3. 我国建筑能耗的变化趋势

目前，随着我国经济发展水平的提高和建筑节能技术、绿色建筑的不断发展，各类建筑能耗的变化趋势如下：

(1) 北方城镇建筑采暖和城镇住宅（除北方采暖）能耗高、比例大，是建筑节能的重点。
(2) 公共建筑的单位建筑面积能耗较高，建筑节能潜力大。
(3) 农村建筑使用的能源有所改变，除生物质能利用外，商品能源比重不断增长。
(4) 我国住宅与发达国家相比，能耗有明显的增长趋势。

1.1.2 国外建筑能耗现状

国外发达国家住宅能耗占全国能耗的比例相当高，且由于国情的不同，各国住宅能耗也有很大差别。与我国相比，发达国家城市及乡村建筑普遍安装采暖设备，所用能源主要是煤气、燃油或燃气，其采暖室温一般为 20 ℃～22 ℃。在相近的气候条件下，发达国家一年内采暖时间较长，同时常年供应家用热水。特别是寒冷期较长的一些国家和地区，如丹麦、瑞典、俄罗斯、加拿大等国，其采暖及供热水能耗均占住宅能耗的较大部分。

发达国家既有建筑比每年的新建建筑多得多，其大力推进既有建筑的节能改造工作，使得建筑节能工作取得了突出成就。例如，北欧、中欧国家在 1980 年前就已形成按节能要求改造旧房的高潮，到 20 世纪 80 年代中期已基本完成；西欧、北美国家的既有建筑也已逐步开展节能改造。因此，有些国家尽管建筑面积逐年增加，但整个国家建筑采暖能耗却在大幅度下降，如丹麦 1992 年比 1972 年的采暖建筑面积增加了 39%，但同时采暖总能耗却减少了 31.1%，采暖能耗占全国总能耗的比例也由 39% 下降为 27%，平均每平方米建筑面积采暖能耗减少了 50%。

1.2 建筑节能的含义、作用与意义

1.2.1 建筑节能的含义

建筑节能是指在建筑材料生产、建筑施工及建筑使用过程中，合理有效地利用能源，以便在满足同等需要或达到相同目的的条件下，尽可能降低能耗，以达到提高建筑舒适性和节约能源的目标。从 1973 年世界发生能源危机以来，建筑节能含义的发展可分为三个阶段：第一阶段为"在建筑中节约能源"(energy saving in buildings)，即尽量减少能源的使用量；第二阶段为"在建筑中保持能源"(energy conservation in buildings)，即尽量减少能源在建筑物中的损失；第三阶段为"在建筑中提高能源利用率"(energy efficiency improving in buildings)。我国现阶段所称的建筑节能，其含义已上升到上述的第三阶段，即在建筑中合理地使用能源及有效地利用能源，不断地提高能源的利用效率。

1.2.2 建筑节能的作用与意义

1. 建筑节能是贯彻可持续发展战略、实现国家节能规划目标的重要措施

我国是一个发展中国家，人口众多，人均能源资源相对匮乏。人均耕地只有世界人均耕地的 1/3，水资源只有世界人均占有量的 1/4，已探明的煤炭储量只占世界储量的 11%，原油占

2.4%。物耗水平较发达国家，钢材高出 10%～25%，每立方米混凝土多用水泥 80 kg，污水回用率仅为 25%。目前，我国建筑用能浪费极其严重，建筑能耗增长的速度远远超过能源生产增长的速度，大规模的旧房节能改造将耗费更多的人力、物力。

能源是制约经济可持续发展的重要因素，近年来我国 GDP 的增长都在 8% 左右，但能源的增长幅度只有 3%～4%。21 世纪前 20 年是我国经济社会发展的战略机遇期，在此期间经济增长和城镇化进程的加速对能源供应形成了很大的压力，能源发展滞后于经济发展。所以，必须依靠节能技术的大范围使用来保障国民经济持续、快速、健康发展，推行建筑节能势在必行、迫在眉睫。

2. 建筑节能可成为新的经济增长点

建筑节能需要投入一定量的资金，投入少而产出多。实践证明，只要因地制宜选择合适的节能技术，使建筑每平方米造价提高幅度在建筑成本的 5%～7% 内，即可达到 50% 的节能目标。建筑节能的投资回报期一般为 5 年左右，与建筑物的使用寿命周期 50～100 年相比，其经济效益是非常明显的。节能建筑在一次投资后，可以在短期内回收，且可以在其寿命周期内长期受益。新建建筑和既有建筑的节能改造，将形成具有投资效益和环境效益双赢的新的经济增长点。

3. 建筑节能可减少温室效应，改善大气环境

我国煤炭和水力资源比较丰富，石油依赖进口。煤在燃烧过程中会产生大量二氧化碳、二氧化硫、氮化物等污染物。二氧化碳会造成地球大气外层的"温室效应"，二氧化硫、氮化物等污染物是造成呼吸道疾病的根源之一，严重危害人类的生存环境。在我国以煤为主的能源结构下，建筑节能可减少能源消耗，减少向大气排放的污染物，减少温室效应，改善大气环境。因此，从这一角度讲，建筑节能即保护环境，浪费能源即污染环境。

4. 建筑节能可缓解能源紧张的局面，改善室内热环境

随着人民生活水平的不断提高，人们对建筑热环境的舒适性要求也越来越高。适宜的室内热环境已成为人们的生活需要，是确保其身体健康和提高劳动生产率的重要措施之一，是现代生活的基本标志。由于地理位置的特点，我国大部分地区冬冷夏热，与世界同纬度地区相比，一月份平均气温东北地区低 14 ℃～18 ℃，黄河中下游地区低 10 ℃～14 ℃，长江以南地区低 8 ℃～10 ℃，东南沿海地区低 5 ℃左右；而夏季七月平均气温，绝大部分地区却要高出世界同纬度地区 1.3 ℃～2.5 ℃。人们迫切需要宜人的室内热环境，冬季采暖，夏季空调制冷，而这些都需要能源的支持。我国能源供应十分紧张的局面，使利用节能技术来改善室内热环境已成为必然之路。

1.3 我国建筑节能的目标与任务

1.3.1 我国建筑节能发展概况

我国建筑节能工作起步较晚，是从 20 世纪 80 年代初期颁布北方采暖地区居住建筑节能设计标准开始的，在战略上采取了"先易后难、先城市后农村、先新建后改造、先住宅后公建，从北向南稳步推进"的原则，经过近 30 多年的努力，使建设节能工作取得了初步成效。我国建筑节能工作主要包括以下几个方面：

1. 已建立起以节能 50%、65%、75% 为目标多样化的建筑节能设计标准体系

该标准系列主要有《严寒和寒冷地区居住建筑节能设计标准》(JGJ 26—2018)、《民用建筑热工设计规范》(GB 50176—2016)、《夏热冬冷地区居住建筑节能设计标准》(JGJ 134—2010)、《夏热冬暖地区居住建筑节能设计标准》(JGJ 75—2012)、《公共建筑节能设计标准》(GB 50189—2015)、《既有居住建筑节能改造技术规程》(JGJ/T 129—2012)。

2. 制定了一系列有关建筑节能的政策法规

这些年来，国务院、有关部委及地方主管部门先后颁布了一系列有关建筑节能的政策法规，这些文件的贯彻执行有力地推动了建筑节能在我国的发展。主要有：1991年4月的中华人民共和国第82号总理令，对于达到民用建筑设计标准要求的北方节能住宅，其固定资产投资方向调节税税率为零的政策；2005年11月10日发布的中华人民共和国建设部令第143号《民用建筑节能管理规定》；原建设部建科〔2005〕78号文件《建设部关于发展节能省地型住宅和公共建筑的指导意见》。

3. 取得了一批具有实用价值的科技成果

具有实用价值的科技成果主要包括墙体、门窗、屋面等围护结构的保温隔热技术，太阳能利用技术，空气源热泵技术，地源热泵技术（土壤源地源热泵技术、地下水地源热泵技术、地表水地源热泵技术），风能利用技术等可再生能源利用技术。

4. 开展建筑节能试点示范工程

多年来，建设部及地方建设主管部门先后在全国分区域启动了一批建筑节能试点示范工程，研究及选择适用于本地区的建筑节能技术，为建筑节能在全国范围内的大面积开展奠定了基础。主要有：1985—1988年的中国－瑞典建筑节能合作项目；1991—1996年的中国－英国建筑节能合作项目；1996—2001年的中国－加拿大建筑节能合作项目；1999年至今的中国－美国能源基金会建筑节能标准研究项目；2000年至今的中国－世界银行建筑节能与供热改革项目；2001年至今的中国－联合国基金会太阳能建筑应用项目等。这些项目的实施，引入了国外先进的技术和管理经验，对我国建筑节能起到了促进作用，有效地实现了节能减排。

1.3.2 我国建筑节能发展所面临的形势

(1)城镇化快速发展为建筑节能工作提出了更高要求。我国正处在城镇化的快速发展时期，城镇化快速发展使新建建筑规模持续大幅增加。"十二五"时期，我国建筑节能和绿色建筑事业取得重大进展，建筑节能标准不断提高，绿色建筑呈现跨越式发展态势，既有居住建筑节能改造在严寒及寒冷地区全面展开，公共建筑节能监管力度进一步加强，节能改造在重点城市及学校、医院等领域稳步推进，可再生能源建筑应用规模进一步扩大，圆满完成了国务院确定的各项工作目标和任务。

绿色城市建设

全国城镇新建民用建筑节能设计标准全部修订完成并颁布实施，节能性能进一步得到提高。城镇新建建筑执行节能强制性标准比例基本达到100%，累计增加节能建筑面积70亿 m^2，节能建筑占城镇民用建筑面积比重超过40%，同时，引导农村建筑按节能建筑标准设计和建造。北京、天津、河北、山东、新疆等地开始在城镇新建居住建筑中实施节能75%强制性标准。城镇化快速发展直接带来对能源、资源的更多需求，迫切要求提高建筑能源利用效率，在保证合理舒适度的前提下，降低建筑能耗，这将直接表现为对既有居住建筑节能改造、可再生能源建筑应用、绿色建筑和绿色生态城(区)建设的需求急剧增长。

(2)人民对生活质量需求不断提高使得对建筑服务品质提出更高要求。城镇节能建筑仅占既有建筑面积的23%，建筑节能强制性标准水平低，目前正在推行的"三步"建筑节能标准，也只相当于德国20世纪90年代初的水平，能耗指标则是德国的两倍。北方老旧建筑的热舒适度普遍偏低，北方采暖城镇集中供热普及率仍不到50%。夏热冬冷地区建筑的夏季能耗高、冬季室内热舒适性差，仍缺乏合理有效的采暖措施，缺乏建筑新风、热水等供应系统的问题。夏热冬暖地区除缺乏新风和热水供应系统外，遮阳、通风等被动式节能措施未被有效应用，室内舒适性不高的同时增加了建筑能耗。大城市停车、垃圾分类回收、绿化等基础设施不足问题普遍存在。北方农村冬季室内温度偏低，较同一气候区城镇住宅室内温度低7℃～9℃，农民生活热水用量远远低于城镇。农村建筑使用初级生物质能源的利用效率很低，能源消耗结构不合理。

(3)社会主义新农村建设为建筑节能和绿色建筑发展提供了更大的发展空间。农村地区具有建筑节能和绿色建筑发展的广阔空间。每年农村住宅面积新增 8 亿 m²，人均住房面积较 1980 年增长了 4 倍多，农村居民消费水平年均增长 6.4%。将建筑节能和绿色建筑推广到农村地区，发挥"四节一环保"的综合效益，能够节约耕地、降低区域生态压力、保护农村生态环境、提高农民生活质量，同时，能吸引大量建筑材料制造企业、房地产开发企业等参与，带动相关产业的发展，吸纳农村剩余劳动力，是实现社会主义新农村建设目标的重要手段。

1)"十二五"期间绿色建筑实现跨越式发展。全国省会以上城市保障性安居工程、政府投资公益性建筑、大型公共建筑开始全面执行绿色建筑标准，北京、天津、上海、重庆、江苏、浙江、山东、深圳等地开始在城镇新建建筑中全面执行绿色建筑标准，推广绿色建筑面积超过 10 亿 m²。截至 2015 年年底，全国累计有 4 071 个项目获得绿色建筑评价标识，建筑面积超过 4.7 亿 m²。

2)既有居住建筑节能改造全面推进。截至 2015 年年底，北方采暖地区共计完成既有居住建筑供热计量及节能改造面积 9.9 亿 m²，是国务院下达任务目标的 1.4 倍，节能改造惠及超过 1 500 万户居民，老旧住宅舒适度明显改善，年可节约 650 万 t 标准煤。夏热冬冷地区完成既有居住建筑节能改造面积 7 090 万 m²，是国务院下达任务目标的 1.42 倍。

3)公共建筑节能力度不断加强。"十二五"时期，在 33 个省市(含计划单列市)开展能耗动态监测平台建设，对 9 000 余栋建筑进行能耗动态监测，在 233 个高等院校、44 个医院和 19 个科研院所开展建筑节能监管体系建设及节能改造试点，确定公共建筑节能改造重点城市 11 个，实施改造面积 4 864 万 m²，带动全国实施改造面积 1.1 亿 m²。

(4)我国建筑节能与绿色建筑发展面临的困难和新问题。建筑节能标准要求与同等气候条件发达国家相比仍然偏低，标准执行质量参差不齐；城镇既有建筑中仍有约 60% 的不节能建筑，能源利用效率低，居住舒适度较差；绿色建筑总量偏少，发展不平衡，部分绿色建筑项目实际运行效果达不到预期；可再生能源在建筑领域应用形式单一，与建筑一体化程度不高；农村地区建筑节能刚刚起步，推进步伐缓慢；绿色节能建筑材料质量不高，对工程的支撑保障能力不强；主要依靠行政力量约束及财政资金投入推动，市场配置资源的机制尚不完善。

"十三五"时期是我国全面建成小康社会的决胜阶段，经济结构转型升级进程加快，人民群众改善居住生活条件需求强烈，住房城乡建设领域能源资源利用模式亟待转型升级，推进建筑节能与绿色建筑发展面临大有可为的机遇期，潜力巨大，同时，困难和挑战也比较突出。

1.3.3 "十三五"建筑节能的目标和任务

1. "十三五"建筑节能的目标

全面贯彻党的十八大和十九大会议精神，深入学习贯彻习近平总书记系列重要讲话精神，牢固树立创新、协调、绿色、开放、共享发展理念，紧紧抓住国家推进新型城镇化、生态文明建设、能源生产和消费革命的重要战略机遇期，以增强人民群众获得感为工作出发点，以提高建筑节能标准促进绿色建筑全面发展为工作主线，落实"适用、经济、绿色、美观"的建筑方针，完善法规、政策、标准、技术、市场、产业支撑体系，全面提升建筑能源利用效率，优化建筑用能结构，改善建筑居住环境品质，为住房城乡建设领域绿色发展提供支撑。

(1)总体目标。"十三五"时期，建筑节能与绿色建筑发展的总体目标是：建筑节能标准加快提升，城镇新建建筑中绿色建筑推广比例大幅提高，既有建筑节能改造有序推进，可再生能源建筑应用规模逐步扩大，农村建筑节能实现新突破，使我国建筑总体能耗强度持续下降，建筑能源消费结构逐步改善，建筑领域绿色发展水平明显提高。

(2)具体目标。到"十三五"期末，我国建筑节能的具体目标主要有以下几点：

1)提高新建建筑能效水平。到 2020 年，城镇新建建筑能效水平比 2015 年提升 20%，部分地区及建筑门窗等关键部位建筑节能标准达到或接近国际现阶段先进水平。城镇新建建筑中绿色建筑面积比重超过 50%，绿色建材应用比重超过 40%。建设完成一批低能耗、超低能耗示范建筑。

2)扩大既有建筑节能改造规模。完成既有居住建筑节能改造面积 5 亿 m² 以上，公共建筑节能改造 1 亿 m²，全国城镇既有居住建筑中节能建筑所占比例超过 60%。

3）建立健全大型公共建筑节能监管体系。通过能耗统计、能源审计及能耗动态监测等手段，实现公共建筑能耗的可计量、可监测。确定各类型公共建筑的能耗基线，识别重点用能建筑和高能耗建筑，促使高耗能公共建筑按节能方式运行，争取在"十三五"期间实现公共建筑单位面积能耗下降 10%，其中，大型公共建筑能耗降低 15%。

4）开展可再生能源建筑应用集中连片推广，进一步丰富可再生能源建筑应用形式，实施可再生能源建筑应用省级示范，城市可再生能源建筑规模化应用、以县为单位的农村可再生能源建筑应用示范，拓展应用领域。城镇可再生能源替代民用建筑常规能源消耗比重超过 6%。经济发达地区及重点发展区域农村建筑节能取得突破，采用节能措施比例超过 10%。

5）大力推进新型墙体材料革新，开发推广新型节能墙体和屋面体系。依托大中型骨干企业建设新型墙体材料研发中心和产业化基地。新型墙体材料产量占墙体材料总量的比例达到 65% 以上，建筑应用比例达到 75% 以上。

6）形成以《中华人民共和国节约能源法》和《民用建筑节能条例》为主体，部门规章、地方性法规、地方政府规章及规范性文件为配套的建筑节能法规体系。"十三五"期末实现地方性法规省级全覆盖，建立健全支持建筑节能工作发展的长效机制，形成财政、税收、科技、产业等体系共同支持建筑节能发展的良好局面。建立省、市、县三级职责明确、监管有效的体制和机制，健全建筑节能技术标准体系，建立并实行建筑节能统计、监测、考核制度。

2."十三五"建筑节能的任务

（1）加快提高建筑节能标准及执行质量。

1）加快提高建筑节能标准。修订城镇新建建筑相关节能设计标准。推动严寒及寒冷地区城镇新建居住建筑加快实施更高水平节能强制性标准，提高建筑门窗等关键部位节能的性能要求，引导京津冀、长三角、珠三角等重点区域城市率先实施高于国家标准要求的地方标准，在不同气候区树立引领标杆。积极开展超低能耗建筑、近零能耗建筑建设示范，提炼规划、设计、施工、运行维护等环节共性关键技术，引领节能标准提升进程，在具备条件的园区、街区推动超低能耗建筑集中连片建设。鼓励开展零能耗建筑建设试点，到 2020 年，建设超低能耗、近零能耗建筑示范项目 1 000 万 m² 以上。总结形成符合我国国情的超低能耗建筑设计、施工及材料、产品支撑体系。

2）严格控制建筑节能标准执行质量。进一步发挥工程建设中建筑节能管理体系的作用，完善新建建筑在规划、设计、施工、竣工验收等环节的节能监管，强化工程各方主体建筑节能质量责任，确保节能标准执行到位。探索建立以企业为主体、金融保险机构参与的建筑节能工程施工质量保险制度。强化建筑特别是大型公共建筑建设过程的能耗指标控制。对超高超限公共建筑项目，实行节能专项论证制度。加强建筑节能材料、部品、产品的质量管理。

（2）稳步提升既有建筑节能水平。

1）持续推进既有居住建筑节能改造。严寒及寒冷地区省市应结合北方地区清洁取暖要求，继续推进既有居住建筑节能改造、供热管网智能调控改造。完善适合夏热冬冷和夏热冬暖地区既有居住建筑节能改造的技术路线，并积极开展试点。积极探索以老旧小区建筑节能改造为重点，多层建筑加装电梯等适老化设施改造、环境综合整治等同步实施的综合改造模式。研究推广城市社区规划，制定老旧小区节能宜居综合改造技术导则。

2）不断强化公共建筑节能管理。深入推进公共建筑能耗统计、能源审计工作，建立健全能耗信息公示机制。加强公共建筑能耗动态监测平台建设管理，逐步加大城市级平台建设力度。强化监测数据的分析与应用，发挥数据对用能限额标准制定、电力需求侧管理等方面的支撑作用。引导各地制定公共建筑用能限额标准，并实施基于限额的重点用能建筑管理及用能价格差别化政策。

3）形成规范的既有建筑改造机制。创新改造投、融资机制，研究探索建筑加层、扩展面积、委托物业服务及公共设施租赁等吸引社会资本投入改造的利益分配机制。实施既有居住建筑节能改造面积 5 亿 m^2 以上，2020 年前基本完成北方采暖地区有改造价值的城镇居住建筑的节能改造。开展公共建筑节能重点城市建设，推广合同能源管理、政府和社会资本合作模式(PPP)等市场化改造模式，实现运行管理专业化、节能改造市场化、能效提升最大化，带动全国完成公共建筑节能改造面积 1 亿 m^2 以上。

4)推动建立公共建筑运行调适制度。会同有关部门持续推动节约型学校、医院、科研院所建设，积极开展绿色校园、绿色医院评价及建设试点。鼓励有条件地区开展学校、医院节能及绿色化改造试点。"十三五"期间建设节约型学校(医院)300 个以上，推动智慧能源体系建设试点 100 个以上，实施单位水耗、电耗强度分别下降 10% 以上。组织实施绿色校园、医院建设示范 100 个以上。完成中小学、社区医院节能及绿色化改造试点 50 万 m^2。

(3)全面推动绿色建筑发展量质齐升。

1)实施建筑全领域绿色倍增行动。进一步加大城镇新建建筑中绿色建筑标准强制执行力度，逐步实现东部地区省级行政区域城镇新建建筑全面执行绿色建筑标准，中部地区省会城市及重点城市、西部地区省会城市新建建筑强制执行绿色建筑标准。继续推动政府投资保障性住房、公益性建筑及大型公共建筑等重点建筑全面执行绿色建筑标准。积极推进绿色建筑评价标识。推动有条件的城市新区、功能园区开展绿色生态城区(街区、住区)建设示范，实现绿色建筑集中连片推广。

2)实施绿色建筑全过程质量提升行动。逐步将民用建筑执行绿色建筑标准纳入工程建设管理程序。加强和改进城市控制性详细规划编制工作，完善绿色建筑发展要求，引导各开发地块落实绿色控制指标，建筑工程按绿色建筑标准进行规划设计。完善和提高绿色建筑标准，完善绿色建筑施工图审查技术要点，制定绿色建筑施工质量验收规范。有条件地区适当提高政府投资公益性建筑、大型公共建筑、绿色生态城区及重点功能区内新建建筑中高性能绿色建筑建设比例。加强绿色建筑运营管理，确保各项绿色建筑技术措施发挥实际效果，激发绿色建筑的需求。加强绿色建筑评价标识项目质量事中、事后监管。

3)实施建筑全产业链绿色供给行动。倡导绿色建筑精细化设计，提高绿色建筑设计水平，促进绿色建筑新技术、新产品应用。完善绿色建材评价体系建设，有步骤、有计划地推进绿色建材评价标识工作。建立绿色建材产品质量追溯系统，动态发布绿色建材产品目录，营造良好市场环境。开展绿色建材产业化示范，在政府投资建设的项目中优先使用绿色建材。大力发展装配式建筑，加快建设装配式建筑生产基地，培育设计、生产、施工一体化龙头企业；完善装配式建筑相关政策、标准及技术体系。积极发展钢结构、现代木结构等建筑结构体系。积极引导绿色施工。推广绿色物业管理模式。以建筑垃圾处理和再利用为重点，加强再生建材生产技术、工艺和装备的研发及推广应用，提高建筑垃圾资源化利用比例。

4)推动重点地区、重点城市及重点建筑类型全面执行绿色建筑标准，积极引导绿色建筑评价标识项目建设，力争使绿色建筑发展规模实现倍增，到 2020 年，全国城镇绿色建筑占新建建筑比例超过 50%，新增绿色建筑面积 20 亿 m^2 以上。加强对绿色建筑标识项目建设跟踪管理，加强对高星级绿色建筑和绿色建筑运行标识的引导，获得绿色建筑评价标识项目中，二星级及以上等级项目比例超过 80%，获得运行标识项目比例超过 30%。到 2020 年，城镇新建建筑中绿色建材应用比例超过 40%；城镇装配式建筑占新建建筑比例超过 15%。

(4)积极推进农村建筑节能。

1)积极引导节能绿色农房建设。鼓励农村新建、改建和扩建的居住建筑按《农村居住建筑节能设计标准》(GB/T 50824—2013)、《绿色农房建设导则(试行)》等进行设计和建造。鼓励政府投资的农村公共建筑，各类示范村镇、农房建设项目率先执行节能及绿色建设标准、导则。紧密结合农村实际，总结出符合地域及气候特点、经济发展水平、保持传统文化特色的乡土绿色节能技术，编制技术导则、设计图集及工法等，积极开展试点示范。在有条件的农村地区推广轻型钢结构、现代木结构、现代夯土结构等新型房屋。结合农村危房改造稳步推进农房节能改造。

加强农村建筑工匠技能培训,提高农房节能设计和建造能力。

2)积极推进农村建筑用能结构调整。积极研究适应农村资源条件、建筑特点的用能体系,引导农村建筑用能清洁化、无煤化进程。积极采用太阳能、生物质能、空气热能等可再生能源解决农房采暖、炊事、生活热水等用能需求。在经济发达地区、大气污染防治任务较重地区的农村,结合"煤改电"工作,大力推广可再生能源采暖。

(5)深入推进可再生能源建筑应用。

1)扩大可再生能源建筑应用规模。引导各地做好可再生能源资源条件勘察和建筑利用条件调查,编制可再生能源建筑应用规划。研究建立新建建筑工程可再生能源应用专项论证制度。加大太阳能光热系统在城市中、低层住宅及酒店、学校等有稳定热水需求的公共建筑中的推广力度。实施可再生能源清洁供暖工程,利用太阳能、空气热能、地热能等解决建筑供暖需求。在末端用能负荷满足要求的情况下,因地制宜建设区域可再生能源站。鼓励在具备条件的建筑工程中应用太阳能光伏系统。在建筑屋面和条件适宜的建筑外墙,建设太阳能光伏设施,鼓励小区级、街区级统筹布置,"共同产出、共同使用"。鼓励专业建设和运营公司,投资和运行太阳能光伏建筑系统,提高运行管理,建立共赢模式,确保装置长期有效运行。全国城镇新增太阳能光电建筑应用装机容量 1 000 万 kW 以上。做好"余热暖民"工程。积极拓展可再生能源在建筑领域的应用形式,推广高效空气源热泵技术及产品。在城市燃气未覆盖和污水厂周边地区,推广采用污水厂污泥制备沼气技术。

2)提升可再生能源建筑应用质量。做好可再生能源建筑应用示范实践总结及后评估,对典型示范案例实施运行效果评价,总结项目实施经验,指导可再生能源建筑应用实践。强化可再生能源建筑应用运行管理,积极利用特许经营、能源托管等市场化模式,对项目实施专业化运行,确保项目稳定、高效。加强可再生能源建筑应用关键设备、产品质量管理。加强基础能力建设,建立健全可再生能源建筑应用标准体系,加快设计、施工、运行和维护阶段的技术标准制定和修订,加大从业人员的培训力度。

(6)推动建筑工业化和住宅产业化。

1)加快建立预制构件设计、生产、新型结构体系、装配化施工等方面的标准体系,推动结构件、部件的标准化,丰富标准件的种类,提高通用性、可置换性。

2)推广适合工业化生产的预制装配式混凝土、钢结构等建筑体系。

3)加快发展建设工程的预制、装配技术,提高建筑工业化技术集成水平。

4)支持整合设计、生产、施工全过程的工业化基地建设,选择具备条件的城市进行试点,加快市场推广应用。

(7)推广绿色照明应用。积极实施绿色照明工程示范,鼓励因地制宜地采用太阳能、风能等可再生能源为城市公共区域提供照明用电,扩大太阳能光电、风光互补照明应用规模。

典型工程案例

智能、会呼吸的建筑——中意清华环境节能楼

中意清华环境节能楼是一栋神奇的大楼,如图1-1所示。其主体墙是玻璃,支撑柱是钢,看不到一砖一瓦;晴天时,房间里每个角落都会洒上阳光;照明、温度调节、通风都由红外线和二氧化碳的变化量感应控制。

中意清华环境节能楼(Sino-Italian Ecological and Energy Efficient Building,SIEEB)由意大利和中国政府合资兴建,位于清华大学校园内,总建筑面积为 2 万 m²,设有双方合作的节能环保教学培训和研究中心。U形平面的建筑环绕中央庭院,底层公共区域面向景观花园。封闭的北立面隔热性能强,足以抵御冬季的寒风;南立面则开敞通透。上层的办公室和实验室设有退台式花园,上方的光伏板既可遮阳,又可为建筑提供能源。

图 1-1　中意清华环境节能楼效果图

1. "会呼吸"的幕墙

从外观上看，中意清华环境节能楼外面包裹着层层玻璃，似乎与其他的大楼没有区别，而实际上，这些墙的设计"大有玄机"。其采用的是钢结构和高性能玻璃幕墙，这提高了地面以上建筑材料的可回收利用率。通过先进的智能化控制系统，南外墙的半透明玻璃板能够根据光照强度自动调节角度，夏季可遮蔽强烈的日光，冬季则吸收阳光中的热量(图1-2)，在室内与室外之间创建了一个温度适中的环境，有效地降低了室外温度对室内环境的不利影响。智能化控制不仅使室内冷气、暖气分布均匀，而且还能通过感应装置合理使用光及供给冷气和热气，并可在无人时自动停止，大大地节省了能源。

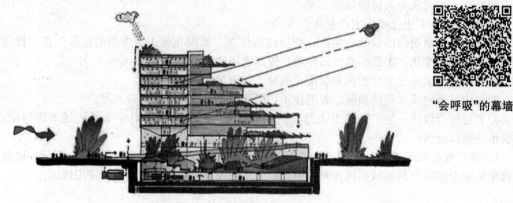

"会呼吸"的幕墙

图 1-2　冬季节能分析

中意清华环境节能楼幕墙是由两层玻璃组成的。因此，在建筑物和外界之间产生了一个空气缓冲区，因为有空气在其中流动，被形象地称为"会呼吸"的幕墙。两层玻璃之间的间距为55 cm。夏季，两层玻璃之间会因为热压产生由下至上的空气流动，带走照射玻璃产生的热量(图1-3)。

2. 楼内的绿色生态

中意清华环境节能楼环抱着一个绿色生态中庭，它是整个建筑的核心，也是一个"气候缓冲区"。因为其中高大树木及其他植物不仅会给朝南的房间遮阳，同时，还可过滤尘埃，净化空气。而中庭与建筑内部其他区域的温差还可让空气流动，清新空气。楼内实现分质供水(分为生活用水、绿化用水、景观用水等)，产生的污水经处理后可回用。

楼内绿色生态

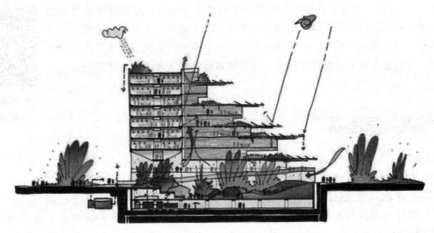

图 1-3　夏季节能分析

3. 先进的节能技术

中意清华环境节能楼通过建筑设计、设备和材料选择、施工、运行管理等关键环节来充分展示国际上最先进的节能技术。该楼以太阳能和天然气作为主要的能源。在退台式屋顶上，布置着深蓝色的太阳能电池板。据测算，由于使用天然气和太阳能等清洁能源为燃料，大楼每年二氧化碳的排放量可比一般的楼减少 1 200 t，二氧化硫排放量减少 5.1 t，氮氧化物排放量减少 2.9 t。据初步计算，该楼的能源消耗与同等规模的建筑相比，可节约 30% 左右的能源。

节能技术

除此之外，清华大学环境节能楼还集成应用了自然通风、自然采光、低能耗围护结构、太阳能发电、中水利用、绿色建材和智能控制等国际上最先进的技术、材料和设备，充分展示了人文与建筑、环境及科技的和谐统一。因此，这幢大楼也成为"绿色建筑"的典范。

本章小结

1. 狭义的建筑能耗：建筑运行能耗，即维持建筑功能所消耗的能量，包括建筑采暖、通风、空调、照明、热水供应、烹调、家用电器、办公设备、电梯等各类建筑内使用电器的能耗，其将一直伴随建筑物的使用过程而发生。

2. 我国建筑能耗的特点：南方地区和北方地区能耗差异大，仅北方地区有全面的冬季采暖；城、乡住宅能耗差异大；不同规模的公共建筑除采暖外的单位建筑面积能耗差异大。

3. 我国建筑能耗总的变化趋势：北方建筑采暖能耗高、比例大，是建筑节能的重点；采暖区向南发展，长江流域新增大面积居住建筑采暖需求；大型公共建筑能耗浪费严重，节能潜力大；农村使用的能源有逐渐被商品能源替代的趋势；住宅及一般公共建筑与发达国家相比，能耗有明显的增长趋势。

4. 建筑节能的含义：在建筑材料生产、建筑施工及建筑使用过程中，合理有效地利用能源，以便在满足同等需要或达到相同目的的条件下，尽可能降低能耗，达到提高建筑舒适性和节省能源的目标。

5. 建筑节能的作用与意义：贯彻可持续发展战略、实现国家节能规划目标的重要措施；可成为新的经济增长点；可减少温室效应、改善大气环境；可缓解能源紧张的局面，改善室内热环境。

6. 我国建筑节能的工作原则：先易后难、先城市后农村、先新建后改造、先住宅后公建，从北向南稳步推进。

7. "十三五"时期,建筑节能与绿色建筑发展的总体目标是:建筑节能标准加快提升,城镇新建建筑中绿色建筑推广比例大幅提高,既有建筑节能改造有序推进,可再生能源建筑应用规模逐步扩大,农村建筑节能实现新突破,使我国建筑总体能耗强度持续下降,建筑能源消费结构逐步改善,建筑领域绿色发展水平明显提高。

本章相关
教学资源

复习思考题

一、选择题

1. 我国建筑节能的具体目标有( )。
   A. 提高新建建筑能效水平　　　　　B. 扩大既有建筑节能改造规模
   C. 大力推进新型墙体材料革新　　　D. 建立健全大型公共建筑节能监管体系
2. 我国民用建筑能耗可分为( )。
   A. 北方城镇建筑供暖能耗　　　　　B. 公共建筑能耗
   C. 城镇居住建筑能耗　　　　　　　D. 农村居住建筑能耗

二、判断题

1. 公共建筑的单位建筑面积能耗较高,建筑节能潜力大。( )
2. 农村建筑使用的能源有改变,除生物质能利用外,商品能源比重不断减少。( )
3. 建筑节能是贯彻可持续发展战略、实现国家节能规划目标的重要措施。( )
4. 对超高超限公共建筑项目,实行节能专项论证制度。( )
5. 稳步提升既有建筑节能水平是现阶段我国建筑节能的任务之一。( )

三、简答题

1. 简述建筑节能的含义。
2. 我国建筑的能耗有何特点?
3. 导致建筑能耗增加的因素有哪些?
4. 简述我国"十三五"期间的建筑节能总体目标。
5. 简述我国建筑节能的作用与意义。

综合训练题

资料:节能是发展的需要,节能是国家的需要,是人民的需要,节能工作任重而道远。在节能领域做出微小的贡献,就是对人类做出巨大的贡献。我国建筑节能的分阶段目标是:2010 年全国新建建筑全部严格执行节能 50% 的设计标准,其中,各特大城市和部分大城市率先实施节能 65% 的标准;从 2010 年起到 2020 年,进一步提高建筑节能标准,平均节能率要达到 65%,东部地区要达到更高的标准,一些建筑的节能率要达到 75% 标准。如果能完成上述目标,2020 年,我国建筑能耗可减少 3.35 亿 t 标准煤,这相当于 2002 年整个英国能耗的总量,是个非常可观的数字,对人类社会的可持续发展也是一个巨大的贡献。

某建筑设计师指出,要从市场角度研究建筑节能。我国的建筑节能能不能做起来,除政府的行政和法律措施外,要多从市场经济的角度考虑问题,从充分发挥市场机制的角度作出建筑节能的制度安排。产业的发展需要市场,更需要市场的机制和办法。可以说,我国的建筑节能形成了四个市场,即技术市场、建材市场、工程市场、投资市场。

问题:请结合资料,谈谈你对资料中提到的关于建筑节能四个市场(技术市场、建材市场、工程市场、投资市场)的看法。

第 2 章　建筑节能设计

学习目标

1. 了解建筑节能设计的基本知识及规划设计阶段节能设计的思路。
2. 熟悉建筑节能设计的基本术语和相关参数。
3. 掌握单体建筑节能设计的内容和建筑设备节能设计的方法。

本章导入

如果创造良好室内舒适度的同时保持较低的建筑能耗水平是建筑节能设计的主要目标，那么，在规划和设计阶段要如何设计才能使建筑的能耗较少呢？2010年在上海举行世博会期间，德国馆（图2-1）的建筑造型及其先进的建筑节能技术吸引了很多参观者。德国馆主要展区是由三个被底座支撑起来而呈悬浮状的建筑体和一个锥体形状建筑物组成的，外墙使用的是网状的、透气性能良好的革新性建筑布料，其表层织入了一种金属性的银色材料。这种材料对太阳辐射具有很高的反射力，就像建筑外墙之外的第二层皮肤（起到遮阳作用）。同时，网状透气性的织布结构能防止展馆内热气的聚积，可减轻展馆内空调设备的负担。其主要的节能设计方案如下：

（1）结合工程项目所在地区的周围环境、气候条件、投资规模、运营费用等因素来进行节能方面的综合考虑；入口处起伏状景观花园的设计参考了传统德国景观绿化的风格。

（2）通过简化体形，控制体形系数，达到节能设计的基本概念。

（3）建筑材料尽量采用绿色、环保建材，建筑外表面采用双层结构，外层的膜起遮阳作用，内层的复合外墙板起保温作用，大大改善了建筑外围护结构的热工性能。幕墙玻璃采用中空 LOW-E 玻璃，节能效果明显。外窗气密性不低于4级，透明幕墙气密性不低于3级。

（4）给水排水设计部分，道路及绿化浇洒由市政管网压力直接供水；生活泵采用不锈钢潜水泵，降低噪声；坐便器采用节水型产品。供配电系统中选用高效、低耗的环氧树脂浇铸干式变压器，在变压器低压侧设置成套电容器自动补偿装置，装置内加设消谐电抗器抑制三次及以上谐波，合理选择线路路径，尽量缩短线路长度，降低线路损耗。

（5）照明系统中采用高效优质的细管径直管型荧光灯或紧凑型节能灯，展览馆等设有多列或大面积灯具的场所，采用"交叉隔行"方式分组配电，并设置智能照明控制系统以满足节能要求。

（6）建筑设备自动监控系统，对建筑物内冷、热源设备，通风设备，空调设备及环境监测设备进行监视、测量、控制。对大型电力设备采用变频控制方式，根据负荷变化调速、节能。暖通设计部分，所有空调及通风设备均选用节能型产品；空调水系统设置一次泵变流量系统，可节省部分水泵的运行费用。

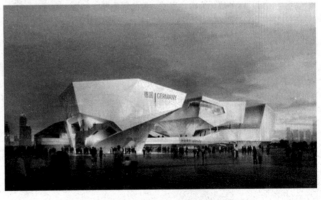

图 2-1　2010 年上海世博会德国馆

2.1 建筑节能设计概述

建筑是人们每天工作和生活的场所，建筑的能耗水平影响着环境的舒适度和全寿命期间的经济性，因此，在规划设计阶段和建筑设计阶段应考虑建筑的节能设计，根据节能设计目标和节能设计标准，从环境规划、建筑设计、设备设计等方面着手。

节能建筑是指在保证建筑使用功能和满足室内热环境质量条件下，通过提高建筑围护结构隔热保温性能、采暖空调系统运行效率和自然能源利用等技术措施，使建筑物的采暖与空调降温能耗降低到规定水平，同时，当室内不采用采暖与空调降温措施时，仍满足一定居住条件的建筑物。节能建筑的综合效益主要体现在以下几个方面：

(1) 建筑品质和形象提升，投资回报率高。
(2) 建筑运行费用显著降低，室内环境质量提高。
(3) 对地区和区域环境的影响降低。
(4) 降低城市、国家能源的供应压力。

建筑节能即在确保室内热舒适环境的前提下，提高采暖、通风、空调、照明、炊事、家用电器和热水供应等的能源利用效率。节能设计的重点是提高建筑围护结构隔热保温性能，提高采暖、空调系统的能源利用效率。节能的核心是提高能源利用效率，前提是满足人们越来越高的舒适度要求。室内热环境设计参数应满足下列条件：

(1) 冬季采暖建筑室内平均温度不低于 18 ℃，换气次数为 1 次/h。
(2) 夏季空调建筑室内平均温度不高于 26 ℃，换气次数为 1 次/h。
(3) 冬季被动采暖建筑室内平均温度夏热冬冷地区不低于 12 ℃，寒冷地区不低于 10 ℃。
(4) 夏季自然通风情况下，建筑物外围护结构内表面温度不高于 35 ℃。

2.1.1 建筑节能设计的基本知识

1. 建筑节能设计的两种方法

建筑节能设计可以采用规定性设计与性能性设计。在两种设计方法的具体步骤如图 2-2 所示。

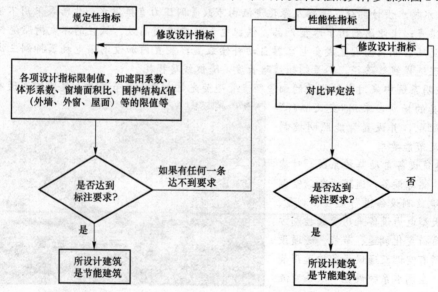

图 2-2 两种设计方法的具体步骤

(1)规定性设计方法(查表法):如果建筑设计符合节能标准中对窗墙面积比、体形系数等参数的规定,可以方便地按所设计建筑的所在城市(或靠近城市)查取标准中的相关表格得到围护结构节能设计参数值。

1)优点:直接按照规范条文执行,设计简单易行,使设计人员摆脱了复杂高深的计算分析,节省了大量时间。

2)缺点:按规定性指标很难进行优化设计,规定性指标阻碍新技术的应用,压抑设计人员的创造性。

(2)性能性设计方法(计算法):如果建筑设计不能满足对窗墙面积比等参数的规定,必须使用权衡判断法来判定围护结构的总体热工性能是否符合节能要求,权衡判断法需要进行全年采暖和空调能耗的计算。

1)优点:
①直接联系工程设计的根本目标。
②有很大的灵活性和创造空间。
③综合工程各方面具体条件优化方案。
④有利于科学技术的发展和新成果的应用。

2)缺点:分析计算复杂,需要计算机数字模拟,利用节能设计软件进行辅助设计。

2. 影响建筑节能的主要因素

(1)外部条件:以气象为主的外部环境,它不以人们的意志而改变,如温度、湿度、风速、日照等的变化。

(2)建筑本体及设备:建筑外围护结构不同其建筑能耗也不同,可以人为改变,如隔热性能、气密性能、遮日照性能、热容量、空调能效等。

(3)室内条件:根据在室内生活或行为目的的不同而变化。

建筑的节能设计必须与当地气候特点相适应。我国幅员辽阔,地形复杂。由于当地纬度、地势和地理条件等不同,因此,各地气候差异很大。不同的气候条件会对节能建筑的设计提出不同的设计要求,例如,炎热地区的节能建筑需要考虑建筑防热综合措施,以防夏季室内过热;严寒、寒冷和部分气候温和地区的节能建筑则需要考虑建筑保温的综合措施,以防冬季室内过冷;夏热冬冷地区和部分寒冷地区的夏季较为炎热,冬季又较为寒冷,此时,节能建筑不但要考虑夏季隔热,还需要兼顾冬季保温。为了体现节能建筑和地区气候之间的科学联系,做到因地制宜,节能设计应根据地区气候特点不同进行分区考虑,以使各类节能建筑能充分利用和适应当地的气候条件,同时防止和削弱不利气候条件的影响。

从建筑热工设计的角度出发,用累年最冷月(1月)和最热月(7月)平均温度作为分区主要指标,用累年日平均温度≤5℃和≥25℃的天数作为辅助指标,将全国划分为严寒、寒冷、夏热冬冷、夏热冬暖和温和5个气候区。主要城市所处气候分区见表2-1。

(1)严寒地区:累年最冷月平均温度低于或等于-10℃的地区,主要包括内蒙古和东北北部、新疆北部地区,西藏和青海北部地区。这一地区的建筑必须充分满足冬季保温要求,一般可不考虑夏季防热。

(2)寒冷地区:累年最冷月平均温度为-10℃~0℃,主要包括华北、新疆和西藏南部地区及东北南部地区。这一地区的建筑应满足冬季保温要求,部分地区兼顾夏季防热。

(3)夏热冬冷地区:累年最冷月平均温度为0℃~10℃,最热月平均温度为25℃~30℃的地区,主要包括长江中下游地区以及岭南以北、黄河以南地区。这一地区的建筑必须满足夏季防热要求,适当兼顾冬季保温。

(4)夏热冬暖地区:累年最冷月平均温度高于10℃,最热月平均温度为25℃~29℃的地区,包括南岭以南及南方沿海地区。这一地区的建筑必须充分满足夏季防热要求,一般可不考虑冬季保温。

(5)温和地区：累年最冷平均温度为0℃~13℃，最热月平均温度为18℃~25℃的地区，主要包括云南、贵州西部及四川南部地区。这一地区中，部分地区的建筑应考虑冬季保温，一般可不考虑夏季防热。

表 2-1　主要城市所处气候分区

气候分区及气候子区		代表性城市
严寒地区	严寒A区	博克图、伊春、呼玛、海拉尔、满洲里、阿尔山、玛多、黑河、嫩江、海伦、齐齐哈尔、富锦、哈尔滨、牡丹江、大庆、安达、佳木斯、二连浩特、多伦、大柴旦、阿勒泰、那曲
	严寒B区	
	严寒C区	长春、通化、延吉、通辽、四平、抚顺、阜新、沈阳、本溪、鞍山、呼和浩特、包头、鄂尔多斯、赤峰、额济纳旗、大同、乌鲁木齐、克拉玛依、酒泉、西宁、日喀则、甘孜、康定
寒冷地区	寒冷A区	丹东、大连、张家口、承德、唐山、青岛、洛阳、太原、阳泉、晋城、天水、榆林、延安、宝鸡、银川、平凉、兰州、喀什、伊宁、阿坝、拉萨、林芝、北京、天津、石家庄、保定、邢台、济南、德州、兖州、郑州、安阳、徐州、运城、西安、咸阳、吐鲁番、库尔勒、哈密
	寒冷B区	
夏热冬冷地区	夏热冬冷A区	南京、蚌埠、盐城、南通、合肥、安庆、九江、武汉、黄石、岳阳、汉中、安康、上海、杭州、宁波、温州、宜昌、长沙、南昌、株洲、永州、赣州、韶关、桂林、重庆、达县、万州、涪陵、南充、宜宾、成都、遵义、凯里、绵阳、南平
	夏热冬冷B区	
夏热冬暖地区	夏热冬暖A区	福州、莆田、龙岩、梅州、兴宁、英德、河池、柳州、贺州、泉州、厦门、广州、深圳、湛江、汕头、南宁、海口、三亚、北海、梧州
	夏热冬暖B区	
温和地区	温和A区	昆明、贵阳、丽江、会泽、腾冲、保山、大理、楚雄、曲靖、泸西、屏边、广南、兴义、独山
	温和B区	瑞丽、耿马、临沧、澜沧、思茅、江城、蒙自

3. 中国建筑节能的任务

(1)通过全面推进建筑节能工作，要求全国新建建筑全部严格执行节能50%的设计标准，其中，各特大城市和部分大城市率先实施节能65%的标准。

(2)开展城市既有居住和公共建筑的节能改造，大城市完成改造面积25%，中等城市完成15%，小城市完成10%。

(3)在上述基础上，到2020年实现大部分既有建筑的节能改造，新建建筑东部地区要实现节能75%；中部和西部也要争取实现节能65%，建筑节能效果总体上接近发达国家21世纪初的一般水平。

4. 建筑节能的设计思路

(1)对典型区域、典型平面、典型技术、典型材料建立数据库，掌握宏观判断能力，为方案构思创造条件。

(2)具有丰富的节能设计知识和简单热工计算的能力。

(3)利用专业分工，善于在节能专项上分析结果，进行建筑创作。

合理的建筑节能设计应按图2-3所示的步骤进行。

5. 建筑规划设计阶段的节能设计

建筑规划设计阶段应重视建筑节能设计。建筑规划节能应从分析地区的气候条件出发，将设计与建筑技术和能源利用有效结合，使建筑在冬季最大限度地利用自然能采暖，多获得热量和减少热损失，夏季最大限度地减少得热和利用自然条件来降温冷却。

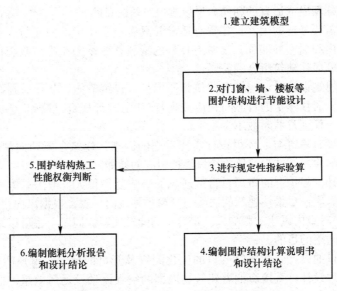

图 2-3 建筑节能设计步骤

(1)在规划设计方案阶段应满以下要求：

1)建筑的主体朝向宜采用南北向或接近南北向，主要房间宜避开夏季最大日射朝向。建筑平面布置时，不宜将主要办公室、客房等设置在正东和正西、西北方向。不宜在建筑的正东、正西和西偏北、东偏北方向设置大面积的玻璃门窗或玻璃幕墙。

2)办公建筑、宾馆饭店等建筑的平面布置宜结合外门窗洞口位置、门、通道等组织好自然通风。

3)在进行设备房和冷热源布置时，建筑总平面布置和建筑物内部的平面设计，应合理确定冷热源和风机机房的位置，尽可能缩短冷、热水系统和风系统的输送距离。确定建筑所在地的气候分区，根据气候分区和规范规定的其他条件确定建筑围护结构的要求。

(2)建筑规划阶段节能设计的内容包括建筑选址、建筑组团布局设计、建筑朝向、建筑间距、建筑与风环境、自然通风设计。

1)建筑选址。建筑选址应注意地形条件对建筑能耗的影响、争取使建筑向阳、避风建造。

①选址时，建筑不宜布置在山谷、洼地、沟底等凹形地域，主要是考虑冬季冷空气流在凹地里形成对建筑物的"霜洞"效应。

②江河湖泊丰富的地区，易产生水陆风而形成气流运动，可充分利用水陆风以取得穿堂风的效果，改善夏季热环境，节约空调能耗。

③节能居住小区规划设计时，应有足够的绿地和水面，严格控制建筑密度，尽量减少水泥地面，并应利用植被和水域减弱城市热岛效应，改善居住环境。

④居住建筑的基地应选择在向阳、避风的地段上。

⑤注意选择建筑的最佳朝向，以南北向为主。

⑥选择满足日照要求、不受周围建筑严重遮挡的基地。

⑦利用住宅建筑楼群合理布局，争取获得足够日照。

2)建筑组团布局方式。建筑组团布局的方式有行列式、错列式、周边式、混合式、自由式等。

3)建筑朝向。建筑朝向选择的原则是冬季能获得足够的日照并避开主导风向，夏季能利用自然通风并防止太阳辐射。然而对建筑的朝向、方位及建筑总平面设计应考虑多方面的因素，尤其是公共建筑受到社会历史文化、地形、城市规划、道路、环境等条件的制约，使建筑物的朝向对夏季防热、冬季保温都很理想是有困难的，因此，只能权衡各个因素之间的得失轻重，选出这一地区建筑的最佳朝向和较好的朝向。通过多方面的因素分析、优化建筑的规划设计，采用本地区建筑最佳朝向或适宜的朝向，尽量避免东西向日晒。

建筑朝向选择需要考虑的因素：冬季有适量并具有一定质量的阳光射入室内；炎热季节尽量减少太阳直射室内和居室外墙面；夏季有良好的通风，冬季避免冷风吹袭；充分利用地形并注意节约用地；兼顾居住建筑组合的需要。

4）建筑间距。建筑设计时，应结合建筑日照标准、建筑节能、节地原则，综合考虑各种因素来确定建筑间距。居住建筑的日照间距应按现行《住宅设计规范》(GB 50096—2011)执行，冬至日底层南向房间应保证日照时数不少于1 h。

5）建筑与风环境。建筑与风环境设计需要考虑的因素：建筑主要朝向注意避开不利风向；利用建筑的组团阻隔冷风；减少建筑物冷风渗透引起的耗能。

6）自然通风设计。建筑群的布局对自然通风的影响效果很大。考虑单体建筑得热与防止太阳过度辐射的同时，应该尽量使建筑的法线与夏季主导风向一致。根据风向投射角（风向与房屋外墙面法线的夹角）对室内风速的影响来决定合理的建筑间距。同时，也可以结合建筑群体布局的改变以达到缩小间距的目的。

①围护结构开口的设计。建筑物开口的优化配置及开口的尺寸、窗户的形式和开启方式，窗墙面积比等的合理设计，直接影响着建筑物内部的空气流动及通风效果。根据测定，当开口宽度为开间宽度的1/3~2/3时，开口大小为地板总面积的15%~25%时，通风效果最佳。开口的相对位置对气流路线起着决定作用。进风口与出风口宜相对错开布置，这样可以使气流在室内改变方向，使室内气流更均匀，通风效果更好。

②注重"穿堂风"的组织。"穿堂风"可以取得很好的自然通风效果。所谓"穿堂风"，是指风从建筑迎风面的进风口吹入室内，穿过房间，从背风面的出风口流出。显然，进风口和出风口之间的风压差越大，房屋内部空气流动阻力越小，通风越流畅。

③在建筑设计中形成竖井空间，来加速气流流动，实现自然通风。在建筑设计中竖井空间主要形式有以下几种：

a. 纯开放空间。目前，大量的建筑中设计有中庭，主要是因为建筑平面过大，出于采光的考虑。另外，可利用建筑中庭内的热压形成自然通风。

b. "烟囱"空间。"烟囱"空间又称风塔，由垂直竖井和几个风口组成，在房间的排风口末端安装太阳能空气加热器以对从风塔顶部进入的空气产生抽吸作用。该系统类似于风管供风系统。风塔由垂直竖井和风斗组成。在通风不畅的地区，可以利用高出屋面的风斗，将上部的气流引入建筑内部，来加速建筑内部的空气流通。风斗的开口应该朝向主导风向，主导风向不固定的地区，则可以设计多个朝向的风斗或者设计成可以随风向转动。图2-4所示为英国诺丁汉大学朱比丽分校的楼梯间拔风井。

图2-4 英国诺丁汉大学朱比丽分校的楼梯间拔风井

④屋顶的自然通风。通风隔热屋面通常有以下两种方式：

a. 在结构层上部设置架空隔热层。这种做法将通风层设置在屋面结构层上，可利用中间的空气间层带走热量，达到屋面降温的目的，另外，架空板还保护了屋面防水层。

b. 利用坡屋顶自身结构，在结构层中间设置通风隔热层，可得到较好的隔热效果，如图2-5所示。

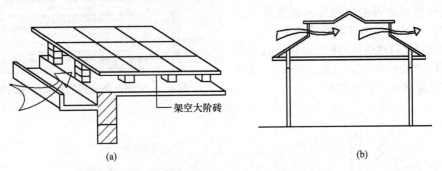

图 2-5　屋面自然通风方式
(a)结构层上面设置架空通风层；(b)结构层中间设置通风层

⑤通风墙体。通风墙体即将需要隔热的外墙做成带有空气间层的空心夹层墙，并在下部和上部分别开有进风口和出风口。通风空气间层厚度一般为30～100 mm。夹层内的空气受热后上升，在内部形成压力差，带动内部气流运动，从而可以带走内部的热量和潮气。外墙加通风空气间层后，其内表面温度可大幅度降低，而且日辐射照度越大，通风空气间层的隔热效果越显著，故对东西向墙更为明显。通风墙体的示意和典型构造做法如图2-6所示。

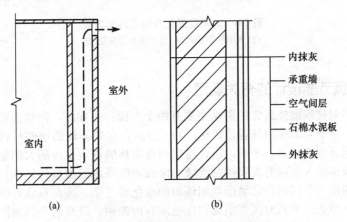

图 2-6　通风墙体示意和典型构造做法
(a)通风墙体示意；(b)通风墙体典型构造做法

⑥双层玻璃幕墙围护结构。双层(或三层)幕墙是当今生态建筑中所普遍采用的一项先进技术，被誉为"会呼吸的皮肤"。其由内、外两道幕墙组成。其通风原理是在两层玻璃幕墙之间留一个空腔，空腔的两端有可以控制的进风口和出风口。在冬季，关闭进出风口，双层玻璃之间形成一个"阳光温室"，可以提高围护结构表面的温度；在夏季，打开进出风口，利用"烟囱效应"在空腔内部实现自然通风，使玻璃之间的热空气不断地被排走，达到降温的目的；在节能上，双层通风幕墙由于换气层的作用，比单层幕墙在采暖时节约能源42%～52%，在制冷时节约能源38%～60%，是解决建筑节能的一个新的方向。

⑦利用太阳能强化自然通风。充分利用了太阳能这一可持续能源转化为动力进行通风。

其利用太阳的热量，加热采热构件，并使建筑内部的空气上升，形成热压，引起空气流动。如图 2-7 所示，方案在西侧设置了太阳能通风井。通风井受太阳辐射温度升高，内部空气上升并从上部开口排出，在井内形成负压，迫使各层走道的空气流向通风井，形成自然通风，同时带走过道内的热量。

太阳能强化自然通风（图 2-8）在建筑的实现上常见的有屋面太阳能烟囱、Trombe 墙和太阳能空气集热器三种方式。

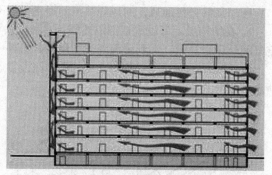

图 2-7 太阳能办公楼的太阳能通风井

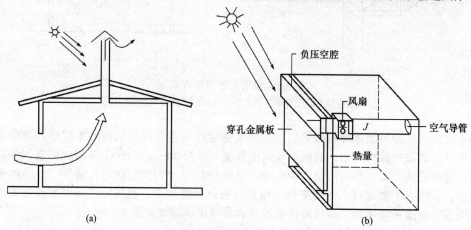

图 2-8 太阳能强化自然通风的方式
(a) 太阳能烟囱；(b) 太阳能空气集热器

2.1.2 建筑节能设计的有关规定

窗、透明幕墙对建筑能耗高低的影响主要有两个方面：一方面，窗和透明幕墙的热工性能影响到冬季采暖、夏季空调室内外温差传热；另一方面，窗和幕墙的透明材料（如玻璃）受太阳辐射影响而造成建筑室内得热。冬季，通过窗口和透明幕墙进入室内的太阳辐射成为空调降温的负荷，因此，减少进入室内的太阳辐射及减小窗或透明幕墙的温差传热都是降低空调能耗的途径。由于不同纬度、不同朝向的墙面太阳辐射的变化很复杂，墙面日辐射强度和峰值出现的时间也是不同的，因此，不同地区窗墙面积比也应有所差别，以夏热冬冷地区为例，具体要求见表 2-2、表 2-3。

表 2-2 夏热冬冷地区甲类公共建筑围护结构热工性能限值

围护结构部位		传热系数 K/ ($W \cdot m^{-2} \cdot K^{-1}$)	太阳得热系数 SHGC (东、南、西向/北向)
屋面	围护结构热惰性指标 $D \leqslant 2.5$	≤0.40	—
	围护结构热惰性指标 $D > 2.5$	≤0.50	
外墙（包括非透明幕墙）	围护结构热惰性指标 $D \leqslant 2.5$	≤0.60	—
	围护结构热惰性指标 $D > 2.5$	≤0.80	
底面接触室外空气的架空或外挑楼板		≤0.70	

续表

围护结构部位		传热系数 K/ $(W \cdot m^{-2} \cdot K^{-1})$	太阳得热系数 SHGC（东、南、西向/北向）
单一立面外窗（包括透光幕墙）	窗墙面积比≤0.20	≤3.5	—
	0.2＜窗墙面积比≤0.3	≤3.0	≤0.44/0.48
	0.3＜窗墙面积比≤0.4	≤2.6	≤0.40/0.44
	0.4＜窗墙面积比≤0.5	≤2.4	≤0.35/0.40
	0.5＜窗墙面积比≤0.6	≤2.2	≤0.35/0.40
	0.6＜窗墙面积比≤0.7	≤2.2	≤0.30/0.35
	0.7＜窗墙面积比≤0.8	≤2.0	≤0.26/0.35
	窗墙面积比＞0.8	≤1.8	≤0.24/0.30
屋顶透明部分(屋顶透明部分面积≤20%)		≤2.6	≤0.30

注：有外遮阳时，遮阳系数=玻璃的遮阳系数×外遮阳的遮阳系数；无外遮阳时，遮阳系数=玻璃的遮阳系数。

夏季屋顶水平面太阳辐射强度最大，屋顶的透明面积越大，相应建筑的能耗也越大，因此，对屋顶透明部分的面积和热工性能应予以严格的限制。屋顶透明部分的面积不应大于屋顶总面积的20%，当不能规定时，必须进行权衡判断。

为了追求外窗的视觉效果和建筑立面的设计风格，外窗的可开启率有逐渐下降的趋势，有的甚至使外窗完全封闭，导致房间自然通风不足，不利于室内空气流通和散热，不利于节能。所以，做好自然通风气流组织设计，保证一定的外窗可开启面积，可以减少房间空调设备的运行时间，节约能源，提高舒适性。

表 2-3 夏热冬暖地区甲类公共建筑围护结构热工性能限值

围护结构部位		传热系数 K/ $(W \cdot m^{-2} \cdot K^{-1})$	太阳得热系数 SHGC（东、南、西向/北向）
屋面	围护结构热惰性指标 D≤2.5	≤0.50	—
	围护结构热惰性指标 D＞2.5	≤0.80	—
外墙(包括非透明幕墙)	围护结构热惰性指标 D≤2.5	≤0.80	—
	围护结构热惰性指标 D＞2.5	≤1.5	—
底面接触室外空气的架空或外挑楼板		≤1.5	—
单一立面外窗（包括透光幕墙）	窗墙面积比≤0.20	≤5.2	≤0.52/—
	0.2＜窗墙面积比≤0.3	≤4.0	≤0.44/0.52
	0.3＜窗墙面积比≤0.4	≤3.0	≤0.35/0.44
	0.4＜窗墙面积比≤0.5	≤2.7	≤0.35/0.40
	0.5＜窗墙面积比≤0.6	≤2.5	≤0.26/0.35
	0.6＜窗墙面积比≤0.7	≤2.5	≤0.24/0.30
	0.7＜窗墙面积比≤0.8	≤2.5	≤0.22/0.26
	窗墙面积比＞0.8	≤2.0	≤0.18/0.26
屋顶透明部分(屋顶透明部分面积≤20%)		≤3.0	≤0.30

注：有外遮阳时，遮阳系数=玻璃的遮阳系数×外遮阳的遮阳系数；无外遮阳时，遮阳系数=玻璃的遮阳系数。

外窗的可开启面积不应小于窗面积的30%,透明幕墙应具有可开启部分或设有通风换气装置。公共建筑一般室内人员密度比较大,建筑室内空气流动,特别是自然、新鲜空气的流动,是保证建筑室内空气质量符合国家有关标准的关键。无论在北方地区还是在南方地区,人们在春、秋季节和冬、夏季节的某些时段都普遍有开窗加强房间通风的习惯,这也是节能和提高室内热舒适性的重要手段。外窗的可开启面积过小会严重影响建筑室内的自然通风效果,为了使室内人员在较好的室外气象条件下,可以通过开启外窗通风来获得热舒适性和良好的室内空气品质。

由于公共建筑形式的多样化和建筑功能的需要,许多公共建筑设计有室内中庭,希望在建筑的内区有一个通透明亮,具有良好的微气候及人工生态环境的公共空间。由于建筑中庭空间高大,在炎热的夏季,中庭内的温度很高,应考虑在中庭上部的侧面开设一些窗户或其他形式的通风口,充分利用自然通风,达到降低中庭温度的目的。必要时,应考虑在中庭上部的侧面设置排风机加强通风,改善中庭热环境。

在夏热冬冷、夏热冬暖地区,由于空气湿度大,墙面和地面容易返潮。在地面和地下室外墙做保温层增加地面和地下室外墙的热阻,提高这些部位内表面温度,可减少地表面和地下室外墙内表面温度与室内空气温度之间的温差,有利于控制和防止地面和墙面的返潮。因此,对地面和地下室外墙的热阻作出了规定,具体见表2-4。

表2-4 不同气候区地面和地下室外墙热阻限值

气候分区	围护结构部位	热阻$R/(m^2 \cdot K \cdot W^{-1})$
严寒地区 A区	地面:周边地面	≥1.1
	供暖地下室与土壤接触的外墙	≥1.1
	变形缝(两侧墙内保温时)	≥1.2
严寒地区 B区	地面:周边地面	≥1.1
	供暖地下室与土壤接触的外墙	≥1.1
	变形缝(两侧墙内保温时)	≥1.2
严寒地区 C区	地面:周边地面	≥1.1
	供暖地下室与土壤接触的外墙	≥1.1
	变形缝(两侧墙内保温时)	≥1.2
寒冷地区	周边地面	≥0.6
	供暖、空调地下室外墙(与土壤接触的外墙)	≥0.6
	变形缝(两侧墙内保温时)	≥0.9

注:周边地面是指距外墙内表面2m以内的地面;地面热阻是指建筑基础持力层以上各层材料的热阻之和;地下室外墙热阻是指土壤以内各层材料的热阻之和。

2.1.3 建筑节能设计的相关法规和标准

1. 国家及住房和城乡建设部有关法规

(1)《中华人民共和国节约能源法》(2018年10月)。
(2)《民用建筑节能管理规定(2005)》(2006年1月1日起实施)。
(3)《民用建筑热工设计规范》(GB 50176—2016)。
(4)《公共建筑节能设计标准》(GB 50189—2015)。
(5)《建筑照明设计标准》(GB 50034—2013)。
(6)《外墙内保温板》(JG/T 159—2004)。

(7)《胶粉聚苯颗粒外墙外保温系统材料》(JG/T 158—2013)。
(8)《膨胀珍珠岩绝热制品》(GB/T 10303—2015)。
(9)《外墙外保温工程技术标准》(JGJ 144—2019)。
(10)《建筑节能管理条例》(征求意见稿)。

2. 地方法规

(1)各省、区、市基本制定了节约能源条例,但节约能源条例对建筑节能涉及较少。
(2)国内北方及夏热冬冷地区的许多省、区、市均制定了建筑节能管理规定,其中部分如下:
1)《严寒和寒冷地区居住建筑节能设计标准》(JGJ 26—2018)。
2)《既有居住建筑节能改造技术规程》(JGJ/T 129—2012)。
3)《夏热冬冷地区居住建筑节能设计标准》(JGJ 134—2010)。
4)《夏热冬暖地区居住建筑节能设计标准》(JGJ 75—2012)。
5)《江苏省居住建筑热环境和节能设计标准》(DGJ32/J 71—2014)。
6)《江苏省公共建筑节能设计标准》(DGJ32/J 96—2010)。

由于建筑节能设计相关的法律法规较多,适用范围也有所不同,具体如图 2-9 所示。

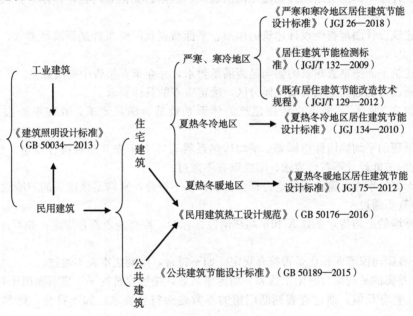

图 2-9 建筑节能设计规范与标准

2.1.4 建筑节能设计审查

建筑设计方案图纸、初步设计和建筑施工图设计图纸的"建筑设计总说明"中,应单列"建筑节能设计说明"章节(下文以夏热冬暖地区为例)。

1. 建筑节能设计说明中应包括的内容

(1)本工程节能设计的依据。
(2)建筑节能设计参数。
(3)本工程节能产品或材料的要求:墙体采用的隔热材料(注明材料名称)的导热系数限值($\lambda \leqslant \times \times W/(m \cdot K)$)、屋面构造中的隔热材料(注明材料名称)的导热系数限值($\lambda \leqslant \times \times W/(m \cdot K)$)、门窗工程采用的玻璃(注明玻璃品种名称)的遮阳系数限值($SC \leqslant \times \times$)、屋顶或墙面的太阳辐射吸收系数($\rho \leqslant \times \times$)。

(4)节能产品的抽样送检项目,在施工安装前应由监理人员督促施工单位抽样送检合格并签字。

2. 一般规定

(1)居住建筑节能设计审查,应分为建筑方案报建审查、初步设计、施工图设计审查三个环节。

1)方案审查应由设计单位的工程设计图纸审核人审查设计方案。政府规划审批部门在方案报建时应对设计方案进行节能审查并提出审查意见。

2)初步设计、施工图设计审查应由设计单位的工程设计图纸审核人对照相关条款进行内部审查。施工图设计的审图单位应对施工图设计进行审查,并提出审查意见。

(2)对产生建筑节能争议的设计项目或竣工工程应由住房城乡建设主管部门重新组织节能设计审查。

(3)施工图审查机构对于节能审查不合格的设计图纸应退回委托单位,待建筑设计修改后重新复核,复核合格后签署意见。

3. 按照规定性指标进行建筑节能设计审查

(1)使用规定性指标设计的施工图,按规定性指标逐条进行图纸审查。

(2)审查设计总平面图上用地红线范围内的通风、遮阳、绿化等内容,并在审查报告中提出意见。

(3)按照建筑设计图审查所设计建筑的体形、平面布置和门窗布置是否满足要求,并在审查报告中提出意见。

(4)按照建筑平面图审查建筑的朝向是否满足要求,并在审查报告中提出意见。

(5)按照所设计的居住建筑所属气候分区,确定审查的具体要求。

(6)若建筑在"北区",则审查居住建筑的体形系数是否满足要求,并在审查报告中提出意见。

(7)查阅屋顶的平均热惰性指标 D、平均传热系数 K 等,审查其是否符合规定;如不符合,则判定该建筑的节能设计不符合要求,节能审查不通过。

(8)如有天窗,审查天窗的指标是否符合要求;如不符合,则判定该建筑的节能设计不符合要求,节能审查不通过。

(9)审查外墙的平均传热系数 K 和平均热惰性指标 D,检查是否符合规定;如不符合,则审查不通过。

(10)审查各朝向窗墙面积比是否符合规定。如不符合,则判定审查不通过。

(11)审查外窗的平均综合遮阳系数和平均传热系数,按照建筑物平均窗墙面积比 CM,及外墙平均 K 值、平均 D 值,通过查表判断门窗的参数是否符合要求。如不符合,则判定审查不通过。

(12)检查外窗可开启面积是否符合规定。如不符合,则判定审查不通过。

(13)根据建筑图纸上外窗所处的位置及规范要求,核查所选用外门窗的气密性能指标。如不符合,则判定审查不通过。

如以上审查没有不通过项目,则节能审查通过。对于非强制性审查内容,不符合的应在审查报告中说明。

如以上审查有不通过项目,则应按照对比评定法进行设计审查。

2.2 单体建筑的节能设计

(1)单体建筑节能设计的主要内容应包括以下几个方面:

1)建筑热工计算。

2)室内自然通风模拟。

3)性能性节能设计。
4)空调系统节能设计。
5)可再生能源的利用。
(2)单体建筑设计宜采取以下措施,改善围护结构的隔热性能:
1)建筑的外窗、玻璃幕墙面积不宜过大。空调房间应尽量避免在东、西朝向大面积采用外窗、玻璃幕墙。
2)建筑门窗、玻璃幕墙的玻璃宜采用吸热玻璃、镀膜玻璃(包括镀热反射膜、LOW-E 膜、阳光控制膜等)、贴膜玻璃(包括贴热反射膜、LOW-E 膜、阳光控制膜等),或由上述玻璃品种组合的中空玻璃。
3)建筑的向阳面,特别是东、西朝向的外窗、玻璃幕墙,应采取各种有效的遮阳措施固定式或活动式遮阳等。在建筑设计中,宜结合外廊、阳台、挑檐等处理方法进行遮阳。
4)建筑外窗、玻璃幕墙的遮阳应综合考虑建筑效果、建筑功能和经济性,合理采用建筑外遮阳并和特殊的玻璃系统相配合。
5)屋面、东墙、西墙宜采用通风构造,或采取遮阳、绿化等措施。
6)外墙外表面宜采用浅色饰面。
7)钢结构等轻型结构体系建筑,其外墙宜采用有空气间层的。
8)公共建筑的出入口处,频繁开启的外门宜设置空气幕或采用自动门、闭门器等防渗漏措施。

2.2.1 建筑节能设计的四个基本原则

一方气候、一方建筑,一个气候区的科学研究、工作实践的结论不能直接用于另一个气候区,一个气候区的节能技术不得照搬到另一个气候区。例如,北方地区围护结构最关注保温,墙体厚度为 370 mm,以防止冬季室内的热量散失,外墙保温是主要节能手段。南方地区,最关注遮阳,防止夏季室外的太阳辐射热进入室内,遮阳隔热是主要节能手段。

1. 气候适应性原则

(1)充分利用良好的气候条件(自然的)。良好的气候条件包括过渡季节和空调季节良好的室外气候条件。主要途径:利用自然通风。
(2)消除、削弱恶劣气候的影响(人工的)。
(3)减少建筑物空调采暖能耗。主要途径如下:
1)提高围护结构热工性能。
2)提高采暖、空调设备能效比 EER。EER 按下式计算:

$$EER=\frac{Q}{E}$$

式中 EER——采暖、空调设备能效比;
E——采暖、空调设备耗电量;
Q——建筑物耗冷耗热量。

2. 整体性原则

从建设的全过程考虑,以酝酿出整体性的解决方案。自项目规划、立项阶段开始从规划入手,将建筑节能理念渗透到建筑物建设的全过程中。

3. 综合性原则

通过对建筑物能耗和用能特点的综合性分析,在方案阶段开始,采用多种手段进行节能设计,而非实施单项节能措施或技术。

4. 性能性原则

节能设计是提高建筑使用性能的必要组成部分,而非为节能而牺牲其他性能的要求。

2.2.2 建筑与建筑热工节能设计

1. 居住建筑的节能设计方法和步骤

(1)应按照规范规定判断所设计的居住建筑所属气候分区,根据所属气候分区进行节能设计。

(2)在居住小区总平面规划设计中,平面布局除满足功能要求外,还应满足规范规定的其他要求。

(3)居住建筑的朝向应尽可能满足规范要求。

(4)北区的居住建筑应满足体形系数的要求。

(5)建筑的体形、平面布置和门窗布置应满足要求。

(6)计算屋顶的平均热惰性指标 D,检查其是否大于 2.5;计算屋顶的平均传热系数 K 是否符合规定;如不符合,则应调整屋顶隔热的构造设计,直至满足为止。

(7)检查天窗的节能指标是否符合要求;如果不符合,则应调整直至符合规定。若天窗的面积不符合要求,则应调整天窗面积,直至符合规定;或者采用"对比评定法"进行节能综合评价。

(8)计算外墙的平均传热系数 K 和平均热惰性指标 D,检查是否符合规定;如不符合,则应调整外墙热工性能参数,直至符合规定;或者采用"对比评定法"进行节能综合评价。

(9)计算各朝向窗墙面积比,检查是否符合规定;如不符合,则应调整直至符合规定;或者采用"对比评定法"进行节能综合评价。

(10)计算或查阅所选择的窗的遮阳系数和传热系数,计算平均窗墙面积比 CM,根据平均窗墙面积比 CM 及外墙平均传热系数 K、平均热惰性指标 D,通过查表(北区或南区),查出外窗的综合遮阳系数 SW、传热系数 K(南区对外窗传热系数 K 不作要求)。进一步计算出外窗本身遮阳系数 SC;如门窗的性能指标不满足要求,则应调整门窗设计,再计算或查阅性能指标,直至符合规定;或者采用"对比评定法"进行节能综合评价。

(11)检查外窗可开启面积是否符合规定,如不符合,则应调整设计参数直至符合规定;如外窗为无固定亮子推拉窗,则可直接判定该窗符合规定。

(12)根据建筑图纸上外窗所处的位置及规范要求注明外窗的气密性能指标要求。

(13)运用"对比评定法"对建筑能耗进行综合评定。居住建筑节能设计的综合评价可采用"对比评定法"进行评定。当所设计的建筑不能完全符合规范和标准规定指标时,则必须采用"对比评定法"对其进行综合评定。综合评定的指标可采用空调采暖年耗电指数,也可直接采用空调采暖年耗电量,并应符合下列规定:

1)设计建筑的空调采暖年耗电指数≤参照建筑的空调采暖年耗电指数。

2)设计建筑的空调采暖年耗电量≤参照建筑的空调采暖年耗电量。

3)进行综合评价的建筑,其天窗的遮阳系数和传热系数、屋面的传热系数,以及热惰性指标小于 2.5 的墙体的传热系数,仍应满足节能标准的相关要求。

4)天窗的面积不应超过屋面面积的 15%。

5)屋面、挑出宽度大于 500 mm 的凸窗顶板及东、西外墙隔热能力,必须满足《民用建筑热工设计规范》(GB 50176—2016)的隔热要求。

建筑的空调采暖年耗电量应采用动态逐时模拟的方法计算。空调采暖年耗电量应为计算所得到的单位建筑面积空调年耗电量与采暖年耗电量之和。南区内的建筑物可忽略采暖年耗电量。节能设计计算所用到的动态逐时模拟计算软件,可直接采用美国的 DOE-2 和清华大学的 DeST,也可以采用经过鉴定的使用 DOE-2 或 DeST 作为计算核心的其他工程设计应用软件。

2. 公共建筑的节能设计

各类公共建筑的节能设计,必须根据当地的具体气候条件,首先保证室内热环境质量,提高人民的生活水平;与此同时,还要提高采暖、通风、空调和照明系统的能源利用效率,实现国家的可持续发展战略和能源发展战略。

建筑总平面的布置和单体平面设计，应有利于减少夏季的太阳热辐射，利用自然通风；宜利用冬季日照并避开冬季主导风向。在总体规划设计中，应充分利用水体和绿化等自然资源进行多方位的节能设计。设有中庭的建筑，夏季宜充分利用自然通风降温，必要时设置机械通风装置。建筑物外门应采取保温、隔热节能措施，寒冷地区宜设门斗，平屋面宜采用种植屋面或架空隔热屋面。

建筑物的体形应符合的规定：建筑物的体形宜避免过多的凹凸与错落；寒冷地区体形系数不应大于0.40，当不能满足上述规定时，必须按设计标准规定进行权衡判断；夏热冬冷地区体形系数不宜大于0.40。

(1)公共建筑的节能分类。

1)甲类公共建筑：单栋建筑面积大于300 m^2 的建筑，或单栋建筑面积小于或等于300 m^2 但总建筑面积大于1 000 m^2 的建筑群，应为甲类公共建筑。

2)乙类公共建筑：单栋建筑面积小于或等于300 m^2 的建筑。

(2)公共建筑的总体规划与节能设计的要求。

1)建筑群的总体规划应考虑减轻热岛效应。建筑的总体规划和总平面设计应有利于自然通风和冬季日照。

2)建筑的主朝向宜选择本地区最佳朝向或适宜朝向，且宜避开冬季主导风向。

3)建筑设计应遵循被动节能措施优先的原则，充分利用天然采光、自然通风，结合围护结构保温隔热和遮阳措施，降低建筑的用能需求。

4)建筑体形宜规整紧凑，避免过多的凹凸变化。

5)建筑总平面设计及平面布置应合理确定能源设备机房的位置，缩短能源供应输送距离。同一公共建筑的冷热源机房宜位于或靠近冷热负荷中心位置集中设置。

6)严寒地区甲类公共建筑各单一立面窗墙面积比(包括透光幕墙)均不宜大于0.60；其他地区甲类公共建筑各单一立面窗墙面积比(包括透光幕墙)均不宜大于0.70。

7)甲类公共建筑单一立面窗墙面积比小于0.40时，透光材料的可见光透射比不应小于0.60；甲类公共建筑单一立面窗墙面积比大于等于0.40时，透光材料的可见光透射比不应小于0.40。

8)单一立面外窗(包括透光幕墙)的有效通风换气面积应符合下列规定：

①甲类公共建筑外窗(包括透光幕墙)应设可开启窗扇，其有效通风换气面积不宜小于所在房间外墙面积的10%；当透光幕墙受条件限制无法设置可开启窗扇时，应设置通风换气装置。

②乙类公共建筑外窗有效通风换气面积不宜小于窗面积的30%。

9)夏热冬暖、夏热冬冷、温和地区的建筑各朝向外窗(包括透光幕墙)均应采取遮阳措施；寒冷地区的建筑宜采取遮阳措施。当设置外遮阳时应符合下列规定：

①东西向宜设置活动外遮阳，南向宜设置水平外遮阳；

②建筑外遮阳装置应兼顾通风及冬季日照。

10)甲类公共建筑的屋顶透光部分面积不应大于屋顶总面积的20%。当不能满足该规定时，必须按《公共建筑节能设计标准》(GB 50189—2015)中规定的方法进行权衡判断。

11)严寒地区建筑的外门应设置门斗；寒冷地区建筑面向冬季主导风向的外门应设置门斗或双层外门，其他外门宜设置门斗或应采取其他减少冷风渗透的措施；夏热冬冷、夏热冬暖和温和地区建筑的外门应采取保温隔热措施。

12)建筑设计应充分利用天然采光。天然采光不能满足照明要求的场所，宜采用导光、反光等装置将自然光引入室内。

(3)公共建筑的设计新风量要求。

在人员密度相对较大且变化较大的房间，宜根据室内 CO_2 浓度检测值进行新风需求控制，排风量也宜适应新风量的变化以保持房间的正压。当采用人工冷源、热源对空气调节系统进行预热或预冷运行时，新风系统应能关闭；当室外空气温度较低时，应尽量利用新风系统进行预冷。风机盘管加新风空调系统的新风宜直接送入各空气调节区，不宜经过风机盘管机组后再送出。

1)空调风系统和通风系统的风量大于 10 000 m³/h 时，风道系统单位风量耗功率(W_S)限值应符合表 2-5 的要求。

表 2-5 风道系统单位风量耗功率(W_S)   W/(m³·h⁻¹)

系统形式	W_S 限值
机械通风系统	0.27
新风系统	0.24
办公建筑定风量系统	0.27
办公建筑变风量系统	0.29
商业、酒店建筑全空气系统	0.30

2)公共建筑最小设计新风量计算。根据我国《公共建筑室内空气质量控制设计标准》(JGJ/T 461—2019)的规定，公共建筑方案设计和施工图设计的设计说明中应单列"室内空气质量控制设计"章节，并应在设计图纸中体现保障室内空气质量的技术措施。建筑室内空气质量控制措施优先级别应依次为源头控制、通风稀释、室内空气净化。

人员所需最小新风量(Q_{b1})应符合现行国家标准《民用建筑供暖通风与空气调节设计规范》(GB 50736—2012)的规定；按单位地板面积计所需最小新风量(Q_{b2})应按表 2-6 取值。

表 2-6 按单位地板面积计所需最小新风量

建筑污染分级	按单位地板面积计所需最小新风量 Q_{b2}/(m³·h⁻¹·m⁻²)
一级污染建筑物	0
二级污染建筑物	2.16
三级污染建筑物	3.24

3. 节能设计的基本要求

(1)因体形系数超标时，屋面、墙体、窗户的传热阻或传热系数、热惰性指标应满足相近体形系数达标时规定性指标的要求。

(2)因窗墙面积比超标时，屋面和墙体的传热阻、热惰性指标应满足规定性指标的要求，窗户的传热系数应满足相近窗墙面积比达标时规定性指标的要求。

(3)因窗传热系数超标时，屋面和墙的传热阻、热惰性指标应满足规定性指标的要求。

(4)因外墙传热阻超标时，屋面和窗的传热阻或传热系数应满足规定性指标的要求。

(5)因窗的遮阳超标时，屋面、墙和窗的传热系数或传热阻、居住建筑的热惰性指标应满足规定性指标的要求。

2.2.3 建筑主体结构的节能设计

建筑主体结构节能设计的内容主要包括墙体、屋面、楼板、门窗、幕墙等围护构件的设计。围护结构的规定性指标应满足各地区的节能设计标准。节能建筑围护结构应优先采用规定性指标进行设计。当设计不符合围护结构规定性指标要求时，应进行性能性指标设计，通过计算判定建筑物节能综合指标。建筑物的节能综合指标常采用建筑物的采暖、空调年计算耗电量的和作为指标。建筑物的节能综合指标应采用动态方法进行计算。

规定性指标法的规定指标包括体形系数(北方)、窗墙面积比、天窗面积比、传热系数、热惰性指标、遮阳系数(南方)、外窗可开启面积及气密性等级等。性能性指标法包括简化评价方法和动态能耗模拟。权衡判断不拘泥于建筑围护结构各个局部的热工性能,而是着眼于总体热工性能是否满足节能标准的要求。

节能建筑围护结构采用规定性指标进行设计时,一般检查屋面、外墙、挑空楼板的传热系数,窗墙面积比,屋面透光面积比,地面、地下室热阻,窗传热系数和遮阳系数等参数是否满足设计要求。

(1)墙体的分类和统计。墙体应按照以下规定进行分类和统计:墙体应按其热工性能进行分类,墙体中的梁、混凝土墙(含混凝土柱)、混凝土凸窗板、填充墙等均应分类;各类墙体均应按立面朝向规定分别统计面积,若墙体类型(热惰性指标、传热系数、太阳辐射吸收系数)不同,均应分类统计。夏热冬冷地区外墙传热系数限值见表2-7。

表2-7 夏热冬冷地区外墙传热系数限值

建筑类型	窗墙面积比	$D \leqslant 2.5$	$D > 2.5$
居住建筑	$S \leqslant 0.4$	$K \leqslant 1.0 \text{ W/(m}^2 \cdot \text{K)}$	$K \leqslant 1.5 \text{ W/(m}^2 \cdot \text{K)}$
	$S > 0.4$	$K \leqslant 0.8 \text{ W/(m}^2 \cdot \text{K)}$	$K \leqslant 1.0 \text{ W/(m}^2 \cdot \text{K)}$
公共建筑		$K \leqslant 1.0 \text{ W/(m}^2 \cdot \text{K)}$	

(2)非空调房间(电梯间、楼梯间、厨房、卫生间等)的外墙和外窗,应参与统计计算。电梯间、楼梯间、厨房、卫生间的墙体应满足《民用建筑热工设计规范》(GB 50176—2016)的隔热要求。当楼梯间洞口无窗时,可按有窗计算,窗的性能指标取全楼窗的平均传热系数和平均遮阳系数。

1)居住建筑(夏热冬冷地区)。

①分户墙、楼板、封闭式楼梯隔墙和外走廊隔墙:$K \leqslant 2.0 \text{ W/(m}^2 \cdot \text{K)}$。

②户门。

a. 通往密闭空间:$K \leqslant 3.0 \text{ W/(m}^2 \cdot \text{K)}$。

b. 通往非密闭空间或室外:$K \leqslant 2.0 \text{ W/(m}^2 \cdot \text{K)}$。

2)公共建筑没有单独作出规定。

(3)外窗及玻璃幕墙的节能设计主要包含窗墙面积比、外窗传热系数、遮阳系数、中空玻璃可见光透射比、中空玻璃露点温度、气密性等级等。窗及透明部分门的面积应按朝向、窗类型(传热系数和综合遮阳系数不同)进行统计。遇到阳台、遮阳设施等,均应按照规范计算其建筑外遮阳系数。当外凸窗凸出的长度超过0.5 m时,朝向按凸窗所在外墙的朝向计取,外凸窗上下左右侧板按实际面积和实际热工参数计算,窗按展开面积计算。夏热冬冷地区外窗气密性要求见表2-8。

表2-8 夏热冬冷地区外窗气密性要求

居住建筑		公共建筑
1~6层	7层及7层以上	
不应低于4级	不应低于6级	不应低于6级
$2.0 < q_1 \leqslant 2.5$	$1.0 < q_1 \leqslant 1.5$	
$6.0 < q_2 \leqslant 7.5$	$3.0 < q_2 \leqslant 4.5$	

玻璃幕墙因涉及抗风压、抗震等结构内力计算,需要专业公司深化设计,只提出单片玻璃和空气层最小厚度、传热系数、遮阳系数、中空玻璃可见光透射比、中空玻璃露点温度、气密

性等级要求。夏热冬冷地区透明幕墙(含玻璃)气密性要求见表2-9。

表2-9 夏热冬冷地区透明幕墙气密性要求

夏热冬冷地区			
1～6层		7层及7层以上	
2级		3级	
可开启部分	固定部分	可开启部分 /($m^3 \cdot m^{-2} \cdot K^{-1}$)	固定部分 /($m^3 \cdot m^{-2} \cdot K^{-1}$)
$1.5 < q_L \leq 2.5$	$1.2 < q_A \leq 2.0$	$0.5 < q_L \leq 1.5$	$0.5 < q_A \leq 1.2$

中空玻璃可见光透射比、露点温度(夏热冬冷地区)规定如下：中空玻璃可见光透射比≥0.40；露点温度≤-40℃。

(4)屋面应按类型(不同热惰性指标、传热系数、太阳辐射吸收系数)进行统计。坡屋面在计取外围护结构面积时，应不包括挑檐部分面积，坡屋面上的天窗按水平天窗计算其实际窗面积。夏热冬冷地区屋面传热系数限值见表2-10。

表2-10 夏热冬冷地区屋面传热系数限值

建筑类型	窗墙面积比	$D \leq 2.5$	$D > 2.5$
居住建筑	$S \leq 0.4$	$K \leq 0.8 \text{ W}/(m^2 \cdot K)$	$K \leq 1.0 \text{ W}/(m^2 \cdot K)$
	$S > 0.4$	$K \leq 0.5 \text{ W}/(m^2 \cdot K)$	$K \leq 0.6 \text{ W}/(m^2 \cdot K)$
公共建筑		$K \leq 0.7 \text{ W}/(m^2 \cdot K)$	

2.2.4 建筑设备的节能设计

1. 采暖、通风、空调节能设计

采暖、通风、空调方式应根据建筑物规模，所在地气象条件、能源状况、用户要求等因素，通过技术经济比较后合理确定。施工图设计阶段，必须进行热负荷和逐项逐时的冷负荷计算。

(1)采暖。应根据建筑特点、采暖期天数、能源消耗量和运行费用等因素，经技术经济综合比较后确定是否设置集中采暖系统。集中采暖系统应采用热水作为热媒。集中采暖系统形式应能保证分室(区)调节室温，并分别设置室温调控装置。集中采暖系统供水管或回水管的各分支路，应根据水力平衡要求采取适当的水力平衡措施。集中热水采暖系统在选配热水循环泵时，应计算循环水泵的耗电输热比(EHR)，并应标注在施工图的设计说明中。

散热器的散热面积应根据热负荷计算确定。确定散热器所需散热量时，应扣除室内明装管道的散热量。散热器宜明装，外表面应刷非金属性涂料。公共建筑内的高大空间宜采用辐射采暖方式。采暖系统的暗装管道及附件应保温，保温层厚度应采用经济厚度计算方法确定或选用。

(2)通风与空气调节。

1)公共建筑通风的设计应符合下列规定：

①一般房间的通风换气，宜采用自然通风，以缩短需要空调的时间。

②建筑物内产生大量热、湿及有害物质的部分，应采用局部排风，必要时辅以全面排风。

③无自然通风条件或自然通风不能满足通风换气要求时，应设置机械通风系统。

2)地下停车库采用机械通风系统时，机械排风量宜按下述方法计算确定：

①机动车单层停放时，可按换气次数计算。当层高小于3 m时，按实际高度计算换气体积；当层高大于3 m时，按3 m高度计算换气体积。机动车出入较频繁的商业类等建筑，按6次/h换气选取。机动车出入一般的普通建筑，按5次/h换气选取。机动车出入频率较低的住宅类等

建筑,按 4 次/h 换气选取。

②机动车全部或部分双层停放时,宜采用单车排风量法计算。当机动车出入频率较大时,按每辆 500 m³/h 计;机动车出入频率一般时,按每辆 400 m³/h 计。机动车频率较低时,按每辆 300 m³/h 计。

机械进风系统的进风量宜为排风量的 80%~85%。地下停车库的通风系统与机械排烟系统合用时,宜采用多台风机并联运行或采用双速风机。平时宜采用单台风机或低速运行。

3)空调末端的设计应符合下列规定:采用集中式空气调节系统时,使用时间、温度、湿度等要求条件不同的空气调节区,不应划分在同一个空气调节风系统中;面积较大、人员较多的场所,宜采用全空气调节系统;无特殊要求时,全空气调节系统应采用单风道送风方式。下列全空气调节系统中宜采用变风量空气调节系统:

①同一空气调节风系统中,各空气调节区的冷、热负荷差异和变化大,低负荷运行时间较长,且需要分别控制各空调区温度。

②建筑物内区全年需要送冷风。建筑物空气调节内、外区应根据室内进深、分隔、朝向、楼层及围护结构特点等因素划分。内区、外区宜分别设置空气调节系统,并应避免室内冷风、热风的混合损失。设计定风量全空气调节系统时,宜采取全新风运行或可调新风比运行的措施,同时宜设计相应的机械排风系统。新风量的控制与工况的转换,宜采用新风和回风的焓值控制方法。

4)多联式空调(热泵)系统的设计应符合下列规定:经技术经济比较合理时,空气调节系统可采用多联式空调(热泵)系统。夏热冬冷地区应采用热泵型,寒冷地区应校核冬季设计条件下的制热性能系数,且不应低于 1.8;在同一系统中,当不同空气调节区域需要同时供冷和供热时,宜选择热回收型机组;系统冷媒管配管长度不宜过长,且必须按室内外机高度差和管长计算夏季供冷量修正系数。甲类建筑该系数不应小于 0.85,乙类建筑该系数不应小于 0.80;在建筑平面设计和立面设计中,应考虑室外机的合理位置,既要有利于与室外空气的热交换,又不应影响立面景观;同时,要便于清洗和维护室外散热器。

5)室外机的布置应符合下列要求:

①为避免气流短路,宜将室外机房布置在建筑的边角处,分别从不同方向进风和排风。

②不宜安装在西向或西北向的外墙面。

③高层建筑的室外机不应从下到上逐层依次布置在建筑物的竖向凹槽内。

④应远离高温或含腐蚀性、油雾等有害气体的排风点。

6)空调冷却水系统、地源热泵低位热源侧水系统的设计应符合下列规定:具有过滤、缓蚀、阻垢、杀菌、灭藻等水处理功能;冷却塔设置在空气流通条件好的场所;在多台制冷主机并联供冷的系统中,与其相匹配的冷却塔采用并联形式。在过渡季节或者外界气温较低、室内冷负荷减少,部分制冷主机运行时,应根据冷却塔出水温度,停开冷却塔风机,采用自然冷却的方式降低能耗;地源热泵低位热源侧水系统应设计冬夏季变流量系统。

7)房间空调器的设计应符合下列规定:需要 24 h 运行或集中空调系统运行停止时,需要运行的空调房间和使用时间不固定的房间或建筑宜采用房间空调器。

(3)冷、热源

1)供暖空调冷源与热源应根据建筑规模、用途、建设地点的能源条件、结构、价格以及国家节能减排和环保政策的相关规定,通过综合论证确定,并应符合下列规定:

①有可供利用的废热或工业余热的区域,热源宜采用废热或工业余热。当废热或工业余热的温度较高、经技术经济论证合理时,冷源宜采用吸收式冷水机组。

②在技术经济合理的情况下,冷、热源宜利用浅层地能、太阳能、风能等可再生能源。当采用可再生能源受到气候等原因的限制无法保证时,应设置辅助冷、热源。

③不具备本条第 1、2 款的条件,但有城市或区域热网的地区,集中式空调系统的供热热源

宜优先采用城市或区域热网。

④不具备本条第1、2款的条件，但城市电网夏季供电充足的地区，空调系统的冷源宜采用电动压缩式机组。

⑤不具备本条第1款～第4款的条件，但城市燃气供应充足的地区，宜采用燃气锅炉、燃气热水机供热或燃气吸收式冷(温)水机组供冷、供热。

⑥不具备本条第1款～5款条件的地区，可采用燃煤锅炉、燃油锅炉供热，蒸汽吸收式冷水机组或燃油吸收式冷(温)水机组供冷、供热。

⑦夏季室外空气设计露点温度较低的地区，宜采用间接蒸发冷却冷水机组作为空调系统的冷源。

⑧天然气供应充足的地区，当建筑的电力负荷、热负荷和冷负荷能较好匹配、能充分发挥冷、热、电联产系统的能源综合利用效率且经济技术比较合理时，宜采用分布式燃气冷热电三联供系统。

⑨全年进行空气调节，且各房间或区域负荷特性相差较大，需要长时间地向建筑同时供热和供冷，经技术经济比较合理时，宜采用水环热泵空调系统供冷、供热。

⑩在执行分时电价、峰谷电价差较大的地区，经技术经济比较，采用低谷电能够明显起到对电网"削峰填谷"和节省运行费用时，宜采用蓄能系统供冷、供热。

⑪夏热冬冷地区以及干旱缺水地区的中、小型建筑宜采用空气源热泵或土壤源地源热泵系统供冷、供热。

⑫有天然地表水等资源可供利用，或者有可利用的浅层地下水且能保证100%回灌时，可采用地表水或地下水地源热泵系统供冷、供热。

⑬具有多种能源的地区，可采用复合式能源供冷、供热。

2)除符合下列条件之一外，不得采用电直接加热设备作为供暖热源：

①电力供应充足，且电力需求侧管理鼓励用电时；

②无城市或区域集中供热，采用燃气、煤、油等燃料受到环保或消防限制，且无法利用热泵提供供暖热源的建筑；

③以供冷为主、供暖负荷非常小，且无法利用热泵或其他方式提供供暖热源的建筑；

④以供冷为主、供暖负荷小，无法利用热泵或其他方式提供供暖热源，但可以利用低谷电进行蓄热，且电锅炉不在用电高峰和平段时间启用的空调系统；

⑤利用可再生能源发电，且其发电量能满足自身电加热用电量需求的建筑。

2. 电气节能设计

(1)供配电。

1)供配电电压等级应符合下列规定：根据负荷容量选用较高的电压等级，用电负荷较大的公共建筑宜采用10 kV及以上电压等级供电。单台容量大于500 kW的电动机宜采用中压供电。

2)在保证供配电系统安全运行情况下，应根据用电负荷的大小控制变压器运行台数。由两路电源供电的系统，应采用两路电源同时运行的方式。变配电所、低压配电室及配电竖井选择应符合下列规定：变配电所应深入负荷中心，合理选择供配电路径，避免迂回供电。380 V/220 V供电半径不宜大于200 m；当受条件限制且安装容量小于150 kW时，可不大于250 m。低压配电室应靠近配电竖井，配电竖井宜设置在负荷中心。

3)电力设备选型应符合下列规定：变压器应选用10型及以上节能环保型、低损耗、低噪声，接线组别为Dyn11的变压器，变压器应自带强迫通风装置；公共建筑物的电动机应选用节能型和高效率电动机，并应根据负载的不同种类、性能采用相应的启动、调速等节电措施；应合理选择供配电线路的导体截面。

(2)照明。

1)照明节能的主要技术措施：选择优质高效的电光源并尽量减少白炽灯的使用量，一般场所推广使用细管径荧光灯和紧凑型荧光灯；有条件的项目使用电磁感应灯、LED灯等光源，大型场所采用高光效、长寿命的高压钠灯和金属卤化灯；选择高效灯具及节能器件；提高照明设计质量精度；采用智能化照明。

2）根据照明场所功能要求确定照明功率密度值，并应符合国家标准《建筑照明设计标准》(GB 50034—2013)规定的目标值。应充分利用天然光，具备条件的场所可设置光诱导照明系统；具备太阳能光伏电池板安装的场所可利用太阳能光伏系统作为照明电源。

3）室内照明光源及灯具应符合以下要求：室内照明应采用高效光源，根据室内空间条件合理选用光源种类，办公、商业等场所宜选用大功率直管型荧光灯；应选用直射光通比较高、控光性能合理的高效灯具，大面积照明场所的灯具效率不应低于70%。

4）室外照明光源及灯具应符合以下要求：除有特殊要求外，室外照明光源应选用高效气体放电灯、LED灯等新型高效光源；不宜采用高压汞灯，不应采用自镇流荧光高压汞灯和普通白炽灯；在满足眩光限制和配光要求条件下，应选用高效率的灯具，其中泛光灯灯具效率不应低于65%。

5）利用天然光照明，是对自然资源的有效利用，是建筑节能的一个重要方面。天然采光节能设计策略如下：利用有利朝向；采用有利的平面形式；采用天窗采光；采用有利的内部空间布局；建筑物外部(屋面、墙)颜色使用浅色可以造成漫射光，使高侧窗和低层窗获得更多的日光。

6）天然采光新技术包括导光管、光导纤维、采光隔板、导光棱镜窗等。

①导光管：由集光器、管体部分和出光部分三部分组成。

②光导纤维：光导纤维采光系统由聚光部分、传光部分和出光部分三部分组成。

③采光隔板：侧窗上安装一组反射装置，使窗口直射阳光多次反射进入室内，提高房间内部照度。

④导光棱镜窗：利用棱镜的折射作用改变入射光方向，使阳光照射到房间深处，减少直射光引起的眩光。

3. 给水节能设计

(1)生活用水定额和卫生器具给水定额。生活用水定额应按《建筑给水排水设计标准》(GB 50015—2019)确定。当采用中水、雨水等作为冲厕、地面冲洗等用水时，应相应减去该部分用水定额。卫生器具的给水额定流量、当量、连接管公称管径和最低工作压力应按《建筑给水排水设计标准》(GB 50015—2019)确定。热水用水定额应按《建筑给水排水设计标准》(GB 50015—2019)确定。

(2)生活给水方式及水压。

1）给水系统设计应充分利用城镇给水管网的水压直接供水。当采用加压供水时，应结合建筑物的条件、用水特点等综合考虑，选择合理的给水方式。市政条件许可的地区，宜采用管网叠压供水的给水方式；在有条件设置高位水箱的地方，宜采用定速泵组和高位水箱联合供水的给水方式；每日用水时间较长、用水量经常变化的场所，宜采用变频调速供水的给水方式。变频调速供水宜采用恒压变量供水。

2）给水系统应竖向分区，各分区最低卫生器具配水点的静水压力不宜大于0.45 MPa，且分区内压力较高部分应设置减压设施，保证各用水点处供水压力不宜大于0.20 MPa。

3）热水供应系统应有保证用水点处冷、热水供水压力平衡的措施。热水供应系统应按下列要求设置循环系统：集中热水供应系统应采用机械循环，保证干管、立管或干管、立管和支管的热水循环；当采用共用加热设备的局部热水供应系统时，设有三个以上卫生间的公寓，宜设循环泵机械循环；全日集中供应热水的循环系统，保证配水点出水温度不低于45 ℃的时间应不大于10 s。

4）大型公共浴室宜采用高位冷、热水箱重力流供水。当无条件设高位冷、热水箱时，可设带储热调节容积的水加热设备供给热水。由热水箱经加压泵直接供水时，应有保证系统冷热水压力平衡和稳定的措施。

(3)生活热水的生产。能源选择应充分利用工业余热和废热,以及太阳能、空气源、地源等可再生能源。有条件时可利用空调系统余热,同时,可考虑多种能源互补,以有效地满足用户的需求。新建、改建、扩建的宾馆、酒店、商住楼等有热水需求的公共建筑,应设太阳能热水系统,并应符合下列要求:太阳能热水系统宜采用集中式太阳能供应系统,特殊情况下可采用分散式太阳能供应系统;太阳能热水系统设计应按《建筑太阳能热水系统设计、安装与验收规范》(DGJ32/J 08—2008)中的有关规定执行;太阳能利用设施应与建筑进行一体化设计。

(4)给水系统的节能措施。

1)选择给水系统加压泵应符合下列规定:

①水泵的 Q-H 特性曲线应为随流量的增大,扬程逐渐下降的曲线。

②根据管网水力计算结果选泵,水泵应在其高效区内运行。

2)给水系统采用变频调速泵组供水。采用集中供应热水系统时,换热站宜靠近热水用水负荷大的建筑,距离远的小供热点宜选用局部加热系统。水加热设备应根据使用特点、耗能量、热源、维护管理及卫生防菌等因素选择,并应符合下列要求:

①热效率高,燃料燃烧充分,换热效果好,容积利用率高,节水。

②被加热水侧阻力损失小,直接供给生活热水的阻力损失不宜大于 0.01 MPa。

③水加热器的热媒入口管上应配置自动温控装置。自动温控装置应能根据水加热器内水温的变化,通过水温传感器可靠、灵活地调节或启闭热媒的流量。

④安全可靠,构造简单,操作维修方便。

⑤汽-水热交换器的蒸汽冷凝水应回收再利用或循环使用,不得直接排放。

3)可再生能源储热容积宜符合下列要求:旅馆、医院病房楼的太阳能供热系统,其储热容积宜按最高日热水用水量的 70%~90% 选取;非住宅类居住建筑、体育馆等其他建筑的太阳能供热系统,其储热容积宜按最高日热水用水量的 70% 选取;采用空气源、地源等可再生能源,应根据建筑的用水特点确定储热容积。

4)洗衣房和厨房应选用高效、节水的洗涤设备。淋浴器宜采用及时启闭的脚踏、手动控制或自动控制装置;不得使用一次冲水大于 6 L 的坐便器;公共卫生间宜采用红外感应水嘴和感应式冲洗阀小便器、大便器等节水器具。

5)浴室内的管道应按下列要求设置:当淋浴器出水温度能保证控制在使用温度范围时宜采用单管供水,当不能满足时宜采用双管供水;多于 3 个淋浴器的配水管道宜布置成环形,且配水管上不宜接管供其他器具用水;公共浴室的热水管网应设循环回水管,循环管道应采用机械循环。

2.3 建筑能耗指标简介

2.3.1 建筑节能设计的六个关键术语

1. 传热系数(K)

在稳态条件下,围护结构两侧空气温度差为 1 ℃,单位时间内通过 1 m² 面积传递的热量,单位是 W/(m²·℃)[W/(m²·K)],是表征围护结构传递热量能力的指标。K 值越小,围护结构的传热能力越弱,其保温、隔热性能越好。

例如,180 mm 厚的钢筋混凝土墙的传热系数为 3.26 W/(m²·K);普通 240 mm 厚的砖墙的传热系数为 2.1 W/(m²·K),190 mm 厚的加气混凝土砌块的传热系数为 1.12 W/(m²·K),因此,190 mm 厚的加气混凝土砌块的隔热性能优于 240 mm 厚的砖墙,更优于 180 mm 厚的钢筋混凝土墙。

2. 热惰性指标(D)

热惰性指标是表征围护结构对温度波衰减快慢程度的无量纲指标,其值等于材料层热阻与蓄热系数的乘积。D 值越大，温度波在其中的衰减越快，围护结构的热稳定性越好，越有利于节能；D 值越小，则建筑内表面温度越高，影响人体热舒适性。

1）单一匀质材料层的热惰性指标应按下式计算：

$$D = R \cdot S$$

式中　S——材料蓄热系数[W/(m²·K)]（查《民用建筑热工设计规范》(GB 50176—2016)附录 B）；

　　　R——材料层的热阻[(m²·K)/W]（查《民用建筑热工设计规范》(GB 50176—2016)附录 D）。

2）多层匀质材料层组成的围护结构平壁的热惰性指标应该下式计算：

$$D = D_1 + D_2 + \cdots + D_n = \sum(R \cdot S)$$

式中　$D_1, D_2, \cdots, D_n$——各层材料的热惰性指标，无量纲，其中，实体材料层的热惰性指标应按《民用建筑热工设计规范》(GB 50176—2016)第 3.4.8 条的规定计算，封闭空气层的热惰性指标应为 0。

3. 遮阳系数（SC）

实际透过窗玻璃的太阳辐射得热与透过 3 mm 透明玻璃的太阳辐射得热之比值，是表征窗户透光系统遮阳性能的无量纲指标，其值在 0～1 范围内变化。SC 越小，通过窗户透光系统的太阳辐射得热量越小，其遮阳性能越好。

$$SC = \frac{g}{\tau_s}$$

式中　SC——试样的遮阳系数；

　　　g——试样的太阳能总透射比（%）；

　　　τ_s——3 mm 厚的普通透明玻璃的太阳能总透射比，理论值为 88.9%。

常见玻璃的 SC 值见表 2-11。

表 2-11　常见玻璃的 SC 值

名称	遮阳系数	传热系数/(W·m⁻²·K⁻¹)
5～6 mm 无色透明玻璃	0.96～0.99	6.3
6 mm 热反射镀膜玻璃	0.25～0.90	6.2
无色透明中空玻璃	0.86～0.88	3.5
热反射镀膜中空玻璃	0.20～0.80	3.4
LOW-E 中空玻璃	0.25～0.70	2.5

外窗的综合遮阳系数（SW）：考虑窗本身和窗口的建筑外遮阳装置综合遮阳效果的一个系数。

$$SW = SD \times SC$$

《夏热冬暖地区居住建筑节能设计标准》(JGJ 75—2012)给出了常见遮阳形式的 SD 值，见表 2-12。

表 2-12　常见遮阳形式的 SD 值

遮阳形式	建筑外遮阳系数 SD
可完全遮挡直射阳光的固定百叶、固定挡板、遮阳板等	0.5
可基本遮挡直射阳光的固定百叶、固定挡板、遮阳板等	0.7
较密的花格	0.7
可完全覆盖窗的不透明活动百叶、金属卷帘	0.5
可完全覆盖窗的织物卷帘	0.7

注：位于窗口上方的上一楼层的阳台也作为遮阳板考虑。

4. 可见光透射比

可见光透射比即透过透明材料的可见光光通量与投射在其表面上的可见光光通量之比。

5. 体形系数

建筑物与室外大气直接接触的外表面面积与其所包围体积的比值即体形系数(图 2-10)。体形系数越大，单位建筑面积对应的外表面面积越大，外围护结构的传热损失也越大。严寒、寒冷地区的建筑对体形系数有具体规定。

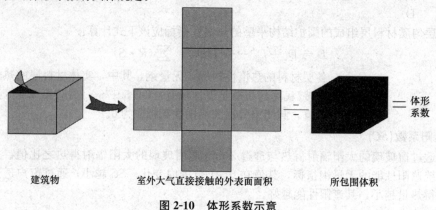

图 2-10 体形系数示意

6. 窗墙面积比

窗墙面积比即窗户洞口面积与其所在外立面面积的比值(图 2-11)。普通窗户的保温、隔热性能比外墙差很多，而且夏季白天太阳辐射还可以通过窗户直接进入室内。一般来说，窗墙面积比越大，建筑物的能耗也越大。

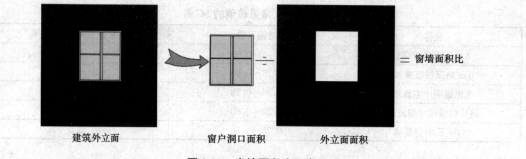

图 2-11 窗墙面积比示意

平均窗墙面积比是指整栋建筑外墙面上的窗及阳台门的透明部分的总面积与整栋建筑的外墙面的总面积(包括其中的窗及阳台门的透明部分面积)之比。

2.3.2 其他建筑节能术语

1. 参照建筑

参照建筑是对围护结构热工性能进行权衡判断时，作为计算全年采暖和空气调节能耗用的假想建筑。

2. 被动采暖

被动采暖是不通过专用采暖设备，只利用外部辐射得热和室内得热，提高室内温度的做法。

3. 采暖期天数

累年日平均温度低于或等于 5 ℃的天数称为采暖期天数，单位为 d。

4. 采暖期室外平均气温

当地气象台(站)冬季室外平均温度低于或等于 5 ℃的累年平均值，单位为℃。

5. 设计计算用空调降温期天数

累年日平均温度高于或等于 26 ℃的天数，称为设计计算用空调降温期天数，单位为 d。

6. 空调降温期室外平均气温

空调降温期室外平均气温是当地气象台(站)夏季室外日平均温度高于或等于 26 ℃的累年平均值，单位为℃。

7. 采暖度日数

一年中，当某天室外平均温度低于 18 ℃时，将低于 18 ℃的度数乘以 1 d，并将此乘积累加即得到采暖度日数。

8. 空调度日数

一年中，当某天室外平均温度低于 26 ℃时，将低于 26 ℃的度数乘以 1 d，并将此乘积累加即得到空调度日数。

9. 典型气象年

以近 30 年的月平均值为依据，从近 10 年的资料中选取一年各月接近 30 年的平均值作为典型气象年。由于选取的月平均值在不同的年份，资料不连续，还需要进行月间平滑处理。

10. 建筑物耗热量指标

建筑物耗热量指标是指在设计计算用采暖期室外平均温度条件下，为保持室内全部房间平均计算温度为 18 ℃，单位建筑面积在单位时间内消耗的、需由室内采暖设备提供的热量，单位为 W/m^2。

11. 建筑物耗冷量指标

建筑物耗冷量指标是指在设计计算用空调降温期室外平均温度条件下，为保持室内全部房间平均计算温度为 26 ℃，单位建筑面积在单位时间内消耗的、需由室内空调设备提供的制冷量，单位为 W/m^2。

12. 建筑耗电量指标

建筑耗电量指标是指在设计计算温度条件下，为保持室内计算温度，单位建筑面积全年消耗的电量，单位为(kW·h)/m^2。

13. 太阳辐射吸收系数

太阳辐射吸收系数是表征建筑材料表面对太阳辐射热吸收能力的无量纲指标，是一个小于 1 的系数。

14. 综合部分负荷性能系数

综合部分负荷性能系数是用一个单一数值表示的空气调节用冷水机组的部分负荷效率指标。其基于机组部分负荷时的性能系数值，按照机组在各种负荷下运行时间的加权因素，通过计算获得。

15. 围护结构热工性能权衡判断

当建筑设计不能完全满足规定的围护结构热工设计要求时，计算并比较参照建筑和所设计建筑的全年采暖和空气调节能耗，判定围护结构的总体热工性能是否符合节能设计要求。

16. 热桥(也称作冷桥)

围护结构中包含金属、钢筋混凝土或混凝土梁、柱、肋等部位，在室内外温差作用下，形成热流密集、内表面温度较低的部位。这些部位形成传热的桥梁，故称热桥。

17. 换气次数

换气次数即单位时间内，室内空气的更换次数。

2.3.3 绿色建筑相关术语

绿色建筑设计应统筹考虑建筑全寿命期内建筑功能和节能、节地、节水、节材、保护环境之间的辩证关系，体现经济效益、社会效益和环境效益的统一；应降低建筑行为对自然环境的影响，遵循健康、简约、高效的设计理念，实现人、建筑与自然和谐共生。

1. 绿色建筑

在建筑的全寿命期内，大限度地节约资源（节能、节地、节水、节材）、保护环境和减少污染，为人们提供健康、适用和高效的使用空间，与自然和谐共生的建筑称为绿色建筑。

2. 绿色设计

绿色设计是指在设计中体现可持续发展的理念，在满足建筑功能的基础上，实现建筑全寿命周期内的资源节约和环境保护，为人们提供健康、适用和高效的使用空间。

3. 建筑全寿命期

建筑全寿命期是指建筑从立项、规划、设计、建造、使用到拆除的全过程。其包括原材料的获取，建筑材料与构配件的加工制造，现场施工与安装，建筑的运行和维护，以及建筑终期的拆除与处置。

4. 热岛强度

热岛强度是指城市内一个区域的气温与郊区气象测点温度的差值，是城市热岛效应的表征参数。

5. 绿色雨水基础设施

绿色雨水基础设施是指一种由诸如林荫街道、湿地、公园、林地、自然植被区等开放空间和自然区域组成的相互联系的网络。其能够以自然的方式控制城市雨水径流、减少城市洪涝灾害、控制径流污染、保护水环境。

6. 年径流总量控制率

通过自然或人工强化采取的入渗、滞留、调蓄和回用等措施，一年内场地雨水径流中得到控制的径流雨量占全年总雨量的比例称为年径流总量控制率。

7. 再生水

污水经适当再生工艺处理后具有一定使用功能的水称为再生水。

8. 非传统水源利用率

采用再生水、雨水、海水等非传统水源代替市政供水或地下水供给景观、绿化、冲厕等使用的水量占总用水量的百分比即非传统水源利用率。

9. 能耗监测系统

能耗监测系统是通过对建筑安装分类和分项能耗计量装置，采用远程传输等手段及时采集能耗数据，实现建筑能耗的在线监测和动态分析功能的硬件系统和软件系统的统称。

10. 遮阴率

遮阴率是在一定时间阶段，一定区域内太阳直射光在地面的投影所占区域的比例。景观环境设计中的绿化遮阴率是指太阳直射乔木所形成的地面投影所占区域的比例。地面投影不重复计算。

11. 可再利用材料

可再利用材料是指不改变所回收材料的物质形态可直接再利用的，或经过简单组合、修复后可直接再利用的建筑材料，如场地范围内拆除的或从其他地方获取的旧砖、门窗及木材等。

12. 可再循环材料

可再循环材料是指通过改变物质形态可实现循环利用的材料，如金属材料、木材、玻璃、石膏制品等。

2.4 《建筑能效标识技术标准》简介

2.4.1 我国推行建筑能效标识的必要性

(1)贯彻落实国务院一系列文件精神的必要工作。2005年7月，《国务院关于加快发展循环经济的若干意见》(国发〔2005〕22号)中指出，"建立和完善强制性产品能效标识、再利用品标识、节能建筑标识和环境标志制度，开展节能、节水、环保产品认证以及环境管理体系认证"。

(2)为解决目前建筑能效信息不对称的问题提供了衡量的标尺。

1)建设单位在建筑的规划、设计、建造过程中很难清楚地掌握建筑本身的能效信息，并且无法及时、准确地公开。

2)房屋消费者在购房和使用过程中很难了解房屋的节能性能。

3)政府部门也无法准确地掌握建筑的节能性能并将其作为制定相关政策措施的依据。

(3)建筑产品的特殊性决定了建立建筑能效标识制度很有必要。

1)我国建筑能耗在全社会能源总消耗量中所占比例已接近30%，总量极大，用能的效率很低，而且缺乏对于建筑用能效率或能源消耗量方面的信息。

2)建筑能效也可看作是建筑工程质量的延伸，建筑产品的特殊性质决定了对建筑用能效率的控制应主要采取事前预防、控制为主，事后追究为补充的措施。因此，应建立建筑能效标识制度，在新建建筑的市场准入阶段严格把关。

3)建筑的能效信息很难靠个人的直观感觉来判断，只有经过测评或查验建筑工程规划、设计及施工过程执行节能标准的情况后，才能准确掌握建筑物的能效信息。

(4)建筑能效标识制度是使新建建筑严格执行节能标准的关键环节。

1)建筑节能专项检查的结果表明，目前，新建建筑执行节能标准率较低，其主要原因在于建筑节能监管不闭合。

2)使政府部门对建筑节能工作的监督管理由建筑的规划、设计、施工延伸到销售、使用阶段，形成一个闭合的管理模式。

3)建筑能效标识制度在市场准入的环节对建筑执行节能标准情况进行严格把关。

(5)为政府有效规范建筑节能市场提供了新的依据。

1)建筑能效标识是政府发挥公共管理职能，规范建筑节能市场的有效手段，能够引导市场，起到鼓励先进、淘汰落后、加强新建建筑节能管理的作用。

2)建筑能效标识也为政府实施建筑节能的相关激励政策提供了依据。建筑能效测评标识的结果能够区分出不同的建筑能源利用效率的等级，从而能够方便地对不同能效等级的建筑实施不同程度的激励政策。

2.4.2 《建筑能效标识技术标准》的主要内容

1. 基本规定

(1)建筑能效标识应以包括建筑能效测评和建筑能效实测评估两个阶段。建筑能效标识应以建筑能效测评结果为依据。居住建筑和公共建筑应分别进行建筑能效标识。对于兼有居住、公共建筑双重特性的综合建筑，当居住或公共建筑面积占整个建筑面积的比例大于10%，且面积大于1 000 m^2时，应分别进行标识。

（2）新建建筑能效测评应在建筑节能分部工程验收合格后、建筑物竣工验收之前进行。建筑能效实测评估应在建筑物正常使用1年后，且入住率大于30%时进行。

（3）建筑能效标识应以单栋建筑为对象。对居住小区中的同类型建筑进行建筑能效标识时，可抽取有代表性的单体建筑进行测评，作为同类型建筑能效标识依据。抽测数量不得少于10%，并不得少于1栋。同类型建筑能效标识的等级应按抽测单体建筑能效标识的最低级别确定。

（4）建筑能效测评应包括基础项、规定项与选择项，并应符合下列规定：

1）基础项应为计算得到的相对节能率。相对节能率计算时，应先将电能之外的其他能源折算为标准煤，再根据上年度国家统计部门发布的发电煤耗折算为耗电量进行计算。

2）规定项应为按国家现行有关建筑节能设计标准的规定，围护结构及供暖空调、照明系统需满足的要求。

3）选择项应为对规定项中未包括且国家鼓励的节能环保新技术进行加分的项目。对未明确节能环保新技术应用比例的选择项，该技术应用比例应达到60%以上时，才能作为加分项目。

（5）建筑能效实测评估应包括基础项与规定项，并应符合下列规定：

1）基础项应为实测得到的全年单位建筑面积实际使用能耗。

2）规定项应为按国家现行建筑节能设计标准的规定，围护结构及供暖空调、照明系统需满足的要求。规定项实测结果应全部满足要求。

（6）申请建筑能效测评时，应提交下列资料：

1）土地使用证、立项批复文件、规划许可证、施工许可证等项目立项、审批文件；

2）建筑施工设计文件审查报告及审查意见；

3）全套竣工图纸；

4）与建筑节能相关的设备、材料和构配件的产品合格证；

5）由国家认可的检测机构出具的围护结构热工性能及产品节能性能检测报告；对于提供建筑门窗节能性能标识证书和标签的门窗，可不提供检测报告；

6）节能工程及隐蔽工程施工质量检查记录和验收报告；

7）节能环保新技术的应用情况报告。

（7）申请建筑能效实测评估时，应提交下列资料：

1）建筑能耗计量报告；

2）与建筑节能相关的设备运行记录。

2. 测评与评估方法

（1）建筑能效测评的基础项应采用计算评估的方法，且计算评估的方法应符合国家现行有关建筑节能设计标准的规定。采用软件进行计算评估时，标识建筑和比对建筑的建模与计算方法应一致。所采用的软件应包含下列功能：

1）建筑几何建模和能耗计算参数的输入与设置；

2）逐时的建筑使用时间表的设置与修改；

3）全年逐时冷、热负荷计算；

4）全年供暖、空调和照明能耗计算。

（2）建筑能效测评的规定项宜采用文件审查、现场检查的方法；当无国家认可检测机构出具的检测报告时，宜进行性能检测。

（3）建筑能效测评的选择项应采用文件审查、现场检查的方法。

（4）文件审查应对文件的合法性、完整性、科学性及时效性等进行审查；现场检查应采用现场核对的方式，进行设计符合性检查。性能检测应符合国家现行有关建筑节能检测标准的规定。

(5)建筑能效实测评估应符合下列规定：

1)基础项的实测评估宜采用统计分析方法。对设有用能分项计量装置的建筑，可利用能源消耗清单分析获得。统计分析方法应符合国家现行有关建筑节能检测标准的规定。

2)规定项的实测评估应采用性能检测方法。性能检测方法应符合国家现行有关建筑节能检测标准的规定。

3. 能效标识等级

在规定项均满足国家现行有关建筑节能设计标准要求的基础上，居住建筑和公共建筑分别依据基础项(相对节能率 η)和选择项的得分数(居住建筑满分为130分，公共建筑满分为150分)进行能效标识等级的评定标识。

(1)一星(☆)，相对节能率 $0 \leqslant \eta < 15\%$，若选择项得分超过60分，则再加一星。

(2)二星(☆☆)，相对节能率 $15\% \leqslant \eta < 30\%$，若选择项得分超过60分，则再加一星。

(3)三星(☆☆☆)，相对节能率 $\eta \geqslant 30\%$。

4. 建筑能效标识报告

(1)建筑能效测评报告应包括下列内容：

1)建筑能效测评表；
2)建筑能效测评汇总表；
3)建筑围护结构热工性能表；
4)建筑和用能系统概况；
5)基础项计算说明书；
6)测评过程中依据的文件及性能检测报告；
7)建筑能效测评联系人、电话和地址等。

(2)建筑能效实测评估报告应包括下列内容：

1)建筑能效实测评估表；
2)建筑能效实测评估汇总表；
3)建筑和用能系统概况；
4)基础项实测评估报告；
5)规定项实测评估报告；
6)实测评估过程中依据的文件及性能检测报告；
7)建筑能效实测评估联系人、电话和地址等。

5. 绿色建筑评价等级

随着我国建筑节能技术的不断提高和建筑可持续发展的要求，为贯彻落实绿色发展理念，推进绿色建筑高质量发展，节约资源，保护环境，满足人民日益增长的美好生活需要，我国先后颁布了绿色建筑设计标准、绿色建筑评价标准等。

绿色建筑评价应遵循因地制宜的原则，结合建筑所在地域的气候、环境、资源、经济和文化等特点，对建筑全寿命期内的安全耐久、健康舒适、生活便利、资源节约、环境宜居等性能进行综合评价。

三星级绿色建筑标识

(1)根据《绿色建筑评价标准》(GB/T 50378—2019)规定，绿色建筑评价应以单栋建筑或建筑群为评价对象。评价对象应落实并深化上位法定规划及相关专项规划提出的绿色发展要求；涉及系统性、整体性的指标，应基于建筑所属工程项目的总体进行评价。绿色建筑评价应在建筑工程竣工后进行。在建筑工程施工图设计完成后，可进行预评价。

(2)绿色建筑评价指标体系应由安全耐久、健康舒适、生活便利、资源节约、环境宜居5类指标组成，且每类指标均包括控制项和评分项；评价指标体系还统一设置加分项。控制项的评定结果应为达标或不达标；评分项和加分项的评定结果应为分值。

(3)绿色建筑评价的总得分应按下式进行计算：

$$Q=(Q_0+Q_1+Q_2+Q_3+Q_4+Q_5+Q_A)/10$$

式中 Q——总得分；

Q_0——控制项基础分值，当满足所有控制项的要求时取 400 分；

$Q_1 \sim Q_5$——分别为评价指标体系 5 类指标(安全耐久、健康舒适、生活便利、资源节约、环境宜居)评分项得分；

Q_A——提高与创新加分项得分。

(4)绿色建筑划分应为基本级、一星级、二星级、三星级 4 个等级。

(5)当满足全部控制项要求时，绿色建筑等级应为基本级。

(6)绿色建筑星级等级应按下列规定确定：

1)一星级、二星级、三星级 3 个等级的绿色建筑均应满足绿色建筑评价标准全部控制项的要求，且每类指标的评分项得分不应小于其评分项满分值的 30%；

2)一星级、二星级、三星级 3 个等级的绿色建筑均应进行全装修，全装修工程质量、选用材料及产品质量应符合国家现行有关标准的规定；

3)当总得分分别达到 60 分、70 分、85 分且满足标准中相应绿色建筑的技术要求时，绿色建筑等级分别为一星级、二星级、三星级。

(7)一星级、二星级、三星级绿色建筑的技术要求主要包含以下六个方面：

1)围护结构热工性能的提高比例，或建筑供暖空调负荷降低比例；

2)严寒和寒冷地区住宅建筑外窗传热系数降低比例；

3)节水器具用水效率等级；

4)住宅建筑隔声性能；

5)室内主要空气污染物浓度降低比例；

6)外窗气密性能。

2.5 BIM 技术在建筑节能中的应用

2.5.1 BIM 技术及软件简介

1. BIM 技术简介

建筑信息模型(Building Information Modeling，BIM)是近年来出现在建筑领域的新名词，BIM 技术的出现促进了建筑业信息化水平的提高。BIM 技术是以三维数字技术为基础，以信息数据为核心，以清晰地描述工程项目全过程的逻辑关系为目标的一种技术；其大大提高了建筑工程的集成化程度，为建筑业的发展带来新的机遇。《关于推进建筑信息模型应用的指导意见》中提出：到 2020 年年末，建筑行业甲级勘察、设计单位及特级、一级房屋建筑工程施工企业应掌握并实现 BIM 与企业管理系统和其他信息技术的一体化集成应用；到 2020 年年末，以国有资金投资为主的大、中型建筑，申报绿色建筑的公共建筑和绿色生态示范小区项目勘察设计、施工、运营维护中，集成应用 BIM 的项目比率达到 90%。

由于建筑信息模型需要支持建筑工程全生命周期的集成管理环境，因此，建筑信息模型的结构是一个包含有数据模型和行为模型的复合结构。其除包含与几何图形及数据有关的数据模型外，还包含与管理有关的行为模型，如模拟建筑的结构应力状况、围护结构的传热状况。

应用建筑信息模型可以进行建筑的楼层净高分析、碰撞检测、能耗分析等(图 2-12)，使各个专业工种配合得更好和减少图纸出错的风险；为建筑物的运行、维护和设施管理提供信息数据，可以支持建设项目各种信息的连续应用及实时应用，信息质量高，可靠性强，集成程度高而且完全协调，大大提高设计乃至整个工程的质量和效率，显著降低成本。

图 2-12 某医院全科医生楼净高分析、碰撞报告

Graphisoft 公司的 ArchiCAD、Bentley 公司的 Triforma、Autodesk 公司的 Revit 及斯维尔的建筑设计（Arch）等国内外建筑设计软件系统，都是应用了建筑信息模型技术开发的。它们可以支持建筑工程全生命周期的集成管理。

BIM 技术作为建筑业信息化的重要组成部分，具有三维可视化、数据结构化、工作协同化等特点，给行业发展带来了强大的推动力，有利于推动节能减排和绿色建设，优化绿色施工方案和项目管理，提高工程质量，降低成本和安全风险，提升工程项目的管理效益。一方面，BIM 技术的普及将彻底改变整个行业信息不对称所带来的各种根深蒂固的弊病，用更高程度的数字化整合优化全产业链，实现工厂化生产、精细化管理的现代产业模式；另一方面，BIM 在整个施工过程全面应用或施工过程的全面信息化，有助于形成真正高素质的劳动力队伍。

BIM 案例 1

BIM 技术的原理是将建筑工程项目的所有信息数据当作模型的基础，创建建筑模型，然后通过数字信息仿真模拟建筑工程的真实信息。仿真模拟信息不仅仅包括三维几何状信息，还包括非几何状信息，如施工进度、价格、质量、材料等，由 BIM 构成的信息仿真模拟工程具有可出图性、优化性、模拟性、协调性及可视化等众多优点，并且能够贯穿建筑工程的整个生命周期，这对提高建筑工程项目传递、理解项目信息的效率及降低出错概率，提高建筑项目质量、降低成本及控制工期具有至关重要的作用。

在过去的 20 年中，CAD（Computer Aided Design）技术的普及推广使建筑师、工程师们从手工绘图走向电子绘图。甩掉图板，将图纸转变成计算机中 2D 数据的创建，可以说是工程设计领域第一次革命。由于 CAD 二维图纸不能直观体现建筑物的各类信息，其应用的局限性非常大。而 BIM 技术可以帮助所有工程参与者提高决策效率和正确性，提高了建筑工程信息化水平。

B 代表整个建筑领域，也就是 BIM 的广度，小到一个分项工程或者是单项工程，大到一个城市甚至是人和自然的关系。

I 可以分为三块。第一块是 I 的含义，I 又有两种含义，一个是名词"信息"，就是所能接触到的所有和建设有关的信息，另一个是动词"信息化"，就是信息化的途径和措施将会得到应用；第二块是 I 的广度，就是以整个建设项目为基础的全生命周期的信息化过程；第三块是 I 的深度，也是基于建筑全生命周期管理即 BLM（Building Lifecycle Management）的信息化过程。

M 也需要分为三块。第一块是 M 的含义，Modeling 更多情况下有一种"模拟"和"塑模"意思，这是一个过程；第二块是 M 代表了一种工作模式，就是 IPD（Integrated Project Delivery，综合项目交付）模式，在施工前各方一起做出一个 BIM 模型，各方将以这个模型为依据进行实际建设；第三块是 M 代表了一种力量，这种力量终将引起行业的变革。

总的来说，BIM 就是建设信息化，就是以建设领域为对象，基于建筑全生命周期（规划、设计、建造、运营、退役）的信息化、智能化方法与过程。

2. BIM 建模环境及应用软件体系

BIM 设计类软件在市场上主要有五家主流公司，分别是 Autodesk、Bentiey、Graphisoft、Gery Technology 及 Tekla 公司。BIM 系列软件具体介绍如下：

（1）Autodesk 公司的 Revit Architecture 等。Revit 是运用不同的代码库及文件结构区别于 AutoCAD 的独立软件平台。其特点如下：

1）该软件系列包含了绿色建筑可扩展标记语言模式（GBXML），为能耗模拟、荷载分析等提供了工程分析工具；与结构分析软件 ROBOT、RISA 等具有互用性；能利用其他概念设计软件、建模软件（如 SketchUp）等导出的 DXF 文件格式的模型或图纸输出 BIM 模型。

2）该软件易上手，用户界面友好；具备由第三方开发的海量对象库，方便多用户操作；支持信息全局实时更新，可提高准确性且避免了重复作业；根据路径实现三维漫游，方便项目各参与方交流与协调。

3）不足之处：Revit 软件的参数规则（Parametric Rules）对于由角度变化引起的全局更新有局限性；软件不支持复杂的设计如曲面等。

（2）Bentley 公司的 Bentley Architecture 等。Bentley 公司最早开发的 3D 建筑模型制作软件是 MicroStation Triforma，于 2004 年推出 Bentley Architecture（建筑）、Bentley Structural（结构）、Bentley Interference Manager（碰撞检查）等系列软件。除此之外，Bentley 公司还提供了支持多用户、多项目的管理平台 Bentley ProjectWise，其管理的文件内容包括：工程图纸文件（DGN/DWG/光栅影像）；工程管理文件（设计标准/项目规范/进度信息/各类报表和日志）；工程资源文件（各种模板/专业的单元库/字体库/计算书）。其特点如下：

1）Bentley Architecture 是功能强大的 BIM 模型工具，涉及工业设计和建筑与基础设施设计等，包括建筑设计、机电设计、设备设计、场地规划、地理信息系统管理（GIS）、污水处理模拟与分析等。基于 MicroStation 的优秀图形平台涵盖了实体、b-spline 曲线、曲面、网格面、拓扑、特征参数化、建筑关系和程序式建模等多种 3D 建模方式，完全能替代市面上各种软件的建模功能，满足用户在方案设计阶段对各种建模方式的需求。

2）不足之处：该系列软件具有大量不同的用户操作界面，不易上手；各种分析软件之间需要配合工作，其多样化的功能模型包含了不同的特征行为，很难短时间学习掌握；相比 Revit 软件，其对象库的数量有限；其互用性差，各种不同功能的系统只能单独被应用。

（3）Graphisoft/Nemetschek 公司的 ArchiCAD。ArchiCAD 软件是历史最悠久的且至今仍被应用的 BIM 建模软件。ArchiCAD 软件与一系列软件均具有互用性，包括利用 Maxon 创建曲面和制作动画、利用 ArchiFM 进行设备管理、利用 SketchUp 创建模型等。除此之外，ArchiCAD 软件和其他的能耗与可持续发展软件都有互用接口，如 Ecotect、Energy 等；ArchiCAD 软件包含了广泛的对象库供用户使用。其特点如下：

1）ArchiCAD 软件界面直观，相对容易学习；具有海量对象库；具有丰富多样的支持施工与设备管理的应用；其是唯一可以在 Mac 操作系统运用的 BIM 建模软件。

2）不足之处：ArchiCAD 软件的参数模型对于全局更新参数规则有局限性；该软件采用的是内存记忆系统，对于大型项目的处理会遇到缩放问题，需要将其分割成小型的组件才能进行设计管理。

（4）Gery Technology 公司的 Digital Project。Digital Project 软件能够设计任何几何造型的模型，且支持导入特制的复杂参数模型构件，如支持基于规则的设计复核的 Knowledge Expert 构件；根据所需功能要求优化参数设计的 Project Engineering Optimizer 构件；跟踪管理模型的 Project Manager 构件。另外，Digital Project 软件支持强大的应用程序接口；对于建立了建设工程项目编码体系的许多发达国家，如美国、加拿大等，可将建设工程项目编码如美国所采用的

UniFormat 和 MasterFormat 体系导入 Digital Project 软件，以方便工程预算。其特点如下：

1）Digital Project 软件具有强大且完整的建模功能；能直接创建大型复杂的构件；其对于大部分细节的建模过程都是直接以 3D 模式进行。

2）不足之处：用户界面复杂且初期投资高；其对象库数量有限；其建筑设计的绘画功能有缺陷。

(5) Tekla 公司的 Tekla Structures(Xsteel)。Xsteel 软件是 Tekla 公司最早开发的基于 BIM 技术的施工软件，于 20 世纪 90 年代面世并迅速成长为世界范围内被广泛应用的钢结构深化设计软件。其特点如下：

1）该软件可以使用 BIM 核心建模软件的数据，对钢结构进行针对加工、安装的详细设计，生成钢结构施工图(加工图、深化图、详图)、材料表、数控机床加工代码等。为顺应欧洲及北美对于预制混凝土构件装配的需求，Tekla 公司将 Xsteel 软件的功能拓展到支持预制混凝土构件的详细设计，如结构分析，与有限元分析具有互用性，增加开放性的应用程序接口。Tekla 公司还开发了输出信息到数控加工设备及加工设备自动化软件，如 Fabtrol(钢结构加工软件)及 Eliplan(预制件加工软件)。

2）该系列软件可用于设计与分析各种不同材料及不同细节构造的结构模型；支持设计大型结构，例如，温哥华会展中心扩建工程即利用 Tekla Structures 软件设计与分析 3D 模型；支持在同一工程项目中多个用户对于模型的并行操作。

3）不足之处：该软件学习难度大，不易掌握；其不能从外界应用中导入多曲面复杂形体；且购买软件费用昂贵。

BIM 应用软件包含了从设计到运维的很多软件，只有真正符合我国现行国家标准的软件，才能在国内 BIM 市场获得认可和推广。需要充分了解各类软件的优、缺点，综合灵活运用，才能发挥 BIM 技术的优势，获得良好的工程实践效果。BIM 应用软件按照功能可分为以下三类：

第一类：基于绘图的 BIM 系列软件。Drawing-based BIM，这类软件的代表为 Autodesk 出品的 Revit 等软件，该种 BIM 应用等同于增加了 Z 向量的 CAD。Autodesk 也开发了几款适用于建筑设计、结构设计、暖通设计的专业软件，多半是基于 Revit 绘图平台的。目前，Autodesk 公司出品的 AutoCAD 软件和 Revit 软件应用最为普遍。

第二类：基于专业的 BIM 系列软件。Speciality-based BIM，该类软件非常多，区分不同的专业应用。建筑设计专业有 Graphisoft(图软)公司的 ArchiCAD(该款 BIM 软件是于 20 世纪 80 年代推出的)，国产软件有天正建筑。结构设计专业有中国建科院的 PKPM 系列软件，该软件以结构设计作为核心，是世界上产品线最全的 BIM 软件体系，其声学、光线、能耗、暖通水电弱电监控等也都有各自的专业软件。造价专业软件有广联达和鲁班软件。效果图专业制作软件有 3ds Max、SketchUp 等，国内水晶石公司主要应用 3ds Max 软件为客户建模。

第三类：基于管理的 BIM 系列软件。Management-based BIM，这个属于设施管理(全生命周期管理)领域，注重全生命周期管理。广联达公司开发的 BIM5D 平台是一款基于 BIM 的施工过程的管理工具，可以通过 BIM 模型集成进度、预算、资源、施工组织等关键信息，对施工过程进行模拟，及时为施工过程中的技术、生产、商务等环节提供准确的形象进度、物资消耗、过程计量、成本核算等核心数据，提升沟通和决策效率，帮助客户对施工过程进行数字化管理，从而达到节约时间和成本，提升项目管理效率的目的。目前，BIM 的三维可视化运维管理(FM)系统的流程是：通过三维 BIM 图形平台整合 BIM 建筑模型、BIM 机电模型、施工资料、运维资料、设备信息、监控信息、规范信息等图形及信息数据。在三维图形平台基础上，基于 SOA 体系进行设计开发，实现基于 BIM 的三维可视化运维管理(FM)系统。

另外，国内建筑项目管理门户系统也有很多供应商，国外软件以 Buzzsaw(也是 Autodesk 的产品)、Archibus 为典型代表。

3. 节能分析软件介绍

为贯彻执行国家节约能源，开发利用新能源和可再生能源、保护环境的法规和政策，改善建筑室内热环境，提高冬季采暖和夏季空气调节的能源利用效率，发展节能省地型建筑，建设节约型和谐社会。配合现有建筑节能设计标准的实施，开发了建筑节能设计分析软件。

建筑节能设计分析软件根据《夏热冬冷地区居住建筑节能设计标准》(JGJ 134—2010)、《夏热冬暖地区居住建筑节能设计标准》(JGJ 75—2012)、《严寒和寒冷地区居住建筑节能设计标准》(JGJ 26—2018)、《公共建筑节能设计标准》(GB 50189—2015)、《民用建筑热工设计规范》(GB 50176—2016)及全国主要省市的实施细则编制，进行建筑和建筑热工节能设计计算，判断设计建筑是否满足节能标准的要求，可用于新建、改建和扩建的居住与公共建筑的节能设计，可供设计单位、审图单位和项目审批单位使用。

各种建筑节能设计分析软件的开发立足于帮助建筑师快速方便地对居住建筑和公共建筑实施建筑节能设计，完成建筑物的能耗分析，最终生成详尽的设计说明和计算报告；并且能以多种直观方式将建筑物能耗和经济指标分析结果显示出来。目前，节能分析软件主要有欧特克仿真分析CFD软件、建筑环境模拟软件TRNSYS、建筑能耗模拟软件eQUEST、建筑环境模拟软件EnergyPlus、建筑环境模拟软件DOE2、斯维尔节能设计软件BECS、天正建筑节能分析软件-TBEC、建筑节能分析软件-Archicad。

下面以PKPM的节能分析软件(PBECA)为例介绍具体应用，其基本界面功能如图2-13所示。

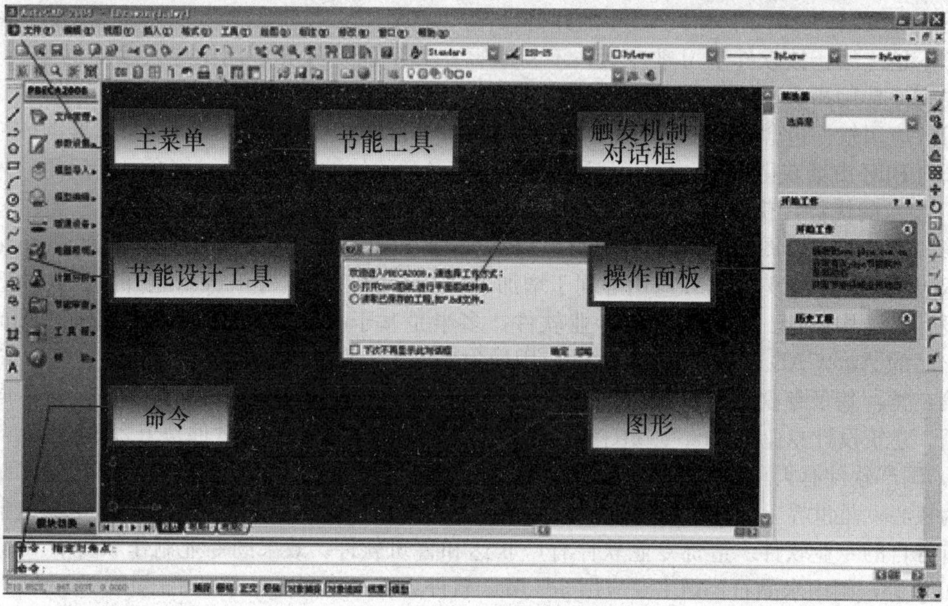

图2-13 界面示意

节能分析软件(PBECA)的操作主菜单如图2-14所示，在导入建筑图纸模型后，可以计算建筑各个构件的节能指标，做出适当的改进建议进行模型修改，最终生成节能报告。

具体PKPM节能操作面板如图2-15所示。如果用户想查看某一楼层的具体信息，包括墙、窗、门、房间编号、屋顶，或者在计算完毕后查看最不利墙体的位置，可以单击"筛选器"功能中的"选择层"按钮。当模型文件数据生成之后（即墙体、门窗均赋值为默认材料，每个房间均有编号和默认名称），利用该项按钮可以进行标准层切换显示。

利用软件进行节能分析的操作流程为：在初步或施工图设计阶段，直接从AutoCAD中设计或建模，完成建筑数据的输入→根据节能标准规定性指标选择建筑类型设计窗、墙、楼板等围护结构的节能构造→该软件根据节能设计标准的规定性指标自动核算建筑物的体形系数、围护结构热工参数、窗墙面积比和热惰性指标等→用户选择、划分空调区域、设计空调系统和机组，系统将对建筑物进行能耗模拟分析→进行软件计算→生成建筑围护结构计算报告书和节能设计报告、能耗指标分析报告和节能设计报告。节能分析操作的具体流程如图2-16所示。

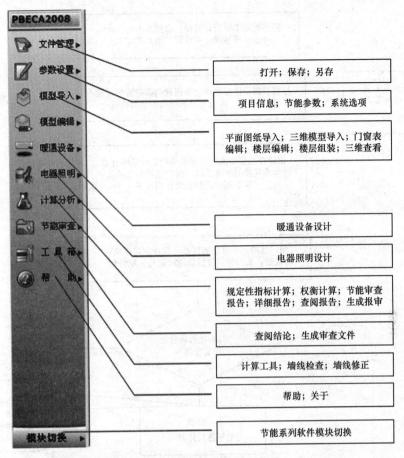

图 2-14 节能分析操作主菜单

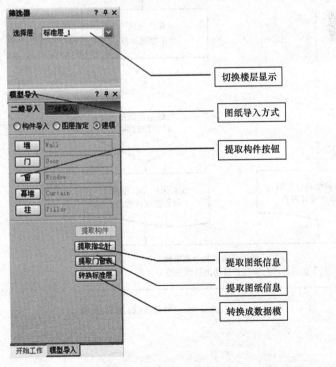

图 2-15 节能操作面板

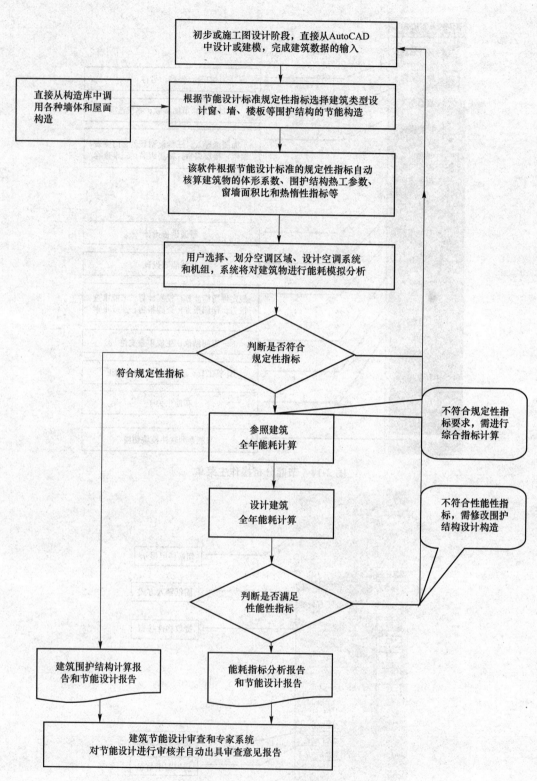

图 2-16　节能分析操作流程

2.5.2 BIM 技术在建筑节能设计中的应用

1. 传统建筑节能设计流程及存在的问题

(1) 传统建筑节能设计的流程(图 2-17)。CAD 技术虽然可以将设计者对于建筑本身包含的几何和物理属性从纸质图纸描述转变成计算机数据描述，但对建筑物的二维形象认知并没有改变，只是从传统图示思维转换到数字图示思维。图示思维被用来作为一种解释性或分析性的工具，描述物体之间的空间关系、内在属性，或者展现建筑师的设计灵感，属于一种抽象的描述。以往的设计模式以业主提供的设计任务书为基础，综合考虑建筑的内部功能、外部环境，首先形成建筑的立意构思，勾画草图，然后完成对建筑的布局、朝向、材料类型、门窗布局、区域功能划分等的方案设计。结构和设备工程师在此基础上布置系统，各专业人员依据工作完成顺序依次参与到设计过程中。

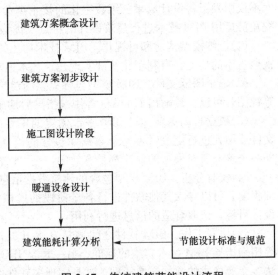

图 2-17 传统建筑节能设计流程

(2) 存在的问题。

1) 缺乏协同设计。目前的设计流程大部分属于"线性化"流程，各个专业之间只以"建筑功能"为纽带连接，只有简单的沟通配合，缺少深度的交流，所以，设计不会彻底优化。例如，建筑设计师在更改设计方案时若没有及时反馈给暖通工程师，则可能导致暖通设备和管线的布置错误。因此，虽然现阶段的设计流程简单快速，但对于图纸中存在的"错、漏、碰、缺"问题却难以发现，最终会影响设计方案出图的质量。

2) 设计效率较低。目前，二维设计图纸虽然能导入部分建筑能耗模拟软件，但需要设计者输入相关数据或作出数据修正，且效果不太理想，工作烦琐且容易出错。同时，由于传统的能耗分析通常在方案设计的施工图阶段以后，由专业人员进行模拟，分析时间上存在一定的滞后性。如果建筑的能耗性能不满足节能标准，更改起来非常麻烦，需要将概念设计、初步设计、施工图设计重新修正，且涉及建筑、结构、暖通多个专业，一方面增加了设计人员的工作量，降低了设计效率；另一方面对于业主而言会影响项目的进度和成本，不利于投资的收益。

3) 准确性有待提升。在传统方式下，能耗模型的建立是依据二维设计图纸的建筑信息，由设计人员在软件内输入数据进行能耗测算，容易出现数据输入错误的问题，导致能耗模拟结果与事实不符的现象。同时，由于建筑设计软件与能耗模拟软件相互独立，两者无法直接传递数据，不能构成一体化分析流程，节能设计的准确性和有效性得不到保障。甚至有的设计单位为了满足节能设计标准和工作进度，建立的模型与真实数据不一致或者单纯地改变某一指标以满足节能标准，不利于实现真正的建筑节能设计优化。

4) 缺乏经济性分析。现阶段对建筑的成本分析工作通常是在每一阶段的设计完成之后进行的，在设计过程中几乎不进行成本的计算与分析。因此，当设计方案的成本不满足投资要求或超出预算之后需要对设计方案整体进行修改。从设计师的角度而言，尤其在施工图设计阶段，各个专业的设计工作基本已经完成，此时再进行方案的成本控制，修改设计方案，会大大增加设计师的工作量。从投资方的角度而言，如何实现能耗性能和经济性的平衡，以最少的成本建造出最节能的建筑，才是其迫切关心的问题，因此，不能"重节能轻成本"，而应该统筹考虑，综合分析。

2. 运用 BIM 技术进行建筑设计的特点及优势

BIM 技术创造的虚拟建筑模型，包含着大量建筑材料、构件特征、空间关系等信息，实际上是一个储存了建筑全部信息的数据库。由于 BIM 技术信息整合和动态更新的特征，可以应用于建筑从设计、施工到运行的生命周期各个阶段的实施和管理，因此，其本身就是一种涵盖全生命周期范畴的方法。与传统的 CAD 设计技术只是简单地将绘图成果进行电子化相比，BIM 技术不仅引发了将设计成果三维数字化的技术革命，还给建筑行业的管理理念带来了全新的研究视角。运用 BIM 技术进行建筑设计的特点及优势主要如下：

(1) 三维模型构建和可视化。BIM 技术构建的模型可以从三维或二维视角进行观察，形成多视角观察的功能。有利于建筑师实现建筑艺术追求、使施工人员深入了解建筑构件做法等目标。

(2) 输出图纸文件。BIM 模型包含完整的建筑数据信息，且包含建筑各个楼层的平面、剖面等视图，可以自动输出如 DWG 等用来指导后期施工或图纸深化的二维图纸。

(3) 数据自动更新。对 BIM 平台创建的模型的修改都是基于同一个数据库，所以，对某个文件或图元进行更改时，整个数据库包含的信息都会同步更新。这样有利于多规程协调工作，即每个参与者对模型的修改都是有效的，是可以被其他人接收和使用的。

(4) 实时分析。BIM 模型包含的建筑数据信息随时可以被提取，根据模型不同阶段的不同详细程度，可以导入其他软件进行各个阶段的模拟分析。因此，在设计阶段可以根据不同阶段的设计目标，选取合适的信息进行利用。

(5) 协同工作。BIM 软件之间遵从众多开放标准，主要可分为两类：一类是 NBIMS、IFD 等用来指导 BIM 技术实施的标准；另一类是 IFC、GB XML、PCSC、COBie 等规定数据描述方法、交换格式的数据交换标准，这是实现多软件之间数据共享的基础，使得大部分 BIM 软件之间可以实现数据共享和平台构建，优化了数据流通过程，避免了模型数据的重复处理。例如，Revit 软件建立的三维模型，可以 GB XML 格式输出到 Ecotect、Energy Plus、Green Building Studio 等软件进行能耗模拟，极大地方便了建筑设计、暖通设计等技术人员进行协同工作，有利于 BIM 软件"生态圈"的建立。

以上优势 BIM 技术可以在建筑全生命周期的各个阶段使用，包括从策划、设计、施工、运营和维护，甚至建筑拆除和重建的全过程，对信息、数据、资源等集中协同管理，提高工作效率，降低工作成本。目前，BIM 在全生命周期阶段的应用见表 2-13。

表 2-13 BIM 在全生命周期阶段的应用

按项目阶段划分	决策		决策分析	发布审核
				方案设计
				可持续分析
	设计	设计功能类	模型检查	场地规划
				可视化
				场地规划
		专业设计类	数据分析	结构设计
				设备设计
	施工		碰撞检查	管线综合
				设备管理
	运营		设备、管线日常维护	运营管理
按项目目标划分	成本控制		预算、结算编制	造价管理
	质量控制		现场模拟施工	质量管理
	进度控制		施工组织安排	进度管理
其他			BIM 软件接口，数据标准	

BIM 的理念和方法的实现依赖于软件工具的开发，软件承载着 BIM 的技术标准、应用功能、实现手段，是 BIM 实践不可缺少的一环。不同功能的 BIM 软件见表 2-14。

表 2-14　不同功能的 BIM 软件

软件类型	软件名称
三维设计	Revit Architecture、Revit Structural、MEP、Bentley Architecture、Bentley Structural、Bentley Building Mechanical、ArchiCAD、Digital Project
方案设计	Onuma、Affinity
体量设计	Rhino、SketchUp、FormZ
可持续分析	Ecotect、IES、PKPM、Green Building Studio、斯维尔
机电设计	Trane Trace、Design Master、IES Virtual Environment、博超、鸿业
结构设计	Etabs、STAAD、Robot、PKPM
可视化	3ds Max、Lightscape、Accurender、Artlantis
模型检查	Sloibri
深化设计	Tekla Structure(Xsteel)、探索者
碰撞检查	Navisworks、Projectwise Navigator、Solibri
成本管理	Innovaya、Solibri、鲁班、广联达
运营管理	Archibus、Navisworks
发布审核	3DPDF、Design Review

3. BIM 软件平台下的建筑设计

由表 2-14 可知，目前市场上能够创建 BIM 模型的软件众多，其中知名度最高，国内外应用最广泛的是 Autodesk Revit 系列。图 2-18 所示为采用 BIM 技术建立的虚拟模型。

Revit Technology 公司于 1997 年开发了 Revit 软件，最初始的功能仅有三维参数化建模设计。之后 Revit Technology 软件在 2002 年被美国 Autodesk 公司收购，成为 Autodesk 公司三维数字产品的重要成员，经过十几年的开发，Revit 逐渐发展成了建筑、MEP（Machine、Electric、Plumbing）多专业一体化

图 2-18　BIM 技术应用案例——
武汉中央商务区宗地 14B 项目

的 BIM 工具，并延伸出 Revit Structure 和 Revit MEP，也成为我国三维设计市场上被使用最广泛、认可度最高的三维建模软件。Revit Architecture 可以让建筑师在三维空间模式下进行建筑方案设计，快速表达设计意图，完成概念设计、方案设计、施工图设计，最后得到所需的建筑施工图档指导后续各专业工作。Revit 提供了一个设计与信息记录的平台，具有设计、图纸管理和明细表等功能。在 Revit 模型中，一个虚拟的建筑模型，可以有多种表现形式，如图纸形式、视图形式、数据明细表形式。对建筑模型某个部位进行操作时，Revit 将实时收集更新建筑项目的相关信息，并在模型的所有表现形式中体现该信息。在模型任何部位如视图、图纸、明细表的更改、操作都可以被 Revit 的参数化修改引擎自动协调。通过对工程管理的阶段划分和专业分类，Revit 平台的工作流程可划分为建模设计、记录和显示、数据分析、协作设计，如图 2-19 所示。

(1) 建模设计。Revit 建模设计主要可分为场地设计、体量研究、建筑建模、结构建模、MEP 建模。

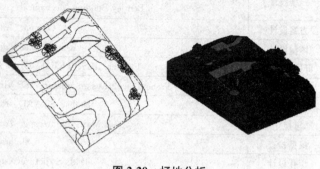

图 2-19　Revit 平台的工作流程

1）场地设计（图 2-20）属于建筑的规划部分，场地规划是对一个特殊的地块进行评价，以决定其合适的用途。绘制一个地形表面，然后添加建筑红线、建筑地坪及停车场和场地构件，可以得到建筑地形的等高线、高程、覆土类型、不同区域的不同渗透特征等数据。然后可以为这一场地设计创建三维视图或对其进行渲染，以提供更真实的演示效果。

图 2-20　场地分析

2）体量研究通常在概念设计阶段使用（图 2-21），通过创建建筑的体量实例，抽象地表示建筑物或建筑物群落主要构件的体量之间的材质、形式和关联。依据业主的要求，初步确定建筑的形状、体型系数、楼层面积、门窗面积。当建筑设计师开始进行可持续设计时，运用 BIM 体量研究可以直观地、可视地描绘建筑或建筑群落的演变。

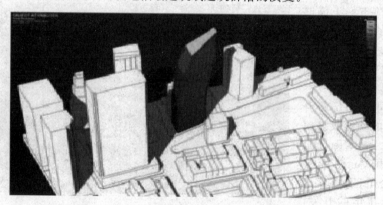

BIM 案例 2

图 2-21　Revit 绘制建筑概念体量

3）建筑建模是一个详细的建筑物形成的过程。在建筑概念设计后，建筑师可以通过概念体量内填充建筑图元来完善建筑的具体构造，确保前期策划的连续性，形成连续的工作流程，避免重复工作。Revit 以建筑图元为单位绘制建筑的墙、门、窗、柱、屋顶、天花板、幕墙、楼梯等部位，这些建筑图元包含了建筑构件的标高、尺寸、构造层类型、功能、材质、制造商、型号、成本等几何和物理数据，不仅可以完全还原建筑的现实面貌和建造属性，包含的制造商、成本等数据还可以为后期的经济分析、运营管理提供可靠的数据支持（图 2-22）。

4）结构建模将建筑的承重结构如梁、支撑、桁架、承重墙、基础等构件组合在一起，模型包含构件的几何尺寸、荷载工况、荷载性质、约束类型、钢筋布置、连接关系等设计数据（图 2-23）。结构模型建立后，通过设置恒荷载、活荷载等参数计算结构线荷载、面荷载等是否满足要求。这一功能不仅可以在 Revit 内部实现，还可以与其他软件结合使用，获得更加科学、可靠的设计结果。例如，与 AutoCAD 结合，完成快速出图，并将施工图导入

 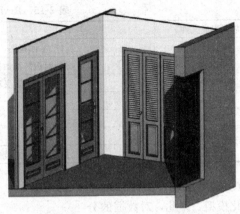

图 2-22 建筑图元创建建筑模型

其他专业结构设计软件进行进一步优化,从而实现 BIM 应用流程的深化和完善,提高设计效率。

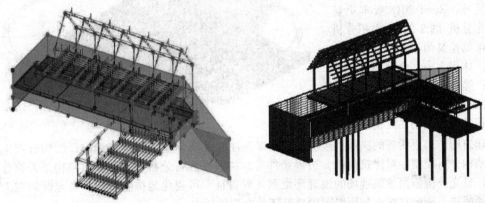

图 2-23 Revit 进行结构设计

5) MEP(机械、电气和管道系统)设计以参数化建模为基础对风管系统、电气线路、供回水系统等设备构件和连接构件的布置安装(图 2-24),使建筑满足供热制冷、照明灯具使用、用水等要求。MEP 具有参数化、平剖面双向关联的特点,并同时提供了"链接模式""工作共享"两种协同工作模式,实现了各专业同时设计的目的,确保了信息的及时传递与准确性。

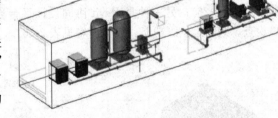

图 2-24 空压机室设备及管路布置模型示例

(2)记录和显示。记录和显示设计主要功能是创建、注释和优化项目文档,向团队成员、顾问、客户和承包商传达设计意图。其包括项目视图、明细表、施工图文档、渲染、漫游等成果文件,是数据分析使用的必要前提,如明细表功能,可以直接统计各种材质如混凝土的型号和使用量,方便进行成本的计算,避免重复计算工程量,有利于设计阶段的投资成本控制。Revit 数据集成功能的具体内容见表 2-15。

表 2-15 Revit 数据集成功能

数据集成文件	包含内容
项目视图	平面视图、立面视图、剖面视图、详图索引视图
明细表	房间面积体积数据、材质提取、配电盘明细、物理图元信息
项目阶段化	定义项目所处生命周期内的某一阶段
施工图文档	创建施工图纸和明细表
渲染	提供照片级的真实感图像
漫游	创建动画或图片，展示模型
导出	指定模型内容输出为其他格式文件，供其他相关软件使用

（3）数据分析。BIM 模型是数据化模型，因此，对数据的分析尤为重要。分析设计提供了专业的分析工具以在设计过程中获得更多的决策信息。其主要包含了面积分析、能量分析、结构分析，另外，Revit 2018 版本更新了日光分析（图 2-25）。面积分析可以帮助建筑师了解各个空间的面积、体积大小，合理划分空间组合；能量分析可以帮助分析进入、流出或通过建筑模型中房间和体积的能量运动，此信息可以

图 2-25 日光分析

帮助建筑师作出更明智的决策，经济高效地提高性能并减少建筑的环境影响；结构分析主要是创建结构分析模型，对建筑荷载、边界条件等结构属性进行分析，帮助确定结构是否符合设计标准；日光分析依据建筑现场的地理环境和气候特征，可视化地描绘太阳在特定时间在天空中的运动轨迹，展示自然光和阴影对项目外部和内部的影响。

（4）协同设计。将 BIM 应用于全生命过程的管理，进行全生命周期内的信息集成及不同阶段的协同研究，是 BIM 技术的重要作用之一。而协同设计平台，为这一目标的实现创造了必要条件，Revit 通过文档管理、流程控制、沟通效率三个方面加强了各个专业、各个设计参与方的数据共享和工作连续性。

其中一种方式是以 Revit 模型数据为基础，输出为多种格式文件，以便于 Revit 以外的其他软件直接使用（图 2-26）；另一种是 Revit 协同设计平台创建了链接模型、团队协作、多规程协调、碰撞检查、共享定位等功能。具体内容见表 2-16。

图 2-26 数据传递方式

表 2-16　Revit 协同设计平台

功能名称	内容
链接模型	允许不同单体建筑组成建筑群落，将多个项目文件集中至一个文件
团队协作	多个用户可以处理一个 Revit 项目中的不同部位，例如，结构工程师、机械工程师、建筑师可以同时访问和处理共享模型
多规程协调	建筑师、结构工程师和机械工程师对某一建筑项目进行协作时共享相关设计信息，或者进行碰撞检查，以便所有团队都使用相同的数据。通过在各个规程之间协调成果，各个团队可避免出现损失很重的失误和返工
共享定位	共享坐标用于记录多个互相链接的文件的相互位置，方便文件的管理和使用

4. BIM 软件平台下的能耗模拟

世界上正在使用的能耗模拟软件有一百多种，适用范围较广的有 DOE-2、EnergyPlus、DeST、eQUEST、Ecotect 等。DOE-2 是开发最早的能耗模拟软件，其由美国能源部和美国劳伦斯伯克利国家实验室共同研发。该软件使用区域广泛，是国际上最具权威性的模拟软件之一，并以此软件为计算内核衍生了一系列模拟软件，如 Power DOE、Visual DOE、eQUEST 等。DOE-2 采用经典的 LSPE 结构(Load、System、Plant、Economic 四大模块)，对于功能和结构较为复杂的建筑，DOE-2 仍然可以精确地处理计算。但是其对暖通系统的分析能力存在局限性，能够处理的系统种类不多，另外，它是基于 DOS 环境进行开发的，使用时需要手动编程输入数据，且格式固定，有关键字限制，不适用于普通用户。

在节能设计软件中，在我国应用比较广泛的软件有 Ecotect Analysis、PKPM 节能设计软件(PBECA)及 BECS 节能设计软件。Ecotect Analysis 软件由英国 Square 公司开发，诞生之后因其模型精度高、模拟准确等优势迅速被普及使用。Ecotect Analysis 软件分析范围很广，覆盖了太阳辐射分析、焓湿图策略分析、热环境分析、光环境分析、声环境分析、经济性及环境影响等建筑物理环境的七个方面。具体分析内容见表 2-17，但是该软件日光分析能力较强，能耗计算精度较差，而且在设计过程中与我国国家、地方的节能设计技术标准、规范相割离，不利于判断设计方案是否符合节能标准。

PKPM 能耗模拟分析软件的特点是与我国节能标准链接，节能分析内容符合实际设计需求，另外，软件操作简单方便，可以导入 CAD 格式文件、BECS 软件文件等，但构建的模型较简单，包含信息少，计算精度有待进一步提高。

表 2-17　Ecotect Analysis 可持续设计分析内容

功能	分析内容
太阳辐射分析	各朝向太阳辐射情况；根据全年过热期与过冷期的太阳辐射热量计算建筑最佳朝向
焓湿图策略分析	分析当地的热舒适性区域及被动式设计手段对热舒适性的影响
日照与遮挡分析	计算太阳轨迹图，得出不同遮挡构造下日照强度、时间、阴影尾椎
热环境分析	逐时温度分析、逐时得失热量分析、逐月能耗分析、被动组分的热分析等
光环境分析	针对自然采光、人工照明模拟计算采光系数、照度、亮度等；针对照明节能进行分析
声环境分析	几何声学分析、混响时间分析、声学相应分析
经济性及环境影响	造价分析、资源(电、煤等)分析、温室气体排放量分析

清华斯维尔软件科技公司开发的 BECS 软件，以 DOE-2 为计算内核，计算结果可靠，与类似的 PKPM 软件相比，BECS 与 Revit 等 BIM 软件兼容性更强，计算精度更高。通过建立三维

模型，以《民用建筑热工设计规范》(GB 50176—2016)为热工计算依据，结合《公共建筑节能设计标准》(GB 50189—2015)等对建筑模型的能耗规定进行计算，判断设计建筑是否满足设计标准的规定性指标或综合权衡性能指标。BECS 软件所建立的模型，与建筑设计过程中的三维模型一致，包含建筑物与能耗有关的物理、几何信息数据。并且随着设计进程的推进，模型也会随着越来越细致。在软件输入界面，输入通风、空调等设备信息和布置位置，以及建筑门、窗、维护结构的位置、尺寸、材质等信息，根据设定的气候文件，通过计算室内温度及室内得热量来计算出建筑冷热负荷。由于考虑气候的变化条件和实时温度变化，BECS 的计算过程是一个动态平衡的过程，可以根据设定的建筑情况和室内设计温度值，模拟出建筑的全年 8 760 h 动态能耗。既可以将 Revit、Rhino 等软件创建的三维模型直接导入使用，还可以将生成的模型以 GBXML 格式导入其他软件中进行建筑环境分析。

5. 基于 BIM 的建筑节能集成化设计流程

建筑集成化设计方法注重通过被动式技术与主动式技术结合获得满足舒适感等节能目标，是一种通过合理安排建筑物、围护结构设计及暖通空调等设备之间的关系来提高能源使用率的设计方法。这种设计方法通常在理念、功能、性能及经济上将节能建筑与建筑设计标准结合在一起。

在建筑项目实施的不同阶段所做的相应决策的效力不同，在决策影响力最大的阶段做好决策，就能取得事半功倍的效果，对减少项目生命周期各个阶段的浪费有着十分积极的作用如图 2-27 所示。

因此，建筑集成化设计能越早参与到设计阶段，对项目的影响就越深远，发挥的作用越大；反之，若节能技术只用来作为施工中的弥补手段，不仅节能设计目标难以实现，也会造成成本支出的增大。建筑集成化设计是从全生命周期考虑，融合多种学科与技术，因而，具有以下特点：
(1)将传统建筑设计目标与技术集成为主线的设计过程；
(2)技术选择因地制宜，与相关设计标准结合；
(3)设计过程基于数据信息，而不是基于形式，一切过程只为保证设计目标的达成；
(4)贯穿设计过程的各个阶段；
(5)基于多学科多知识网络，将不同专业人员的不同工作有机融合，增强相互作用效果。

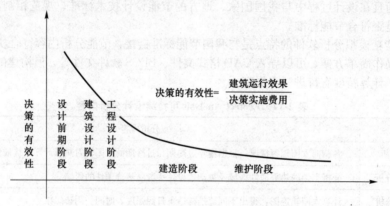

图 2-27 不同阶段的决策有效性

节能模拟计算是实现建筑节能的重要基础，通过对传统节能设计流程的分析可以发现其存在着一定的缺陷，而基于 BIM 的建筑节能集成化设计流程则可以弥补这些缺陷。BIM 技术将信息收集、分析、分享功能与集成化设计方法结合，可以实现能耗实时模拟，经济成本分析及各专业人员的数据共享与处理，建立一个资源开放的平台，在有效性、实时性上都更胜一筹。以 BIM 建模软件为中心，依靠工作集的形式对建筑、结构、暖通、电气和给水排水等专业进行协同设计，在概念设计、方案设计、初步设计和施工图设计的每一阶段根据不同的目标确定评价指标。在图纸设计的不同深度阶段,根据数据形式的需求,将BIM模型及其包含的建筑数据信息直接与其他相关软件链接,进行不同设计决策内容如结构形式、投资估算、能耗情况的分析,并计算相关评价指标。然后利用优化算法对目标进行寻优生成设计。每一阶段逐步推进,直到施工图设计完成为止。因此,依据不同设计阶段的顺序及目标,构建基于BIM的节能设计基本流程(图2-28),可以将传统建筑设计和建筑节能设计整合,并形成连续的工作流。只有设计团队的各种信息、专业知识能够进行充分交换和配合,得到的设计方案才能被业主认可,建筑节能才能落到实处。

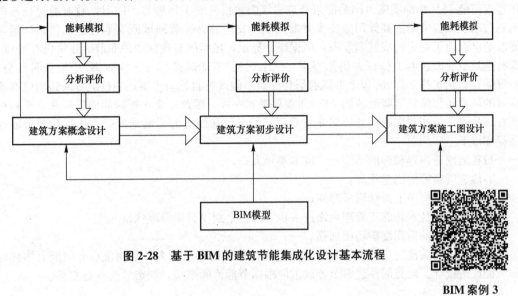

图 2-28 基于 BIM 的建筑节能集成化设计基本流程

BIM 案例 3

2.6 既有建筑节能改造设计

2.6.1 既有建筑节能改造发展现状

(1)"十一五"期间既有建筑节能改造。"十一五"期间,我国部分省市开始启动既有居住建筑节能改造工作,按照国家相关的政策和文件的指导在全国不同气候地区推行不同的建筑节能设计标准和节能改造细则。在"十一五"期间,改造工作在国务院的安排下有序进行。2008年改造既有居住建筑约为 3 965 万 m^2,2009 年增加到 6 942 万 m^2。我国北方采暖地区既有居住建筑的节能改造是从国际合作起步(如中德合作等),目前已经取得长足发展。截至 2010 年 10 月月底,北方采暖地区累计完成约 1.9 亿 m^2 居住建筑节能改造,超过了"十一五"规划的目标。据测算,已改造的项目每年可节约 129 万 t 标准煤,每年可防止 324 万 t 二氧化碳和 40 万 t 二氧化硫排放到大气中。改造后同步实行按用热量计量收费,平均节省采暖费用 10% 以上。节能改造也使约 200 万户城镇居民受益。

(2)"十二五"期间既有建筑节能改造。"十二五"期间北方采暖地区大部分省市相继开始了大规模改造,很好地提高了老旧住宅的能源利用效率,有效解决了老旧住宅保温隔热性能差、室内发霉结露现象严重、室内热舒适度不佳、供热矛盾突出等问题。2012 年北京市政府率先在北京市慧忠里 C 区进行了节能 75% 的试点,还采用了室内新风、外遮阳、太阳能热水系统等更多的技术措施,这些包括其他试点工程在内提供和总结的诸多有效的技术和方法,为"十二五"期间的大规模既有居住建筑节能改造起到了重要的作用。北方采暖地区截至 2015 年年底共计完成的既有居住建筑供热计量及节能改造面积超出国务院下达任务目标的 40%,节能改造惠及超过千万户居民,改造后居民住宅的室内热舒适度明显改善,居民生活质量和居民对节能改造的积极性也提高了很多。平均单位面积供暖能耗降幅明显，主要归因于建筑保温水平提高、高效热源方式占比的提高和供热系统效率的提高。虽然试点工作取得了成功，但大规模推广还存在设计施工难度大大增加，工程造价和使用成本增加较大等困难。

(3)"十三五"期间既有建筑节能改造。"十三五"时期是全面建成小康社会的决胜阶段。北方城镇供暖能耗约占我国建筑能耗总量的四分之一，为了进一步降低北方采暖地区供暖能耗、优化用能结构，部分城市率先执行节能75%的强制性标准，引导严寒及寒冷地区扩大城镇新建居住建筑节能75%标准实施范围是深入推进建筑能效提升的工作要点。同时，政府通过财政激励机制鼓励积极探索新的高效用能技术方案。虽然我国北方采暖地区既有居住建筑供热计量与节能改造已取得了一定的成就和发展，但据统计显示，城镇既有建筑中的非节能建筑仍有约60%，既有建筑节能改造的工作任务仍然很重；《"十三五"节能减排综合工作方案》中根据目标分解，不仅需要达到实施5亿m²以上的既有居住建筑节能改造目标，方案还明确北方采暖地区有改造价值的城镇居住建筑节能改造到2020年前要基本完成。因此，要在短时间内完成北方采暖地区既有居住建筑节能改造的任务仍然非常艰巨。目前，我国北方采暖地区既有居住建筑节能改造还存在以下主要问题：

1)各地改造内容和标准不统一，成本差异大；
2)改造资金筹措仍是难点；
3)工程建设程序上尚存诸多障碍；
4)节能改造技术和施工管理尚需进一步完善，个别项目质量堪忧；
5)节能改造的后期维护还需加强。

由于我国目前没有进行节能改造的既有居住建筑的存量较大，下面重点介绍既有居住建筑的节能改造设计。既有居住建筑节能改造应根据节能诊断结果，制定节能改造方案。

2.6.2 既有建筑节能改造设计前的节能诊断

既有居住建筑节能改造项目通常包括多种改造技术，如热源改造、室内外供热管网改造、可再生能源应用和建筑围护结构改造。对各种改造方案的成本效益进行经济性评估非常重要，因为其有利于节能改造项目在面对有限的预算和资源时能够确定改造的优先次序。节能改造的成本受到许多因素的影响，例如，建筑性能特征、法律法规和监管要求及所采用的节能改造技术等。

截至目前止，我国各地区陆续开展过50%、65%及75%节能标准的既有居住建筑节能改造项目，不同的节能标准对应着不同的改造技术方案，方案之间却大体相似，主要包括建筑围护结构、能源设备系统及可再生能源应用三大方面。比较50%节能标准的改造方案与65%节能标准的改造方案，或者是65%与75%节能标准的改造方案，较高节能标准的改造方案的成本和所产生的节能减排效果都有所提高，但所增加的效益未必能够覆盖为此所投资的成本并取得一定的回报。因此，既有建筑节能改造在实践中应进行多方案的经济性评价，最终选择最优方案。

1. 既有居住建筑节能改造的基本规定

(1)既有居住建筑节能改造应根据国家节能政策和国家现行有关居住建筑节能设计标准的要求，结合当地的地理气候条件、经济技术水平，因地制宜地开展全面节能改造或部分节能改造。

(2)实施全面节能改造后的建筑，其室内热环境和建筑能耗应符合国家现行有关居住建筑节能设计标准的规定。实施部分节能改造后的建筑，其改造部分的性能或效果应符合国家现行有关居住建筑节能设计标准的规定。

(3)既有居住建筑在实施全面节能改造前，应先进行抗震、结构、防火等性能的评估，其主体结构的后续使用年限不应少于20年。有条件时，宜结合提高建筑的抗震、结构、防火等性能实施综合性改造。

(4)实施部分节能改造的建筑，宜根据改造项目的具体情况，进行抗震、结构、防火等性能的评估及改造后的使用年限判定。

(5)既有居住建筑实施节能改造前,应先进行节能诊断,并根据节能诊断的结果,制定全面的或部分的节能改造方案。

(6)建筑节能改造的诊断、设计和施工,应由具有相应的建筑检测、设计、施工资质的单位和专业技术人员承担。

(7)严寒和寒冷地区的既有居住建筑节能改造,宜以一个集中供热小区为单位,同步实施对建筑围护结构的改造和供暖系统的全面改造。全面节能改造后,在保证同一室内热舒适水平的前提下,热源端的节能量不应低于20%。当不具备对建筑围护结构和供暖系统实施全面改造的条件时,应优先选择对室内热环境影响大、节能效果显著的环节实施部分改造。

(8)严寒和寒冷地区既有居住建筑实施全面节能改造后,集中供暖系统应具有室温调节和热量计量的基本功能。

(9)夏热冬冷地区与夏热冬暖地区的既有居住建筑节能改造,应优先提高外窗的保温和遮阳性能、屋顶与西墙的保温隔热性能,并宜同时改善自然通风条件。

(10)既有居住建筑外墙节能改造工程的设计应兼顾建筑外立面的装饰效果,并应满足墙体保温、隔热、防火、防水等的要求。

(11)既有居住建筑外墙节能改造工程应优先选用安全、对居民干扰小、工期短、对环境污染小、安装工艺便捷的墙体保温技术,并宜减少湿作业施工。

(12)既有居住建筑节能改造应制定和实行严格的施工防火安全管理制度。外墙改造采用的保温材料和系统应符合国家现行有关防火标准的规定。

(13)既有居住建筑节能改造不得采用国家明令禁止和淘汰的设备、产品和材料。

2. 既有居住建筑的节能诊断

(1)一般规定。
1)既有居住建筑节能改造前应进行节能诊断。并应包括下列内容:
①供暖、空调能耗现状的调查;
②室内热环境的现状诊断;
③建筑围护结构的现状诊断;
④集中供暖系统的现状诊断(仅对集中供暖居住建筑)。
2)既有居住建筑节能诊断后,应出具节能诊断报告,并应包括供暖空调能耗、室内热环境建筑围护结构、集中供暖系统现状调查和诊断的结果,初步的节能改造建议和节能改造潜力分析。
3)承担节能诊断的单位应由建设单位委托。节能诊断涉及的检测方法应按现行行业标准《居住建筑节能检测标准》(JGJ/T 132—2009)执行。

(2)能耗现状调查。
1)既有居住建筑节能改造前,应先进行供暖、空调能耗现状的调查统计。调查统计应符合现行行业标准《民用建筑能耗数据采集标准》(JGJ/T 154—2007)的有关规定。
2)既有居住建筑应根据其供暖和空调能耗现状调查统计结果,为节能诊断报告提供下列内容:
①既有居住建筑供暖能耗;
②既有居住建筑空调能耗。

3. 室内热环境诊断

(1)既有居住建筑室内热环境诊断时,应按现行国家标准《民用建筑热工设计规范》(GB 50176—2016)、《严寒和寒冷地区居住建筑节能设计标准》(JGJ 26—2018)、《夏热冬冷地区居住建筑节能设计标准》(JGJ 134—2010)、《夏热冬暖地区居住建筑节能设计标准》(JGJ 75—2012)及《居住建筑节能检测标准》(JGJ/T 132—2009)执行。

(2)既有居住建筑室内热环境诊断,应采用现场调查和检测室内热环境状况为主,住户问卷调查为辅的方法。

(3)既有居住建筑室内热环境诊断应主要针对供暖、空调季节进行,夏热冬冷和夏热冬暖地区的诊断还应包括过渡季节。针对过渡季节的室内热环境诊断，应在自然通风状态下进行。

(4)既有居住建筑室内热环境诊断应调查、检测下列内容并将结果提供给节能诊断报告：

1)室内空气温度；

2)室内空气相对湿度；

3)外围护结构内表面温度，在严寒和寒冷地区还应包括热桥等易结露部位的内表面温度，在夏热冬冷和夏热冬暖地区还应包括屋面和西墙的内表面温度；

4)在夏热冬暖和夏热冬冷地区，建筑室内的通风状况；

5)住房对室内温度、湿度的主观感受等。

4. 围护结构节能诊断

(1)围护结构节能诊断前，应收集下列资料：

1)建筑的设计施工图、计算书及竣工图；

2)建筑装修和改造资料；

3)历年修缮资料；

4)所在地城市建设规划和市容要求。

(2)围护结构进行节能诊断时，应对下列内容进行现场检查：

1)墙体、屋顶、地面及门窗的裂缝、渗漏、破损状况；

2)屋顶结构构造：结构形式、遮阳板、防水构造、保温隔热构造及厚度；

3)外墙结构构造：墙体结构形式、厚度、保温隔热构造及厚度；

4)外窗：窗户型材种类、开启方式、玻璃结构、密封形式；

5)遮阳：遮阳形式、构造和材料；

6)户门：构造、材料、密闭形式；

7)其他：分户墙、楼板、外挑楼板、底层楼板等的材料、厚度。

(3)围护结构节能诊断时，应按现行国家标准《民用建筑热工设计规范》(GB 50176—2016)的规定计算其热工性能，必要时应对部分构件进行抽样检测其热工性能。围护结构热工性能检测应符合现行行业标准《居住建筑节能检测标准》(JGJ/T 132—2009)的有关规定。围护结构热工计算和检测应包括下列内容：

1)屋顶的保温性能、隔热性能；

2)外墙的保温性能、隔热性能；

3)房间的气密性；

4)外窗的气密性；

5)围护结构热工缺陷。

(4)外窗的传热系数应按现行行业标准《建筑门窗玻璃幕墙热工计算规程》(JGT 151—2008)的规定进行计算；外窗的综合遮阳系数应按现行行业标准《夏热冬暖地区居住建筑节能设计标准》(JGJ 75—2013)和《建筑门窗玻璃幕墙热工计算规程》(JGJ/T 151—2008)的有关规定进行计算。

(5)围护结构节能诊断应根据建筑物现状、围护结构现场检查和热工性能计算与检测的结果等对其热工性能进行判定，并为节能诊断报告提供下列内容：

1)建筑围护结构各组成部分的传热系数；

2)建筑围护结构可能存在的热工缺陷状况；

3)建筑物耗热量指标(严寒、寒冷地区集中供暖建筑)。

5. 严寒和寒冷地区集中供暖系统节能诊断

(1)供暖系统节能诊断前，应收集下列资料：

1)供暖系统设计施工图、计算书和竣工图纸；

2)历年维修改造资料；

3)供暖系统运行记录及3年以上能源消耗量。

(2)供暖系统诊断时,应对下列内容进行现场检查、检测、计算并将结果提供给节能诊断报告:
1)锅炉效率、单位锅炉容量的供暖面积;
2)单位建筑面积的供暖耗煤量(折合成标准煤)、耗电量和水量;
3)根据建筑耗热量、耗煤量指标和实际供暖天数推算系统的运行效率;
4)供暖系统补水率;
5)室外管网输送效率;
6)室外管网水力平衡度、调控能力;
7)室内供暖系统形式、水力失调状况和调控能力。
(3)对锅炉效率、系统补水率、室外管网水力平衡度、室外管网热损失率、耗电输热比等指标参数的检测应按现行行业标准《居住建筑节能检测标准》(JGJ/T 132—2009)执行。

2.6.3 既有居住建筑节能改造方案

1. 一般规定

(1)对居住建筑实施节能改造前,应根据节能诊断结果和预定的节能目标制定节能改造方案,并应对节能改造方案的效果进行评估。

(2)严寒和寒冷地区应按现行行业标准《严寒和寒冷地区居住建筑节能设计标准》(JGJ 26—2018)中的静态计算方法,对建筑实施改造后的供暖耗热量指标进行计算。计划实施全面节能改造的建筑,其改造后的供暖耗热量指标应符合现行行业标准《严寒和寒冷地区居住建筑节能设计标准》(JGJ 26—2018)的规定,室内系统应满足计量要求。

(3)夏热冬冷地区应按现行行业标准《夏热冬冷地区居住建筑节能设计标准》(JGJ 134—2010)中的动态计算方法,对建筑实施改造后的供暖和空调能耗进行计算。

(4)夏热冬暖地区应按现行行业标准《夏热冬暖地区居住建筑节能设计标准》(JGJ 75—2012)中的动态计算方法,对建筑实施改造后的空调能耗进行计算。

(5)夏热冬冷地区和夏热冬暖地区宜对改造后建筑顶层房间的夏季室内热环境进行评估。

2. 严寒和寒冷地区节能改造方案

(1)严寒和寒冷地区既有居住建筑的全面节能改造方案应包括建筑围护结构节能改造方案和供暖系统节能改造方案。

(2)围护结构节能改造方案应确定外墙、屋面等保温层的厚度并计算外墙平均传热系数和屋面传热系数,确定外窗、单元门、户门传热系数。对外墙、屋面、窗洞口等可能形成冷桥的构造节点,应进行热工校核计算,避免室内表面结露。

(3)建筑围护结构节能改造方案应评估下列内容:
1)建筑物耗热量指标;
2)围护结构传热系数;
3)节能潜力;
4)建筑热工缺陷;
5)改造的技术方案和措施,以及相应的材料和产品;
6)改造的资金投入和资金回收期。

(4)严寒和寒冷地区供暖系统节能改造方案应符合下列规定:
1)改造后的燃煤锅炉年均运行效率不应低于68%,燃气及燃油锅炉年均运行效率不应低于80%。
2)对于改造后的室外供热管网,管网保温效率应大于97%,补水率不应大于总循环流量的0.5%,系统总流量应为设计值的100%~110%,水力平衡度应为0.9~1.2,耗电输热比应符合现行行业标准《严寒和寒冷地区居住建筑节能设计标准》(JGJ 26—2018)的有关规定。

(5)供暖系统节能改造方案应评估下列内容:

1)供暖期间单位建筑面积耗标煤量(耗气量)指标;
2)锅炉运行效率;
3)室外管网输送效率;
4)热源(热力站)变流量运行条件;
5)室内系统热计量仪表状况及系统调节手段;
6)供热效果;
7)节能潜力;
8)改造的技术方案和措施,以及相应的材料和产品;
9)改造的资金投入和资金回收期。

3. 夏热冬冷地区节能改造方案

(1)夏热冬冷地区既有居住建筑节能改造方案应主要针对建筑围护结构。

(2)夏热冬冷地区既有居住建筑节能改造方案应确定外墙、屋面等保温层的厚度,计算外墙平均传热系数和屋面传热系数,确定外窗的传热系数和遮阳系数。必要时,应对外墙、屋面、窗洞口等可能形成热桥的构造节点进行结露验算。

(3)夏热冬冷地区既有建筑节能改造方案的效果评估应包括能效评估和室内热环境评估,并应符合下列规定:

1)当节能方案满足现行行业标准《夏热冬冷地区居住建筑节能设计标准》(JGJ 134—2010)全部规定性指标的要求时,可认定节能方案达到该标准的节能水平;

2)当节能方案不完全满足现行行业标准《夏热冬冷地区居住建筑节能设计标准》(JGJ 134—2010)全部规定性指标的要求时,应按该标准规定的方法,计算节能改造方案的节能综合评价指标。

(4)评估室内热环境时,应先按节能改造方案建立该建筑的计算模型,计算当地典型气象年条件下建筑室内的全年自然室温(t_n),再按表2-18的规定进行评估。

表2-18 夏热冬冷地区节能改造方案的室内热环境评估

室内热环境评估等级	评估指标	
	冬季	夏季
良好	12 ℃≤$t_{n,min}$	$t_{n,max}$≤30 ℃
可接受	8 ℃≤$t_{n,min}$<12 ℃	30 ℃<$t_{n,max}$≤32 ℃
恶劣	$t_{n,min}$<8 ℃	$t_{n,max}$>32 ℃

4. 夏热冬暖地区节能改造方案

(1)夏热冬暖地区既有居住建筑节能改造方案应主要针对建筑围护结构。

(2)夏热冬暖地区既有居住建筑节能改造方案应确定外墙、屋面等保温层的厚度,计算外墙传热系数和屋面传热系数,确定外窗的传热系数和遮阳系数等。

(3)夏热冬暖地区既有建筑节能改造方案的效果评估应包括能效评估和室内热环境评估,并应符合下列规定:

1)当节能改造方案满足现行行业标准《夏热冬暖地区居住建筑节能设计标准》(JGJ 75—2012)全部规定性指标的要求时,可认定该改造方案达到该标准的节能水平;

2)当节能改造方案不完全满足现行行业标准《夏热冬暖地区居住建筑节能设计标准》(JGJ 75—2012)全部规定性指标的要求时,应按现行行业标准《夏热冬暖地区居住建筑节能设计标准》(JGJ 75—2012)规定的对比评定法,计算改造方案的节能综合评价指标。

(4)室内热环境评价应符合下列规定:

1)应按现行国家标准《民用建筑热工设计规范》(GB 50176—2016)计算改造方案中建筑屋顶、西外墙的保温隔热性能;

2)应按现行行业标准《建筑门窗玻璃幕墙热工计算规程》(JGJ/T 151—2008)计算改造方案中外窗隔热性能和保温性能;

3)应按现行行业标准《夏热冬暖地区居住建筑节能设计标准》(JGJ 75—2012)计算改造方案中外窗的可开启面积或采用流体力学计算软件模拟节能改造实施方案中建筑内部预期的自然通风效果;

4)室内热环境评价结论的判定应符合下列规定:

①当围护结构节能设计符合现行行业标准《夏热冬暖地区居住建筑节能设计标准》(JGJ 75—2012)的有关规定时,应判定节能方案的夏季室内热环境为良好;

②当围护结构节能设计不完全符合现行行业标准《夏热冬暖地区居住建筑节能设计标准》(JGJ 75—2012)的有关规定,但屋顶、外墙的隔热性能符合现行国家标准《民用建筑热工设计规范》(GB 50176—2016)的有关规定时,应判定节能方案的夏季室内热环境为可接受;

③当围护结构节能设计不完全符合现行行业标准《夏热冬暖地区居住建筑节能设计标准》(JGJ 75—2012)的有关规定,且屋顶、外墙的隔热性能也不符合现行国家标准《民用建筑热工设计规范》(GB 50176—2016)的有关规定时,应判定节能方案的夏季室内热环境为恶劣。

典型工程案例

昆山低碳主题园区 E01 地块会所建筑节能方案如图 2-29 所示。

图 2-29 昆山低碳主题园区 E01 地块会所建筑效果图

一、项目概况

本项目位于昆山低碳产业主题公园中心湖东岸,其功能以餐厅为主,用地面积为 11 235.3 m^2。建筑共三层,其中,地上二层总建筑面积为 5 162 m^2,地下建筑面积为 1 747 m^2,建筑高度为 11.35 m。

二、节能方案调整

1. 方案调整内容

该会所节能设计重点为合理设置遮阳设施,同时充分利用自然通风及自然采光,空调系统方面建议采用分布式空调系统。在节能设计思路上的变化主要体现在绿色建筑星级要求的调整上,上一版方案按照绿色建筑三星级的标准进行设计,其中对雨水收集、围护结构参数等方面要求都较高,也并非都是非常合理的方案。目前,该会所将星级目标调整为一星级,方案也作了相应调整,主要调整内容如下:

(1)遮阳做法明确为采用双层玻璃内置可调节百叶。

(2)开窗面积要求降低,不再要求30%的可开启外窗比例,只满足本报告中提出的外窗有效开口面积要求即可。

(3)围护结构热工参数要求降低,不再要求满足三星级中达到国家标准建筑80%能耗水平的要求,只达到国家标准即可。

(4)取消屋面雨水收集系统,改用园区集中雨水处理方案。

(5)不要求采用钢结构。

(6)取消了太阳能热水系统。

2. 绿色星级要求满足情况

根据本版节能方案及《绿色建筑评价标准》(GB/T 50378—2019),绿色星级满足情况为控制项全部满足;一般项满足情况见表2-19。

表2-19 外窗有效开口面积要求

大项	一星级建筑要求项数	本方案至少满足项数
节地与室外环境	3	3
节能与能源利用	4	4
节水与水资源利用	3	3
节材与材料资源利用	5	5
室内环境质量	3	3
运营管理	4	4

一星级无优选项要求。综上,本方案可以满足预定的一星级建筑要求。

三、节能设计内容

1. 建筑围护结构

根据前面的设计思路,通过对建筑遮阳、采光、自然通风与能耗的模拟计算,以及各次设计会议讨论成果,综合考虑建筑的室内环境需求及节能要求,建议围护结构的做法如下:

(1)遮阳做法。会所的西立面、东立面为大面积玻璃幕墙,为遮挡太阳辐射,提高室内舒适度,降低建筑能耗,需要考虑遮阳措施。根据模拟计算及设计会议讨论结果,建议采用中空玻璃内置电动百叶窗的方案。

考虑到建筑南、北立面不是主立面,为节省造价,玻璃幕墙部分可以采用电动或手动内置遮阳卷帘。

(2)开窗面积要求。该建筑的主朝向为东西向,东西向设计有较多玻璃窗、玻璃幕墙,建筑进深较小,具备良好的通风条件,因此,该建筑可通过在东西面墙上保证外窗开启面积来实现自然通风。通过模拟计算,各外墙的有效开口面积应不小于图2-30、图2-31所示的参数,这样,实现过渡季节自然通风换气次数达到10次以上。

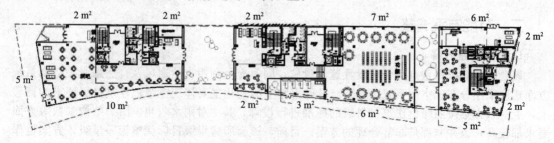

图2-30 会所首层外窗有效开口面积要求

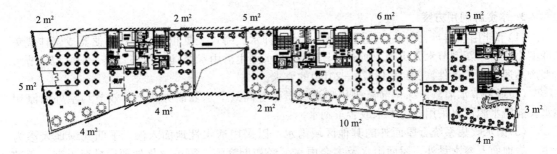

图 2-31 会所二层外窗有效开口面积要求

(3)围护结构参数要求。E01 地块会所围护结构做法建议参数见表 2-20，建议的具体做法如下：

1)玻璃窗及玻璃幕墙：玻璃窗及玻璃幕墙的窗墙面积比减小至 0.7 以下。构件采用低透型 LOW-E 玻璃，选用断桥隔热型窗框，传热系数小，遮阳性能好，可有效降低通过玻璃幕墙的冷、热量损失，降低空调供热能耗。

2)外保温墙体：除玻璃幕墙外的实体墙和屋面部分，均采用外保温做法。

3)保温、隔热密闭外门：选用优质 LOW-E 玻璃门，且气密等级达到 3 级，有效减少通过外门造成的室外空气侵入室内，降低冷、热风侵入量，可以大大降低空调能耗，提高舒适性。外窗气密性不低于现行国家标准《建筑外门窗气密、水密、抗风压性能检测方法》(GB/T 7106—2019)规定的 4 级要求。

4)出入口设计门斗：通过门斗双层门的设计，可以对室内外形成有效阻隔。

5)减少冷风侵入室内，提高舒适性和节省空调能耗。

表 2-20 围护结构热工参数表

围护结构类型			热工参数要求	
外墙			$K \leqslant 1.0$	
屋面			$K \leqslant 0.7$	
挑空楼板			$K \leqslant 1.0$	
外窗	东	$m=0.7$	$K \leqslant 2.5$	$SC \leqslant 0.4$
	南			
	西			
	北			$SC \leqslant 0.5$
天窗			$K \leqslant 3.0$	$SC \leqslant 0.4$

2. 机电系统

(1)节能空调系统。考虑夏热冬冷地区气候特点，夏季需要供冷，冬季需要供热，且该地区建筑空调夏、冬冷热负荷的需求量比例与空气源热泵较匹配，且会所多为日间使用，空气源热泵的运行效率较高。从技术经济、合理使用电力方面考虑，会所采用变制冷剂流量多联机组(空气-空气热泵)处理室内冷、热负荷和新风负荷。因此，建筑可采用 VRV 空调系统，该系统布置灵活多变，可以根据末端不同用户需要启停，可灵活调整，可靠性高，运行费用低，并且无须专用机房。新风系统采用全热回收技术，降低新风负荷。

(2)高效照明设备。LED 灯相对于普通节能灯节能效果更好，但价格相对较高。本建筑在洽谈展示区等需重点推介区域采用 LED 灯作为建筑室内照明灯具，在其他区域采用普通节能灯，这样既能保证建筑室内的照明要求，又能使建筑照明密度不超过《建筑照明设计标准》(GB 50034—2013)中规定的目标值。楼梯、走道等公共部位采用节能自熄开关，以达到节电的目的。

3. 水资源利用方案

(1)节能用水器具。公共卫生间采用自动感应冲水式蹲式大便器、感应式小便器或壁挂式免冲型小便器、新型节水龙头等，所有器具满足《节水型生活用水器具》(CJ/T 164—2014)及《节水型产品通用技术条件》(GB/T 18870—2011)的要求。

(2)绿色节水灌溉。绿化灌溉采用喷灌或微灌等高效节水灌溉方式，有效节约室外灌溉用水。灌溉水源可以采用园区中水或者玉湖水。

(3)雨水收集系统。屋面外的其他区域雨水，以采用透水性地面入渗、下凹式绿地入渗为主，除地面入渗水量外，屋面雨水及多余雨水可经初期弃流、简单净化处理后排至玉湖，通过玉湖蓄存并作为补充灌溉水源。

4. 材料利用方案

(1)高效结构体系。本建筑现浇混凝土全部采用预拌混凝土，达到节约能源、资源，减少材料损耗的目的，并可以控制工程施工质量、减少施工现场噪声和粉尘污染，同时，严格控制混凝土外加剂有害物质含量，避免建筑材料中有害物质对人体健康造成损害，以达到绿色环保的要求。

(2)材料使用方案。所有建筑材料选用应符合《建筑材料放射性核素限量》(GB 6566—2010)的绿色无害要求，最大限度地使用可再利用材料、可再循环材料和以废弃物为原料生产的建筑材料。

(3)可再循环利用材料。本建筑采用耐久性和节材效果好的高强度钢作为建筑结构材料，并采用玻璃、木材等可再循环材料。

5. 智能控制系统

建筑空调、通风、照明系统采用智能化控制，结合可以自主调解的末端，并配备功能完善的信息网络系统，从而有效降低系统运行能耗，实现有效节能。建筑内冷热源、输配系统和照明、燃气设备等各部分能耗进行独立分项计量，建筑用水按用途设置用水计量水表，从而掌握各项能耗水平，对能源利用进行合理管理。

本章小结

1. 规定性设计与性能性设计是建筑节能设计的两种方法。节能建筑围护结构应优先采用规定性指标进行设计。当设计不符合围护结构规定性指标要求时，应进行性能性指标设计。建筑节能设计的基本原则有气候适应性原则、整体性原则、综合性原则、性能性原则。在规划设计阶段应重视建筑选址、建筑朝向、建筑间距、建筑组团及自然通风等因素对建筑节能的影响。

2. 建筑主体结构节能设计的内容主要包括墙体、屋面、楼板、门窗、幕墙等围护构件的设计。围护结构的规定性指标应满足各地区的节能设计标准。传热系数(K)是指在稳态条件下，围护结构两侧空气温度差为1℃，单位时间内通过1 m²面积传递的热量，K值越小，围护结构的传热能力越低，其保温、隔热性能越好。

3. 热惰性指标(D)是表征围护结构对温度波衰减快慢程度的无量纲指标，其值等于材料层热阻与蓄热系数的乘积。D值越大，围护结构的热稳定性越好，越有利于节能；遮阳系数(SC) $SC=\dfrac{g}{\tau_s}$ 是指实际透过窗玻璃的太阳辐射得热与透过3 mm透明玻璃的太阳辐射得热之比值，其值在0~1范围内变化。SC值越小，其遮阳性能越好。

4. 体形系数是指建筑物与室外大气直接接触的外表面面积与其所包围体积的比值。体形系数越大，单位建筑面积对应的外表面面积越大，外围护结构的传热损失也越大。窗墙面积比是指窗户洞口面积与其所在外立面面积的比值，窗墙面积比越大，一般情况下建筑物的能耗也越大。

5. 建筑能效标识制度是使新建建筑严格执行节能标准的关键环节，建筑能效实测值标识应以建筑能效理论值标识为基础，根据能效实测值的规定项和选择项的测评结果进行标识。我国绿色建筑评价分为基本级、一星级、二星级、三星级4个等级。

6. BIM技术作为建筑业信息化的重要组成部分，具有三维可视化、数据结构化、工作协同化等特点，其有利于推动节能减排和绿色建设。以BIM建模软件为中心，依靠工作集的形式对建筑、结构、暖通、电气和给水排水等专业进行协同设计，在概念设计、方案设计、初步设计和施工图设计的每一阶段根据不同的目标确定评价指标。构建基于BIM的节能设计基本流程，可以将传统建筑设计和建筑节能设计进行整合，也可以实现多目标的节能优化设计。

7. 对居住建筑实施节能改造前，应根据节能诊断结果和预定的节能目标制定节能改造方案，并应对节能改造方案的效果进行评估。严寒和寒冷地区既有居住建筑的全面节能改造方案应包括建筑围护结构节能改造方案和供暖系统节能改造方案。夏热冬冷地区和夏热冬暖地区既有居住建筑节能改造方案应主要针对建筑围护结构。

本章相关
教学资源

复习思考题

一、选择题

1. 节能建筑的综合效益主要体现在(　　)方面。
A. 建筑品质和形象提升，投资回报率高
B. 建筑运行费用显著降低，室内环境质量提高
C. 对地区和区域环境的影响降低
D. 降低城市、国家能源的供应压力

2. 室内热环境设计参数中夏季空调建筑室内平均温度不高于(　　)℃。
A. 28　　　　　B. 26　　　　　C. 18　　　　　D. 16

3. 建筑节能设计时采用性能性设计方法的优点有(　　)。
A. 直接联系工程设计的根本目标
B. 有很大的灵活性和创造空间
C. 综合工程各方面具体条件优化方案
D. 有利于科学技术的发展和新成果的应用

4. 影响建筑节能的主要因素有(　　)。
A. 温度、湿度、风速、日照等外部条件　　B. 建筑设备
C. 室内条件　　　　　　　　　　　　　　D. 建筑外围护结构隔热性能

5. 单体建筑节能设计的主要内容应包括(　　)。
A. 建筑热工计算　　　　　　　　　　　　B. 室内自然通风模拟
C. 性能性节能设计　　　　　　　　　　　D. 空调系统节能设计
E. 可再生能源的利用

二、判断题

1. 规定性设计方法的优点是直接按照规范条文执行，设计简单易行，使设计人员摆脱了复杂高深的计算分析，节省了大量时间。(　　)

2. 严寒、寒冷和部分气候温和地区的节能建筑则需要考虑建筑保温的综合措施，以防冬季室内过冷。(　　)

3. 节能居住小区规划设计时，应有足够的绿地和水面，严格控制建筑密度，尽量减少水泥地面，并应利用植被和水域减弱城市热岛效应，改善居住环境。(　　)

4. 通风墙体即将需要隔热的外墙做成带有空气间层的空心夹层墙，并在下部和上部分别开有进风口和出风口。（　　）

5. 建筑外窗、玻璃幕墙的遮阳应综合考虑建筑效果、建筑功能和经济性，合理采用建筑外遮阳并与特殊的玻璃系统相配合。（　　）

6. 采暖空调方式应根据建筑物规模、所在地气象条件、能源状况、用户要求等因素，通过技术经济比较后合理确定。（　　）

7. 对空调冷却水系统、地源热泵低位热源侧水系统的设计应具有过滤、缓蚀、阻垢、杀菌、灭藻等水处理功能。（　　）

8. 具有热电厂的地区，宜利用热电厂余热的供热、供冷技术。（　　）

9. 给水系统应竖向分区，各分区最低卫生器具配水点的静水压力不宜大于 0.45 MPa。（　　）

10. 室外照明光源应选用高效气体放电灯、LED 灯等新型高效光源。（　　）

三、简答题

1. 建筑节能设计的方法有哪两种？它们各有何优点、缺点？
2. 建筑节能设计的四个基本原则分别是什么？
3. 解释建筑节能设计的六个关键术语。
4. 自然通风设计的具体措施有哪些？
5. 建筑主体结构的节能设计包含哪些内容？
6. 建筑设备节能设计包含哪些内容？
7. 建筑节能设计应重点审查哪些内容？
8. 我国建筑能效标识可分为哪几个等级？

综合训练题

已知某单层建筑位于夏热冬冷地区，建筑的长度 $L=15$ m，宽度 $B=8$ m，窗户尺寸均为 1.5 m×2.4 m，室外设计地坪到檐口的高度为 5 m，檐口到屋脊线的高差为 0.5 m，窗台高为 0.9 m，室内外高差为 450 mm，对外出入口大门尺寸为 1.5 m×2.4 m，建筑平面图和剖面图如图 2-32 所示。

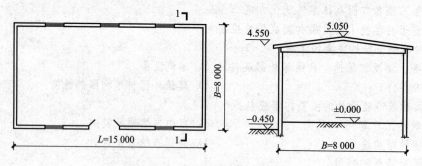

图 2-32　建筑平面图和剖面图

1. 请计算该建筑的体形系数、南北向的窗墙面积比。
2. 依据《夏热冬冷地区居住建筑节能设计标准》(JGJ 134—2010)判断该建筑的体形系数和窗墙面积比是否达到要求。

第 3 章　建筑围护构件节能技术

学习目标

1. 了解建筑围护构件节能设计的方法和材料选择。
2. 熟悉建筑围护构件节能施工的工艺要求及质量验收控制要点。
3. 掌握建筑围护构件节能设计的要求和构造层次。

本章导入

建筑的能耗水平主要取决于建筑围护结构、电气和空调等设备及人们使用各类电气设备的能耗情况，其中，围护结构的能耗占建筑总能耗的 2/3 以上。因而，降低建筑围护构件的能耗是建筑节能设计的重点。建筑的围护构件主要包括墙体、屋面、门窗等，在设计阶段通过控制体形系数、窗墙面积比、遮阳系数等设计参数，可以在一定程度上控制建筑的能耗水平，建筑围护构件的节能设计需要在施工图设计阶段做详细的深化设计。精细化设计是实现建筑节能的最经济的手段，在建筑施工图设计前，应该进行建筑节能专项研究，如使用试验、计算机模拟等手段辅助设计，确保建筑设计实现节能优化。

据统计，建筑物通过围护结构散失的热量占整个热量损失的 77% 左右（其中，外墙占 25%，窗户占 24%，楼梯间隔墙占 11%，屋面占 9%，阳台门下部占 3%，户门占 3%，地面占 2%），在围护结构中通过外墙损失的能量又大约占 25%。节能建筑评价标准中提出不同地区建筑围护结构的热工设计必须满足基本要求。建筑屋面、外墙外表面材料太阳辐射吸收系数越小，越有利于降低屋面、外墙外表面综合温度，从而提高其隔热性能。以墙体的节能设计为例，墙体按位置可分为外墙和内墙；按受力情况不同可分为承重墙和非承重墙，非承重墙有隔墙、填充墙和幕墙；按构造形式可分为实心墙、空体墙和复合墙。由于墙体的类型较多，不同类型墙体节能设计的重点也不同。外墙节能设计的重点是材料选择，宜选择传热系数较小的墙体材料和保温层材料。墙体施工使用的保温及隔热材料的性能指标包括厚度、导热系数、密度、抗压强度或压缩强度、燃烧性能。

3.1　墙体的节能设计与施工技术

新设计的采暖居住建筑应符合《严寒和寒冷地区居住建筑节能设计标准》(JGJ 26—2018)的规定，改善建筑围护结构的热工性能是建筑节能的首要问题。

围护结构热工性能权衡判断法，应按照下列步骤进行：

(1)根据所设计建筑生成参照建筑。
(2)计算参照建筑在规定条件下的采暖空调能耗。
(3)将参照建筑的采暖空调能耗作为所设计建筑的采暖空调能耗限值。
(4)计算设计建筑的采暖空调能耗，若其大于参照建筑的采暖空调能耗限值，应调整窗墙面积比或围护结构传热系数，使之不超过限值；若调整后的建筑的采暖空调能耗不高于参照建筑，则可判定围护结构的总体热工性能符合节能要求。

(5)屋面、东西墙的隔热性能应满足《民用建筑热工设计规范》(GB 50176—2016)要求。

3.1.1 墙体的节能设计与构造

外墙占全部围护面积的60%以上,其能耗占建筑物总能耗的40%左右。墙体的节能设计主要是降低其传热系数,防止形成热桥。外墙保温方式可分为外墙外保温、外墙内保温和夹心保温。节能墙体的常见构造做法如图3-1所示。

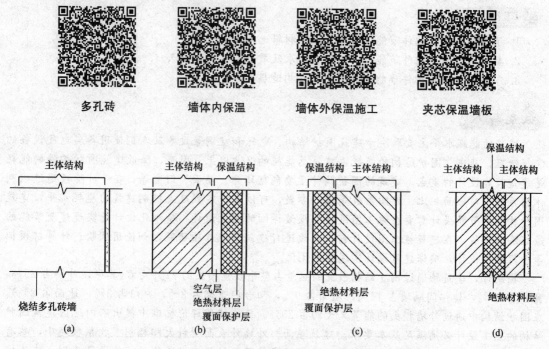

图 3-1 节能墙体的常见构造做法
(a)单一保温墙体;(b)内保温墙体;(c)外保温墙体;(d)夹心保温墙体

(1)外墙外保温:在外墙外侧面设置保温层。外墙外保温的常见做法如下:

1)EPS板薄抹面外保温、隔热系统。这是最早也是应用最多的系统,关键在于薄抹面层的抗裂和EPS板的粘结固定。

2)胶粉EPS颗粒保温、隔热浆料外保温、隔热系统。这种系统整体性好,适合外形复杂的建筑,特别是曲面墙的情况,但厚度受限制,不适用于节能65%的标准。

3)现浇混凝土复合无网/有网EPS板外保温、隔热系统。这两种形式经济性好,但施工较麻烦,特别是对于外形复杂的建筑物,由于混凝土的重力胀模及聚苯板的弹塑性,外表面垂直平整度不易掌握。

4)聚氨酯硬泡喷涂外墙外保温、隔热系统。聚氨酯保温、隔热效率高,热阻约为EPS板的一倍,可以适用于节能65%的标准,整体性也好;但这种系统造价较高,喷涂外表面平整度不好掌握,而且还要再抹聚苯颗粒胶浆作找平层。

(2)外墙内保温:在外墙内侧面设置保温层。保温层可以选择以下材料:

1)保温砂浆。

2)保温板。

3)松散状填充保温材料:岩棉、玻璃棉等。

(3)夹心保温:在墙体的中间部位设置保温层,属于复合保温墙体材料。

夹心保温墙体是将保温材料夹在两面墙体（内叶墙、外叶墙）之间形成的一种复合墙体。内叶墙和外叶墙一般是钢筋混凝土结构，保温板一般用B1级或B2级有机材料，连接件一般用复合材料或不锈钢。夹心保温墙板广泛应用于预制墙体或现浇墙体中，但预制混凝土外墙更适用于夹心保温墙体技术。

1）夹心保温墙体的施工方法：基层抹灰需要达到高级抹灰要求，表面抚平压实收光，无刷纹、抹痕；抹灰接槎要平，无空鼓、孔洞、裂纹、酥粉、粉化等不合格现象。垂直度、强度等达到施工验收标准。表面无泥土、浮尘、油污等物。分格缝深度要一致，横平竖直，不能缺棱掉角；滴水线顺滑平直、坚固，无明显的表面缺陷；泛水坡度按设计要求，基面阴阳角平直、方正。墙内外各结构件、预埋件、水暖、电气等线路应按设计需求尽早安装定位。对各位置的收口地方，提早进行水泥砂浆找平，让其有足够的干燥时间，外露钢铁也要做好除锈、防锈的工序。

2）夹心保温墙体优点：将外界环境温度与室内温度隔离开，极大地减小了室内的温度变化，真正起到了节能环保作用；对保温材料要求不高，大部分材料均可用；具有一定的隔声效果。

3）夹心保温墙体缺点：抵抗地震的性能差，中间的保温材料无抗震性；与传统墙体比厚度偏大，施工比较复杂，需要连接件，对工人的要求也比较高；三层合成的夹心保温墙体极易形成"热桥"；外侧墙体容易受室外气温的影响，昼夜温差太大和冬夏季温差太大，导致墙面裂缝、雨水渗入、长毛。

单一承重用的墙体材料（如普通烧结砖）很难满足保温和隔热要求，为了达到我国的建筑节能标准要求，建筑外墙一般采用节能复合墙体。节能复合墙体就是将单一材料的承重墙体变为由承重材料和保温材料（绝热层）组成的复合墙体。例如，泡沫塑料在国内外大量用于建筑物的节能复合墙体。

对复合墙体的传热反应系数、衰减倍数、延迟时间、热惰性指标和逐时壁温的计算结果，说明外保温墙体在冬、夏两季的热工性能均优于内保温墙体。外保温墙体抵抗室外温度变化能力强，当室内温度发生变化时，其温度波动小，对夏季非空调房间的隔热效果好。

3.1.2 墙体的材料选择

保温材料是指控制室内热量外流的建筑材料。通常，绝热材料导热系数 λ 值应不大于 $0.23\ \text{W}/(\text{m}\cdot\text{K})$，热阻 R 值应不小于 $4.35(\text{m}^2\cdot\text{K})/\text{W}$。另外，绝热材料还应满足：表观密度不大于 $600\ \text{kg/m}^3$，抗压强度大于 $0.3\ \text{MPa}$，构造简单，施工容易，造价低等。隔热材料指的是控制室外热量进入室内的建筑材料；隔热材料应能阻抗室外热量的传入，并能减小室外空气温度波动对内表面温度的影响。材料隔热性能的优劣不仅与材料的导热系数有关，而且与导温系数、蓄热系数有关。常见保温材料的导热系数见表3-1。

表3-1 常见保温材料的导热系数

绝热保温材料名称	导热系数 $\lambda/(\text{W}\cdot\text{m}^{-1}\cdot\text{K}^{-1})$
矿棉板、岩棉板、玻璃棉板	0.045
膨胀聚苯板	0.042
泡沫塑料	0.025~0.040
泡沫玻璃	0.066

(1)泡沫塑料。泡沫塑料质轻且具有特殊的保温、隔热性能，近年来，在建筑节能中的应用较为广泛。其中最常用的泡沫塑料有聚氨酯泡沫塑料(PU)、聚苯乙烯泡沫塑料(PS)、聚氯乙烯泡沫塑料(PVC)、聚乙烯泡沫塑料(PE)、酚醛泡沫塑料、脲醛泡沫塑料等。

1)聚氨酯泡沫塑料。聚氨酯泡沫塑料是由含有羟基的聚醚树脂或聚酯树脂与异氰酸酯反应构成聚氨酯主体，由异氰酸酯与水反应产生 CO_2 气体，或用低沸点氟氯烃受热汽化而成。聚氨酯硬质泡沫塑料与无机节能材料的性能对比见表3-2。

表 3-2 聚氨酯硬质泡沫塑料与无机节能材料的性能对比

保温材料	密度/(kg·m⁻³)	导热系数/(W·m⁻¹·K⁻¹)	厚度/m	热阻/(K·m⁻²·W⁻¹)	荷载/(kg·m⁻²)
PU 硬泡	40	0.023	0.03	1.304 3	1.2
水泥珍珠岩	325	0.069	0.09	1.304 3	29.3
水泥蛭石	325	0.104	0.136	1.304 3	34.2

聚氨酯泡沫塑料一般可分为硬质泡沫塑料、软质泡沫塑料、半硬质泡沫塑料及特种泡沫塑料。其中，聚氨酯硬质泡沫塑料制品的导热系数小、质量轻，被广泛用作保温、隔热材料，其密度远远低于传统材料，因此，在用于围护结构保温时的荷载远小于传统材料的荷载，从而能减少工程造价。

2) 聚苯乙烯泡沫塑料。用于建筑保温、隔热的聚苯乙烯泡沫塑料板是以聚苯乙烯树脂为基料，加入一定剂量的含低沸点液体发泡剂、催化剂、稳定剂等辅助材料，经加热使可发性聚苯乙烯珠粒预发泡，然后在模具中加热而制得的一种具有密闭孔结构的硬质泡沫塑料板。其作为建筑保温材料的优点有：导热系数小，保温性能良好；密度低，减轻了结构荷载，有利于抗震；降低工程造价，综合效益明显。XPS聚苯乙烯挤塑板外墙外保温、隔热系统工程案例如图 3-2 所示。

图 3-2 XPS 聚苯乙烯挤塑板外墙外保温、隔热系统工程案例

3) 聚氯乙烯泡沫塑料。聚氯乙烯泡沫塑料是以聚氯乙烯树脂为基料，加入发泡剂、稳定剂，经捏合、模塑、发泡而制成的一种闭孔泡沫塑料，有软质和硬质两种。聚氯乙烯泡沫塑料具有质量轻、导热系数小、吸水率低等性能，可用于房屋建筑上保温、隔热、吸声和防震。

(2) 玻化微珠保温系统。以玻化微珠干混保温砂浆为保温层，在保温层面层涂抹具有防水抗渗、抗裂性能的抗裂砂浆，与保温层复合形成一个集保温、隔热、抗裂、防火、抗渗于一体的完整体系。该系统不仅具有良好的保温性能，同时具有优异的隔热、防火性能，且能防虫蚁噬蚀。玻化微珠保温系统构造如图 3-3 所示。

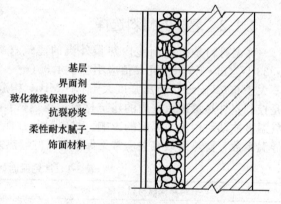

图 3-3 玻化微珠保温系统构造

玻化微珠保温系统适用于多层、高层建筑的钢筋混凝土、加气混凝土、砌块、砖等围护墙的内、外保温抹灰工程，以及地下室、车库、楼梯、走廊、消防通道等防火保温工程，也适用于旧建筑物的保温改造工程及地暖的隔热支承层。玻化微珠与膨胀珍珠岩技术性能比较见表 3-3。

表 3-3 玻化微珠与膨胀珍珠岩技术性能比较

技术性能比较	玻化微珠	膨胀珍珠岩
粒度/mm	0.5~1.5	0.15~3.00
表观密度/(kg·m⁻³)	80~130	70~250
导热系数/(W·m⁻²·K⁻¹)	0.032~0.045	0.047~0.054
成球率	≥98%	0

续表

技术性能比较	玻化微珠	膨胀珍珠岩
闭孔率	≥95%	0
吸水率（真空抽滤法测定）	20%～50%	360～480
筒压强度（1 MPa压力的体积损失率）	38%～46%	76%～83%
耐火度	1 280 ℃～1 360 ℃	1 250 ℃～1 300 ℃
使用温度	1 000 ℃以下	

(3)混凝土岩棉复合外墙板。混凝土岩棉复合外墙板是以混凝土饰面层、岩棉保温层和钢筋混凝土结构层三层构成的具有保温、隔热、隔声、防水等多功能的复合外墙板，有承重和非承重之分。

1)由 150 mm 厚钢筋混凝土结构层、50 mm 岩棉保温层和 50 mm 混凝土饰面层组成的承重混凝土岩棉复合外墙板，质量为 500～512 kg/m², 平均热阻值为 $0.99(K \cdot m^2)/W$，传热系数为 $1.01 W/(m^2 \cdot K)$。

2)由 50 mm 厚钢筋混凝土结构层、80 mm 岩棉保温层和 30 mm 混凝土饰面层组成的非承重薄壁混凝土岩棉复合外墙板，质量为 176～256 kg/m², 平均热阻值为 $1.70(K \cdot m^2)/W$，传热系数为 $0.59 W/(m^2 \cdot K)$。

3.1.3 外墙外保温的质量验收

1. 质量验收的相关术语

(1)进场验收：对进入施工现场的材料、设备等进行外观质量检查和规格、型号、技术参数及质量证明文件核查并形成相应验收记录的活动。

(2)进场复验：进入施工现场的材料、设备等在进场验收合格的基础上，按照有关规定从施工现场抽取试样送至实验室进行部分或全部性能参数检验的活动。

(3)见证取样送检：施工单位在监理工程师或建设单位代表见证下，按照有关规定从施工现场随机抽取试样，送至有见证检测资质的检测机构进行检测的活动。

(4)现场实体检验：现场实体检验简称实体检验或现场检验，是在监理工程师或建设单位代表的见证下，对已经完成施工作业的分项或分部工程，按照有关规定在工程实体上抽取试样，在现场进行检验或送至有见证检测资质的检测机构进行检验的活动。

(5)质量证明文件：随同进场材料、设备等一同提供的能够证明其质量状况的文件。通常包括出厂合格证、中文说明书、型式检验报告及相关性能检测报告等。进口产品应包括出入境商品检验合格证明。使用时，还应包括进场验收、进场复验、见证取样检验和现场实体检验等资料。

(6)核查：对技术资料的检查及资料与实物的核对，包括对技术资料的完整性、内容的正确性、与其他相关资料的一致性及整理归档情况的检查，以及将技术资料中的技术参数等与相应的材料、构件、设备或产品实物进行核对、确认。

(7)型式检验：由生产厂家委托有资质的检测机构，对定型产品或成套技术的全部性能指标进行的检验。其检验报告为型式检验报告。通常在产品定型鉴定、正常生产期间规定时间内、出厂检验结果与上次型式检验结果有较大差异、材料及工艺参数改变、停产后恢复生产或有型式检验要求时进行。

2. 墙体节能工程主要验收内容

建筑外围护结构采用板材、浆料、块材及预制复合墙板等墙体保温材料或构件的建筑墙体节能工程施工质量验收的内容包括一般规定、主控项目、一般项目。

(1)一般规定。主体结构完成后进行施工的墙体节能工程，应在基层质量验收合格后施工，施工过程中应及时进行质量检查、隐蔽工程验收和检验批验收，施工完成后应进行墙体节能分项工程验收。与主体结构同时施工的墙体节能工程,应与主体结构一同验收。

1)墙体节能工程应对下列部位或内容进行隐蔽工程验收,并应有详细的文字记录和必要的图像资料:保温层附着的基层及其表面处理;保温板粘结或固定;被封闭的保温材料厚度;锚固件及锚固节点做法;增强网铺设;抹面层厚度;墙体热桥部位处理;保温装饰板、预置保温板或预制保温墙板的位置、界面处理、板缝、构造节点及固定方式;现场喷涂或灌注有机类保温材料的界面;保温隔热砌块墙体;各种变形缝处的节能施工做法。

2)墙体节能工程的保温隔热材料在运输、储存和施工过程中应采取防潮、防水、防火等保护措施。

3)墙体节能工程验收的检验批划分,除另有规定外,一般应符合下列规定:

①采用相同材料、工艺和施工做法的墙面,扣除门窗洞口后的保温墙面面积每 1 000 m^2 划分为一个检验批;

②检验批的划分也可根据与施工流程相一致且方便施工与验收的原则,由施工单位与监理单位双方协商确定;

③当按计数方法抽样检验时,其抽样数量尚应符合《建筑节能工程施工质量验收标准》(GB 50411—2019)的相关规定。

(2)主控项目。

1)墙体节能工程使用的材料、构件应进行进场验收,验收结果应经监理工程师检查认可,且应形成相应的验收记录。各种材料和构件的质量证明文件与相关技术资料应齐全,并应符合设计要求和国家现行有关标准的规定。

检验方法:观察、尺量检查;核查质量证明文件。

检查数量:按进场批次,每批随机抽取 3 个试样进行检查;质量证明文件应按其出厂检验批进行核查。

2)墙体节能工程使用的材料、产品进场时,应对其下列性能进行复验,复验应为见证取样检验:

①保温隔热材料的导热系数或热阻、密度、压缩强度或抗压强度、垂直于板面方向的抗拉强度、吸水率、燃烧性能(不燃材料除外);

②复合保温板等墙体节能定型产品的传热系数或热阻、单位面积质量、拉伸粘结强度、燃烧性能(不燃材料除外);

③保温砌块等墙体节能定型产品的传热系数或热阻、抗压强度、吸水率;

④反射隔热材料的太阳光反射比,半球发射率;

⑤粘结材料的拉伸粘结强度;

⑥抹面材料的拉伸粘结强度、压折比;

⑦增强网的力学性能、抗腐蚀性能。

检验方法:核查质量证明文件;随机抽样检验,核查复验报告,其中:导热系数(传热系数)或热阻、密度或单位面积质量、燃烧性能必须在同一个报告中。

检查数量:同厂家、同品种产品,按照扣除门窗洞口后的保温墙面面积所使用的材料用量,在 5 000 m^2 以内时应复验 1 次;面积每增加 5 000 m^2 应增加 1 次。同工程项目、同施工单位且同期施工的多个单位工程,可合并计算抽检面积。当符合《建筑节能工程施工质量验收标准》(GB 50411—2019)第 3.2.3 条的规定时,检验批容量可以扩大一倍。

3)外墙外保温工程应采用预制构件、定型产品或成套技术,并应由同一供应商提供配套的组成材料和型式检验报告。型式检验报告中应包括耐候性和抗风压性能检验项目及配套组成材料的名称、生产单位、规格型号及主要性能参数。

检验方法:核查质量证明文件和型式检验报告。

检查数量:全数检查。

4)严寒和寒冷地区外保温使用的抹面材料,其冻融试验结果应符合该地区最低气温环境的使用要求。

检验方法：核查质量证明文件。

检查数量：全数检查。

5）墙体节能工程施工前应按照设计和专项施工方案的要求对基层进行处理，处理后的基层应符合要求。

检验方法：对照设计和专项施工方案观察检查；核查隐蔽工程验收记录。

检查数量：全数检查。

6）墙体节能工程各层构造做法应符合设计要求，并应按照经过审批的专项施工方案施工。

检验方法：对照设计和专项施工方案观察检查；核查隐蔽工程验收记录。

检查数量：全数检查。

7）墙体节能工程的施工质量，必须符合下列规定：

①保温隔热材料的厚度不得低于设计要求。

②保温板材与基层之间及各构造层之间的粘结或连接必须牢固。保温板材与基层的连接方式、拉伸粘结强度和粘结面积比应符合设计要求。保温板材与基层之间的拉伸粘结强度应进行现场拉拔试验，且不得在界面破坏。粘结面积比应进行剥离检验。

③当采用保温浆料做外保温时，厚度大于 20 mm 的保温浆料应分层施工。保温浆料与基层之间及各层之间的粘结必须牢固，不应脱层、空鼓和开裂。

④当保温层采用锚固件固定时，锚固件数量、位置、锚固深度、胶结材料性能和锚固力应符合设计和施工方案的要求；保温装饰板的锚固件应使其装饰面板可靠固定；锚固力应做现场拉拔试验。

检验方法：观察、手扳检查；核查隐蔽工程验收记录和检验报告。保温材料厚度采用现场钢针插入或剖开后尺量检查；拉伸粘结强度按照《建筑节能工程施工质量验收标准》（GB 50411—2019）附录 B 的检验方法进行现场检验；粘结面积比按《建筑节能工程施工质量验收标准》（GB 50411—2019）附录 C 的检验方法进行现场检验；锚固力检验应按现行行业标准《保温装饰板外墙外保温系统材料》（JG/T 287—2013）的试验方法进行；锚栓拉拔力检验应按现行行业标准《外墙保温用锚栓》（JG/T 366—2012）的试验方法进行。

检查数量：每个检验批应抽查 3 处。

8）外墙采用预置保温板现场浇筑混凝土墙体时，保温板的安装位置应正确，接缝应严密；保温板应固定牢固，在浇筑混凝土过程中不应移位、变形；保温板表面应采取界面处理措施，与混凝土粘结应牢固。

检验方法：观察、尺量检查；核查隐蔽工程验收记录。

检查数量：隐蔽工程验收记录全数核查；其他项目按标准的规定抽检。

9）外墙采用保温浆料做保温层时，应在施工中制作同条件试件，检测其导热系数、干密度和抗压强度。保温浆料的试件应见证取样检验。

检验方法：按《建筑节能工程施工质量验收标准》（GB 50411—2019）附录 D 的检验方法进行。

检查数量：同厂家、同品种产品，按照扣除门窗洞口后的保温墙面面积，在 5 000 m² 以内时应检验 1 次；面积每增加 5 000 m² 应增加 1 次。同工程项目、同施工单位且同期施工的多个单位工程，可合并计算抽检面积。

10）墙体节能工程各类饰面层的基层及面层施工，应符合现行国家标准《建筑装饰装修工程质量验收标准》（GB 50210—2018）的规定，并应符合下列规定：

①饰面层施工前应对基层进行隐蔽工程验收。基层应无脱层、空鼓和裂缝，并应平整、洁净，含水率应符合饰面层施工的要求。

②外墙外保温工程不宜采用粘贴面砖作饰面层；当采用时，其安全性与耐久性必须符合设计要求。饰面砖应做粘结强度拉拔试验，试验结果应符合设计和有关标准的规定。

③外墙外保温工程的饰面层不得渗漏。当外墙外保温工程的饰面层采用饰面板开缝安装时，

保温层表面应覆盖具有防水功能的抹面层或采取其他防水措施。

④外墙外保温层及饰面层与其他部位交接的收口处,应采取防水措施。

检验方法:观察检查;核查隐蔽工程验收记录和检验报告。粘结强度应按照现行行业标准《建筑工程饰面砖粘结强度检验标准》(JGJ/T 110—2017)的有关规定检验。

检查数量:粘结强度应按照现行行业标准《建筑工程饰面砖粘结强度检验标准》(JGJ/T 110—2017)的有关规定抽样。其他为全数检查。

11)保温砌块砌筑的墙体,应采用配套砂浆砌筑。砂浆的强度等级及导热系数应符合设计要求。砌体灰缝饱满度不应低于80%。

检验方法:对照设计检查砂浆品种,用百格网检查灰缝砂浆饱满度。核查砂浆强度及导热系数试验报告。

检查数量:砂浆品种和强度试验报告全数核查。砂浆饱满度每楼层的每个施工段至少抽查1次,每次抽查5处,每处不少于3个砌块。

12)采用预制保温墙板现场安装的墙体,应符合下列规定:

①保温墙板的结构性能、热工性能及与主体结构的连接方法应符合设计要求,与主体结构连接必须牢固;

②保温墙板的板缝处理、构造节点及嵌缝做法应符合设计要求;

③保温墙板板缝不得渗漏。

检验方法:核查型式检验报告、出厂检验报告和隐蔽工程验收记录。对照设计观察检查;淋水试验检查。

检查数量:型式检验报告、出厂检验报告全数检查;板缝不得渗漏,可按照扣除门窗洞口后的保温墙面面积,在5 000 m^2 以内时应检查1处,当面积每增加5 000 m^2 应增加1处;其他项目按《建筑节能工程施工质量验收标准》(GB 50411—2019)第3.4.3条的规定抽检。

13)外墙采用保温装饰板时,应符合下列规定:

①保温装饰板的安装构造、与基层墙体的连接方法应符合设计要求,连接必须牢固;

②保温装饰板的板缝处理、构造节点做法应符合设计要求;

③保温装饰板板缝不得渗漏;

④保温装饰板的锚固件应将保温装饰板的装饰面板固定牢固。

检验方法:核查型式检验报告、出厂检验报告和隐蔽工程验收记录。对照设计观察检查;淋水试验检查。

检查数量:型式检验报告、出厂检验报告全数检查;板缝不得渗漏,应按照扣除门窗洞口后的保温墙面面积,在5 000 m^2 以内时应检查1处,面积每增加5 000 m^2 应增加1处;其他项目按《建筑节能工程施工质量验收标准》(GB 50411—2019)第3.4.3条的规定抽检。

14)采用防火隔离带构造的外墙外保温工程施工前编制的专项施工方案应符合现行行业标准《建筑外墙外保温防火隔离带技术规程》(JGJ 289—2012)的规定,并应制作样板墙,其采用的材料和工艺应与专项施工方案相同。

检验方法:核查专项施工方案、检查样板墙。

检查数量:全数检查。

15)防火隔离带组成材料应与外墙外保温组成材料相配套。防火隔离带宜采用工厂预制的制品现场安装,并应与基层墙体可靠连接,防火隔离带面层材料应与外墙外保温一致。

检验方法:对照设计观察检查。

检查数量:全数检查。

16)建筑外墙外保温防火隔离带保温材料的燃烧性能等级应为A级,并应符合《建筑节能工程施工质量验收标准》(GB 50411—2019)第4.2.3条的规定。

检验方法:核查质量证明文件及检验报告。

检查数量：全数检查。

17）墙体内设置的隔气层，其位置、材料及构造做法应符合设计要求。隔气层应完整、严密，穿透隔气层处应采取密封措施。隔气层凝结水排水构造应符合设计要求。

检验方法：对照设计观察检查，核查质量证明文件和隐蔽工程验收记录。

检查数量：全数检查。

18）外墙和毗邻不供暖空间墙体上的门窗洞口四周墙的侧面，墙体上凸窗四周的侧面，应按设计要求采取节能保温措施。

检验方法：对照设计观察检查，采用红外热像仪检查或剖开检查；核查隐蔽工程验收记录。

检查数量：按《建筑节能工程施工质量验收标准》(GB 50411—2019)第4.2.3条的规定抽检，最小抽样数量不得少于5处。

19）严寒和寒冷地区外墙热桥部位，应按设计要求采取隔断热桥措施。

检验方法：对照设计和专项施工方案观察检查；核查隐蔽工程验收记录；使用红外热像仪检查。

检查数量：隐蔽工程验收记录应全数检查。隔断热桥措施按不同种类，每种抽查20％，并不少于5处。

(3) 一般项目。

1）当节能保温材料与构件进场时，其外观和包装应完整无破损。

检验方法：观察检查。

检查数量：全数检查。

2）当采用增强网作为防止开裂的措施时，增强网的铺贴和搭接应符合设计和专项施工方案的要求。砂浆抹压应密实，不得空鼓，增强网应铺贴平整，不得皱褶、外露。

检验方法：观察检查；核查隐蔽工程验收记录。

检查数量：每个检验批抽查不少于5处，每处不少于2 m²。

3）除严寒和寒冷地区规定之外的其他地区，设置集中供暖和空调的房间，其外墙热桥部位应按设计要求采取隔断热桥措施。

检验方法：对照专项施工方案观察检查；核查隐蔽工程验收记录。

检查数量：隐蔽工程验收记录应全数检查。隔断热桥措施按不同种类，按《建筑节能工程施工质量验收标准》(GB 50411—2019)第3.4.3条的规定抽检，最小抽样数量每种不得少于5处。

4）施工产生的墙体缺陷，如穿墙套管、脚手架眼、孔洞、外门窗框或附框与洞口之间的间隙等，应按照专项施工方案采取隔断热桥措施，不得影响墙体热工性能。

检验方法：对照专项施工方案检查施工记录。

检查数量：全数检查。

5）墙体保温板材的粘贴方法和接缝方法应符合专项施工方案要求，保温板接缝应平整严密。

检验方法：对照专项施工方案，剖开检查。

检查数量：每个检验批抽查不少于5块保温板材。

6）外墙保温装饰板安装后表面应平整，板缝均匀一致。

检验方法：观察检查。

检查数量：每个检验批抽查10％，并不少于10处。

7）墙体采用保温浆料时，保温浆料厚度应均匀、接茬应平顺密实。

检验方法：观察、尺量检查。

检查数量：保温浆料厚度每个检验批抽查10％，并不少于10处。

8）墙体上的阳角、门窗洞口及不同材料基体的交接处等部位，其保温层应采取防止开裂和破损的加强措施。

检验方法：观察检查；核查隐蔽工程验收记录。

检查数量：按不同部位，每类抽查10％，并不少于5处。

9) 采用现场喷涂或模板浇筑的有机类保温材料做外保温时，有机类保温材料应达到陈化时间后方可进行下道工序施工。

检查方法：对照专项施工方案和产品说明书进行检查。

检查数量：全数检查。

3.1.4 玻璃幕墙的节能设计与施工

1. 幕墙的定义、特点及发展趋势

(1) 幕墙的定义。幕墙是一种悬挂在建筑物结构框架外侧的外墙围护结构，其结构功能是承受风、地震、自重等荷载作用并将这些荷载传递至建筑物主体结构；其建筑功能是抵抗气候、雨、光、声等环境力量对建筑物的影响，并增加整体建筑物的美观感。玻璃幕墙在建筑工程中的应用如图3-4所示。

(2) 幕墙具有以下特点：

1) 幕墙是完整的结构体系，直接承受荷载，并传递至主体结构。

2) 包封主体结构，不使主体结构外露。

3) 幕墙悬挂于主体结构之上，并且相对于主体结构可以活动。

图3-4 玻璃幕墙在伦敦水晶宫中的应用(1851年)

(3) 建筑幕墙的发展趋势。

1) 第一代"准幕墙"(1850—1950)。"准幕墙"具有现代幕墙的雏形，做法是将幕墙板材直接固定在立柱上而无横梁过渡。其缺点是容易渗水，噪声大，保温问题无法解决。

2) 第二代幕墙(1950—1980)。第二代幕墙的特点是：采用压力平衡手段来解决明框幕墙的渗水问题，并设立内排水系统和渗水排出孔道；大量应用反射及LOW-E玻璃，提高保温性能；单元式幕墙开始应用，提高工厂化程度，减少现场作业量。

3) 第三代幕墙(1980年至今)。第三代幕墙的特点是：结构密封材料应用广泛(隐框幕墙)；发明工厂预制板式拼装体系(确保水密性)；不透光但能换气的窗间墙(冬天保温，夏天换气)；采用新材料、新方法(钢索桁架点支式幕墙)；可视的外表面。

4) 正在发展中的第四代幕墙——主动墙。

① 热通道幕墙：预制幕墙的外层利用双层玻璃形成温室效应。夏季，将暖风送至顶部并通过空气总管加热生活用水；冬季，利用室内形成的温室效应，并通过一个装置将暖空气送入室内。

② 水流管网热通道幕墙：预制幕墙外层利用竖框或横梁的管腔作为水或其他液体的通道。太阳辐射热通过玻璃积蓄在墙体或实心板中，用来加热盥洗用水或建筑采暖用水。

③ 热能与储能飞轮：利用热通道技术和设备将暖空气或热空气送入楼板的管或槽中；在夏季或好的天气，可以将热能积蓄在保温良好的池中，以备冬季或冷天使用。

④ 生态主动墙：将植物植于预制幕墙的双层玻璃之间，使其与阳光一起作为能量生成装置(光合作用)和湿度平衡装置。

⑤ 光电主动墙：预制幕墙通过墙上太阳能电池产生能量，并将其转换为计算机和办公设备所需的电能，也可以通过蓄电池储存以备用。

2. 幕墙的分类

(1) 按面板材料可分为玻璃幕墙、石材幕墙、金属幕墙、光电幕墙。

(2) 按框架材料可分为铝合金幕墙、彩色钢板幕墙、不锈钢幕墙。

(3) 按加工程度和安装工艺可分为构件式幕墙、单元式幕墙。

1)构件式幕墙:在工厂制作元件和组件(立柱、横梁、玻璃),再运往工地,将立柱用连接件安装在主体结构上,再将横梁连接在立柱上,形成框格后安装玻璃。

2)单元式幕墙:在工厂加工竖框、横框等元件,用这些元件拼装成组合框,将面板安装在组合框上,形成单元组件。单元式幕墙可以直接运往工地固定在主体结构上,通过在工地安装好的内侧连接件,连接在主体结构上。

(4)按构造方式的不同玻璃幕墙可分为框式玻璃幕墙、点支式玻璃幕墙、全玻璃幕墙。

1)框式玻璃幕墙:玻璃面板直接嵌固在框架内或通过胶结材料粘结在框架上构成框式玻璃幕墙;其框架由铝型材横梁和立柱组成,是支承结构。框式玻璃幕墙按照幕墙表现形式(玻璃镶嵌)可分为明框玻璃幕墙、隐框玻璃幕墙、半隐框玻璃幕墙。隐框玻璃幕墙的组成及节点如图3-5所示。

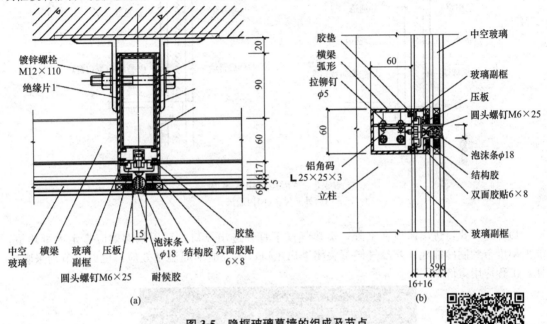

图3-5 隐框玻璃幕墙的组成及节点
(a)隐框玻璃幕墙水平节点;(b)隐框玻璃幕墙垂直节点

2)点支式玻璃幕墙:玻璃面板通过金属连接件和紧固件在其角部以点连接的形式连接于支承结构。支承结构有单柱式、桁架式、拉杆拉索等。

3)全玻璃幕墙:玻璃面板通过胶结材料、金属连接件与玻璃肋相连构成全玻璃幕墙;玻璃肋是玻璃面板的支承梁。

3. 幕墙的节能设计

(1)建筑幕墙设计宜采取以下措施来改善幕墙的保温、隔热性能:

1)应在窗间墙、天花等部位采取保温、隔热措施。

2)医院、办公楼、旅馆、学校等建筑的外窗应设置足够面积的开启部分,并应与建筑的使用空间相协调。采用玻璃幕墙时,在每个有人员经常活动的房间,玻璃幕墙均应设置可以开启的窗扇或独立的通风换气装置。

3)当建筑采用双层玻璃幕墙时,宜采用空气外循环的双层形式。空调建筑的双层幕墙,其夹层内应设置可以调节的活动遮阳装置,并应采用智能控制。

4)建筑幕墙的非透明部分应充分利用幕墙面板背后的空间,采用高效、耐久的保温材料进行保温。

5)空调建筑大面积采用玻璃窗、玻璃幕墙时,根据建筑功能、建筑节能的需要,可以采用智能化控制的遮阳系统、通风换气系统等。智能化的控制系统应能够感知天气的变化,结合室内的建筑需求，对遮阳装置、通风换气装置等进行实时控制，达到最佳的室内舒适效果和降低空调能耗。

(2)智能型呼吸式幕墙基本概念。根据《建筑幕墙》(GB/T 21086—2007)中的定义，智能型呼吸式幕墙是由外层幕墙、热通道和内层幕墙(或门、窗)构成，且在热通道内可以形成空气有序流动的建筑幕墙。根据结构形式可分为外通风式、内通风式和混合通风式。外通风和内通风式智能型呼吸式幕墙如图3-6所示。

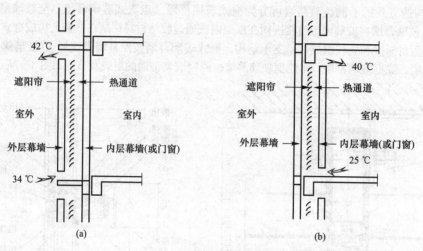

图3-6　智能型呼吸式幕墙
(a)外通风；(b)内通风

1)外通风式：进出风口在室外，炎热气候下打开进出风口，利用烟囱效应带走大量热量，能大幅度节约制冷能耗；寒冷气候下关闭进出风口，不仅能形成温室效应，也可以节约采暖能耗。工程应用案例如图3-7所示。

图3-7　外通风智能型呼吸式幕墙(上海西门子中心)

2)内通风式：进出风口在室内，利用机械装置抽取室内废气进入热通道，形成流动的保温、隔热层，能大幅度节约采暖能耗，炎热气候下也可以节约制冷能耗。

3)混合通风式：在外层幕墙和内层幕墙各设有一个进风口，并在热通道底部设置一个与内、外层幕墙进风口相连的密封箱，通过控制密封箱的工作状态，实现外通风和内通风之间的相互转换。

(3)智能型呼吸式幕墙的优点。

1)节能效果明显。不同类型幕墙的节能效果比较见表3-4。

2)隔声。采用6 mm厚玻璃的单层幕墙，开启扇关闭时隔声量约为30 dB，但当开启扇打开时，其隔声能力很差,隔声量仅为 10 dB;采用智能型呼吸式幕墙,风口和开启扇关闭时隔声量可达到 42 dB,且在开启外层幕墙风口和内层幕墙开启扇时,仍有较高的隔声能力,其隔声量可达到 30 dB。

3)性价比高。

表 3-4 不同类型幕墙的节能效果比较

序号	幕墙类型	传热系数 K /(W·m^{-2}·K^{-1})	遮阳系数 SC	围护结构平均热流量 /(W·m^{-2})	围护结构节能百分比/%	备注
1	基准幕墙	6	0.7	336.46	0	非隔热型材 非镀膜单玻
2	节能幕墙	2.0	0.35	166.99	50.4	隔热型材 镀膜中空玻璃
3	智能型呼吸式幕墙	<1.0	0.2	101.16	69.9(39.5)	

注:以北京地区夏季为例;建筑体形系数取 0.3,窗墙面积比取 0.7,外墙(包括非透明幕墙)传热系数取 0.6 W/(m²·K),室外温度取 34 ℃,室内温度取 26 ℃,夏季垂直面太阳辐射照度取 690 W/m²,室外风速取 1.9 m/s,内表面换热系数取 8.3 W/m²。

4. 节能幕墙的施工

(1)幕墙工程的重要规定。幕墙工程是外墙非常重要的装饰工程,其设计计算、所用材料、结构形式、施工方法等关系到幕墙的使用功能、装饰效果、结构安全、工程造价、施工难易等各个方面。因此,为确保幕墙工程的装饰性、安全性、易装性和经济性,在幕墙的设计、选材和施工等方面,应严格遵守下列重要规定:

1)幕墙及其连接件应具有足够的承载力、刚度和相对于主体结构的位移能力。当幕墙构架立柱的连接金属角码与其他连接件采用螺栓连接时,应有防松动措施。

2)玻璃幕墙采用中性硅酮结构密封胶时,其性能应符合现行国家标准《建筑用硅酮结构密封胶》(GB 16776—2005)的规定;硅酮结构密封胶应在有效期内使用。

3)不同金属材料接触时应采用绝缘垫片分隔。

4)硅酮结构密封胶的注胶应在洁净的专用注胶室进行,且养护环境、温度、湿度条件应符合结构胶产品的使用规定。

5)幕墙的防火应符合设计要求和现行国家标准《建筑设计防火规范(2018 年版)》(GB 50016—2014)的规定。

6)幕墙与主体结构连接的各种预埋件,其数量、规格、位置和防腐处理必须符合设计要求。

7)幕墙的变形缝等部位处理应保证缝的使用功能和饰面的完整性。

(2)玻璃幕墙的基本技术要求。

1)玻璃的基本技术要求。玻璃幕墙所用的单层玻璃的厚度一般为 6 mm、8 mm、10 mm、12 mm、15 mm、19 mm;夹层玻璃的厚度一般为(6+6)mm、(8+8)mm(中间夹聚氯乙烯醇缩丁醛胶片,干法合成);中空玻璃的厚度为(6+d+5)mm、(6+d+6)mm、(8+d+8)mm等(d 为空气厚度,可取 6 mm、9 mm、12 mm)。幕墙宜采用钢化玻璃、半钢化玻璃、夹层玻璃;有保温、隔热性能要求的幕墙宜选用中空玻璃。

2)骨架的基本技术要求。用于玻璃幕墙的骨架,除应具有足够的强度和刚度外,还应具有较高的耐久性,以保证幕墙的安全使用和寿命。如铝合金骨架的立梃、横梁等要求表面氧化膜的厚度不应低于 AA15 级。

为了减少能耗,目前提倡应用断桥铝合金骨架。如果在玻璃幕墙中采用钢骨架,除不锈钢外,其他应进行表面热渗镀锌。粘结隐框玻璃的硅酮密封胶(工程中简称结构胶)十分重要,结构胶应有与接触材料的相容性试验报告,并有保障年限的质量证书。

点式连接玻璃幕墙的连接件和连系杆件等,应采用高强金属材料或不锈钢精加工制作,有的还要承受很大预应力,技术要求比较高。

(3)有框玻璃幕墙施工工艺。

1)施工工艺。有框玻璃幕墙施工工艺流程为:测量、放线→调整和后置预埋件→确认主体结构轴线和各面中心线→以中心线为基准向两侧排基准竖线→按图样要求安装钢连接件和立柱、校正误差→钢连接件满焊固定、表面防腐处理→安装横框→上、下边封修→安装玻璃组件→安装开启窗扇→填充泡沫棒并注胶→清洁、整理→检查、验收。窗间墙、窗槛墙之间采用防火材料堵塞,隔离挡板采用厚度为 1.5 mm 的钢板,并涂防火涂料两遍。

2)避雷设施安装。均压环应与主体结构避雷系统相连,预埋件与均压环通过截面面积不小于 48 mm² 的圆钢或扁钢连接。圆钢或扁钢与预埋件均压环进行搭接焊接,焊缝长度不小于 75 mm。位于均压环所在层的每个立柱与支座之间应用宽度不小于 24 mm、厚度不小于 2 mm 的铝条连接,保证其电阻小于 10 Ω。

(4)隐框玻璃幕墙的施工工艺。隐框玻璃幕墙是指金属框架构件全部不显露在外表面的玻璃幕墙。隐框玻璃幕墙的玻璃是用硅酮结构密封胶粘结在铝框上,将铝框用机械方式固定在集料上。玻璃与铝框之间完全靠结构胶粘结,结构胶要受玻璃质量和风荷载、地震等外力作用及温度变化的影响,因而结构胶的性能及打胶质量是隐框玻璃幕墙安全性的关键环节之一。隐框玻璃幕墙安装质量要求见表3-5。

表 3-5 隐框玻璃幕墙安装质量要求

项目		允许偏差/mm	检查方法
竖缝及墙面垂直度	幕墙高度≤30 m	10	激光仪或经纬仪
	30 m＜幕墙高度≤60 m	15	
	60 m＜幕墙高度≤90 m	20	
	幕墙高度＞90 m	25	
	幕墙高度＞150 m	30	
幕墙平面度		2.5	2 m 靠尺,钢板尺
竖缝直线度		2.5	
横缝直线度		2.5	2 m 靠尺,钢板尺
拼缝宽度(与设计值相比)		2	卡尺

5. 幕墙的质量验收

幕墙的质量验收是指建筑外围护结构的各类透光、非透光建筑幕墙和采光屋面节能工程施工质量验收,内容包括一般规定、主控项目、一般项目。

(1)一般规定。

1)幕墙节能工程的隔气层、保温层应在主体结构工程质量验收合格后进行施工。幕墙施工过程中应及时进行质量检查、隐蔽工程验收和检验批验收,施工完成后应进行幕墙节能分项工程验收。

2)当幕墙节能工程采用隔热型材时,应提供隔热型材所使用的隔断热桥材料的物理力学性能检测报告。

3)幕墙节能工程施工中应对下列部位或项目进行隐蔽工程验收,并应有详细的文字记录和必要的图像资料:

①保温材料厚度和保温材料的固定;

②幕墙周边与墙体、屋面、地面的接缝处保温、密封构造；
③构造缝、结构缝处的幕墙构造；
④隔气层；
⑤热桥部位、断热节点；
⑥单元式幕墙板块间的接缝构造；
⑦凝结水收集和排放构造；
⑧幕墙的通风换气装置；
⑨遮阳构件的锚固和连接。

4)幕墙节能工程使用的保温材料在运输、储存和施工过程中应采取防潮、防水、防火等保护措施。

5)幕墙节能工程验收的检验批划分，除另有规定外一般应符合下列规定：
①采用相同材料、工艺和施工做法的幕墙，按照幕墙面积每 1 000 m² 划分为一个检验批；
②检验批的划分也可根据与施工流程相一致且方便施工与验收的原则，由施工单位与监理单位双方协商确定；
③当按计数方法抽样检验时，其抽样数量应符合标准中最小抽样数量的规定。

(2)主控项目。

1)幕墙节能工程使用的材料、构件应进行进场验收，验收结果应经监理工程师检查认可，且应形成相应的验收记录。各种材料和构件的质量证明文件与相关技术资料应齐全，并应符合设计要求和国家现行有关标准的规定。

检验方法：观察、尺量检查；核查质量证明文件。

检查数量：按进场批次，每批随机抽取 3 个试样进行检查；质量证明文件应按照其出厂检验批进行核查。

2)幕墙(含采光顶)节能工程使用的材料、构件进场时，应对其下列性能进行复验，复验应为见证取样检验：
①保温隔热材料的导热系数或热阻、密度、吸水率、燃烧性能(不燃材料除外)；
②幕墙玻璃的可见光透射比、传热系数、遮阳系数，中空玻璃的密封性能；
③隔热型材的抗拉强度、抗剪强度；
④透光、半透光遮阳材料的太阳光透射比、太阳光反射比。

检验方法：核查质量证明文件、计算书、复验报告，其中：导热系数或热阻、密度、燃烧性能必须在同一个报告中；随机抽样检验，中空玻璃密封性能按照《建筑节能工程施工质量验收标准》(GB 50411—2019)附录 E 的检验方法检测。

检查数量：同厂家、同品种产品，幕墙面积在 3 000 m² 以内时应复验 1 次；面积每增加 3 000 m² 应增加 1 次。同工程项目、同施工单位且同期施工的多个单位工程，可合并计算抽检面积。

3)幕墙的气密性能应符合设计规定的等级要求。密封条应镶嵌牢固、位置正确、对接严密。单元式幕墙板块之间的密封应符合设计要求。开启部分关闭应严密。

检验方法：观察检查，开启部分启闭检查。核查隐蔽工程验收记录。当幕墙面积合计大于 3 000 m² 或幕墙面积占建筑外墙总面积超过 50% 时，应核查幕墙气密性检测报告。

检查数量：质量证明文件、性能检测报告全数核查。现场观察及启闭检查按《建筑节能工程施工质量验收标准》(GB 50411—2019)第 3.4.3 条的规定抽检。

4)每幅建筑幕墙的传热系数、遮阳系数均应符合设计要求。幕墙工程热桥部位的隔断热桥措施应符合设计要求，隔断热桥节点的连接应牢固。

检验方法：对照设计文件核查幕墙节点及安装。

检查数量：节点及开启窗每检验批按《建筑节能工程施工质量验收标准》(GB 50411—2019)第 3.4.3 条的规定抽检，最小抽样数量不得少于 10 处。

5)幕墙节能工程使用的保温材料,其厚度应符合设计要求,安装应牢固,不得松脱。

检验方法:对保温板或保温层应采取针插法或剖开法,尺量厚度;手扳检查。

检查数量:每个检验批依据板块数量按标准的规定抽检,最小抽样数量不得少于10处。

6)幕墙遮阳设施安装位置、角度应满足设计要求。遮阳设施安装应牢固,并满足维护检修的荷载要求。外遮阳设施应满足抗风的要求。

检验方法:核查质量证明文件;检查隐蔽工程验收记录;观察、尺量、手扳检查;核查遮阳设施的抗风计算报告或产品检测报告。

检查数量:安装位置和角度每个检验批按《建筑节能工程施工质量验收标准》(GB 50411—2019)第3.4.3条的规定抽检,最小抽样数量不得少于10处;牢固程度全数检查;报告全数核查。

7)幕墙隔气层应完整、严密、位置正确,穿透隔气层处应采取密封措施。

检验方法:观察检查。

检查数量:每个检验批抽样数量不少于5处。

8)幕墙保温材料应与幕墙面板或基层墙体可靠粘结或锚固,有机保温材料应采用非金属不燃材料作防护层,防护层应将保温材料完全覆盖。

检验方法:观察检查。

检查数量:每个检验批按《建筑节能工程施工质量验收标准》(GB 50411—2019)第3.4.3条的规定抽检,最小抽样数量不得少于5处。

9)建筑幕墙与基层墙体、窗间墙、窗槛墙及墙裙之间的空间,应在每层楼板处和防火分区隔离部位采用防火封堵材料封堵。

检验方法:观察检查。

检查数量:每个检验批按《建筑节能工程施工质量验收标准》(GB 50411—2019)第3.4.3条的规定抽检,最小抽样数量不得少于5处。

10)幕墙可开启部分开启后的通风面积应满足设计要求。幕墙通风器的通道应通畅、尺寸满足设计要求,开启装置应能顺畅开启和关闭。

检验方法:尺量核查开启窗通风面积;观察检查;通风器启闭检查。

检查数量:每个检验批依据可开启部分或通风器数量按《建筑节能工程施工质量验收标准》(GB 50411—2019)第3.4.3条的规定抽检,最小抽样数量不得少于5个,开启窗通风面积全数核查。

11)凝结水的收集和排放应通畅,并不得渗漏。

检验方法:通水试验、观察检查。

检查数量:每个检验批抽样数量不少于5处。

12)采光屋面的可开启部分应按《建筑节能工程施工质量验收标准》(GB 50411—2019)门窗节能部分的要求验收。采光屋面的安装应牢固,坡度正确,封闭严密,不得渗漏。

检验方法:核查质量证明文件;观察、尺量检查;淋水检查;核查隐蔽工程验收记录。

检查数量:200 m² 以内全数检查;超过200 m² 则抽查30%,抽查面积不少于200 m²。

(3)一般项目。

1)幕墙镀(贴)膜玻璃的安装方向、位置应符合设计要求。

采用密封胶密封的中空玻璃应采用双道密封。采用均压管的中空玻璃,其均压管在安装前应密封处理。

检验方法:观察、检查施工记录。

检查数量:每个检验批按《建筑节能工程施工质量验收标准》(GB 50411—2019)第3.4.3条的规定抽检,最小抽样数量不得少于5件(处)。

2)单元式幕墙板块组装应符合下列要求:

①密封条规格正确,长度无负偏差,接缝的搭接符合设计要求;

②保温材料固定牢固；
③隔气层密封完整、严密；
④凝结水排水系统通畅，管路无渗漏。
检验方法：观察检查；手扳检查；尺量；通水试验。
检查数量：每个检验批依据板块数量按《建筑节能工程施工质量验收标准》(GB 50411—2019)第3.4.3条的规定抽检，最小抽样数量不得少于5件(处)。

3)幕墙与周边墙体、屋面间的接缝处应按设计要求采用保温措施，并应采用耐候密封胶等密封。建筑伸缩缝、沉降缝、抗震缝处的幕墙保温或密封做法应符合设计要求。严寒、寒冷地区当采用非闭孔保温材料时，应有完整的隔气层。
检验方法：观察检查。对照设计文件观察检查。
检查数量：每个检验批抽样数量不少于5件(处)。

4)幕墙活动遮阳设施的调节机构应灵活，并应能调节到位。
检验方法：遮阳设施现场进行10次以上完整行程的调节试验；观察检查。
检查数量：每个检验批按《建筑节能工程施工质量验收标准》(GB 50411—2019)第3.4.3条的规定抽检，最小抽样数量不得少于10件(处)。

3.2 门窗的节能设计与施工技术

3.2.1 门窗的节能设计与构造做法

目前，节能门窗设计的重点是改善材料的保温、隔热性能和提高门窗的密闭性能。从门窗材料来看，近些年出现了铝合金断热型材、铝木复合型材、钢塑整体挤出型材、塑木复合型材、及UPVC塑料型材等一些技术含量较高的节能产品。其中，使用较广的是UPVC塑料型材，它所使用的原料是高分子材料——硬质聚氯乙烯，不仅在生产过程中能耗少、无污染，而且材料导热系数小，多腔体结构密封性好，因而，其保温、隔热性能好。UPVC塑料门窗在欧洲各国已经采用多年，在德国塑料门窗已经占了50%。为了解决大面积玻璃造成能量损失过大的问题，人们运用了高新技术，将普通玻璃加工成中空玻璃、镀膜玻璃(包括反射玻璃、吸热玻璃)、高强度LOW-E防火玻璃(高强度低辐射镀膜防火玻璃)，采用磁控真空溅射方法镀制含金属银层的玻璃及根据环境情况可变色的智能玻璃。

1. 建筑门窗节能技术的采用

通过比较建筑外窗耗热量及与其他结构耗热量(表3-6)，可知外窗耗热量在建筑各个结构的耗热量中所占比例最大。

表3-6 外窗耗热量及与其他结构耗热量的比较

结构名称	耗热量/(W·m^{-2})	占总耗热量的比率/%
外窗	32 573	34.4
外墙	25 151	26.6
门窗空气渗透	15 805	16.7
楼梯间内隔墙	8 205	8.7
外门	6 026	6.4
屋面	4 347	4.6
地面	2 521	2.6

2. 门窗开启方式的选择

德国是世界上建筑节能做得最好的国家,其窗户的开启形式多为内开下悬窗,关窗后的气密、水密、隔声、清洁门窗等效果都很好,其很少采用推拉窗。美国主要采用上下提拉窗,另外,还有平开窗、推拉窗等窗型。英国则以外平开窗为主,约占80%,其他为内开下悬窗和美式上下提拉窗。

在北方地区,建筑要注意冬季的保温设计。建筑入口应设计门斗与门扇,外廊与楼梯间要少设窗扇,以减少冷空气对建筑物的渗透而达到保温节能的目的。在开启过程中,推拉窗窗扇上下形成明显的对流交换,而热、冷空气的对流会形成较大的热损失,节能效果不理想。平开窗、固定窗的密闭性好,节能效果好。对大面积的窗户应以固定扇为主,适当考虑开启扇。

3. 门窗密封条的使用

门窗的缝隙是建筑节能的薄弱环节,通过门窗缝隙的空气渗透耗热量占建筑物围护结构的20%~25%,因此,加设密封条是改善门窗节能的重要途径。聚氨酯泡沫填缝剂具有良好的粘结力和优异的弹性,可自行发泡并可随时使用泡沫填充材料,现已广泛使用。

聚氨酯发泡密封胶系列产品,品种规格较多,现常用于塑钢门窗的为单组分聚氨酯发泡密封胶。当将发泡密封胶喷注到缝隙或孔洞中时,其体积迅速膨胀,在所产生的膨胀压力作用下,迅速扩散到裂缝深处和材质之间的孔隙中,与空气中的水分作用,交联固化,最终使发泡密封胶与材质之间形成极强的结合。发泡密封胶不仅具有密封连接作用,而且具有防水、绝缘、隔热和消声作用。

4. 门窗缝隙的处理

门窗的隔热系统结构包括两部分,即单个成品门窗和门窗与墙体的结构处理。保证门窗的隔热性能,除合理选择型材、玻璃外,还要保证窗户的缝隙密闭性能好,这样才能达到设计要求。设计人员应将缝隙的构造设计及施工过程的技术要求体现在图纸上,并要求严格按照图纸施工。结构洞口与窗框间隙太小,则缝隙深处不易填实,缝隙处热损失大;缝隙过大,将容易龟裂,并引起更多的热穿透。当外墙抹灰时,合理的缝隙宽度应为15~20 mm;当外墙贴面砖时,缝隙宽度应为20~25 mm;当外墙贴大理石或花岗石板时,缝隙宽度应为20~25 mm。在结构洞口与窗框间隙之间用水泥砂浆填实抹平,待水泥砂浆硬化后,在内、外两侧用密封性能好的材料进行密封处理。

5. 建筑遮阳设计

建筑遮阳除能减少太阳照射造成的眩光外,还能直接遮挡阳光,降低室内冷负荷,明显改善室内热环境。按照遮阳设施在建筑里设置的地方,有三种形式,即外遮阳、内遮阳、窗口中置遮阳。从遮阳形式来说,有水平遮阳、垂直遮阳、综合遮阳等。这些措施可以明显降低夏热冬暖地区供冷负荷,市场利用前景广阔。但对于其他冬季较长的地区,建筑遮阳会阻挡室内的太阳得热增加采暖能耗,因此,要合理选择建筑遮阳技术。

3.2.2 门窗的材料选择

1. 建筑玻璃的热工性能及选择

(1)普通玻璃。普通平板玻璃虽然具有造价低廉、采光性能好、施工安装方便、技术成熟等特点,但其传热系数大、能耗高。根据实测普通平板玻璃塑料框窗户的传热系数 $K=4.63 \text{ W}/(\text{m}^2 \cdot \text{K})$,气密性系数 $A=1.2 \text{ m}^3/(\text{m} \cdot \text{h})$;节能效果较好的双层玻璃塑料框窗的传热系数 $K=2.37 \text{ W}/(\text{m}^2 \cdot \text{K})$,气密性系数 $A=0.53 \text{ m}^3/(\text{m} \cdot \text{h})$。因此,平板玻璃的直接使用范围越来越受到限制,且最终将会被淘汰。

(2)节能玻璃。

1)中空玻璃。中空玻璃由两层或多层玻璃间隔成空气间层、气层充入干燥气体或惰性气体,四边用胶结、焊接或熔结工艺加以密封而形成。目前，中空玻璃的空气间层厚度分别为 6 mm、9 mm、12 mm、15 mm 等规格。中空玻璃最大的特点是传热系数小且具有良好的隔热、保温性能，同时具有防结露、隔声和降噪等功能。几种中空玻璃传热系数比较见表 3-7。

表 3-7 几种中空玻璃传热系数比较

结果及材料	传热系数 $K/(W \cdot m^{-2} \cdot K^{-1})$	
	冬季夜间条件下	夏季白天条件下
5C+12A+5C	2.84	3.18
5A+12A+5C	2.84	3.29
5SA+12A+5C	2.84	3.34
5S+12A+5C	1.98	2.15
5SA+12A+5S	1.98	2.27

注：表中 12A 表示中空玻璃间距为 12 mm，5C、5A、5SA 和 5S 分别表示 5 mm 厚普通透明玻璃、天蓝色玻璃、天蓝色镀膜隔热玻璃和热反射低辐射镀膜玻璃。

2) 镀膜玻璃。镀膜玻璃是在普通玻璃表面涂镀一层或多层金属、金属氧化物、其他薄膜或者金属的离子渗入玻璃表面或置换其表面层，使之成为无色或有色的薄膜。其中，热反射膜玻璃有较好的光学控制能力，对波长为 0.3~0.5 μm 的太阳光有良好的反射和吸收能力，能够明显减少太阳光的辐射热能向室内的传递，保持室内温度的稳定，从而达到节能的效果。例如，德国肖特公司研制的硼硅酸盐浮法玻璃，配置一片低辐射膜的节能玻璃，便具有防火、隔声、降噪和节能的多种功效。

3) 光致变色玻璃。玻璃受紫外线或日光照射后，在可见光谱(380 nm<λ<780 nm)区产生光吸收而自动变色，光照停止后可自动恢复到初始的透明状态。即夏日太阳直射时，颜色会自动变深起到遮阳的作用；而阳光非直射时，又自动恢复到采光状态。具有这种性质的玻璃称为光致变色玻璃，光致变色玻璃是光敏玻璃的一种，也称可逆光敏玻璃。

4) 吸热玻璃。在平板玻璃成分中，加入微量镍、铁、钴、硒等元素，制成的着色透明玻璃称为吸热玻璃。吸热玻璃具有吸收可见光和红外线的特性，无论是哪一种色调的玻璃，当其厚度 δ=6 mm 时，均可吸收 40% 左右的太阳辐射。所以，在太阳直射的情况下，进入室内的辐射热减少了 40% 左右，从而可以减轻空调设备的负荷，达到节能的目的。

目前，除上述四种节能玻璃外，夹层玻璃也有较好的节能效果，特别是真空玻璃，其节能效果最佳。几种常见窗玻璃传热系数与单层玻璃的比较见表 3-8。

表 3-8 几种常见窗玻璃传热系数与单层玻璃的比较

玻璃种类	玻璃间层厚度 d/mm	传热系数 $K/(W \cdot m^{-2} \cdot K^{-1})$	透光率 τ/%
单层玻璃	—	6.4	90
双层中空玻璃	6	3.4	84
	12	3.0	84
三层中空玻璃	12	2.0	72
上层低辐射镀膜中空玻璃	12	1.6	70~80
双层彩色热反射膜中空玻璃	12	1.8	30~60
双层低辐射膜氢气中空玻璃	12	1.3	30~60

2. 窗框材料的热工性能及选择

在窗框设计施工中，传热系数大且气密性差的钢框和铝合金窗框大量使用，增大了外窗的耗能。根据统计分析数据，近几年各类建筑窗产品的实际使用率分别为：木窗占8％，钢窗占13％，铝合金窗占38％，塑钢窗占23％，特种窗占9％，其他占9％。其中，钢框和铝合金框使用量占到了一半以上。

根据实测结果，一般单层钢或铝型材框窗的传热系数为 4.7 W/(m²·K)<K≤6.4 W/(m²·K)，为一块烧结普通砖的传热系数K值的2～3倍，即使是节能效果较好的单框双玻璃窗或双层窗（相对单层框或单层玻璃窗），其传热系数也远远大于普通砖墙，故窗型的选择对节能的影响也非常大。几种常见窗户类型传热系数及节能标准的比较见表3-9。

表3-9 几种常见窗户类型传热系数及节能标准的比较

窗户类型	玻璃钢窗（高级）	玻璃钢窗（普通）	塑钢（PVC）	木窗	铝型材窗（带隔热桥）
传热系数 $K/(W·m^{-2}·K^{-1})$	1.323	2.823	4.445	4.466	5.165
备注	$K≤2$	$2<K≤3$	$4<K≤5$	$4<K≤5$	$5<K≤6$
	LOW-E 玻璃	中空玻璃	浮法玻璃		
	5+9+5	3+6+3	$\delta=5$		
		节能等级中，Ⅰ级节能效果最好，其余依次下降			

塑料门窗是近年来国内外发展较快的一类新型建筑门窗，其主体材料聚氯乙烯(PVC)塑料异形材具有良好的绝热性能。与传统的金属门窗相比，塑料门窗有着优良的保温、隔热性能。PVC塑料窗框具有以下主要优点：

(1)隔热性能好，导热系数为铝窗材的1/125，钢窗材的1/357。

(2)生产PVC窗材能耗低，生产单位质量PVC窗材的能耗为铝窗材的1/8.8、钢窗材的1/4.5。

(3)密封性能好，由PVC窗材制成的门窗可以采取全周边密封、双级密封甚至多级密封结构，大大降低空气渗透量，在减少由于空气渗透造成的热量损失的同时还可以提高隔声效果。另外，PVC塑料还广泛用于钢塑、木塑等复合材料门窗的制造。

在各种窗框材料中，玻璃纤维增强塑料(FRP)即玻璃钢材料具有非常好的节能效果。该材料密度为 1.9 kg/m³，约为铝材的2/3，仅为钢的1/5～1/4；抗拉强度值接近于普通碳钢为420 MPa，弯曲强度为380 MPa，分别是塑料的8倍和4倍，是铝材的2～3倍。其被用于外窗框时，具有质轻、耐腐蚀、寿命长和机械强度高的特点。根据有关实测资料，玻璃钢窗框与其他窗框性能的比较见表3-10。

表3-10 玻璃钢窗框与其他窗框性能的比较

技术参数	密度 /(t·m⁻³)	热膨胀系数 /10⁻⁸	导热系数 /(W·m⁻²·K⁻¹)	热阻系数 /MPa	强度 /MPa	抗腐蚀	耐老化	使用寿命 /a
玻璃钢	1.9	7.0	0.3	420.0	221.0	A	B	50
塑料	1.4	65.0	0.3	50.0	35.0	B	D	20
铝合金	2.9	21.0	203.5	150.0	53.0	C	C	25
钢	7.85	11.0	46.5	421.0	53.0	D	A	15

注：1. 使用寿命为正常使用条件下的时间。
　　2. 性能中A最好，其余依次下降。

3. 新型节能窗材料的选择

(1)抽真空玻璃。将带有LOW-E镀层的中空玻璃内的空气抽出，使中空玻璃空气间层内的空气减少，大大削减了空气间层内的对流与传导，从而提高了中空玻璃的保温性能。由于空气间层内的气压低（1.01×10^{-8} MPa）、间层很窄（0.5～5 mm），抽真空操作中需要解决以下技术问题：必须能抵抗空气间层内外巨大的气压差；避免玻璃破碎产生的安全隐患；必须做好抽真空玻璃的密封；使玻璃隔开的间隔条的热桥作用尽量减小等。

(2)透明保温材料。在双层玻璃中间填充透明保温材料，是降低通过玻璃层传热的方法。有一种硅气凝胶的材料，在其硅粒子中包含很多微孔材料，它比可见光的波长小很多。在气凝胶中，约占体积95%的空气存于比空气平均自由路径小的细孔中。气凝胶在一定的真空度下是一种很好的保温材料。由于气凝胶具有足够的抗压强度，能平衡外界气压，抽真空的气凝胶窗就可以作为透明的分隔条使用。又由于抽真空的气凝胶对于多数红外辐射是不透明的，通过气凝胶窗的纯辐射热损失很少。当前气凝胶研究着重于开发透明度高、耐久性好、块体大、造价低的保温产品。

(3)可调节的玻璃。由于太阳的辐射随着气候、季节和时间而异，控制太阳辐射热的有效办法是采用遮阳系统。另外，从玻璃本身入手使玻璃的光学性能可以调节，是一种先进合理的方法，可以随着不同时间太阳辐射的不同而变动。现在已经研制出多种不同类型的可变色玻璃，其性能各不相同。

3.2.3 节能门窗的质量验收

1. 一般规定

门窗节能工程的质量验收是指金属门窗、塑料门窗、木门窗、各种复合门窗、特种门窗及天窗等建筑外门窗节能工程的施工质量验收。

(1)门窗节能工程应优先选用具有国家建筑门窗节能性能标识的产品。当门窗采用隔热型材时，应提供隔热型材所使用的隔断热桥材料的物理力学性能检测报告。

(2)主体结构完成后进行施工的门窗节能工程，应在外墙质量验收合格后对门窗框与墙体接缝处的保温填充做法和门窗附框等进行施工，施工过程中应及时进行质量检查、隐蔽工程验收和检验批验收，隐蔽部位验收应在隐蔽前进行，并应有详细的文字记录和必要的图像资料，施工完成后应进行门窗节能分项工程验收。

(3)门窗节能工程验收的检验批划分，除另有规定外应符合下列规定：
1)同一厂家的同材质、类型和型号的门窗每200樘划分为一个检验批；
2)同一厂家的同材质、类型和型号的特种门窗每50樘划分为一个检验批；
3)异形或有特殊要求的门窗检验批的划分也可根据其特点和数量，由施工单位与监理单位协商确定。

2. 主控项目

(1)建筑门窗节能工程使用的材料、构件应进行进场验收，验收结果应经监理工程师检查认可，且应形成相应的验收记录。各种材料和构件的质量证明文件和相关技术资料应齐全，并应符合设计要求和国家现行有关标准的规定。

检验方法：观察、尺量检查；核查质量证明文件。

检查数量：按进场批次，每批随机抽取3个试样进行检查；质量证明文件应按其出厂检验批进行核查。

(2)门窗（包括天窗）节能工程使用的材料、构件进场时，应按工程所处的气候区核查质量证明文件、节能性能标识证书、门窗节能性能计算书、复验报告，并应对下列性能进行复验，复验应为见证取样检验：

1)严寒、寒冷地区：门窗的传热系数、气密性能；
2)夏热冬冷地区：门窗的传热系数、气密性能，玻璃的遮阳系数、可见光透射比；
3)夏热冬暖地区：门窗的气密性能，玻璃的遮阳系数、可见光透射比；

4)严寒、寒冷、夏热冬冷和夏热冬暖地区：透光、部分透光遮阳材料的太阳光透射比、太阳光反射比，中空玻璃的密封性能。

检验方法：具有国家建筑门窗节能性能标识的门窗产品，验收时应对照标识证书和计算报告，核对相关的材料、附件、节点构造，复验玻璃的节能性能指标（即可见光透射比、太阳得热系数、传热系数、中空玻璃的密封性能），可不再进行产品的传热系数和气密性能复验。应核查标识证书与门窗的一致性，核查标识的传热系数和气密性能等指标，并按门窗节能性能标识模拟计算报告核对门窗节点构造。中空玻璃密封性能按照《建筑节能工程施工质量验收标准》(GB 50411—2019)附录 E 的检验方法进行检验。

检查数量：质量证明文件、复验报告和计算报告等全数核查；按同厂家、同材质、同开启方式、同型材系列的产品各抽查一次；对于有节能性能标识的门窗产品，复验时可仅核查标识证书和玻璃的检测报告。同工程项目、同施工单位且同期施工的多个单位工程，可合并计算抽检数量。

(3)金属外门窗框的隔断热桥措施应符合设计要求和产品标准的规定，金属附框应按照设计要求采取保温措施。

检验方法：随机抽样，对照产品设计图纸，剖开或拆开检查。

检查数量：同厂家、同材质、同规格的产品各抽查不少于 1 樘。金属附框的保温措施每个检验批按《建筑节能工程施工质量验收标准》(GB 50411—2019)第 3.4.3 条的规定抽检。

(4)外门窗框或附框与洞口之间的间隙应采用弹性闭孔材料填充饱满，并进行防水密封，夏热冬暖地区、温和地区当采用防水砂浆填充间隙时，窗框与砂浆间应用密封胶密封；外门窗框与附框之间的缝隙应使用密封胶密封。

检验方法：观察检查；核查隐蔽工程验收记录。

检查数量：全数检查。

(5)严寒和寒冷地区的外门应按照设计要求采取保温、密封等节能措施。

检验方法：观察检查。

检查数量：全数检查。

(6)外窗遮阳设施的性能、位置、尺寸应符合设计和产品标准要求；遮阳设施的安装应位置正确、牢固，满足安全和使用功能的要求。

检验方法：核查质量证明文件；观察、尺量、手扳检查；核查遮阳设施的抗风计算报告或性能检测报告。

检查数量：每个检验批按《建筑节能工程施工质量验收标准》(GB 50411—2019)第 3.4.3 条的规定抽检；安装牢固程度全数检查。

(7)用于外门的特种门的性能应符合设计和产品标准要求；特种门安装中的节能措施，应符合设计要求。

检验方法：核查质量证明文件；观察、尺量检查。

检查数量：全数检查。

(8)天窗安装的位置、坡向、坡度应正确，封闭严密，不得渗漏。

检验方法：观察检查；用水平尺(坡度尺)检查；淋水检查。

检查数量：每个检验批按《建筑节能工程施工质量验收标准》(GB 50411—2019)第 3.4.3 条规定的最小抽样数量的 2 倍抽检。

(9)通风器的尺寸、通风量等性能应符合设计要求；通风器的安装位置应正确，与门窗型材间的密封应严密，开启装置应能顺畅开启和关闭。

检验方法：核查质量证明文件；观察、尺量检查。

检查数量：每个检验批按《建筑节能工程施工质量验收标准》(GB 50411—2019)第 3.4.3 条规定的最小抽样数量的 2 倍抽检。

3. 一般项目

(1)门窗扇密封条和玻璃镶嵌的密封条，其物理性能应符合相关标准中的要求。密封条安装位置应正确，镶嵌牢固，不得脱槽。接头处不得开裂。关闭门窗时密封条应接触严密。

检验方法：观察检查，核查质量证明文件。

检查数量：全数检查。

(2)门窗镀(贴)膜玻璃的安装方向应符合设计要求，采用密封胶密封的中空玻璃应采用双道密封，采用均压管的中空玻璃其均压管应进行密封处理。

检验方法：观察检查，核查质量证明文件。

检查数量：全数检查。

(3)外门、窗遮阳设施调节应灵活、调节到位。

检验方法：现场调节试验检查。

检查数量：全数检查。

3.3 屋面的节能设计与施工技术

3.3.1 屋面的节能设计与构造

屋面节能设计主要通过采用保温材料、架空通风屋面、绿化屋面等技术来实现。屋面保温设计绝大多数为外保温构造，这种构造受周边热桥影响较小。为了提高屋面的保温能力，屋面的保温节能设计要采用导热系数小、轻质高效、吸水率低(或不吸水)、具有一定抗压强度、可长期发挥作用且性能稳定可靠的保温材料作为保温、隔热层。平屋面的构造一般由面层(防水层)、结构层、保温隔热层和顶棚层四个层次构成。

例如，屋面保温做法为 140 mm 厚钢筋混凝土板＋100 mm 挤塑聚苯板保温层，其传热系数 $K=0.30$ W/(m² · K)；屋面采用 35 mm 挤塑聚苯乙烯泡沫塑料板，绿化屋面，平均传热系数 $K=0.67$ W/(m² · K)。

其屋面保温层的构造应符合下列规定：

(1)保温层设置在防水层上部时，保温层的上面应做保护层。

(2)保温层设置在防水层下部时，保温层的上面应做找平层。

(3)屋面坡度较大时，保温层应采取防滑措施。

(4)吸湿性保温材料不宜用于封闭式保温层。

3.3.2 屋面保温材料的选择

1. 屋面保温材料

按施工方式的不同，屋面保温层可分为散料保温层、现浇式保温层和板块保温层等。屋面保温材料主要有以下几种：

(1)板材——憎水性水泥膨胀珍珠岩保温板、发泡聚苯乙烯保温板、挤塑型聚苯乙烯保温板、硬质和半硬质的玻璃棉或岩棉保温板、泡沫玻璃板等。工程中采用聚苯乙烯板材作保温层，如图 3-8 所示。

(2)块材——水泥聚苯空心砌块等。

(3)卷材——玻璃棉毡和岩棉毡等。

(4)散料——膨胀珍珠岩、发泡聚苯乙烯颗粒等。

2. 保温层的设置位置

按保温层与屋面结构层的相对位置不同，屋面的保温层有外保温和内保温两种做法。由于

图 3-8 用于坡屋面保温的聚苯乙烯板材

外保温的节能效果优于内保温，故工程中大量采用外保温做法。保温层按设置位置的不同有正铺法和倒铺法之分。保温层的设置位置在防水层之下为正铺法；防水层设置在保温层之下则为倒铺法。正铺法、倒铺法保温层的设置如图 3-9～图 3-11 所示。屋面内保温构造做法如图 3-12 所示。

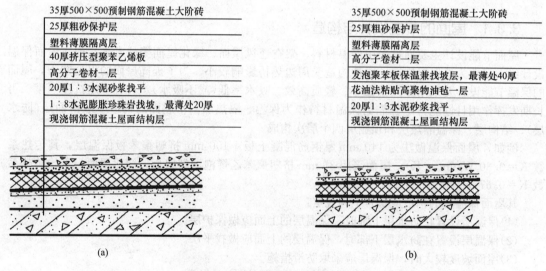

图 3-9 保温层和防水层的位置关系
(a)"倒铺屋面"保温构造；(b)"正铺屋面"保温构造

图 3-10 倒铺保温屋面用砾石做保护层

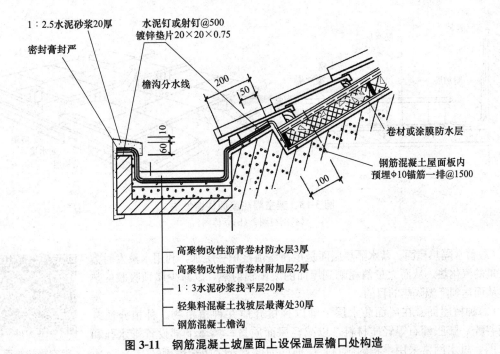

图 3-11 钢筋混凝土坡屋面上设保温层檐口处构造

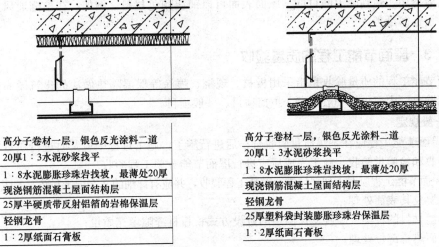

图 3-12 屋面内保温构造做法

3. 屋面的隔热做法

夏季建筑屋面的隔热是屋面节能设计的重要内容,常见的隔热屋面有以下几种:

(1)通风隔热屋面。通风隔热屋面是利用空气流通带走热量从而降低屋面温度的原理设置隔热层。通风隔热屋面可采用架空通风隔热和顶棚通风隔热。

1)架空通风隔热屋面。在防水层上用薄型制品架设一定高度的空间,能起到隔热作用。架空层的净高一般为 180~240 mm,周边设置一定数量的通风孔;女儿墙 250 mm 范围内不铺架空板;架空板的支架可用砖砌,如图 3-13 所示。

2)顶棚通风隔热屋面。结构层与悬吊顶棚之间设置通风间层,在外墙上设置进气口与排气口,通风孔应做好防飘雨措施。

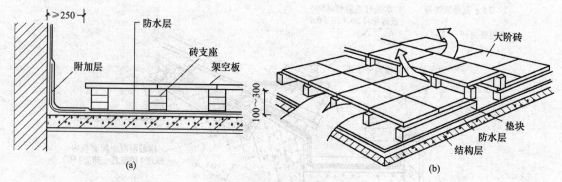

图 3-13 架空隔热屋面构造做法
(a)剖视图；(b)立体图

(2)蓄水隔热屋面。蓄水隔热屋面是指在屋顶蓄积一层水，利用水蒸发时需要大量的汽化热，从而大量消耗晒到屋面的太阳辐射热，以减少屋顶吸收的热能，从而达到降温隔热的目的。

(3)种植屋面。在屋面防水层上铺以种植介质并种植植物。种植介质常选用谷壳、膨胀蛭石等轻质材料，以减轻屋面质量；挡墙下部设置排水孔和过水网，过水网常采用堆积的砾石；屋面四周设置安全防护措施。

架空隔热屋面

(4)反射降温屋面。反射降温屋面是利用材料表面的颜色和光滑度对热辐射的反射作用，达到降温的目的。屋面表面可以铺浅颜色材料，例如，在顶棚通风屋面的基层中加一层铝箔纸板。

3.3.3 屋面节能工程的质量验收

屋面节能工程的质量验收是指采用板材、现浇、喷涂等保温隔热做法的建筑屋面节能工程施工质量验收，内容包括一般规定、主控项目、一般项目。

1. 一般规定

(1)屋面节能工程应在基层质量验收合格后进行施工，施工过程中应及时进行质量检查、隐蔽工程验收和检验批验收，施工完成后应进行屋面节能分项工程验收。

(2)屋面节能工程应对下列部位进行隐蔽工程验收，并应有详细的文字记录和必要的图像资料：
1)基层及其表面处理；
2)保温材料的种类、厚度、保温层的敷设方式；板材缝隙填充质量；
3)屋面热桥部位处理；
4)隔汽层。

(3)屋面保温隔热层施工完成后，应及时进行后续施工或加以覆盖。

(4)屋面节能工程施工质量验收的检验批划分，除另有规定外一般应符合下列规定：
1)采用相同材料、工艺和施工做法的屋面，扣除天窗、采光顶后的屋面面积，每1 000 m² 面积划分为一个检验批；
2)检验批的划分也可根据与施工流程相一致且方便施工与验收的原则，由施工单位与监理单位协商确定。

2. 主控项目

(1)屋面节能工程使用的保温隔热材料、构件应进行进场验收，验收结果应经监理工程师检查认可，且应形成相应的验收记录。各种材料和构件的质量证明文件与相关技术资料应齐全，并应符合设计要求和国家现行有关标准的规定。

检验方法：观察、尺量检查；核查质量证明文件。

检查数量：按进场批次，每批随机抽取3个试样进行检查；质量证明文件应按照其出厂检验批进行核查。

(2)屋面节能工程使用的材料进场时，应对其下列性能进行复验，复验应为见证取样检验：

1)保温隔热材料的导热系数或热阻、密度、压缩强度或抗压强度、吸水率、燃烧性能（不燃材料除外）；

2)反射隔热材料的太阳光反射比、半球发射率。

检验方法：核查质量证明文件，随机抽样检验，核查复验报告，其中：导热系数或热阻密度、燃烧性能必须在同一个报告中。

检查数量：同厂家同品种产品，扣除天窗、采光顶后的屋面面积在1 000 m² 以内时应复验1次；面积每增加1 000 m² 应增加复验1次。同工程项目、同施工单位且同期施工的多个单位工程，可合并计算抽检面积。当符合《建筑节能工程施工质量验收标准》(GB 50411—2019)第3.2.3条的规定时，检验批容量可以扩大一倍。

(3)屋面保温隔热层的敷设方式、厚度、缝隙填充质量及屋面热桥部位的保温隔热做法，应符合设计要求和有关标准的规定。

检验方法：观察、尺量检查。

检查数量：每个检验批抽查3处，每处10 m²。

(4)屋面的通风隔热架空层，其架空高度、安装方式、通风口位置及尺寸应符合设计及有关标准要求。架空层内不得有杂物。架空面层应完整，不得有断裂和露筋等缺陷。

检验方法：观察、尺量检查。

检查数量：每个检验批抽查3处，每处10 m²。

(5)屋面隔汽层的位置、材料及构造做法应符合设计要求，隔汽层应完整、严密，穿透隔汽层处应采取密封措施。

检验方法：观察检查；核查隐蔽工程验收记录。

检查数量：每个检验批抽查3处，每处10 m²。

(6)坡屋面、架空屋面内保温应采用不燃保温材料，保温层做法应符合设计要求。

检验方法：观察检查；核查复验报告和隐蔽工程验收记录。

检查数量：每个检验批抽查3处，每处10 m。

(7)当采用带铝箔的空气隔层做隔热保温屋面时，其空气隔层厚度、铝箔位置应符合设计要求。空气隔层内不得有杂物，铝箔应铺设完整。

检验方法：观察、尺量检查。

检查数量：每个检验批抽查3处，每处10 m²。

(8)种植植物的屋面，其构造做法与植物的种类、密度、覆盖面积等应符合设计及相关标准要求，植物的种植与维护不得损害节能效果。

检验方法：对照设计检查。

检查数量：全数检查。

(9)采用有机类保温隔热材料的屋面，防火隔离措施应符合设计和现行国家标准《建筑设计防火规范(2018年版)》(GB 50016—2014)的规定。

检验方法：对照设计检查。

检查数量：全数检查。

(10)金属板保温夹芯屋面应铺装牢固、接口严密、表面洁净、坡向正确。

检验方法：观察、尺量检查；核查隐蔽工程验收记录。

检查数量：全数检查。

3. 一般项目

(1)屋面保温隔热层应按专项施工方案施工，并应符合下列规定：

1)板材应粘贴牢固、缝隙严密、平整;

2)现场采用喷涂、浇筑、抹灰等工艺施工的保温层,应按配合比准确计量、分层连续施工,表面平整、坡向正确。

检验方法:观察、尺量检查,检查施工记录。

检查数量:每个检验批抽查3处,每处10 m^2。

(2)反射隔热屋面的颜色应符合设计要求,色泽应均匀一致,没有污迹,无积水现象。

检验方法:观察检查。

检查数量:全数检查。

(3)坡屋面、架空屋面当采用内保温时,保温隔热层应设有防潮措施,其表面应有保护层,保护层的做法应符合设计要求。

检验方法:观察检查;核查隐蔽工程验收记录。

检查数量:每个检验批抽查3处,每处10 m^2。

3.3.4 太阳能屋面的设计与施工

太阳能是21世纪最有发展前途的可再生清洁能源。为落实我国对世界承诺的节能减排目标,加快推进太阳能光电技术在城乡建筑领域的应用,国家相关部委推出太阳能屋面计划。将太阳能设施集热管镶嵌在波浪形的屋面飘板上,不仅造型美观,而且具有实用功能,实现了太阳能技术与建筑艺术的完美结合(图3-14)。

太阳能屋面

图3-14 太阳能屋面及太阳能热水器

1. 光伏屋面的定义

光伏屋面利用安装在建筑物顶部的光伏组件(太阳能电池)将光能转换为电能,供用电器使用。光伏技术与建筑的结合有以下两种方式,它们都可以通过逆变器、控制装置等组成发电系统。

(1)建筑与光伏系统相结合:将封装好的光伏组件(平板或曲面板)安装在居民住宅或建筑物的屋面上,组成光伏发电系统,如图3-15所示。

(2)建筑与光伏器件相结合:将光伏器件与建筑材料集成化,即光伏建筑一体化(BIPV),如将太阳能光伏电池制成光伏玻璃幕墙、太阳能电池瓦、太阳能防水卷材等,集实用与装饰美化于一体,以达到节能环保效果,是今后发展光伏建筑一体化的趋势,如图3-16所示。

2. 光伏屋面系统的分类

光伏屋面系统可分为两个大类,即并网光伏屋面系统与离网光伏屋面系统。

(1)并网光伏屋面系统。并网光伏屋面系统由光伏组件、并网逆变器和控制装置组成。光伏组件将太阳能转化为直流电能,通过并网逆变将直流电能转化为与电网同频同相的交流电能供给负载使用并馈入电网。

图 3-15 建筑与光伏系统相结合

图 3-16 光伏建筑一体化（BIPV）

(2) 离网光伏屋面系统。离网光伏屋面系统由光伏组件、逆变器、控制装置、蓄电池组成。以光伏电池板为发电部件，控制器对所发的电能进行调节和控制，一方面将调整后的能量送往直流负载或交流负载；另一方面将多余的能量送往蓄电池组储存，当所发的电不能满足负载需要时，控制器又将蓄电池的电能送往负载。蓄电池充满电后，控制器要控制蓄电池不被过充。当蓄电池所储存的电能放完时，控制器要控制蓄电池不被过放电，以保护蓄电池。蓄电池可以储能，以便在夜间或阴雨天保证负载用电。

3. 太阳能光伏建筑的优点

(1) 可以有效地利用建筑物屋面和幕墙，无须占用土地资源。

(2) 可原地发电、原地用电，在一定距离范围内可以节省电站送电网的投资。对于联网系统，光伏阵列所发电力既可供给本建筑物负载使用，也可送入电网。

(3) 光伏发电系统在白天阳光照射时发电，该时段也是电网用电高峰期，从而舒缓高峰电力需求。

(4) 光伏组件一般安装在建筑的屋面及墙的南立面上直接吸收太阳能，可以降低墙面及屋面的温升。

(5) 并网光伏发电系统没有噪声，没有污染物排放，不消耗任何燃料，绿色环保。

4. 太阳能光伏系统的主要组成部分

(1) 建材。适合的建材有瓦、砖、防水卷材、玻璃、不锈钢等。其中，防水卷材适合类型有 TPO、EPDM（三元乙丙橡胶）、PVC、改性沥青卷材。对于前三类高分子卷材，可用胶直接将光伏组件与卷材冷粘贴,操作简单、便利;与改性沥青的粘结有待试验。

(2)光伏组件(太阳能电池)。

1)太阳能电池根据所用材料的不同可分为硅太阳能电池、多元化合物薄膜太阳能电池、聚合物多层修饰电极型太阳能电池、纳米晶太阳能电池、有机太阳能电池。其中,硅太阳能电池目前发展得最为成熟,在应用中居主导地位。

2)硅太阳能电池可分为晶体硅电池和非晶体硅电池两类。晶体硅电池厚,薄膜电池属于非晶体硅电池,其厚度不足晶体硅太阳能电池厚度的1/100,这就大大降低了制造成本,增加了用途。

(3)主要参数。主要参数包括额定功率、热转化率(%)、工作电压(V)、工作电流(A)、最大输出电压、电池组质量、厚度(mm)。

(4)适用条件。安装温度为10 ℃~40 ℃,屋面最高温度不超过85 ℃。

(5)光伏阵列的设计。并网发电系统的光伏阵列设计需要考虑以下几点:

1)光伏阵列朝向。光伏阵列正向赤道是其获得最多太阳辐射能的主要条件之一。一般方阵朝向正南(方阵垂直面与正南的夹角为0°)。系统的光伏阵列处于北半球,一般取正南偏西,方位角=[一天中负荷的峰值时刻(24小时制)-12]×15+(经度-116)。

2)光伏阵列倾角。在并网发电系统中,光伏阵列相对于水平面的倾角一般应该遵循使阵列获得全年最多太阳辐射能的设计原则。电池板厂商会根据不同地区的地理位置及气象环境提供最佳的安装角度。

3)光伏组件串联数量的设计依据。逆变器在并网发电时,光伏阵列必须实现最大功率点跟踪控制,以便光伏阵列在任何当前日照下不断获得最大功率输出。

(6)逆变器(并网器)。从技术上说,逆变器属于技术成熟的产品,早已在电子产品中得到广泛应用,如通信电源、不间断电源(Uninterruptible Power Supply,UPS)等。随着风力发电与太阳能发电技术的发展、应用与推广,逆变器成为风、光发电系统中必不可少的一环,早已实现大规模应用。逆变器与光伏组件的匹配,主要考虑输入电压范围、最大输入电流、输入功率等。

(7)控制器。有的厂商产品中,控制器与逆变器是一体的,尤其在并网系统中。在离网系统中往往设计单独的控制器。并网系统中控制器的主要功能为电流监控、系统保护、通信等。离网系统中控制器还多加了对蓄电池的控制功能,如充放电管理、电路切换等。

(8)蓄电池。常用电池为铅酸免维护电池,单个电池电压为12 V,可以根据需要串联或并联。蓄电池主要参数指标有电池容量(以安时数表示)、充电电压、工作电压、开路电压、使用寿命。

3.4 楼地面的节能设计与施工技术

3.4.1 楼地面的节能设计与构造

1. 地坪层构造

地坪层包括面层、附加层、垫层、基层。具体构造如图3-17所示。

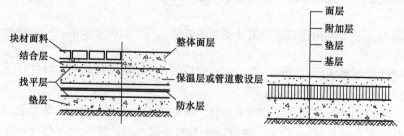

图3-17 地坪层构造

(1)面层:可采用各种饰面材料。
(2)附加层:防水防潮层、保温层、管道层等。
(3)垫层:混凝土或碎砖或砂石。
(4)基层:素土夯实。

2. 低温热水地面辐射采暖

以温度不高于60℃的热水为热媒,使之在埋置于地面以下填充层中的加热管内循环流动,加热整个地板,通过地面以辐射和对流的热传递方式向室内供热的一种采暖方式。

(1)构造层次。

1)面层:建筑地面直接承受各种物理和化学作用的表面层。
2)找平层:在垫层或楼板面上进行抹平找坡的构造层。
3)隔离层:防止建筑地面上各种液体或地下水、潮气透过地面的构造层。
4)填充层:在绝热层或楼板基面上设置加热管或发热电缆用的构造层,用以保护设备并使地面温度均匀。
5)绝热层:用以阻挡热量传递,减少无效热耗的构造层。
6)防潮层:防止建筑地基或楼层地面下潮气透过地面的构造层。
7)伸缩缝:补偿混凝土填充层、上部构造层和面层等膨胀或收缩用的构造缝。

(2)有关规定。低温热水地面辐射采暖系统的地面结构,宜由基层(楼板或与土壤相邻的地面)、找平层、绝热层(上部敷设加热管)、伸缩缝、填充层和地面层组成。

1)当工程允许地面按双向散热进行设计时,各楼层之间的楼板上部可不设置绝热层。
2)与土壤相邻的地面必须设置绝热层,绝热层下部应设置防潮层。直接与室外空气相邻的楼板,也必须设置绝热层。
3)对于潮湿房间如卫生间、游泳馆等,在填充层上部应设置隔离层。
4)采用低温热水地面辐射采暖方式时,宜优先采用热阻小于$0.05(m^2 \cdot K)/W$的材料作为面层。

①绝热层:低温热水地面辐射采暖系统绝热层采用聚苯乙烯泡沫塑料板时,其厚度应按规定采用,若采用其他隔热材料时,可以根据热阻相当的原则确定厚度。绝热层厚度要求见表3-11。

表3-11 聚苯乙烯泡沫塑料板绝热层厚度　　　　　　　　　　　　　　　　　　mm

适用部位	厚度
楼层之间楼板上的绝热层	20
与土壤或室外空气相邻的地板上的绝热层	40

②伸缩缝:在与内外墙、柱及过门等垂直部件交接处,应敷设不间断的伸缩缝,伸缩缝宽度不应小于20 mm,伸缩缝宜采用聚苯乙烯或高发泡聚乙烯泡沫塑料;当地面面积超过30 m²或边长超过6 m时,应设置伸缩缝,伸缩缝宽度不宜小于8 mm,伸缩缝宜采用高发泡聚乙烯泡沫塑料或内满填弹性膨胀膏。

③填充层:填充层的材料宜采用强度等级为C15的豆石混凝土,豆石粒径宜为5~12 mm。填充层的厚度不宜小于50 mm。当地面荷载大于20 kN/m²时,应会同结构设计人员采用加固措施。当面层采用带龙骨的架空木地板时,加热管应敷设在木地板下部、龙骨之间的绝热层上,这时可不设置豆石混凝土填充层。常用的加热管类型有铝塑复合管、聚丁烯管、交联聚乙烯管、无规共聚聚丙烯管等。

1)铝塑复合管:内层和外层为交联聚乙烯或聚乙烯、中间层为增强铝管、层间采用专用热熔胶,通过挤出成型方法复合成一体的加热管。根据铝管焊接方法不同,铝塑复合管分为搭接焊和对接焊两种形式,通常以XPAP或PAP标记。

2)聚丁烯管:由聚丁烯-1树脂添加适量助剂,经挤出成型的热塑性加热管,通常以PB标记。

3)交联聚乙烯管：以密度不小于 0.94 g/cm³ 的聚乙烯或乙烯共聚物，添加适量助剂，通过化学的或物理的方法，使其线型的大分子交联成三维网状的大分子结构的加热管，通常以 PE-X 标记。按照交联方式的不同，交联聚乙烯管可分为过氧化物交联聚乙烯(PE-Xa)、硅烷交联聚乙烯(PE-Xb)、电子束交联聚乙烯(PE-Xc)、偶氮交联聚乙烯(PE-Xd)。

4)无规共聚聚丙烯管：以丙烯和适量乙烯的无规共聚物，添加适量助剂，经挤出成型的热塑性加热管，通常以 PP-R 标记。

5)嵌段共聚聚丙烯管：以丙烯和乙烯嵌段共聚物，添加适量助剂，经挤出成型的热塑性加热管，通常以 PP-B 标记。

6)耐热聚乙烯管：以乙烯和辛烯共聚制成的线性中密度乙烯共聚物，添加适量助剂，经挤出成型的一种热塑性加热管，通常以 PE-RT 标记。

3. 发热电缆地面辐射采暖

将外表面允许工作温度上限为 65 ℃ 的发热电缆埋设在地板中，以发热电缆为热源加热地板，以温控器控制室温或地板温度，实现地面辐射采暖的采暖方式，即干法地暖。其结构示意如图 3-18 所示。

(1)发热电缆。以采暖为目的，通电后能够发热的电缆称为发热电缆，通常由发热导线、绝缘层、接地屏蔽层和外鞘等部分组成。

1)发热导线：发热电缆中将电能转换为热能的金属线。

2)绝缘层：发热导线之间或发热导线与接地屏蔽层之间的绝缘材料层。

3)接地屏蔽层：包裹在发热导线外并与发热导线绝缘的金属层，其材质可以是编织成网或螺旋缠绕的金属丝，也可以是螺旋缠绕或沿发热电缆纵向围合的金属丝或金属带。

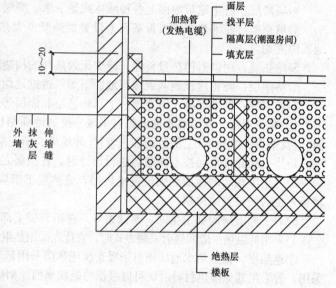

图 3-18 干法地暖结构示意

4)外鞘：保护发热电缆内部不受外界环境影响(如腐蚀、受潮等)的电缆外壳层。采用发热电缆地面辐射采暖方式时，发热电缆线功率不宜大于 17 W/m；采用地面辐射采暖方式时，地面的表面平均温度应符合相关规定。辐射供暖表面平均温度宜符合表 3-12 的规定。

地暖施工

表 3-12 辐射供暖表面平均温度

设置位置		宜采用的平均温度/℃	平均温度上限值/℃
地面	人员经常停留	25~27	29
	人员短期停留	28~30	32
	无人停留	35~40	42
顶棚	房间高度 2.5~3.0 m	28~30	—
	房间高度 3.1~4.0 m	33~36	—
墙面	距地面 1 m 以下	35	—
	距地面 1 m 以上 3.5 m 以下	45	—

发热电缆地面辐射采暖系统的地面结构,由楼板或与土壤相邻的地面、防潮层(对与土壤相邻地面)、绝热层、加热供冷部件、填充层、隔离层(对潮湿房间)、面层。

(2)有关规定。

1)直接与室外空气接触的楼板或与不供暖供冷房间相邻的地板作为供暖供冷辐射地面时,必须设置绝热层。

2)供暖供冷辐射地面构造应符合下列规定:

①当与土壤接触的底层地面作为辐射地面时,应设置绝热层。设置绝热层时,绝热层与土壤之间应设置防潮层;

②潮湿房间的混凝土填充式供暖地面的填充层上、预制沟槽保温板或预制轻薄供暖板供暖地面的面层下,应设置隔离层。

3)地面辐射供暖面层宜采用热阻小于 0.05 m²·K·W⁻¹ 的材料。

4)混凝土填充式地面辐射供暖系统绝热层热阻应符合下列规定:

①采用泡沫塑料绝热板时,绝热层热阻不应小于表 3-13 的数值;

表 3-13 混凝土填充式供暖地面泡沫塑料绝热层热阻

绝热层位置	绝热层热阻/(m²·K·W⁻¹)
楼层之间地板上	0.488
与土壤或不供暖房间相邻的地板上	0.732
与室外空气相邻的地板上	0.976

②当采用发泡水泥绝热时,绝热层厚度不应小于表 3-14 的数值。

表 3-14 混凝土填充式供暖地面发泡水泥绝热层厚度　　　　mm

绝热层位置	干体积密度/(kg·m⁻³)		
	350	400	450
楼层之间地板上	35	40	45
与土壤或不供暖房间相邻的地板上	40	45	50
与室外空气相邻的地板上	50	55	60

5)采用预制沟槽保温板或供暖板时,与供暖房间相邻的楼板,可不设置绝热层。其他部位绝热层的设置应符合下列规定:

①土壤上部的绝热层宜采用发泡水泥;

②直接与室外空气或不供暖房间相邻的地板,绝热层宜设在楼板下,绝热材料宜采用泡沫塑料绝热板;

③绝热层厚度不应小于表 3-15 的数值。

表 3-15 预制沟槽保温板和供暖板供暖地面的绝热层厚度

绝热层位置	绝热材料		厚度/mm
		干体积密度/(kg·m⁻³)	
与土壤接触的底层地板上	发泡水泥	350	35
		400	40
		450	45
与室外空气相邻的地板下	模塑聚苯乙烯泡沫塑料		40
与不供暖房间相邻的地板下	模塑聚苯乙烯泡沫塑料		30

6)混凝土填充式辐射供暖地面的加热部件,其填充层和面层构造应符合下列规定:
①填充层材料及其厚度宜按表 3-16 选择确定;

表 3-16 混凝土填充式辐射供暖地面填充层材料和厚度

绝热层材料		填充材料	最小填充层厚度/mm
泡沫塑料板	加热管	豆石混凝土	50
	加热电缆		40
发泡水泥	加热管	水泥砂浆	40
	加热电缆		35

②加热电缆应敷设于填充层中间,不应与绝热层直接接触;
③豆石混凝土填充层上部应根据面层的需要铺设找平层;
④没有防水要求的房间,水泥砂浆填充层可同时作为面层找平层。
7)预制沟槽保温板辐射供暖地面均热层设置应符合下列规定:
①加热部件为加热电缆时,应采用铺设有均热层的保温板,加热电缆不应与绝热层直接接触;加热部件为加热管时,宜采用铺设有均热层的保温板;
②直接铺设木地板面层时,应采用铺设有均热层的保温板,且在保温板和加热管或加热电缆之上宜再铺设一层均热层。
8)采用供暖板时,房间内未铺设供暖板的部位和敷设输配管的部位应铺设填充板。采用预制沟槽保温板时,分水器、集水器与加热区域之间的连接管,应敷设在预制沟槽保温板中。
9)当地面荷载大于供暖地面的承载能力时,应会同土建设计人员采取加固措施。
10)地面辐射采暖系统用的发热电缆,外径不宜小于 5 mm。发热电缆的结构应能满足耐电、耐热、耐机械力的要求,并保证正常使用时性能可靠,对用户和周围环境没有危害。发热导体宜使用纯金属或金属合金材料,应满足最少 50 年的非连续正常使用时间寿命。
(3)发热电缆系统的设计规定。
1)一般靠近外窗、外墙等局部热负荷较大区域,发热电缆应铺设较密,以补偿房间热损失。
2)发热电缆的布置,可选择采用回折型(旋转型)、平行型(直列型)。
3)铺设发热电缆的最大间距,不应超过 300 mm,且不应小于 6 倍电缆直径,任何位置电缆的弯曲半径不得小于产品规定值。
4)在需要采暖的一个区域(房间)中宜安装一根发热电缆,两个不同温度要求的区域(房间)不宜共用一根发热电缆;通过温控器,每个房间宜单独控制温度。
5)温控器直接控制的发热元件,禁止超过温控器本身的额定电流。
6)发热电缆地面辐射采暖系统中的温控器可以根据房间的使用功能、控温范围、额定电流、通断精度等因素选择型号、规格。可通过设置接触器与温控器结合的方式进行温度控制;一般房间可采用室温型温控器或地温型温控器;高大空间、浴室、卫生间、游泳池等区域,应采用地温型温控器;在需要同时控制室温和限制地面温度的场合(如实木地板),应采用双温型温控器;可选择其他形式的温控器或采用温控器与其他控制设备结合的形式实现诸如远程控制等特殊的控制功能;地温传感器不应被家具等覆盖和遮挡。
7)发热电缆地面辐射采暖系统中的温控器应尽量避免安装在外墙上;温控器或传感器应安装在附近无散热体、周围无遮挡物、不受风吹、避光、通风、能正确反映室内温度的位置。
8)温控器的选择和安装位置应考虑使用环境的潮湿情况。
9)温控器宜安装在距离室内地面 1.4 m 的墙面上。
(4)电气设计规定。
1)发热电缆地面辐射采暖供电方式,宜采用 AC220 V 供电。进户回路负载超过 12 kW 时,可采用AC220 V/380 V三相四线制供电方式。

2)多根发热电缆接入220 V/380 V三相系统时应使三相平衡，发热电缆地面辐射采暖系统的户内电气回路应单独设置。

3)导线截面及开关配合，应满足过负荷保护和短路保护要求，零线截面应大于相线截面。

4)配电箱中应设置过流保护和漏电保护功能，每个供电回路应设置带漏电保护装置的双极开关。

5)地温传感器穿线管应选用硬质套管。

6)发热电缆的接地线必须与电源的PE线连接。

7)发热电缆地面辐射采暖系统的电气设计应该符合《建筑电气工程施工质量验收规范》(GB 50303—2015)的有关规定。

低温地面辐射采暖是国内近20年以来发展较快的新型采暖方式，埋管式地面辐射采暖具有温度梯度小、室内温度均匀、脚感温度高等特点，在同样舒适的情况下，辐射采暖房间的设计温度可以比对流采暖房间低2 ℃~3 ℃，因此，房间的热负荷随之减小。有关地面辐射供暖供冷工程设计方面的规定，应遵循行业标准《辐射供暖供冷技术规程》(JGJ 142—2012)执行。

天棚低温辐射采暖制冷系统主要通过预埋在天棚(混凝土楼板)中的均布水管进行低温辐射采暖制冷，管路采用国产聚丁烯塑料管(PB管)敷设，敷设前预先加压，并维持在3 MPa，带压浇混凝土。其以低温热水为热媒，夏季送水温度为20 ℃，回水温度为22 ℃，冷却的天棚可以吸收室内大量多余热量，通过系统的循环水带走；冬季送水温度为28 ℃，回水温度为26 ℃，以辐射方式工作。该系统依靠设在地下的中央机组(YORK冷水机组)控制，自动调节室内温度。

健康新风系统施工技术系统是天棚低温采暖制冷系统的一个配套辅助系统。其解决了制冷对天棚或地面产生的结露现象，可弥补温度差异，提供新鲜空气，无须空气再循环。这套系统主要采用热交换，即排出的污浊空气和引入的新鲜空气经过冷热回收器进行热量交换，夏季排出的废热空气温度大约在28 ℃，而引进的新风温度在38 ℃左右，经过非接触式的新、废空气温度交换，制冷后输入室内；冬季同理。

采用天棚辐射和置换新风作为土壤源热泵系统的终端热交换系统。天棚辐射系统夏季提供18 ℃/20 ℃的冷冻水来冷却顶棚楼板达到冷辐射空调效果，冬季提供28 ℃/26 ℃的热水来加热顶棚楼板达到热辐射采暖效果。

3.4.2 楼地面保温层的材料选择

地面节能工程使用的保温材料，其导热系数、密度、抗压强度或压缩强度、燃烧性能应符合设计要求。建筑地面保温构造如下：

(1)在严寒和寒冷地区，建筑底层室内如果采用实铺地面构造，则对于直接接触土壤的周边地区，也就是从外墙内侧算起2.0 m的范围之内，应当做保温处理。

(2)如果底层地面之下还有不采暖的地下室，则地下室以上的底层地面应该全部做保温处理。保温层除放在底层地面的结构面板与地面的饰面层之间外，还可以考虑放在底层地面的结构面板，即地下室的顶板之下。有保温要求的弹性木地板构造如图3-19所示。

3.4.3 楼地面保温工程的施工与质量验收

1. 低温热水地面辐射采暖系统的施工

(1)低温热水地面辐射采暖工程，施工安装前应具备的条件：设计施工图纸和有关技术文件齐全；有较完善的施工方案、施工组织设计，并已完成技术交底；施工现场具有供水或供电条件，有储放材料的临时设施；土建专业已完成墙面内粉刷(不含面层)，外窗、外门已安装完毕，并已将地面清理干净，厨房、卫生间已做完闭水试验并经过验收；各种安装材料已经检验合格，所附带的说明书和合格证应齐全。

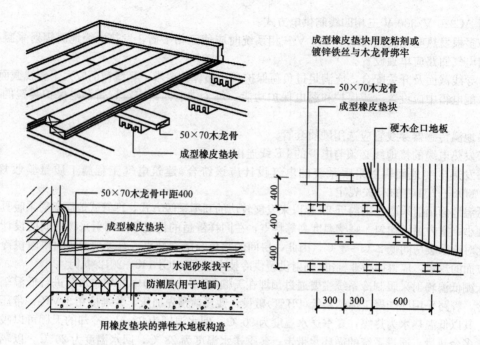

图 3-19 弹性木地板构造

（2）加热管在运输、装卸和搬运时，应小心轻放，不得抛、摔、滚、拖。避免暴晒雨淋，宜储存在温度不超过 40 ℃，通风良好和干净的库房内；与热源距离至少应保持在 1 m 以上。在施工过程中，应防止油漆、沥青或其他化学溶剂接触污染管线的表面。施工时，环境温度不宜低于 5 ℃。低温热水地面辐射采暖工程施工，不宜与其他工种进行交叉施工作业。在施工过程中，严禁进入踩踏加热管。所有地面留洞应在填充层施工前完成。

（3）绝热层的铺设。

1）铺设绝热层的地面应平整、干燥、无杂物。墙面根部应平直且无积灰现象。

2）绝热层的铺设应平整，绝热层相互之间的接缝应严密。直接与土壤接触的或有潮气侵入的地面，在铺放绝热层之前应先铺一层防潮层。

（4）加热供冷管的安装。

1）加热管应严格按照设计图纸标定的管间距和走向敷设，加热管应保持平直，管间距的安装误差不应大于±10 mm。加热管敷设前，应对照施工图纸核定加热管的选型、管径、壁厚是否满足设计要求，并对加热管外观质量和管内部是否有杂质等进行认真检查，确认不存在任何问题后再进行安装。加热管安装间断或完毕的敞口处，应随时封堵。

2）加热管应采用专用工具切割；切口应平整，断口面应垂直管轴线。

3）加热管安装时应禁止管道拧劲；弯曲管道时，对圆弧的顶部应加以限制（顶住），并用管卡进行固定，防止出现"死折"；加热管的弯曲半径不宜小于 6 倍管外径。

4）埋设于填充层内的加热管不应有接头。

5）施工验收后，发现加热管损坏，需要增设接头时，根据不同材质的塑料加热管采用热熔插接式连接或卡套式、卡压式铜制管接头。采用铜制管接头时，应在外部增设防腐及其保护措施。铜管宜采用机械连接和焊接连接。无论采用何种接头，在装饰层上应设有明显标志。

6）加热管应设固定装置，可采用以下固定方法：

①用固定卡子将加热管直接固定在绝热板或设有复合面层的绝热板上。

②用扎带将加热管固定在铺设于绝热层上的网栅上。

③直接卡在铺设于绝热层表面的专用管架或管卡上。

④直接固定于绝热层表面凸起间形成的凹槽内。

7)加热管固定点的间距,直管段部分固定间距宜为 0.7~1.0 m,弯曲管段部分固定点的间距宜为 0.2~0.3 m。在分水器、集水器附近及其他局部加热管排列比较密集的部位,当管间距小于 100 mm 时,加热管外部应设置柔性套管等保温措施。加热管出地面至分、集水器连接处,弯管部分不宜露出地面装饰层。加热管出地面至分、集水器下部球阀接口之间的明装管段,外部应加套塑料套管。套管应高出装饰面 150~200 mm。加热管与分、集水器装置及管件的连接,应采用卡套式、卡压式挤压夹紧连接;连接件材料宜为铜质;铜质连接件直接与 PP-R 塑料接触的表面必须镀镍。加热管的环路布置应尽可能少穿越伸缩缝,穿越伸缩缝处,应设长度不小于 200 mm 的柔性套管。分水器、集水器应在开始铺设加热管之前进行安装。水平安装时,一般宜将分水器安装在上部,集水器安装在下部,中心距宜为 200 mm,集水器中心距地面应不小于 300 mm。

8)伸缩缝的设置。

①在与内外墙、柱及过门等交接处应敷设不间断的伸缩缝,伸缩缝连接处应采用搭接方式,搭接宽度不小于 10 mm;伸缩缝与墙、柱应有可靠的固定方式,与地面绝热层连接应紧密,伸缩缝宽度不宜小于 20 mm。伸缩缝宜采用聚苯乙烯或高发泡聚乙烯泡沫塑料。

②当地面面积超过 30 m² 或边长超过 6 m 时,应按不大于 6 m 间距设置伸缩缝,伸缩缝宽度不小于 8 mm。伸缩缝宜采用高发泡聚乙烯泡沫塑料或内满填弹性膨胀膏。

③伸缩缝应从绝热层的上边缘到填充层的上边缘整个截面隔开。

(5)填充层的施工。

1)混凝土填充层施工应具备以下条件:所有伸缩缝均已按设计要求敷设完毕;加热管安装完毕且水压试验合格、加热管处于有压状态下;通过隐蔽工程验收。

2)混凝土填充层的施工,应由土建施工方承担;安装单位应密切配合,保证加热管内的水压不低于 0.6 MPa,养护过程中,系统应保持不小于 0.4 MPa 的压力。

3)浇捣混凝土填充层时,施工人员应穿软底鞋,采用平头铁锹。

4)混凝土填充层的养护周期不应少于 21 天。养护期满后,对地面应妥加保护,严禁在地面上运行重载、高温烘烤、直接放置高温物体和高温加热设备。

(6)面层的施工。

1)低温热水地面辐射采暖装饰地面宜采用以下材料:水泥砂浆、混凝土地面;瓷砖、大理石、花岗石等石材地面;符合国家标准的复合木地板、实木复合地板及耐热实木地板。

2)面层施工前,应确定填充层是否达到面层需要的干燥度。面层施工,除应符合土建施工设计图纸的各项要求外,还应符合以下规定:施工面层时,不得剔、凿、割、钻和钉填充层;不得向填充层内楔入任何物件;面层的施工,必须在填充层达到要求强度后才能进行;面层(石材、面砖)在与内外墙、柱等交接处,应留设 8 mm 宽伸缩缝(最后以踢脚遮挡),木地板铺设时应留设≥14 mm 伸缩缝。

3)以木地板作为面层时,木材必须经过干燥处理,且应在填充层和找平层完全干燥后才能进行地板粘贴。

2. 发热电缆地面辐射采暖系统的施工

(1)发热电缆地面辐射采暖工程,施工安装前应具备下列条件:

1)设计施工图纸和有关技术文件齐全。

2)有较完善的施工方案、施工组织设计,并已完成技术交底。

3)施工现场具有供电条件,有储放材料的临时设施。

4)土建专业已完成墙面内粉刷(不含地面层),外窗、外门已安装完毕,并已将地面清理干净;厨房、卫生间已做完闭水试验并经过验收。

5)相关电气预埋等工程(装修、照明等)已完成。

6)各种安装材料已经检验合格,所附带的说明书和合格证应齐全。

发热电缆应进行遮光包装后运输,不得裸露散装。在运输、装卸和搬运时,应小心轻放,不得抛、摔、滚、拖。应避免暴晒雨淋,宜储存在温度不超过40℃、通风良好和干净的库房内;与热源距离至少应保持在1 m以上。发热电缆存放、运输和敷设应避免因环境温度过高或过低而受到损害。发热电缆存放、运输和敷设应避免因物理压力过高而受到损害。施工过程中,应防止油漆、沥青或其他化学溶剂接触污染管线的表面。地面辐射采暖工程在施工过程中,不宜进入踩踏电缆;不宜与其他工种进行交叉施工作业,所有地面留洞应在填充层施工前完成。

发热电缆地面辐射采暖工程施工现场环境温度低于0℃时,不宜施工;必须施工时,现场应采取升温措施,发热电缆预热时严禁电缆之间有搭接。安装前,应进行发热电缆的标称电阻检测和通断测试。所有进场的材料必须进行检验验收,包括产品的技术文件、标志、外观检查,必要时应抽样进行相关检测。温控器的外观不能有划痕,标志清晰,面板扣合、开启自如,温度调节部件使用正常。

(2)绝热层的铺设。

1)铺设绝热层的地面应平整、干燥、无杂物。墙面根部应平直且无积灰现象。

2)绝热层的铺设应平整,边沿绝热层相互之间的搭接应严密。对土壤上面的地面或有湿度侵入的地面,在铺放绝热层之前必须先铺一层防潮层。

(3)发热电缆的安装。

1)发热电缆应严格按照设计图纸标定的电缆间距和走向敷设,发热电缆应保持平直,电缆间距的安装误差不应大于±10 mm。发热电缆敷设前,应对照施工图纸核定发热电缆的选型是否满足设计要求,并对电缆的外观质量等进行认真检查,确认不存在任何问题后再进行安装。

2)发热电缆敷设前必须先检查外观质量,有外伤、破损的不准敷设。

3)发热电缆安装前应测量发热电缆的标称电阻和绝缘,并做自检记录。

4)在发热电缆施工前,应确认电缆电源冷线预留管、温控器接线盒、地温传感器预留管、采暖配电箱等预留、预埋工作已完毕。

5)发热电缆必须按设计图纸要求敷设,安装时应禁止电缆拧劲,弯曲电缆时,对圆弧的顶部应加以限制(顶住),并进行固定,防止出现"死折";电缆的弯曲半径不应小于厂家规定值。

6)当发热电缆设在隔热材料上时,发热电缆下必须铺设钢丝网或金属固定带,以保证发热电缆不被压入隔热材料中。

7)发热电缆定位后,用扎带在钢丝网上固定,也可以采用金属固定带固定。

8)发热电缆的热线部分不应进入冷引线预留管。

9)发热电缆安装完毕,应进行发热电缆的标称电阻、绝缘电阻检测,并进行记录。

10)发热电缆地面辐射采暖系统的电气施工应符合《电气装置安装工程 低压电器施工及验收规范》(GB 50254—2014)的规定。

(4)填充层的施工。

1)填充层施工应在发热电缆经通断检测和绝缘性能检测合格后进行。

2)混凝土填充层施工应具备以下条件:所有靠垂直部件处的边缘隔热条已安装完毕;所需伸缩缝已由设计人员作出规定,并由填充层的施工公司做了布置;通过隐蔽工程验收。

3)混凝土填充层的施工,应由土建施工方承担;采暖系统安装单位应密切配合。浇捣混凝土填充层时,必须在发热电缆上部架设操作板,保持施工人员在板上操作,严禁踩踏发热电缆;施工人员应穿软底鞋,采用平头锹。

4)混凝土填充层的养护周期不应少于21天。养护期满后,对地面应妥加保护,严禁在地面上运行重载、高温烘烤、直接放置高温物体和高温加热设备。填充层在养护期内,严禁对发热电缆系统进行通电加热。填充层施工完毕后，应进行发热电缆的标称电阻、绝缘电阻检测，并进行记录。

(5)面层的施工。

1)发热电缆地面辐射采暖装饰地面宜采用以下材料：

①水泥砂浆、混凝土地面。

②瓷砖、大理石及水磨石地面。

③符合国家标准的复合木地板、实木复合地板及耐热实木地板。

2)面层施工前，应确定填充层是否达到地面层需要的干燥度。面层施工，除应符合土建施工设计图纸的各项要求外，还应符合以下规定：

①施工面层时，不得剔、凿、割、钻和钉填充层，不得向填充层内楔入任何物件。

②面层的施工，必须在填充层达到要求强度后才能进行。

③面层(石材、面砖)在与内外墙、柱等交接处，应留设10mm宽伸缩缝(最后以踢脚遮挡)；木地板铺设时，应留设≥14mm伸缩缝。

3)以木地板作为地面层时，木材必须经过干燥处理，且应在填充层和找平层完全干燥后，才能进行木地板施工。

(6)卫生间的施工。

1)卫生间应做两层隔离层。

2)卫生间过门处应设置止水墙，在止水墙内侧应配合土建专业做防水，以防止卫生间积水渗入绝热层，并沿绝热层渗入其他区域。加热管穿止水墙处应设防水套管，防水套管两端应加密封。

3)电缆敷设时，靠近卫生洁具处应留有一定的距离。

(7)温控装置的施工。

1)检查温控器的安装盒、发热电缆冷线穿管是否已经布置完毕。

2)安装温控器的感温探头前，对传感探头应进行外观检测；先铺设 $\phi16$ 穿管并用塑料捆扎绳固定穿管安装探头线，传感器可设置在安装好的预埋管里，管道末端封堵并尽可能放置在混凝土层上部。

3)温控器安装在墙上的位置及高度按设计图纸要求，安装后应与地面平行，稳定牢固，不应用家具遮挡温控器。温控器应设在不直接被风吹处，温控器的四周不要有热源体。

4)温控器安装时，应将发热电缆可靠接地。

(8)安全施工和成品保护。

1)发热电缆和系统安装间歇或安装完毕后，应注意成品保护。

2)发热电缆、隔热材料及塑料配件均不得与明火接触或高温烘烤。

3)发热电缆安装过程中，应防止油漆、沥青和其他强酸、强碱等有机污染物与发热电缆接触。

4)发热电缆表皮在安装过程中应完好，禁止用利器刮破。

5)安装完毕后，敷设发热电缆的地面应设立明显的标志。严禁在铺设区内运行重荷载或放置高温物体及高温烘烤，严禁在铺设区内进行穿凿、钻孔和进行射钉作业。

6)施工全部结束后应绘制竣工图，准确标注发热电缆敷设位置与地温传感器埋设地点。

3.地面节能工程的质量验收

地面节能工程的质量验收是指建筑工程中接触土壤或室外空气的地面、毗邻不供暖空间的地面，以及与土壤接触的地下室外墙等节能工程的施工质量验收，包括一般规定、主控项目、一般项目。

(1)一般规定。

1)地面节能工程的施工，应在基层质量验收合格后进行。施工过程中应及时进行质量检查、隐蔽工程验收和检验批验收，施工完成后应进行地面节能分项工程验收。

2) 地面节能工程应对下列部位进行隐蔽工程验收，并应有详细的文字记录和必要的图像资料：

①基层及其表面处理；

②保温材料种类和厚度；

③保温材料粘结；

④地面热桥部位处理。

3) 地面节能分项工程检验批划分，除另有规定外，一般应符合下列规定：

①采用相同材料、工艺和施工做法的地面，每1 000 m^2 面积划分为一个检验批。

②检验批的划分也可根据与施工流程相一致且方便施工与验收的原则，由施工单位与监理单位协商确定。

(2) 主控项目。

1) 用于地面节能工程的保温材料、构件应进行进场验收，验收结果应经监理工程师检查认可，且应形成相应的验收记录。各种材料和构件的质量证明文件与相关技术资料应齐全，并应符合设计要求和国家现行有关标准的规定。

检验方法：观察、尺量检查；核查质量证明文件。

检查数量：按进场批次，每批随机抽取3个试样进行检查；质量证明文件应按照其出厂检验批进行核查。

2) 地面节能工程使用的保温材料进场时，应对其导热系数或热阻、密度、压缩强度或抗压强度、吸水率、燃烧性能（不燃材料除外）等性能进行复验，复验应为见证取样检验。

检验方法：核查质量证明文件，随机抽样检验，核查复验报告，其中：导热系数或热阻、密度、燃烧性能必须在同一个报告中。

检查数量：同厂家、同品种产品，地面面积在1 000 m^2 以内时应复验1次；面积每增加1 000 m^2 应增加1次。同工程项目、同施工单位且同期施工的多个单位工程，可合并计算抽检面积。当符合《建筑节能工程施工质量验收标准》(GB 50411—2019)第3.2.3条的规定时，检验批容量可以扩大一倍。

3) 地下室顶板和架空楼板底面的保温隔热材料应符合设计要求，并应粘贴牢固。

检验方法：观察检查，核查质量证明文件。

检查数量：每个检验批应抽查3处。

4) 地面节能工程施工前，基层处理应符合设计和专项施工方案的有关要求。

检验方法：对照设计和专项施工方案观察检查。

检查数量：全数检查。

5) 地面保温层、隔离层、保护层等各层的设置和构造做法应符合设计要求，并应按专项施工方案施工。

检验方法：对照设计和专项施工方案观察检查；尺量检查。

检查数量：每个检验批抽查3处，每处10 m^2。

6) 地面节能工程的施工质量应符合下列规定：

①保温板与基层之间、各构造层之间的粘结应牢固，缝隙应严密；

②穿越地面到室外的各种金属管道应按设计要求采取保温隔热措施。

检验方法：观察检查；核查隐蔽工程验收记录。

检查数量：每个检验批抽查3处，每处10 m^2；穿越地面的金属管道全数检查。

7) 有防水要求的地面，其节能保温做法不得影响地面排水坡度，防护面层不得渗漏。

检验方法：观察、尺量检查，核查防水层蓄水试验记录。

检查数量：全数检查。

8) 严寒和寒冷地区，建筑首层直接接触土壤的地面、底面直接接触室外空气的地面、毗邻不供暖空间的地面及供暖地下室与土壤接触的外墙应按设计要求采取保温措施。

检验方法：观察检查，核查隐蔽工程验收记录。

检查数量：全数检查。

9) 保温层的表面防潮层、保护层应符合设计要求。

检验方法：观察检查，核查隐蔽工程验收记录。

检查数量：全数检查。

(3) 一般项目。

1) 采用地面辐射供暖的工程，其地面节能做法应符合设计要求和现行行业标准《辐射供暖供冷技术规程》(JGJ 142—2012)的规定。

检验方法：观察检查，核查隐蔽工程验收记录。

检查数量：每个检验批抽查 3 处。

2) 接触土壤地面的保温层下面的防潮层应符合设计要求。

检验方法：观察检查，核查隐蔽工程验收记录。

检查数量：每个检验批抽查 3 处。

典型工程案例

1. 工程简介

某示范工程项目占地面积为 12.6 万 m^2，总建筑面积为 28.9 万 m^2，节能示范面积为 19.2 万 m^2。体形系数为：条式建筑 0.26～0.33，点式建筑 0.4。窗墙面积比为 0.35～0.45，达到节能 65% 的目标。

2. 节能技术体系主要示范内容

(1) 外墙：选用 50～80 mm 厚膨胀聚苯板薄抹灰外墙外保温系统，平均传热系数 $K=0.64\ W/(m^2 \cdot K)$。

(2) 屋面：选用 50 mm 厚挤塑聚苯板、60 mm 厚水泥膨胀珍珠岩、120 mm 厚钢筋混凝土，传热系数 $K=0.44\ W/(m^2 \cdot K)$。

(3) 地面：选用 30 mm 厚 XPS 板，楼板传热系数 $K=0.76\ W/(m^2 \cdot K)$；用道地面传热系数为 $0.3\ W/(m^2 \cdot K)$，非用道地面传热系数为 $0.52\ W/(m^2 \cdot K)$。

(4) 门窗：外窗及阳台门采用断桥中空 LOW-E 玻璃彩铝窗，传热系数 $K<2.46\ W/(m^2 \cdot K)$。

(5) 供热：采用户式中央空调系统，热（冷）源设计效率 $\eta=90\%$。

(6) 采暖和制冷：选用燃气壁挂炉、散热器，不同房间自动控制采暖室温。管网设计效率 $\eta>92\%$。

本章小结

1. 建筑的围护构件主要包括墙体、屋面、门窗等，降低建筑围护构件的耗能是建筑节能设计的重点。外墙保温方式可分为外墙外保温、外墙内保温和夹心保温。外墙外保温设计中常用泡沫塑料（聚氨酯泡沫塑料、酚醛泡沫塑料）、玻化微珠保温板、岩棉等作为保温层。墙体节能工程主要验收内容包括主体结构基层、保温材料、饰面层等。

2. 玻璃幕墙可分为框式玻璃幕墙、点支式玻璃幕墙、全玻璃幕墙。其中，框式玻璃幕墙分为明框玻璃幕墙、隐框玻璃幕墙、半隐框玻璃幕墙。智能型呼吸式幕墙由外层幕墙、热通道和内层幕墙（或门、窗）构成，且在热通道内可以形成空气有序流动的建筑幕墙。

3. 门窗节能设计的重点是门窗框材料和玻璃的选择，双层窗和中空玻璃窗的节能效果较好。抽真空玻璃是将带有 LOW-E 镀层的中空玻璃内的空气抽出，使中空玻璃空气间层内的空气减少，大大削减空气间层内的对流与传导，从而提高中空玻璃的保温性能。门窗节能工程的质量验收，包括金属门窗、塑料门窗、木质门窗、各种复合门窗、特种门窗、天窗及门窗玻璃安装等节能工程。

4. 屋面保温层按施工方式的不同可分为散料保温层、现浇式保温层、板块保温层等，常用的保温层材料有憎水性水泥膨胀珍珠岩保温板、发泡聚苯乙烯保温板、挤塑型聚苯乙烯保温板、硬质和半硬质玻璃棉或岩棉保温板。按保温层的设置位置不同，有正铺法和倒铺法之分。光伏屋面系统可分为并网光伏屋面系统与离网光伏屋面系统两类。

5. 楼地面的节能设计中可采用低温热水地面辐射采暖系统和发热电缆地面辐射采暖系统。低温热水地面辐射采暖是以温度不高于 60 ℃的热水为热媒，使之在埋置于地面以下填充层中的加热管内循环流动，加热整个地板，通过地面以辐射和对流的热传递方式向室内供热的一种采暖方式。发热电缆地面辐射采暖是将外表面允许工作温度上限为 65 ℃的发热电缆埋设在地板中，以发热电缆为热源加热地板，以温控器控制室温或地板温度，实现地面辐射采暖的采暖方式。

本章相关
教学资源

复习思考题

一、选择题

1. 墙体节能分项工程主要验收内容为（　　）。
   A. 主体结构框架；保温材料；饰面层等
   B. 主体结构基层；保温材料；饰面层等
   C. 主体结构基层；保温材料；粘结层等
   D. 主体结构框架；保温材料等

2. 建筑节能验收（　　）。
   A. 是单位工程验收的条件之一
   B. 是单位工程验收的先决条件，具有"一票否决权"
   C. 不具有"一票否决权"
   D. 可以与其他部分一起同步进行验收

3. 墙体节能工程验收的检验划分，采用相同材料、工艺和施工做法的墙面，扣除门窗洞口后的保温墙面面积每（　　）m² 划分为一个检验批。
   A. 500　　　　　B. 800　　　　　C. 1 000　　　　　D. 1 500

4. 夏热冬冷地区居住建筑要求节能50%的屋顶（热惰性指标 $D \geqslant 3.0$）传热系数 K 值应不大于（　　）。
   A. 0.5　　　　　B. 1.0　　　　　C. 1.5　　　　　D. 2.0

5. 下列不属于建筑节能措施的是（　　）。
   A. 围护结构保温措施
   B. 围护结构隔热措施
   C. 结构内侧采用重质材料
   D. 围护结构防潮措施

6. 屋面节能工程使用的保温隔热材料，其导热系数、密度、（　　）或压缩强度、燃烧性能应符合设计要求。
   A. 厚度　　　　　B. 抗拉强度　　　　　C. 抗压强度　　　　　D. 抗冲击性能

7. 门窗节能分项工程主要验收内容为（　　）。

A. 门窗玻璃等　　　　　　　　　　B. 门窗玻璃、遮阳设施等
C. 门窗洞口等　　　　　　　　　　D. 门、遮阳设施等
8. 围护结构主体部位传热系数检测期间，下列检测数据不需要记录的是(　　)。
A. 环境温度　　B. 内表面温度　　C. 外表面温度　　D. 热流密度
9. 外窗窗口气密性能检测时用到的环境温度检测仪的不确定度不应大于(　　)。
A. 1　　　　　B. 2　　　　　　C. 3　　　　　　D. 4
10. 居住建筑外围护结构隔热性能检测，检测持续时间不应少于(　　)h。
A. 3　　　　　B. 6　　　　　　C. 12　　　　　D. 24

二、判断题

1. 建筑外门窗工程的检验批中同一厂家的同一品种、类型、规格的门窗及门窗玻璃每50樘划分为一个检验批，不足50樘也为一个检验批。　　　　　　　　　　　　　(　　)
2. 屋面节能工程使用的保温隔热材料，进场时应对其导热系数、密度、抗压强度或压缩强度、燃烧性能进行复验，复验应为见证取样送检。　　　　　　　　　　　　(　　)
3. 按保温层与屋面结构层的相对位置不同，屋顶的保温层有外保温和内保温做法，由于内保温的节能效果优于外保温，工程中大量采用内保温做法。　　　　　　　　(　　)
4. 门窗镀(贴)膜玻璃的安装方向应正确，中空玻璃的均压管应密封处理。　(　　)
5. 硅太阳能电池分晶体硅、非晶体硅两类。晶体硅电池厚，薄膜电池属于非晶体硅，不足晶体硅太阳能电池厚度的1/100，这就大大降低了制造成本，增加了用途。　(　　)

三、简答题

1. 外墙外保温有哪些常见做法？
2. 简述墙体节能工程的主要验收内容。
3. 墙体节能工程验收中隐蔽工程的内容包括哪些？
4. 幕墙如何分类？玻璃幕墙有哪些类型？它们各有何特点？
5. 门窗节能工程质量验收的主控项目包含哪些内容？
6. 屋面保温层的正铺法和倒铺法各有何优点、缺点？
7. 太阳能光伏建筑有哪些优点？光伏屋面系统可分为哪几类？
8. 低温热水地面辐射采暖系统的地面结构包含哪些构造层次？
9. 发热电缆地面辐射采暖系统的地面结构包含哪些构造层次？
10. 地面节能工程验收中隐蔽工程的内容包括哪些？

综合训练题

已知某单层办公楼工程平面图(图3-20)、屋顶平面图(图3-21)、南北立面图(图3-22)和局部剖面图(图3-23)，该工程结构为钢筋混凝土框架结构，平面形状为长方形，轴线均通过柱中心，由一间办公室和一间库房组成，跨度为6.3 m，柱距为3.6 m。框架填充墙为陶粒空心砌块，外墙240 mm，内墙140 mm。外墙外皮与柱外皮齐平，窗C1宽1 800 mm，高为1 200 mm，M1为1 800 mm×2 100 mm，M2为2 100 mm×2 400 mm；室内外高差为300 mm，窗台高为1 500 mm，层高为3 600 mm，女儿墙的高度为500 mm，雨罩的高度为(3 360+240)mm。由于该建筑建于20世纪90年代初，试对该建筑的围护结构(外墙、屋面、门窗、地坪等)进行节能改造，要求针对围护构件提出具体的节能改造措施并绘制相应的构造详图。

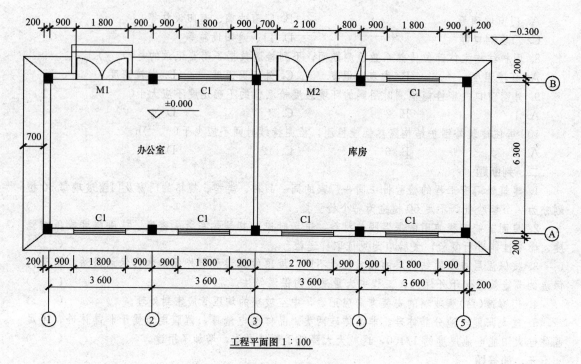

图 3-20 工程平面图

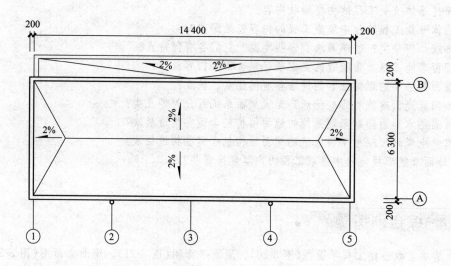

图 3-21 屋顶平面图

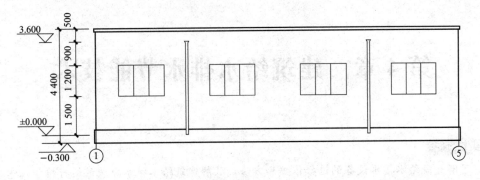

南立面图 1：100

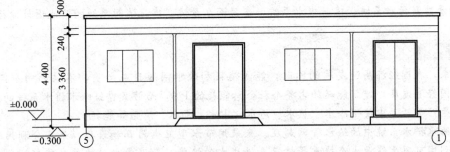

北立面图 1：100

图 3-22 南北立面图

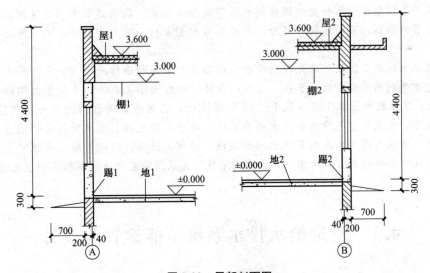

图 3-23 局部剖面图

第4章 建筑给水排水节能技术

学习目标

1. 了解建筑给水排水设备的选择依据和方法，了解建筑给水排水系统的运行维护注意事项。
2. 掌握建筑给水系统、建筑热水系统的节能设计途径。
3. 熟悉建筑污水系统、建筑中水系统、建筑雨水系统、建筑消防系统的节能设计途径。

本章导入

近年来，我国经济高速发展的同时，能源消耗和缺水问题日益严重，不仅影响人们生活，也制约我国经济发展。建筑能耗约占整个社会总能耗的1/3，而涉及建筑给水排水系统的能耗包括生活、生产等活动中使用冷水、热水、污水、中水、雨水、消防等能耗。

建筑给水排水系统中的给水管网超压、未采用节水型卫生器具和设备、未充分利用雨水及中水、未利用可再生能源生产热水等情况会造成水的浪费，而浪费水最终导致能耗增加。据有关资料统计，上述各项能耗中仅生活热水一项就占整个建筑能耗的10%~30%。因此，随着人们节能意识逐渐增强，在城市建设设计中，建筑给水排水系统的节水节能问题日益受到重视。

建筑给水系统的节能设计首先应根据建筑特点来选择合理的给水方式。例如，当水压不满足要求时采用管网叠压供水和变频调速供水等节能供水方式，高层建筑采用分区供水方式，充分利用给水管网余压以节约能耗；另外，应采用节水型管材和节水型器具，减少阻力损耗及漏水可能。

建筑热水系统的节能设计首先应选择合适的热源，热源的选择原则有：集中热水供应系统的热源，宜首先利用工业余热、废热、地热；当日照时数大于1 400 h/年且年太阳辐射量大于4 200 MJ/m^{2}及年极端最低气温不低于−45 ℃的地区，宜优先采用太阳能作为热水供应热源；夏热冬暖地区，宜采用空气源热泵热水供应系统；地下水源充沛、水文地质条件适宜并能保证回灌的地区，宜采用地下水源热泵热水供应系统；沿江、沿海、沿湖等地表水源充足、水文地质条件适宜及有条件利用城市污水、再生水的地区，宜采用地表水源热泵热水供应系统。

4.1 建筑给水排水系统节能途径与设计

4.1.1 建筑给水系统节能设计

建筑给水系统是将市政给水管网(或自备水源)中的水引入一幢建筑或一个建筑群体，供人们生活、生产和消防之用，并满足各类用水对水质、水量和水压要求的冷水供应系统。建筑给水系统存在的常见问题主要包括管网压力过高导致管网工作压力浪费严重、管网压力过低导致水压不满足要求、管网水压水量分配不均衡、供水安全保障程度低等，其直接后果就是不能从系统上节水节能。

建筑给水系统的节能节水环节主要在于建筑设计阶段给水方式的优选及节能改造阶段给水

方式的优化,应充分挖掘其中节水节能的巨大潜力。对水的节约可以减少输送水过程中的能源消耗,从而达到节能的目的。

1. 采取合理的供水方式

若城市供水管网压力满足建筑物供水压力,应充分利用市政水压直接供水,当水压不满足要求时应设加压设施。目前,应用广泛的供水方式有管网叠压供水和变频调速供水(图4-1),所选加压水泵应具有效率高、节能的特性。管网叠压供水因充分考虑市政供水管道的自由水头而节能;变频调速供水因采用始终处在高效区工作的变频技术而节能。

高层建筑若采用同一给水系统供水,则垂直方向管线过长,下层管道中静水压力过大,会使系统超压,造成水量浪费,超压时还易产生噪声、水击及管道振动,缩短管道及管件的使用寿命。高层建筑可采取分区供水方式(图4-2),低区采用市政水压直接供水,高区采用加压设备供水,减少二次加压能量消耗。

图 4-1 变频调速供水设备

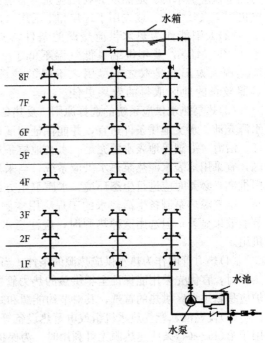

图 4-2 分区供水方式示意

高层建筑竖向分区时应注意设置减压设施,如各分区最低卫生洁具给水配件处的静水压不宜大于 0.45 MPa,静水压大于 0.35 MPa 的入户管(或配水横管)宜设置减压或调压设施。国外一些国家常采用在给水支管上安装减压阀、减压孔板、压力调节阀等手段来避免部分供水点超压,使竖向分区的水压分布更加均匀,可使耗水量降低 15%~20%。

2. 采用节水型管材和节水型器具

选用管材时,应考虑经济可靠、安全卫生、施工方便等因素,以前生活给水管道常采用的镀锌钢管,易发生锈蚀和引起水质污染,接头处也易出现漏水、渗水,在工程中已被淘汰。现通常采用新型管材(如 PE 管、PP-R 管、PVC-U 管、不锈钢钢管、铝塑复合管、钢塑复合管、铜塑复合管等),可大大减少阻力损耗和热损失及漏水的可能。

卫生器具及附件位于供水终端,其节水性能对给水系统整体节能效果影响很大。例如,在普通住宅内采用 6 L 左右的小容量水箱比采用 9 L 容量水箱节水约 12%,在办公楼内可以节水约 27%;生活淋浴、盥洗等用水器具可采用延时自闭阀、充气水龙头、脚踏开关淋浴器等,且建筑物越高其节能效果越明

节水型设备

显；公共卫生间内，大、小便器可采用节水效果突出的红外线或光电数控控制出水来取代传统的定时冲洗方式。另外，对水的节约可以减少输送水过程中的能源消耗，从而达到节能的目的。

4.1.2 建筑热水系统节能设计

1. 热水供应系统的选择原则

(1)集中热水供应系统的热源，宜首先利用工业余热、废热、地热。利用废热锅炉制备热媒时，引入其内的废气、烟气温度不宜低于400 ℃；当以地热为热源时，应根据地热水的水温、水质和水压，采取相应的技术措施。节约能源是我国的基本国策，在设计中应对工程基地附近进行调查研究，全面合理地选择热源。

地热在我国分布较广，有条件时，应优先加以考虑，如广州、福州等地均有利用地热水作为热水供应的水源。地热水的利用应充分，有条件时，应考虑综合利用，如先将地热水用于发电再用于采暖空调，或先用于理疗和生活用水再用于养殖业和农田灌溉等。

(2)太阳能作为热水供应热源的条件。当日照时数大于1 400 h/年且年太阳辐射量大于4 200 MJ/m^2及年极端最低气温不低于-45 ℃的地区，宜优先采用太阳能作为热水供应热源。太阳能是取之不尽用之不竭的能源，近年来，太阳能的利用已有很大发展，在日照较长的地区取得的效果更佳。

(3)热泵热水供应系统的选择原则。夏热冬暖地区，宜采用空气源热泵热水供应系统；地下水源充沛、水文地质条件适宜，并能保证回灌的地区，宜采用地下水源热泵热水供应系统；沿江、沿海、沿湖等地表水源充足、水文地质条件适宜，以及有条件利用城市污水、再生水的地区，宜采用地表水源热泵热水供应系统。当采用地下水源和地表水源时，应经当地水务主管部门批准，必要时应进行生态环境、水质卫生方面的评估。近年来，在国内已有一些采用水源热泵、空气源热泵制备生活热水的工程应用实例。它是一种新型能源，当合理应用该项技术时，节能效果显著；但选用这种热源时，应注意水源、空气源的适用条件及配备质量可靠的热泵机组。

(4)热力管网作为热水供应热源的条件。当没有条件利用工业余热、废热、地热或太阳能等热源时，宜优先采用能保证全年供热的热力管网作为集中热水供应的热源。热力网和区域性锅炉应是新规划区供热的首选，其对节约能源和减少环境污染都有较大的好处，应予推广。

(5)设燃油、燃气热水机组或电蓄热设备等供给集中热水供应系统的热源或直接供给热水适用于第(1)~(4)条所述热源无可利用时。为保护环境，消除燃煤锅炉工作时产生的废气、废渣、烟尘对环境的污染，改善司炉工的操作环境，提高设备效率，燃油、燃气常压热水锅炉(又称燃油、燃气热水机组)已在全国各地许多工程的集中生活热水系统中推广应用，并取得了较好的效果。

用电能制备生活热水最方便、最简洁，且无二氧化碳排放，但电的热功当量较低，而且我国总体的电力供应紧张，因此，除个别电源供应充沛的地方用于集中生活热水系统的热水制备外，一般用于太阳能等可再生能源局部热水供应系统的辅助能源。

2. 典型节能热水系统的选择

(1)太阳能热水器。我国大部分地区位于北纬40°以北，日照充足，太阳能资源比较丰富，随着太阳能技术的逐渐成熟，其技术成本也在逐渐下降，其应用范围越来越广。目前，太阳能热水系统已在宾馆、酒店、医院、游泳馆、公共浴池、商品住宅、体育类建筑、高档的办公类及展馆类建筑中大量应用。利用太阳能制备生活热水，不仅减少了大量的传统能源的消耗，也减少了对环境的污染。

目前，太阳能热水器按集热器形式可分为平板型集热器、全玻璃真空管集热器、玻璃-金属真空管集热器。这三类太阳能热水器都具有集热效率高、保温性能好、操作简单、维修方便等优点，且热水系统可安装在屋面、墙壁及阳台等位置(图4-3)，便于建筑设计。太阳能热水系由集热器、储水箱、循环管等组成。

(a)

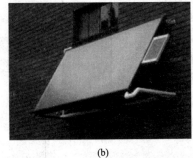
(b)

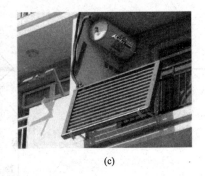
(c)

图 4-3　太阳能热水器安装位置示意
(a)屋面太阳能热水器；(b)墙壁太阳能热水器；(c)阳台太阳能热水器

1)太阳能热水系统类型。

①自然循环系统(图 4-4)：仅利用传热工质内部的温度梯度产生的密度差进行循环的太阳能热水系统。在自然循环系统中，为了保证必要的热虹吸压力，储水箱的下循环管应高于集热器的上循环管。这种系统结构简单，不需要附加动力。

②强制循环系统(图 4-5)：利用机械设备等外部动力迫使传热工质通过集热器(或换热器)进行循环的太阳能热水系统。强制循环系统的控制方式包括温差控制、光电控制及定时器控制等。

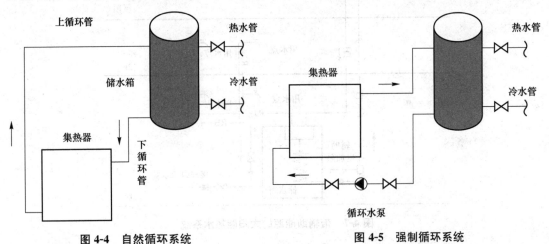

图 4-4　自然循环系统　　　　　　　**图 4-5　强制循环系统**

③直流式系统(图 4-6)：冷水一次流过集热器加热后，进入储水箱至用热水处的非循环太阳能热水系统。直流式系统一般可采用非电控温控阀或温控器控制方式。直流式系统通常也可称为定温放水系统。

④带辅助能源的太阳能热水系统(图 4-7)：为保证民用建筑的太阳能热水系统可以全天候运行，通常，将太阳能热水系统与使用辅助能源的加热设备联合使用，构成带辅助能源的太阳能热水系统。辅助能源为电力、热力网、燃气等，辅助能源设计按现行设计规范进行。

2)太阳能热水供应系统的设计。应参照现行国家规范《建筑给水排水设计标准》(GB 50015—2019)的规定进行设计。

①太阳能集热器应符合下列要求：太阳能集热器的设置应和建筑专业统一规划、协调，并在满足水加热系统要求的同时不影响结构安全和建筑美观；集热器的安装方位、朝向、倾角和间距等应符合现行国家规范《民用建筑太阳能热水系统应用技术标准》(GB 50364—2018)的要求；

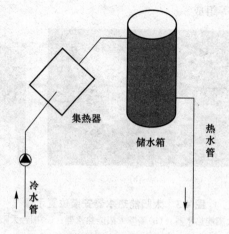

图 4-6 直流式系统

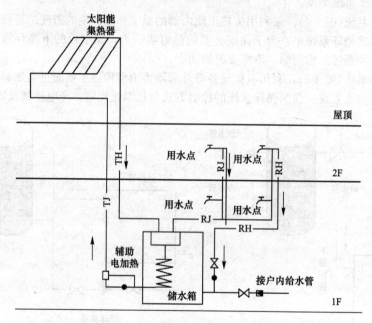

图 4-7 带辅助能源的太阳能热水系统

集热器总面积应根据日用水量、当地年平均日太阳辐照量、集热器集热效率等因素来确定。

②强制循环的太阳能集热系统应设循环泵，循环泵的流量扬程计算应符合相关规范计算公式要求。

③太阳能热水供应系统应设置辅助热源及其水加热设施。其设计计算应符合下列要求：辅助热源宜因地制宜选择城市热力管网、燃气、燃油、电、热泵等；辅助热源及其水加热设施应结合热源条件、系统形式及太阳能供热的不稳定状态等因素，经技术经济比较后合理选择、配置；辅助热源加热设备应根据热源种类及其供水水质、冷热水系统型式等选用直接加热或间接加热设备；辅助热源的控制应在保证充分利用太阳能集热量的条件下，根据不同的热水供水方式采用手动控制、全日自动控制或定时自动控制。

④大型太阳能热水系统集热面积一般不超过 500 m²，试验性工程主要是一些宾馆、办公建筑，近年来，在商品住宅楼工程中也有安装集中型太阳能热水系统的尝试。大型太阳能热水系统工程设计应综合考虑各种技术经济因素，例如，游泳池供水可优先采用连续强制循环系统，

而宾馆客房用水可优先采用间歇式强制循环系统；南方地区可优先考虑玻璃真空管集热器，严寒地区应优先采用真空管热管集热器。

(2) 热泵热水器。热泵技术是近年来在全世界备受关注的新能源技术。人们所熟悉的"泵"是一种可以提高介质(流体)位能或势能的机械装置，如水泵主要是提高水位或增加水压。如油泵、气泵、水泵、混凝土泵都是输送流体至更高压力或更高位置的机械装置。顾名思义，"热泵"是输送"热量"的泵，是一种能从自然界的空气、土壤或水中获取低品位热能，经过电力做功，提供可被人们所用的高品位热能的装置。热泵的种类有空气源热泵、地源热泵。

热泵热水器就是利用逆卡诺原理，通过介质将热量从低温物体传递到高温的水里的设备。热泵装置，可以使介质(冷媒)相变，变得比低温热源更低，从而自发吸收低温热源热量；回到压缩机后的介质，又被压缩成高温(比高温的水还高)高压气体，从而自发放热到高温热源，实现将低温热源"搬运"热量到高温热源，突破能量转换100%的瓶颈。图4-8所示为空气源热泵热水器工作原理图。图4-9所示为土壤源地源热泵系统示意。

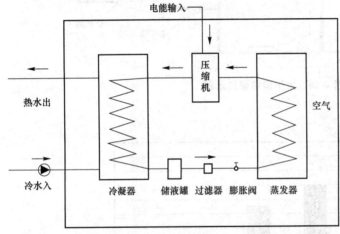

图4-8 空气源热泵热水器工作原理图　　图4-9 土壤源地源热泵系统示意

通常，将大型热泵热水供应系统称为中央热泵热水系统；将户用型热泵热水装置称为热泵热水器。热泵热水器在欧美高能耗国家已很普及，在南非的热水器市场已经占有16%的份额；在我国，家用压缩式热泵热水器目前已经有市场产品问世，但热泵技术作为大型热水供应系统研究仍有待深化和完善。

按照提取热量形式的不同，热泵技术可分为土壤源热泵技术、水源热泵技术和空气源热泵技术。从技术角度而言，空气源热泵热水技术只适合5℃以上的气候条件，受压缩机性能和系统效率的限制，采用常规工质提供55℃以上的热水有一定的困难，国内的试验研究表明，在大部分气候条件下其出水温度一般不超过50℃，这也是推广受到限制的原因之一。

可以考虑辅助热源或串级热泵的形式，将水温进一步提升到40℃~60℃，满足生活用水的温度要求。目前，某种高温地源热泵已投入运行，最高输出温度达到了75℃，该系统除提供冬季采暖、夏季制冷外，全年可提供60℃的热水。该技术比电采暖省电70%，比天然气采暖节省运行费50%，夏季比普通中央空调节电20%以上，供热水比常规方法节能80%以上。

(3) 太阳能辅助热泵热水器。国外对太阳能辅助热泵热水器的研究开展得比较早，近年国内也有研究。太阳能热泵热水器(图4-10)是将空调器的热泵工作原理转化为太阳能热水器辅助加热装置，是太阳能热水器与空气能热泵的有机结合。当在阴雨天需要辅助加热，自动控制装置检测到水箱内的水温达不到设定值时，热泵开始工作，冷凝器产生高温，与水箱内(或循环管路中)的水进行热交换，最后达到并保持水温稳定在设定值。热泵的工作原理是将环境空气中的能量加以吸收，通过压缩机的驱动消耗部分高品位电能，将吸收的能量通过媒体循环系统在冷凝器中进行释放,加热蓄水箱中的水,释能后的媒体在气态状况下进入蒸发器再次吸热。太阳能热泵热水器解决了传统带电辅助加热的太阳能热水器耗电大的缺点。太阳能热泵热水器用空气源热泵辅助加热,有取长补短的效果,最大限度地降低了对高品位能源的利用。图4-11所示是几种设备的年运行费用比较图。

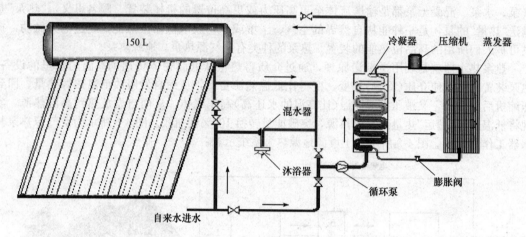

图 4-10 太阳能热泵热水器

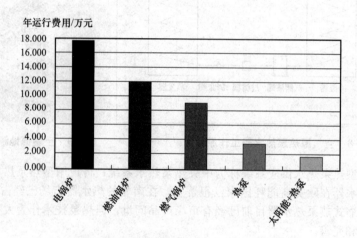

图 4-11 几种设备的年运行费用比较图

4.1.3 建筑污水系统节能设计

在进行污水管线规划和管线综合规划前,应确定是否污水回用。如果采用污水回用方案,应确定原水收集范围,收集管网是否需要单独设置,是否需要二次提升、绘制水量平衡图、选择水处理工艺、制定用水和排水的安全保障措施等,尤其重要的是进行市场调研,给出技术经济分析。建筑污水系统的节能设计应参照现行国家规范《城镇污水再生利用工程设计规范》(GB 50335—2016)和《建筑中水设计标准》(GB 50336—2018)来进行设计。

4.1.4 建筑中水系统节能设计

随着城镇化进程加快,城市用水量大幅上升,大量污废水的排放污染水源,使水质日益恶化,严重影响人们生活和生产,中水回用技术在这种情况下得到了研究、应用和推广。

中水是指建筑物或建筑小区内的生活污废水(包括沐浴排水、盥洗排水、洗衣排水、厨房排水、冷却排水等杂排水，不含厨房排水的杂排水称为优质杂排水）、雨水等各种排水，经过适当处理后达到规定的水质标准，回用于建筑物或建筑小区内，作为杂用水的水源。可以说，中水是第二水源，水质介于自来水和生活污水之间，可用于冲厕、道路冲洗、园林绿化、汽车冲洗、景观补水等。建筑中水系统设计要参照现行的国家规范《建筑中水设计标准》(GB 50336—2018)进行设计。

1. 建筑中水水源

建筑中水水源可取自建筑的生活排水和其他可以利用的水源。中水水源应根据排水的水质、水量、排水状况和中水回用的水质、水量选定。

建筑中水水源可选择的项目和选取顺序为：卫生间、公共室的浴盆、淋浴等的排水；盥洗排水；空调循环冷却系统排污水；冷凝冷却水；游泳池排水；洗衣排水；厨房排水；厕所排水。

用作中水水源的水量宜为中水回用量的110%～115%。

综合医院污水作为中水水源时，必须经过消毒处理，产出的中水仅可用于独立的不与人直接接触的系统。传染病医院、结核病医院污水和放射性污水不得作为中水水源。建筑屋面雨水可作为中水水源或水源的补充。

2. 建筑小区中水水源

建筑小区中水水源的选择要依据水量平衡和经济技术比较确定，并应优先选择水量充裕稳定、污染物浓度低、水质处理难度小、安全且居民易接受的中水水源。

建筑小区中水可选择的项目和选取顺序为：建筑小区内建筑物杂排水；小区或城市污水处理厂出水；相对洁净的工业排水；小区内的雨水；小区生活污水。

当城市污水处理厂出水达到中水水质标准时，建筑小区可直接连接中水管道使用。当城市污水处理厂出水未达到中水水质标准时，可作中水原水进一步处理，达到中水水质标准后方可使用。

3. 中水处理工程设计总则

各种污水、废水资源，应根据当地的水资源情况和经济发展水平充分利用。缺水城市和缺水地区，在进行各类建筑物和建筑小区建设时，其总体规划设计应包括污水、废水、雨水资源的综合利用和中水设施建设的内容。对于适合建设中水设施的工程项目，应按照当地有关规定配套建设中水设施。中水设施必须与主体工程同时设计，同时施工，同时使用。

中水工程设计，应根据可用原水的水质、水量和中水用途，进行水量平衡和技术经济分析，合理确定中水水源、系统型式、处理工艺和规模。中水工程设计应由主体工程设计单位负责，中水工程的设计进度应与主体工程设计进度相一致，各阶段设计深度应符合国家有关建筑工程设计文件编制深度规定。

中水工程设计质量应符合国家关于民用建筑工程设计文件质量特性和质量评定实施细则要求。中水设施设计合理使用年限应与主体建筑设计标准相符合。中水工程设计必须确保使用、维修安全，严禁中水进入生活饮用水给水系统。

4. 中水处理常用工艺简介

中水处理常用工艺由原水收集、储存、处理及供给等设施构成，中水系统是目前现代化住宅功能配套设施之一，采用建筑中水后，居住小区用水量可节约30%～40%，废水排放量可减少35%～50%。在以上几种中水水源内，盥洗废水水量最大，其使用时间较均匀、水质较好且较稳定等，因此，其应作为建筑中水首选水源，但目前建筑中水技术具有运行效果稳定性差且造价较高等缺点，因而，在设计过程中应综合技术、管理、投资等多方面因素来选择新的优良的处理工艺。图4-12所示为以杂排水为水源的中水流向示意。

人工湿地是中水处理利用的一种工艺，它是由人工建造并控制运行的与沼泽地类似的地面，将污水、污泥有控制地投配到经人工建造的湿地上，污水与污泥在沿一定方向流动的过程中，主要利用土壤、人工介质、植物、微生物的物理、化学、生物三重协同作用，对污水、污泥进

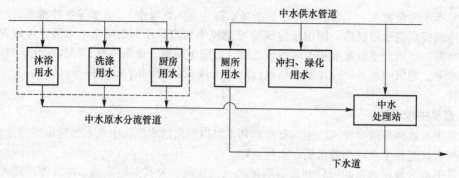

图 4-12　以杂排水为水源的中水流向示意

行处理的一种技术。其作用机制包括吸附、滞留、过滤、氧化还原、沉淀、微生物分解、转化、植物遮蔽、残留物积累、蒸腾水分和养分吸收及各类动物的作用。

人工湿地污水处理工艺的设计和建造是通过对湿地自然生态系统中的物理、化学和生物作用的优化组合来进行废水处理的。它一般由以下结构单元构成：底部的防渗层、水体层和湿地植物（主要是挺水植物）等。它能高效去除有机污染物，氮、磷等营养物和重金属，以及盐类和病原微生物等多种污染物。人工湿地处理系统具有缓冲容量大、处理效果好、工艺简单、投资省、运行费用低等特点，非常适合中、小城镇的污水处理。人工湿地表面布水系统如图 4-13 所示，人工湿地构造剖面示意如图 4-14 所示。

图 4-13　人工湿地表面布水系统

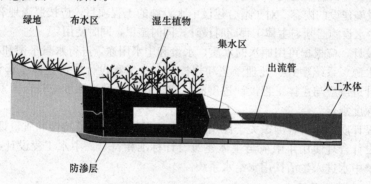

图 4-14　人工湿地构造剖面示意

人工湿地是一个综合的生态系统，它应用生态系统中物种共生、物质循环再生的原理，结构与功能协调原则，在促进废水中污染物质良性循环的前提下，充分发挥资源的生产潜力，防止环境的再污染，获得污水处理与资源化的最佳效益。根据污水在湿地中水面位置的不同，人工湿地可分为表面流（自由水面）人工湿地和潜流人工湿地。

(1)表面流（自由水面）人工湿地处理系统。表面流人工湿地（SFCW）类似于自然湿地。在表面流湿地系统中，四周筑有一定高度的围墙，维持一定的水层厚度(10～30 cm)，湿地中种植挺水植物（如芦苇等）。污水从湿地床表面流过，污染物的去除依靠植物根茎的拦截作用及根茎上生成的生物膜的降解作用。这种湿地造价低，运行管理方便，但是不能充分利用填料及植物根系的作用，在处理废水的过程中容易产生异味、滋生蚊蝇，在实际应用中一般不采用。

(2) 潜流人工湿地处理系统。在潜流人工湿地系统中，污水在湿地床中流过，因而能充分利用湿地中的填料，且卫生条件好于表面流人工湿地。根据污水在湿地中水流方向的不同，可分为垂直潜流式人工湿地、水平潜流式人工湿地。垂直潜流式人工湿地系统中，污水由表面纵向流至床底，在纵向流的过程中污水依次经过不同的专利介质层，达到净化的目的。垂直潜流式湿地具有完整的布水系统和集水系统，其优点是占地面积较其他形式湿地小，处理效率高，整个系统可以完全建在地下，地上可以建成绿地和配合景观规划使用。水平潜流式人工湿地系统是潜流式湿地的另一种形式，污水由进水口一端沿水平方向流动的过程中依次通过砂石、介质、植物根系，流向出水口一端，以达到净化目的。

人工湿地与传统污水处理厂相比，具有投资少、运行成本低等明显优势。在农村地区，由于人工密度相对较小，人工湿地同传统污水处理厂相比，一般可节省投资 1/3～1/2。在处理过程中，人工湿地基本上采用重力自流的方式，在处理过程中基本无能耗，运行费用低，污水处理厂处理每吨废水的价格在 1.0 元左右，而人工湿地平均不到 0.2 元。

中水回用是一条开源节流的有效途径，具有一定的环境效益、社会效益和经济效益。在此基础上，须继续加强中水回用技术开发和新产品研制，进一步降低中水处理成本和使用成本，尽快为人们所接受。

4.1.5 建筑雨水系统节能设计

雨水利用是指对雨水进行收集、入渗、储存、回用。加强雨水收集利用，可缓解水资源短缺，改善生态环境，具有广阔的应用前景。政府在进行雨水管线规划设计和管线综合规划设计时，若采用雨水利用，则应考虑雨水收集措施（包括收集范围、调蓄容积、管道走向、机房位置和大小、水量平衡等），同时应设计防洪方案，确保汛期排水安全。合理确定雨水收集的规模、方式方法，进行现场调研，给出技术经济分析。

建筑雨水系统的节能设计要参照《建筑与小区雨水控制及利用工程技术规范》（GB 50400—2016）的规定。随着社会的发展，绿色生态型建筑成为建筑建设的新方向，其强调雨水的收集和利用。收集后的雨水进入较先进的雨水处理系统进行处理，处理后的雨水将用于小区的景观用水、冲洗汽车、绿化喷灌、道路清洗、冲厕等，这样可节约大量自来水。绿色生态型建筑雨水利用模式（图 4-15）应具有以下功能：

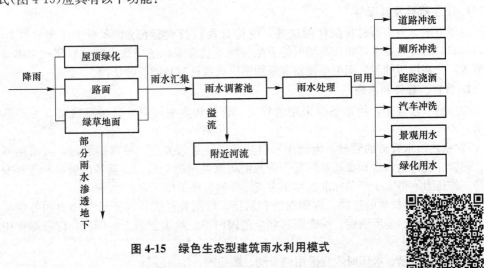

图 4-15 绿色生态型建筑雨水利用模式

(1) 收集雨水再回用。在建筑和小区附近修建规模适当的雨水调蓄池储存由硬化地面、建筑屋面汇集的雨水，平时调蓄池雨水经简单处理净化后达到杂用水水质标准，作为中水回用于建筑和小区道路冲洗、厕所冲洗、庭院浇洒、汽车冲洗、景观用水、绿化用水等；调蓄池池满时，自动将多余的雨水溢流到附近河流或建筑小区景观水池。

(2)雨水渗透以补充地下水。雨水渗透可通过渗透地面(建筑和小区绿草地面)进入地下补充地下水，来保持和恢复自然循环，热天时地面热反射也可大大降低。渗透地面可分为天然渗透地面和人工渗透地面两种。天然渗透地面以草地为主，人工渗透地面是人为铺装透水性地面(如多孔嵌草砖、碎石地面、多孔混凝土、多孔沥青路面等)。小区道路路面、建筑物周围广场、停车场可采用人工渗透地面使雨水顺利渗透地下；降雨量大时，来不及渗透到地下的雨水汇集进入雨水调蓄池。

(3)利用雨水以绿化屋面。在建筑物的屋面上种植花草植被进行绿化，利用屋面收集雨水。选择的花草植被应具有培育生长、质轻、不板结、保水保肥、施工方便和经济环保等性能。绿化屋面的优点是：改善屋面隔热性能，夏天防晒、冬天保温；花草植被的覆盖可延长屋面防水层的寿命，降低屋面雨水径流系数，增加对雨水的利用量，还可作为居民休闲放松之地。降雨量大时，溢流到地面的雨水汇集进入雨水调蓄池。

目前，国内外已经有了较成熟的雨水利用成套技术和示范工程，而且节水效益明显。例如，获得我国首届绿色建筑创新奖的南京聚富园，采用MBR处理雨水，将处理后的雨水作为景观水体的补充水源，全年可利用雨水 30 600 m^3，雨水利用率达到40%；丹麦首都哥本哈根的斯科特帕肯低能耗住宅，采用雨水槽将雨水引至住宅区中央的小湖内，再渗入地下，节水率达到30%，并获得1993年的世界人居奖。

不同地区要根据自身气候和水文条件，采用适合本地区的雨水收集利用技术；同时，对雨水的收集利用及推广还需要国家、地方政府有关部门统筹规划和给予法律保障。

4.2 建筑给水排水系统设备的选择

4.2.1 建筑给水系统设备的选择

建筑给水系统设备的选择主要包括卫生器具及其配件的选择，管材、管件和水表的选择，增压设备、泵房的选择。

1. 卫生器具及其配件

为了节水，卫生器具和配件的选择，应符合现行行业标准《节水型生活用水器具》(CJ/T 164—2014)的有关要求，如公共场所的卫生间洗手盆宜采用感应式水嘴或自闭式水嘴等限流节水装置，公共场所的卫生间的小便器宜采用感应式或延时自闭式冲洗阀。

2. 管材、管件和水表

为达到节水效果，给水系统采用的管材、管件和水表，应符合现行国家有关产品标准的要求。

(1)室内给水管道的管材，应选用耐腐蚀和安装连接方便、可靠的管材，可采用不锈钢钢管、铜管、塑料给水管和金属塑料复合管及经防腐处理的钢管。所选择的管材和管件及连接方式的工作压力不得大于产品标准公称压力或标称的允许工作压力。

(2)各类阀门材质的选择，应耐腐蚀和耐压。根据管径大小和所承受压力的等级及使用温度，可采用全铜、全不锈钢、铁壳铜芯和全塑阀门等。给水管道上的阀门，应根据使用要求按下列原则选型。

1)需调节流量、水压时，宜采用调节阀、截止阀。

2)要求水流阻力小的部位宜采用闸板阀、球阀、半球阀。

3)安装空间小的场所，宜采用蝶阀、球阀。

4)水流需双向流动的管段上，不得使用截止阀。

5)口径大于或等于 $DN150$ 的水泵，出水管上可采用多功能水泵控制阀。

(3)止回阀的阀型选择，应根据止回阀的安装部位、阀前水压、关闭后的密闭性能要求和关闭时引发的水锤等因素确定。给水管道的下列管段上应设置止回阀：直接从城镇给水管网接入小区或建筑物的引入管上；密闭的水加热器或用水设备的进水管上；水泵出水管上。装有倒流防止器的管段处，不需再装止回阀。

(4)水表口径的确定，应符合以下规定：用水量均匀的生活给水系统的水表应以给水设计流量选定水表的常用流量；用水量不均匀的生活给水系统的水表应以给水设计流量选定水表的过载流量；在消防时除生活用水外尚需通过消防流量的水表，应以生活用水的设计流量叠加消防流量进行校核，校核流量不应大于水表的过载流量。

3. 增压设备、泵房

增压设备、泵房的布置关系到建筑给水系统是否节水、节能，应注意以下几个方面：

(1)生活给水系统的加压水泵，应根据管网水力计算进行选泵，水泵应在其高效区内运行，提高运转效率；生活加压给水系统的水泵机组应设备用泵，备用泵的供水能力不应小于最大一台运行水泵的供水能力；水泵宜自动切换交替运行。

(2)小区的给水加压泵站，当给水管网无调节设施时，宜采用调速泵组或额定转速泵编组运行供水。泵组的最大出水量不应小于小区生活给水设计流量，生活与消防合用给水管道系统还应按《建筑给水排水设计标准》(GB 50015—2019)第 3.13.7 条以消防工况校核。

(3)建筑物内采用高位水箱调节供水的系统，水泵由高位水箱中的水位控制启动或停止，当高位水箱的调节容量(启动泵时箱内的存水一般不小于 5 min 用水量)不小于 0.5 h 最大用水时流量的情况下，可按最大用水时流量选择水泵流量。

(4)生活给水系统采用变频调速泵组供水时，除符合《建筑给水排水设计标准》(GB 50015—2019)第 3.9.1 条外，尚应符合下列规定：

1)工作水泵组供水能力应满足系统设计秒流量；

2)工作水泵的数量应根据系统设计流量和水泵高效区段流量的变化曲线经计算确定；

3)变频调速泵在额定转速时的工作点，应位于水泵高放区的末端；

4)变频调速泵组宜配置气压罐；

5)生活给水系统供水压力要求稳定的场合，且工作水泵大于或等于2台时，配置变频器的水泵数量不宜少于2台；

6)变频调速泵组电源应可靠，满足连续、安全运行的要求。

4.2.2 建筑热水供应设备的选择

建筑热水供应设备的选择要遵循以下原则：

(1)根据国家有关部门关于"在城镇新建住宅中，禁止使用冷镀锌钢管用于室内给水管道，并根据当地实际情况逐步限制禁止使用热镀锌钢管，推广应用铝塑复合管、交联聚乙烯(PE-X)管、三型无规共聚聚丙烯(PP-R)管、耐热聚乙烯管(PERT)等新型管材，有条件的地方也可推广应用铜管"的规定，作为热水管道的管材推荐顺序为薄壁铜管、薄壁不锈钢钢管、塑料管、塑料和金属复合管等。

(2)局部热水供应设备的选用，应符合下列要求：选用设备应综合考虑热源条件、建筑物性质、安装位置、安全要求及设备性能特点等因素；需同时供给多个卫生器具或设备热水时，宜选用带储热容积的加热设备；当地太阳能充足时，宜选用太阳能热水器或太阳能辅以电加热的热水器；热水器不应安装在易燃物堆放或对燃气管、表或电气设备产生影响及有腐蚀性气体和灰尘多的地方。

(3)燃气热水器、电热水器必须带有保证使用安全的装置。严禁在浴室内安装直接排气式燃气热水器等在使用空间内积聚有害气体的加热设备。

(4)在设有高位加热储热水箱的连续加热的热水供应系统中,应设置冷水补给水箱。

(5)水加热设备和储热设备罐体,应根据水质情况及使用要求采用耐腐蚀材料制作或在钢制罐体内表面做衬、涂、镀防腐材料处理。

4.2.3 建筑污水系统设备的选择

建筑污水系统设备的选择要遵循以下原则:

(1)大便器选择应根据使用对象、设置场所、建筑标准等因素确定,且均应选用节水型大便器。

(2)存水弯的选择应符合下列要求:当构造内无存水弯的卫生器具或无水封的地漏,其他设备的排水口或排水沟的排水口与生活污水管道或其他可能产生有害气体的排水管道连接时,必须在排水口以下设存水弯。水封装置的水封深度不得小于 50 mm。严禁采用活动机械密封替代水封。卫生器具排水管段上不得重复设置水封。

(3)地漏的选择应符合下列规定:食堂、厨房和公共浴室等排水宜设置网筐式地漏;不经常排水的场所设置地漏时,应采用密闭地漏;事故排水地漏不宜设水封。地漏的排水管道应采用间接排水;设备排水应采用直通式地漏;地下车库如有消防排水时,宜设置大流量专用地漏。

(4)污水泵的选择应符合下列规定:小区污水水泵的流量应按小区最大小时生活排水流量选定;建筑物内的污水水泵的流量应按生活排水设计秒流量选定;当有排水量调节时,可按生活排水最大小时流量选定;当集水池接纳水池溢流水、泄空水时,应按水池溢流量、泄流量与排入集水池的其他排水量中大者选择水泵机组;水泵扬程应按提升高度、管路系统水头损失,另附加 2~3 m 流出水头计算。

4.2.4 建筑中水系统设备的选择

建筑中水系统设备的选择要遵循以下原则:

(1)中水处理系统应设置格栅,格栅宜采用机械格栅。格栅可按下列规定设计:

1)设置一道格栅时,格栅条空隙宽度应小于 10 mm;设置粗细两道格栅时,粗格栅条空隙宽度为 10~20 mm,细格栅条空隙宽度为 2.5 mm。

2)设在格栅井内时,其倾角不得小于 60°。

(2)以洗浴、洗涤排水为原水的中水系统,污水泵吸水管上应设置毛发过滤器。

(3)中水处理构筑物及处理设备应布置合理、紧凑,满足构筑物的施工、设备安装、运行调试、管道敷设及维护管理的要求,并应留有发展及设备更换的余地,还应考虑最大设备的进出。

(4)选用中水处理一体化装置或组合装置时,应具有可靠的设备处理效果参数和组合设备中主要处理环节处理效果参数,其出水水质应符合使用用途要求的水质标准。

4.2.5 建筑雨水系统设备的选择

建筑雨水系统设备的选择要遵循以下原则:

(1)雨水斗是控制屋面排水状态的重要设备,屋面雨水排水系统应根据不同的系统采用相应的雨水斗。重力流排水系统应采用重力流雨水斗,不可用平箅或通气帽等替代雨水斗,以免造成排水不通畅或管道吸瘪的现象。我国已将 87 型雨水斗归为重力流雨水斗,以策安全。满管压力流排水系统应采用专用雨水斗。重力流雨水斗、满管压力流雨水斗最大泄水量取自国内产品的测试数据,87 型雨水斗最大泄水量数据摘自国家建筑标准设计图集 09S302。雨水斗的设计排水负荷应根据各种雨水斗的特性并结合屋面排水条件等情况设计确定。泄流量、斗前水深(65、87 型)见表 4-1。

表 4-1　泄流量、斗前水深(65、87型)

雨水斗类型	65型雨水斗	87型雨水斗			
规格 DN/mm	100	75(80)	100	150	200
额定泄流量/(L·s^{-1})	12	8	12	26	40
斗前水深/mm	65	55	65	88	—

注：本表根据《建筑与小区雨水控制及利用工程技术规范》(GB 50400—2016)编制。

(2)多层建筑的雨水管材宜采用塑料管，高层建筑宜采用耐腐蚀的金属管、承压塑料管；满管压力流排水系统宜采用内壁较光滑的带内衬的承压排水铸铁管、承压塑料管和钢塑复合管等，其管材工作压力应大于建筑物净高度产生的静水压。用于满管压力流排水的塑料管，其管材抗环变形外压力应大于 0.15 MPa；小区雨水排水系统可选用埋地塑料管、混凝土管或钢筋混凝土管、铸铁管等。

(3)雨水排水泵下沉式广场地面排水、地下车库出入口的明沟排水，应设置雨水集水池和排水泵提升排至室外雨水检查井。排水泵设计应符合下列要求：排水泵的流量应按排入集水池的设计雨水量确定；排水泵不应少于 2 台，不宜多于 8 台，紧急情况下可同时使用；雨水排水泵应有不间断的动力供应；下沉式广场地面排水集水池的有效容积，不应小于最大一台排水泵 30 s 的出水量；地下车库出入口的明沟排水集水池的有效容积，不应小于最大一台排水泵 5 min 的出水量。

4.3　给水排水系统的运行维护

4.3.1　给水系统的运行维护

(1)露于空间的管道及设备，须定期进行检查和防腐、防锈处理。
(2)对于临时停用设备和备用设备，要按规定时间进行一次使用试验，使设备经常处于备用状态。
(3)检查水泵、电机有无异常声响，如发现情况要及时处理。对使用到期或过期的残旧设备应及时更换，防止重大事故的发生。
(4)熟悉小区给水管线的位置及基本布置情况。
(5)检查阀门井的井盖是否严密，防止杂物落入，以免给修理工作造成麻烦。
(6)对给水系统冷、热水管道和设备做好防寒保温工作。
(7)保持消防水系统的正常工作，并应将系统检查报告送交当地消防部门备案。
(8)防止二次供水的污染，对水池、水箱定期消毒，保持其清洁卫生。
(9)对冷、热水管道及阀门、水表、水箱进行经常性维护和定期检查，确保供水安全。若发生漏水、停水故障，应及时抢修。

4.3.2　排水系统的运行维护

(1)对雨水口、检查井定期清掏积泥及洗刷井壁，配齐或更改井盖、井座及踏步。
(2)对污水排放口经常巡视，及时制止向排放口倾倒垃圾和在其附近堆物占用的行为。
(3)对排水管道定期进行疏通(图 4-16～图 4-18)。

4.3.3　水泵的运行维护

1. 水泵运行中的维护和保养

(1)进水管路必须高度密封，不能漏水、漏气。

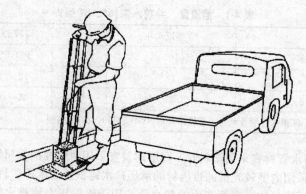

图 4-16 手动污泥夹和小型污泥装载车疏通

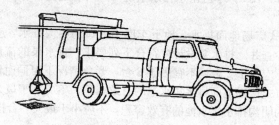

图 4-17 抓泥车疏通

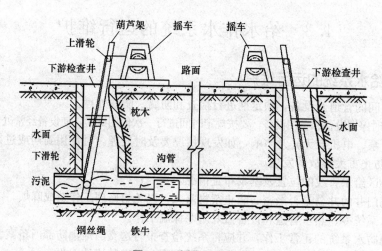

图 4-18 摇车疏通示意

(2)禁止水泵在汽蚀状态下长期运行;禁止水泵在大流量工况运行时,电机超电流长期运作。

(3)定时检查水泵运行中的电机电流值,尽量使水泵在设计工况范围内运行。

(4)水泵在运行时应有专人看管,以免发生意外。

(5)水泵每运行 500 h 应对轴承运行加油。

(6)水泵进行长期运行后,当机械磨损、机组噪声及振动增大时,应停车检查。必要时可更换易损零件及轴承,机组大修期一般为一年。

2. 水泵机械密封的维护和保养

严禁机械密封在干磨的情况下工作;机械密封润滑液中应清洁、无固体颗粒;启动前应盘动泵(电机)几圈,以免突然启动,造成机械密封断裂、损坏。

典型工程案例

1. 工程概述

深圳建科院通过绿色生态理念的全过程(方案、设计、实施、运行)策划,运用目前成熟、可行的各种技术措施、构造做法和管理运行模式,建造了具有地域特色的绿色办公建筑——建科大楼,它是深圳建科院探索夏热冬暖地区绿色建筑实现低成本建造运行的有益尝试。目前,建科大楼已成为深圳市可再生能源利用示范工程之一,并先后获得国家绿色建筑设计评价标识三星级证书、民用建筑能效测评标识三星级证书、第三届百年建筑优秀作品公建类绿色生态建筑设计大奖和第二届中国建筑学会建筑设备(给水排水)优秀设计二等奖等十几项奖项。建科大楼占地面积为 $0.3 \times 10^4 \ m^2$,建筑面积为 $1.8 \times 10^4 \ m^2$,建筑高度为 59.6 m,地上 12 层,地下 2 层,包括试验室、研发设计、办公、学术报告厅、地下停车库、休闲及生活辅助用房等。该建筑于 2009 年 3 月投入使用,在观察的一年多以来运行效果较好。

2. 给水排水系统设计

提高绿色建筑节水率的具体方法包括实施分质供水、避免管网漏损、限定给水系统出流水压、使用节水器具、防止二次污染以及采用绿化节水灌溉技术等。

该工程水源为城市自来水,常年供水压力为 0.15 MPa,市政供水管网为环状,分两路引入供室内外生活和消防使用,引入管管径均为 DN150。工程所处地块周边无再生水厂,市政无城市中水供水管网,考虑到该工程是可容纳 300 人的办公楼,具有稳定的生活污水来源,且深圳市地处南海之滨,全年雨量丰沛,年均降雨量为 1 933.3 mm,故该工程收集所有生活污水及地块内的雨水作为非传统水水源。中水用于卫生间冲厕、室内绿化、地下室车库冲洗和旱季对雨水回收利用系统的补充。雨水用于室外绿化浇洒、室外道路冲洗及室外景观水池补水。

根据《建筑给水排水设计标准》(GB 50015—2019)用水定额与该工程用水量组成及所占给水百分率确定了该工程的生活用水及非传统水用水定额(表 4-2)。

表 4-2 用水量的组成及用水定额

项目	总用水量	生活用水量	非传统水用水量
办公/(L·人$^{-1}$·d^{-1})	50	20	30
绿化及道路浇洒/(L·m^{-2}·d^{-1})	2.5		2.5
食堂/(L·人$^{-1}$·d^{-1})	25	25	
淋浴/(L·s^{-1})	0.15	0.15	
实验室/(L·人$^{-1}$·d^{-1})	40	40	
地下室冲洗/(L·m^{-2}·次$^{-1}$)	3		3
专家公寓/(L·人$^{-1}$·d^{-1})	340	292.4	47.6
人工湿地补水/(循环水量,%)	0.03		0.03
六楼喷雾补水量/(循环水量,%)	0.03	0.03	
喷泉循环补水量/(循环水量,%)	0.03		0.03
水景蒸发水量/mm	4.82		4.82

根据用水量定额及各项设计参数,计算出建科大楼生活用水总需水量为 63.47 m³/d。非传统水需水量为 51.41 m³/d,其中,50.00 m³/d 由非传统水源提供,1.41 m³/d 由自来水补水,故该工程非传统水源利用率为 43.52%。其水量平衡图如图 4-19 所示。

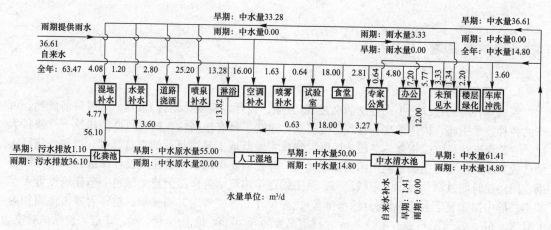

图 4-19 水量平衡图

(1)给水系统设计。该工程给水系统分两个区,为充分利用市政水压,2层及2层以下采用市政管网直接供水,3~12层采用变频加压供水,生活加压泵站与消防泵房集中设置在地下2层。9层及其以下支管采用可调式减压阀,压力设置在0.20~0.30 MPa范围内。空调系统和太阳能热水系统补水管均设置倒流防止器。水表分用途、分系统、分层设置,主要设置在空调补水管、试验室给水管、卫生间给水管、中水清水池补水管、消防水池(箱)补水管和太阳能热水补水管上。

(2)太阳能热水系统设计。深圳属于太阳能资源一般区域,年平均日辐射量为 14 315 kJ/m²,考虑节能减排和验证本土低耗的绿色技术,本工程太阳能集热器面积总计 268 m²,可分为以下三套系统:

1)食堂和公共浴室采用集中式太阳能热水系统,集热器面积为 192 m²,在大楼北侧屋面架空构架层内集中设置太阳能集热板,在大楼北侧屋面集中设置太阳能集热水箱,加热后热水集中供给 12 层餐厅及公共浴室。

2)公共卫生间淋浴采用集中-分散式太阳能热水系统,集热器面积为 28 m²,在大楼北侧屋面架空构架层内集中设置太阳能集热板,分别在各层卫生间内设置承压水箱。

3)专家公寓采用集中式太阳能热水系统,集热器面积为 48 m²,在大楼南侧屋面架空构架层内集中设置太阳能集热板,在大楼南侧屋面集中设置太阳能集热水箱,加热后热水集中供给 11 层专家公寓。

在阴雨天时,三套热水系统集中采用燃气锅炉辅助加热,集中-分散式太阳能系统采用电辅助加热。太阳能系统集热器面积见表 4-3。

表 4-3 太阳能系统集热器面积

项目	日均用水量/L	水比热 C	热水温度/℃	冷水温度/℃	年平均日太阳辐射量/(kJ·m⁻²)	太阳能保证率	集热器集热效率	太阳能热损失率	计算集热器面积/m²	实际取集热器面积/m²
食堂、公共淋浴	8 000	4.187	60.00	15.0	14 315	0.56	0.41	0.2	180	192
专家公寓	2 100	4.187	60.00	15.0	14 315	0.56	0.41	0.2	47	48
公共卫生间	1 400	4.187	60.00	15.0	14 315	0.56	0.41	0.2	31.46	28

(3)生活排水、中水回用系统设计。排水体制采用雨污分流制,并在2层卫生间采用基于排水集水器的同层排水技术(图 4-20)。因 4 月至 9 月是深圳市的汛期,10 月至次年 3 月降雨较少,呈现出降雨量不均衡性,旱期长达 6 个月,旱期所需非传统水均由中水提供,所以,本工程中水规模按旱期所需非传统水量来确定。

按常规给水排水计算，本工程日均非传统水需水量为 51.41 m³/d，则中水水源水量应为 56.55 m³/d。本工程可作为中水的源水量为 56.10 m³/d，小于中水水源需水量，综合考虑中水水源水量及建筑布局等因素，确定其中水处理规模为 55 m³/d，每日可提供中水量为 50 m³/d。

为提高非传统水源利用率，所有生活排水均收集后进行处理。对于食堂排水，通过成品隔油池进行隔油后排入污水排水系统，污水经过化粪池（在化粪池出口设置事故排放管）后依次进入格栅池、调节池、水解酸化池、接触氧化池和沉淀池，然后通过提升泵进入

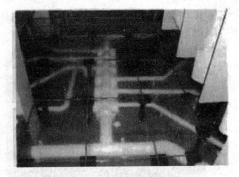

图 4-20　同层排水实景

人工湿地，人工湿地出水进入中水清水池并采用次氯酸钠消毒。人工湿地污水处理量为 55 m³/d，人工湿地占地面积为 185 m²。人工湿地中水处理系统示意如图 4-21 所示。

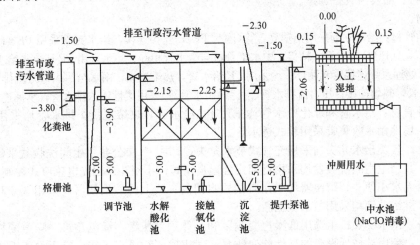

图 4-21　人工湿地中水处理系统示意

该工程根据绿化分布具体情况，分别设置了微喷灌系统与滴灌系统。其中，屋面花园、六楼架空花园及一楼室外绿化带采用微喷灌浇灌，各屋外挑花池采用滴灌浇灌。滴灌带采用出水均匀的涡流迷宫式流道 LDPE 滴灌带。

(4) 雨水收集回用系统设计。该工程全面收集场地内的雨水进行回用。经计算，按照重现期为 2 年、场地开发前综合径流系数为 0.3、雨水径流量为 239.48 m³/d，场地开发后综合径流系数为 0.74、雨水径流量为 587.84 m³/d，场地开发后的外排量不大于开发前考虑，需收集的雨水量为 348.36 m³/d。结合地下室平面布置，地下 2 层南侧地下车道下设置 1 座雨水收集池，其容量为 516 m³（其中，雨水调储容量为 284 m³，空调换热系统固定水量为 232 m³），于地下 1 层东北角设置 1 座雨水收集池，其容积为 70 m³，两座雨水收集池总调储容量为 354 m³，满足规范要求，技术上可行。

按照《绿色建筑评价标准》(GB/T 50378—2019) 的有关规定，综合考虑经济成本，在雨期时，人工湿地补水、水景补水、室外道路冲洗和喷泉补水均由处理后的雨水提供，雨水回用规模为 36.61 m³/d。在雨期，中水系统的中水大部分外排，仅利用其中的 20 m³/d。

屋面雨水经过绿化屋面过滤后，通过软式透水管排入雨水收集井（图 4-22），雨水经过井内的雨水斗进入雨水立管，排入室外雨水管道系统。红线内的室外道路设置雨水收集带（图 4-23），通过软式透水管进入室外雨水管道系统。室外雨水管道系统中的雨水进入雨水收集池后，由提升泵提升进入人工湿地处理系统后进入雨水清水池，供绿化泵和景观水泵使用。处理雨水的人

工湿地规模是 71 m³/d，人工湿地占地面积为 98 m²。

图 4-22　雨水收集井

图 4-23　场地雨水收集带

(5)管材、器具与设备选择。

1)管材。

①室内管材：给水立管采用钢塑复合管(内衬 PE)，丝扣连接，给水支管采用 PE 给水管，卫生间给水支管采用 PP-R 给水管，粘接；中水管管材与给水管相同；热水采用 PP-R 热水给水管，粘接；中水与雨水处理系统连接管和循环管均采用 PE 给水管，热熔连接；雨水与污水重力流排水管均采用 HDPE 排水管，热熔连接；压力流排水管(潜污泵出水管等)采用柔性铸铁排水管，承插连接。

②室外管材：给水管和绿化中水管均采用 PE 给水管，热熔连接；排水管均采用 HDPE 双壁波纹管；场地雨水收集管采用软式透水管。

2)器具。各类出水龙头均采用充气式节水龙头；1层、5层公共卫生间洗脸盆采用光电感应式控制阀，其余卫生间洗脸盆均采用可调式延迟自闭阀；小便斗采用光电感应式控制阀，并于 2层设置 1 台无水小便斗；蹲便器均采用脚踏式自闭阀；残卫内的坐便器采用 3/6 L 两档节水型坐便器；淋浴花洒均采用节水型花洒。

3)设备。供水变频机组选用低噪声变频泵和小体积气压罐。绿色建筑对噪声的控制要求比较高，因此，考虑选择低噪声的高性能变频泵。气压罐体积决定了在一定压力范围内稳定管网的水压，同时，气压罐的调节容积决定了水泵的启动时间间隔。一般情况下，应考虑选择稍微大些的气压罐，有人曾实地调研过多个小区的二次供水泵站，发现变频供水泵与气压罐联合供水设备在使用初期的几年内能较好地满足供水要求；而 5 年以后，气压罐就会严重影响供水水质。基于此因素的考虑，本工程选择小体积气压罐。

3. 施工经验与运行效果

(1)施工经验。施工中遇到的典型问题是 UPVC 的雨水斗或地漏与 HDPE 排水管的连接问题。设计时，考虑 LEED 认证要求绿色环保管材，故选择了 HDPE 排水管，但与常规的 UPVC 雨水斗或地漏的连接成了施工中较难解决的问题。经多方试验，粘接和热熔连接均不可靠，最可靠的是采用排水铸铁管连接中的不锈钢钢管箍配合橡胶圈进行连接。经过一年多的暴雨排水考验，这一连接比较可靠，没有发生漏水事件。

(2)运行效果。

1)节水效果明显。试运行阶段，根据建科院全体员工的调查反馈，发现洗脸盆的可调式延迟自闭阀的延迟时间长达 20 s，后经调节全部设定在 5 s 左右。建科大楼于 2009 年 7 月至 2010 年 3 月进行了生活与非传统用水的水量统计。统计表明，2009 年 7 月至 2010 年 3 月大楼自来水总用水量为 3 354 m³，非传统水总用水量为 3 885 m³，非传统水源利用率达到 54%，超过设计的 43.52%的要求，且远高于国家《绿色建筑评价标准》(GB/T 50378—2019)中非传统水利用率的最高标准 40%的要求。从近一年的使用数据可知，建科大楼不仅提供了舒适、健康的工作环境，而且在节省水资源及能源方面的效果十分突出，很好地实现了节水减排目标。

2)热水供应稳定。采用了太阳能热水系统供本楼食堂、专家公寓及员工淋浴生活热水,一年以来,系统运行情况良好,热水供应稳定,基本满足使用要求。

本章小结

1. 建筑给水系统的节能节水环节主要为：建筑设计阶段给水方式的优选及节能改造阶段给水方式的优化。应采取合理的供水方式,防止水压过高或过低,以节约能耗；采用节水型管材和节水型器具。对水的节约还可以减少输送水过程中的能源消耗,从而达到节能的目的。

2. 建筑热水系统的节能设计包括：集中供应热水的热源选择,太阳能、热泵技术及太阳能和热泵相结合的技术适合的地区。

3. 建筑中水系统的节能设计中,中水水源的选择是关键,建筑中水水源的选取顺序为：卫生间、公共室的浴盆、淋浴等的排水；盥洗排水；空调循环冷却系统排污水；冷凝冷却水；游泳池排水；洗衣排水；厨房排水；厕所排水。建筑小区中水水源的选取顺序为：建筑小区内建筑物杂排水；小区或城市污水处理厂出水；相对洁净的工业排水；小区内的雨水；小区生活污水。

4. 在进行雨水管线规划设计和管线综合规划设计时,若采用雨水利用,则应考虑雨水收集措施。加强雨水利用,可缓解水资源短缺,改善生态环境,具有广阔的应用前景。

5. 建筑消防系统要严格按照《建筑设计防火规范(2018年版)》(GB 50016—2014)的规定来进行设计。若高层建筑生活给水系统和消防给水系统对水压的要求不同,则应分别单独设置。

本章相关
教学资源

复习思考题

一、选择题

1. 建筑给水排水系统中不会造成浪费水的情况有(　　)。
A. 给水管网超压
B. 未充分使用自来水
C. 未采用节水型卫生器具和设备
D. 未充分利用雨水及中水
E. 充分利用可再生能源生产热水

2. 关于建筑给水排水系统的节能设计说法中,下列不正确的有(　　)。
A. 当市政水压满足用水要求时,可采用变频调速供水等节能供水方式
B. 超高层建筑应采用分区供水方式,充分利用给水管网余压以节约电能
C. 尽量采用节水型管材和节水型器具,减少阻力损耗及漏水可能
D. 国内大多数地区必须优先采用太阳能作为热水供应热源
E. 集中热水供应系统的热源,宜首先利用工业余热、废热、地热

3. 下列管材属于建筑给水排水系统中新型管材的有(　　)。
A. 改性聚丙烯管　　　　　　　　　B. 铜管
C. 铜塑复合管　　　　　　　　　　D. 焊接钢管
E. 硬聚氯乙烯管

4. 关于太阳能热水系统类型的说法,下列正确的有(　　)。
A. 自然循环系统中,集热器的上循环管应高于储水箱的下循环管
B. 仅利用传热工质内部温度梯度产生的密度差循环的太阳能热水系统较节能

C. 强制循环系统的控制方式包括温差控制、光电控制及定时器控制等
D. 直流式系统通常也可称为定温放水系统
E. 强制循环系统比自然循环系统优势明显，应用较为广泛

5. 关于太阳能热水系统类型的说法，下列正确的有（　　）。
A. 带辅助能源的太阳能热水系统比单纯的太阳能热水系统性能好
B. 强电、热力管网、燃气均可作为太阳能热水系统的辅助热源
C. 太阳能集热器的设置应和建筑专业统一规划、协调
D. 强制循环的太阳能集热系统应设大功率的循环泵
E. 太阳能热水供应系统应设辅助热源及其水加热设施

6. 关于热泵热水器的说法，下列不正确的有（　　）。
A. 热泵是一种输送水和热量的"泵"
B. 热泵的工作原理符合逆卡诺原理
C. 热泵通过介质把热量从高温物体传递到低温物体
D. 热泵的热量来源有地表水、土壤、空气、地下水
E. 热泵是一种节能设备

7. 关于建筑污水系统的节能设计说法，下列不正确的有（　　）。
A. 排入城市排水系统的城市污水一定可作为再生水水源
B. 不宜将放射性废水作为再生水水源
C. 再生水水源水质应符合《再生水水质标准》（SL 368—2006）要求
D. 再生水厂宜远离再生水水源收集区和再生水用户集中地区
E. 再生水厂可设在城市污水处理厂内或厂外，也可设在工业区内

8. 关于建筑中水系统的节能设计说法，下列错误的有（　　）。
A. 用作中水水源的水量必须小于中水回用量
B. 综合医院的污水可作为中水水源，但必须消菌杀毒
C. 综合医院污水经过消毒产出的中水可用于浇洒绿化
D. 综合医院污水经过消毒产出的中水不可用于冲厕、洗车
E. 结核病医院污水可作为中水水源的补充

9. 可以作为建筑小区中水水源的有（　　）。
A. 城市污水处理厂处理后排出的水
B. 小区路面和建筑屋面收集的雨水
C. 小区居民洗浴后收集的废水
D. 空调循环冷却系统排污水
E. 小区建筑内厨房和厕所排水

10. 关于中水处理常用工艺的说法，下列不正确的有（　　）。
A. 中水处理常用工艺由原水收集、储存、处理及供给等设施构成
B. 盥洗废水水量大且较均匀、水质较好且较稳定，应作为建筑中水首选水源
C. 人工湿地污水处理工艺非常适合中、大城镇的污水处理
D. 人工湿地是由人工建造并控制运行的与沼泽地类似的地面
E. 人工湿地污水处理工艺的过程中一定会发生物理、化学和生物作用

二、判断题
1. 当日照时数大于1 400 h/年、年太阳辐射量大于4 200 MJ/m²或年极端最低气温不低于−45 ℃的地区，宜优先采用太阳能作为热水供应热源。（　　）
2. 地下水源充沛、水文地质条件适宜并能保证回灌的地区，宜采用地下水源热泵热水供应系统。（　　）

3. 沿海、沿江、沿湖等地表水源充足、水文地质条件适宜及有条件利用城市污水和再生水的地区，可采用地表水源热泵热水供应系统。（　　）
4. 高层建筑内的给水系统在竖向分区时，应设减压设施，如各分区最低卫生洁具给水配件处的静水压力不宜大于45 m。（　　）
5. 建筑进户管静水压力为0.50 MPa时，宜设置减压或调压设施。（　　）
6. 当没有条件利用工业余热、废热、地热或太阳能等热源时，宜优先采用能保证冬季供热的热力管网作为集中热水供应的热源。（　　）
7. 雨水管线规划设计应在管线综合规划设计之后进行。（　　）
8. 感应式水嘴、自闭式水嘴、感应式或延时自闭式冲洗阀，均是节能器具。（　　）
9. 给水加压泵可分为工作泵和备用泵，备用泵的供水能力应大于等于最大一台运行水泵的供水能力。（　　）
10. 变频调速泵组电源应可靠，为保证供电稳定性，必须采用双电源供电方式。（　　）

三、简答题

1. 如何进行建筑给水系统的节能设计？
2. 给水系统中采用的新型管材有哪几种？
3. 什么是给水系统超压出流？如何防止超压出流？
4. 无负压变频供水设备供水有何特点？
5. 建筑污水系统的节能如何设计？
6. 建筑消防系统的节能如何设计？
7. 建筑雨水系统的节能如何设计？
8. 简述雨水资源利用的意义。
9. 简述建筑中水的含义。
10. 建筑中水系统常规处理工艺有哪些？

综合训练题

资料：

全国各高校规模扩大的同时，水、电能耗支出也逐年上升。因此，应加强高校的能源管理，降低学校经费开支，实现节约能源、保护环境的目的，建设"节能型"高校也是保证全面建成小康社会的宏伟目标如期实现的重要组成部分。例如：

1. 北京交通大学试用、协助开发并推广应用的"绿地微喷灌系统""IC卡浴室收费系统""隔膜式脚踏沐浴器""智能化浴室管理系统""不漏水嘴""延时自闭阀"等节能新设备、新技术有50多项。近10年来，累计节水400多万 m^3，相当于全校4年多的用水量。

2. 东北师范大学采用红外线人体感应控制器来控制卫生器具用水的开闭，节水效果显著，累计节约资金70余万元。

3. 同济大学对部分用水设备、设施进行技术改造，教学科研综合楼采用冰蓄冷系统、中庭通风系统、BA自动控制及智能照明系统、生态地下车库等。2006年，学校水电费支出比预算减少1 000万元以上。在此基础上，2007年水电费支出年初预算数为7 000万元，全年实际支出不超过6 800万元，燃料开支也比上一年减少200多万元。

问题：

(1)结合资料并联系实际，列举出高校中可采取的节水措施。
(2)结合资料，列举出三个节水节能的工程实例，并介绍具体的节水效益。
(3)试简要回答节水与节能之间的内在联系。

第5章 建筑采暖系统节能技术

学习目标

1. 了解建筑采暖设备选型及质量验收,了解建筑采暖系统的运行维护。
2. 熟悉居住建筑采暖和公共建筑采暖的节能设计。
3. 掌握采暖系统节能新途径及采暖方式。

本章导入

建筑采暖节能的目标,是通过降低建筑物自身能耗和提高采暖空调系统效率来实现的。其中,建筑物围护结构能耗占60%,采暖系统能耗占40%。而造成采暖系统能耗的原因主要有:一是供热设备热损耗,如我国采暖地区的住宅建筑中,落后地区的城镇、农村多采用火炉采暖,热效率平均只有20%左右;而大多数中小城市、城镇地区多采用分散锅炉间歇采暖方式,锅炉普遍在低负荷、低效率下运行,实际的供热面积平均只有锅炉出口提供的供热面积的40%左右,导致能源被大量浪费。二是管道热损耗,很多管网未进行有效的管道保温措施,导致供热管网系统热量损耗较大。三是现行收费体制的原因,如我国中小城市、地区按面积收费,耗能多少与用户利益无关,室温过高开窗放热,造成低效率、高能耗的重复浪费。四是室内未采用热计量、室温自动调节设施,致使单位面积供热能耗高于发达国家的2~3倍。

采暖系统是达到节能目标非常重要的方面。可以说,提高围护结构节能效果是为建筑节能创造实现的条件,而供热采暖系统的节能是具体的落实步骤。由于我国地域广阔,从严寒地区、寒冷地区、夏热冬冷地区、夏热冬暖地区到温和地区,各地气候条件差别很大,太阳辐射量也不一样,采暖的需求各有不同。即使在同一个严寒地区,其寒冷时间与严寒程度也有相当大的差别,因而,从建筑节能设计的角度,必须再细分为若干个子气候区域,对不同气候区域居住建筑采暖要求作出不同的规定,最终实现采暖系统节能。

5.1 建筑采暖节能设计与途径

5.1.1 居住建筑采暖系统的节能设计

1. 严寒和寒冷地区居住建筑采暖节能设计

严寒和寒冷地区居住建筑采暖节能设计要参照现行行业标准《严寒和寒冷地区居住建筑节能设计标准》(JGJ 26—2018)的规定,本标准适用于严寒和寒冷地区新建、扩建和改建居住建筑的节能设计。

(1)供暖和空气调节系统的施工图设计,必须对每一个供暖、空调房间进行热负荷和逐项逐时的冷负荷计算。

(2)居住建筑的热、冷源方式及设备的选择,应根据节能要求,考虑当地资源情况、环境保护、能源效率及用户对供暖运行费用可承受的能力等综合因素,经技术经济分析比较确定。

(3)居住建筑供暖热源应采用高能效、低污染的清洁供暖方式,并应符合下列规定:

1)有可供利用的废热或低品位工业余热的区域，宜采用废热或工业余热；

2)技术经济条件合理时，应根据当地资源条件采用太阳能、热电联产的低品位余热、空气源热泵、地源热泵等可再生能源建筑应用形式或多能互补的可再生能源复合应用形式；

3)不具备本条第1、2款的条件，但在城市集中供热范围内时，应优先采用城市热网提供的热源。

(4)只有当符合下列条件之一时，允许采用电直接加热设备作为供暖热源：

1)无城市或区域集中供热，且采用燃气、煤、油等燃料受到限制，同时无法利用热泵供暖的建筑；

2)利用可再生能源发电，且其发电量能满足建筑自身电加热用电量需求的建筑；

3)利用蓄热式电热设备在夜间低谷电进行供暖或蓄热，且不在用电高峰和平段时间启用的建筑；

4)电力供应充足，且当地电力政策鼓励用电供暖时。

(5)当采用电直接加热设备作为供暖热源时，应分散设置。

(6)太阳能热利用系统设计应根据工程所采用的集热器性能参数、气象数据，以及设计参数计算太阳能热利用系统的集热系统效率 η，且宜符合表5-1的规定。

表5-1 太阳能热利用系统的集热系统效率 η　　　　　%

太阳能热水系统	太阳能供暖系统	太阳能空调系统
$\eta \geqslant 42$	$\eta \geqslant 35$	$\eta \geqslant 30$

(7)居住建筑的集中供暖系统，应按热水连续供暖进行设计。居住区内的商业、文化及其他公共建筑的供暖形式，可根据其使用性质、供热要求经技术经济比较后确定。公共建筑的供暖系统应与居住建筑分开，并应具备分别计量的条件。

(8)除集中供暖的热源可兼作冷源的情况外，居住建筑不宜设多户共用冷源的集中供冷系统。

(9)集中供暖系统的热量计量应符合下列规定：

1)锅炉房和热力站的总管上，应设置计量总供热量的热量计量装置；

2)建筑物的热力入口处，必须设置热量表，作为该建筑物供暖耗热量的结算点；

3)室内供暖系统根据设备形式和使用条件设置热计量装置。

(10)供暖空调系统应设置自动室温调控装置。

(11)当暖通空调系统输送冷媒温度低于其管道外环境温度且不允许冷媒温度有升高，或当输送热媒温度高于其管道外环境温度且不允许热媒温度有降低时，管道与设备应采取保温保冷措施；绝热层的设置应符合下列规定：

1)保温层厚度应按现行国家标准《设备及管道绝热设计导则》(GB/T 8175—2008)中经济厚度计算方法计算；

2)供冷或冷热共用时，保冷层厚度应按现行国家标准《设备及管道绝热设计导则》(GB/T 8175—2008)中经济厚度和防止表面结露的保冷层厚度方法计算，并取大值；

3)管道与设备绝热厚度及风管绝热层最小热阻可按现行国家标准《公共建筑节能设计标准》(GB 50189—2015)中的规定选用；

4)管道和支架之间，管道穿墙、穿楼板处应采取防止热桥的措施；

5)采用非闭孔材料保温时，外表面应设保护层；采用非闭孔材料保冷时，外表面应设隔汽层和保护层。

(12)全装修居住建筑中单个燃烧器额定热负荷不大于5.23 kW的家用燃气灶具的能效限定值应符合表5-2的规定。

表 5-2 家用燃气灶具的能效限定值

类型		热效率 η/%		
		1级	2级	3级
大气式灶	台式	66	62	58
	嵌入式	63	59	55
	集成式	59	56	53
红外线灶	台式	68	64	60
	嵌入式	65	61	57
	集成式	61	58	55

(13)集中供暖系统应以热水为热媒。

(14)室内的供暖系统的制式，宜采用双管系统，或共用立管的分户独立循环系统。当采用共用立管系统时，在每层连接的户数不宜超过 3 户，立管连接的户内系统总数不宜多于 40 个。当采用单管系统时，应在每组散热器的进出水支管之间设置跨越管，散热器应采用低阻力两通或三通调节阀。

(15)室内供暖系统的供回水温度应符合下列要求：

1)散热器系统供水温度不应高于 80 ℃，供水、回水温差不宜小于 10 ℃；

2)低温地面辐射供暖系统户(楼)内的供水温度不应高于 45 ℃，供水、回水温差不宜大于 10 ℃。

(16)采用低温地面辐射供暖的集中供热小区，锅炉或换热站不宜直接提供温度低于 60 ℃的热媒。当外网提供的热媒温度高于 60 ℃时，宜在楼栋的供暖热力入口处设置混水调节装置。

(17)当设计低温地面辐射供暖系统时，宜按主要房间划分供暖环路。在每户分水器的进水管上，应设置水过滤器。

(18)室内热水供暖系统的设计应进行水力平衡计算，并应采取措施使设计工况下各并联环路之间(不包括公共段)的压力损失差额不大于 15%；在水力平衡计算时，要计算水冷却产生的附加压力，其值可取设计供、回水温度条件下附加压力值的 2/3。

2. 夏热冬冷地区居住建筑采暖节能设计

夏热冬冷地区居住建筑采暖节能设计要参照行业标准《夏热冬冷地区居住建筑节能设计标准》(JGJ 134—2010)的规定：

(1)夏热冬冷地区冬季湿冷夏季酷热，随着经济发展，人民生活水平的不断提高，对采暖、空调的需求逐年上升。对于居住建筑选择设计集中采暖、空调系统方式，还是分户采暖、空调方式，应根据当地能源、环保等因素，通过仔细的技术经济分析来确定。对于一些特殊的居住建筑，如幼儿园、养老院等，可根据具体情况设置集中采暖、空调设施。中央空调系统和各户分体式空调冬季采暖较常见，图 5-1 所示为中央空调示意，图 5-2 所示为分体式空调示意。

(a) (b) (c)

图 5-1 中央空调示意

(a)室外机组；(b)室内风管安装；(c)室内送风口

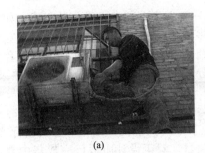 

(a) (b)

图 5-2 分体式空调示意
(a)室外风机；(b)室内空调器

(2)当居住建筑采用集中采暖、空调系统时，必须设置分室(户)温度调节、控制装置及分户热(冷)量计量或分摊设施。严寒、寒冷地区采暖计量收费的原则是，在住宅楼前安装热量表，作为楼内用户与供热单位的结算依据。而楼内住户则进行按户热量分摊。当然，每户应该有相应的设施作为对整栋楼的耗热量进行户间分摊的依据。要按照用户使用热量情况进行分摊收费，用户应该能够自主进行室温的调节与控制。在夏热冬冷地区则可以根据同样的原则和适当的方法，进行用户使用热(冷)量的计量和收费。

(3)除当地电力充足和供电政策支持或者建筑所在地无法利用其他形式的能源外，夏热冬冷地区居住建筑不应设计直接电热采暖。盲目推广没有蓄热装置的电锅炉，直接电热采暖，将进一步恶化电力负荷特性，影响民众日常用电。因此，应严格限制设计直接电热进行集中采暖的方式。

(4)居住建筑进行夏季空调、冬季采暖，宜采用下列方式：
1)电驱动的热泵型空调器(机组)；
2)燃气、蒸汽或热水驱动的吸收式冷(热)水机组；
3)低温地板辐射采暖方式；
4)燃气(油、其他燃料)的采暖炉采暖等。

(5)当以燃气为能源提供采暖热源时，可以直接向房间送热风，或经由风管系统送入；也可以产生热水，通过散热器、风机盘管进行采暖，或通过地下埋管进行低温地板辐射采暖。所应用的燃气机组的热效率应符合现行有关标准《家用燃气快速热水器和燃气采暖热水炉能效限定值及能效等级》(GB 20665—2015)中的第 2 级。为了方便应用，表 5-3 列出了能效等级值。

表 5-3 热水器和采暖炉能效等级

类型			热效率值 $\eta/\%$		
			能效等级		
			1级	2级	3级
热水器		η_1	98	89	86
		η_2	94	85	82
采暖炉	热水	η_1	96	89	86
		η_2	94	85	82
	采暖	η_1	99	89	86
		η_2	95	85	82

注：能效等级判定举例：
例1：某热水器产品实例 $\eta_1=98\%$，$\eta_2=94\%$，η_1 和 η_2 同时满足1级要求，判为1级产品；
例2：某热水器产品实测 $\eta_1=88\%$，$\eta_2=81\%$，虽然 η_1 满足3级要求，但 η_2 不满足3级要求，故判为不合格产品；
例3：某采暖炉产品热水状态实测 $\eta_1=98\%$，热水状态满足1级要求；采暖状态实测 $\eta_1=100\%$，$\eta_2=82\%$，采暖状态为3级产品；故判为3级产品。

(6)居住建筑可以采取多种空调采暖方式,一般为集中方式或者分散方式。如果采用集中式空调采暖系统,如由冷热源站向多套住宅、多栋住宅楼,甚至住宅小区提供空调采暖冷热源(往往采用冷、热水);或者应用户式集中空调机组(户式中央空调机组)向一套住宅提供空调冷、热源(冷热水、冷热风)进行空调采暖。分散式方式,则多以分体空调(热泵)等机组进行空调采暖。

集中空调采暖系统中,冷热源的能耗是空调采暖系统能耗的主体。因此,冷热源的能源效率对节省能源至关重要。性能系数、能效比是反映冷热源能源效率的主要指标之一,为此,将冷热源的性能系数、能效比作为必须达标的项目。对于设计阶段已完成集中空调采暖系统的居民小区,或者按户式中央空调系统设计的住宅,其冷源能效的要求应该等同于公共建筑的规定。

(7)具备地面水资源(如江、河、湖水)、有适合水源热泵运行温度的废水等水源条件时,居住建筑采暖空调设备宜采用水源热泵。当采用地下井水为水源时,应确保有回灌措施,确保水源不被污染,并应符合当地有关规定。具备可供地热源热泵机用的土壤面积时,宜采用埋管式地热源热泵。

(8)居住建筑采暖、空调设备应优先采用符合现行国家标准规定的节能型采暖空调产品。当技术经济合理时,应鼓励居住建筑中采用太阳能、地热能等可再生能源,以及在居住建筑小区采用热、电、冷联产技术。

3. 夏热冬暖地区居住建筑采暖节能设计

夏热冬暖地区居住建筑采暖节能设计要参照行业标准《夏热冬暖地区居住建筑节能设计标准》(JGJ 75—2012)的规定:

(1)居住建筑空调与采暖方式及设备的选择,应根据当地资源情况,充分考虑节能、环保因素,并经技术经济分析后确定。

(2)采用集中式空调(采暖)方式或户式(单元式)中央空调的住宅应进行逐时逐项冷负荷计算;采用集中式空调(采暖)方式的居住建筑,应设置分室(户)温度控制及分户冷(热)量计量设施。

(3)居住建筑进行夏季空调、冬季采暖时,宜采用电驱动的热泵型空调器(机组)、燃气、蒸汽或热水驱动的吸收式冷(热)水机组,也可采用有利于节能的其他形式的冷(热)源。

(4)设计采用电机驱动压缩机的蒸汽压缩循环冷水(热泵)机组,或采用名义制冷量大于7 100 W的电机驱动压缩机单元式空气调节机,或采用蒸汽、热水型溴化锂吸收式冷水机组及直燃型溴化锂吸收式冷(温)水机组作为住宅小区或整栋楼的冷热源机组时,所选用机组的能效比(性能系数)应符合现行国家标准《公共建筑节能设计标准》(GB 50189—2015)中的规定值。

(5)居住建筑设计时,采暖方式不宜设计采用直接电热设备。

(6)采用多联式空调(热泵)机组作为户式集中空调(采暖)机组时,所选用机组的制冷综合性能系数[IPLV(C)]应不低于国家标准《多联式空调(热泵)机组能效限定值及能源效率等级》(GB 21454—2008)中规定的第3级。

(7)采用分散式房间空调器进行空调和(或)采暖时,宜选择符合《房间空气调节器能效限定值及能效等级》(GB 21455—2019)中规定的能效等级2级以上的节能型产品。

(8)当选择土壤源热泵系统、浅层地下水源热泵系统、地表水(淡水、海水)源热泵系统、污水水源热泵系统作为居住区或户用空调(采暖)系统的冷热源时,应进行适宜性分析。

(9)技术经济合理时,鼓励在居住建筑中采用太阳能、地热能、海洋能等可再生能源采暖技术。

5.1.2 公共建筑采暖系统的节能设计

我国建筑用能已超过全国能源消耗总量的1/4,并将随着人民生活水平的提高逐步增加到

1/3 以上；我国既有公共建筑近 80 亿 m²，每年城镇新建公共建筑 3 亿～4 亿 m²，大型高档公共建筑的单位面积能耗为城镇普通住宅建筑能耗的 10～15 倍，一般公共建筑的能耗是普通住宅建筑能耗的 5 倍。

制定并实施《公共建筑节能设计标准》(GB 50189—2015)，有利于改善公共建筑的热环境，提高暖通空调系统的能源利用效率，从根本上扭转公共建筑用能严重浪费的状况，为实现国家节约能源和保护环境的战略，贯彻有关政策和法规作出贡献。未来公共建筑采暖节能目标是在保证相同的室内热环境舒适参数条件下，与 20 世纪 80 年代初设计建成的公共建筑相比，全年采暖、通风、空调、照明的总能耗应减少 50%。公共建筑节能设计要严格按照《公共建筑节能设计标准》(GB 50189—2015)进行建筑热工设计，主要的规定有以下内容：

(1) 甲类公共建筑的施工图设计阶段，必须进行热负荷计算和逐项逐时的冷负荷计算。若用单位建筑面积冷、热负荷指标估算时，总负荷计算结果偏大，从而导致了装机容量偏大、管道直径偏大、水泵配置偏大、末端设备偏大的"四大"现象。其直接结果是初始投资增高、能量消耗增加，给国家和投资人造成巨大损失。

(2) 严寒 A 区和严寒 B 区的公共建筑宜设热水集中供暖系统，对于设置空气调节系统的建筑，不宜采用热风末端作为唯一的供暖方式；对于严寒 C 区和寒冷地区的公共建筑，供暖方式应根据建筑等级、供暖期天数、能源消耗量和运行费用等因素，经技术经济综合分析比较后确定。

(3) 系统冷热媒温度的选取应符合现行国家标准《民用建筑供暖通风与空气调节设计规范》(GB 50736—2012)的有关规定。在经济技术合理时，热媒温度宜低于常用设计温度。

(4) 集中供暖系统应采用热水作为热媒，采用热水作为热媒，不仅对供暖质量有明显的提高，而且便于调节。

(5) 集中供暖系统的热力入口处及供水或回水管的分支管路上，应根据水力平衡要求设置水力平衡装置。在供暖空调系统中，由于种种原因，大部分输配环路及热源机组（并联）环路存在水力失调，使得流经用户及机组的流量与设计流量不符。加上水泵选型偏大，水泵运行在不合适的工作点处，导致水系统大流量、小温差运行，水泵运行效率低、热量输送效率低。并且各用户处室温不一致，近热源处室温偏高，远热源处室温偏低。保持系统的水力平衡，提高系统输配效率，保证获得预期的供暖效果，达到节能的目的。

(6) 集中供暖系统采用变流量水系统时，循环水泵宜采用变速调节控制。对于变流量系统，采用变速调节，能够更多地节省输送能耗，水泵调速技术是目前比较成熟可靠的节能方式，容易实现且节能潜力大，调速水泵的性能曲线宜为陡降型。一般采用根据供回水管上的压差变化信号，自动控制水泵转速调节的控制方式。

(7) 当输送热媒温度高于其管道外环境温度且不允许热媒温度有降低时，管道与设备应采取保温措施。保温层厚度应按现行国家标准《设备及管道绝热设计导则》(GB/T 8175—2008)中经济厚度计算方法计算。管道与设备绝热层厚度及风管绝热层最小热阻，可按表 5-4～表 5-6 规定选用。热管道经济绝热层厚度可按表 5-4～表 5-6 选用。热设备绝热层厚度可按最大口径管道的绝热层厚度再增加 5 mm 选用。

表 5-4 室内热管道柔性泡沫橡塑经济绝热层厚度(热价 35 元/GJ)

最高介质温度/℃	绝热层厚度/mm						
	25	28	32	36	40	45	50
60	≤DN20	DN25～DN40	DN50～DN125	DN150～DN400	≥DN450	—	—
80			≤DN32	DN40～DN70	DN80～DN125	DN150～DN450	≥DN500

表 5-5 热管道离心玻璃棉经济绝热层厚度(热价 35 元/GJ)

最高介质温度/℃		绝热层厚度/mm								
		25	30	35	40	50	60	70	80	90
室内	60	≤DN40	DN50~DN125	DN150~DN1 000	≥DN1 100	—	—	—	—	—
	80	—	≤DN32	DN40~DN80	DN100~DN250	≥DN300	—	—	—	—
	95	—	—	≤DN40	DN50~DN100	DN125~DN1 000	≥DN1 100	—	—	—
	140	—	—	—	≤DN25	DN32~DN80	DN100~DN300	≥DN350	—	—
	190	—	—	—	—	≤DN32	DN40~DN80	DN100~DN200	DN250~DN900	≥DN1 000
室外	60	—	≤DN40	DN50~DN100	DN125~DN450	≥DN500	—	—	—	—
	80	—	—	≤DN40	DN50~DN100	DN125~DN1 700	≥DN1 800	—	—	—
	95	—	—	≤DN25	DN32~DN50	DN70~DN250	≥DN300	—	—	—
	140	—	—	≤DN20	DN25~DN70	DN80~DN200	DN250~DN1 000	≥DN1 100	—	—
	190	—	—	—	≤DN25	DN32~DN70	DN80~DN150	DN200~DN500	≥DN600	—

表 5-6 热管道离心玻璃棉经济绝热层厚度(热价 85 元/GJ)

最高介质温度/℃		绝热层厚度/mm								
		40	50	60	70	80	90	100	120	140
室内	60	≤DN50	DN70~DN300	≥DN350	—	—	—	—	—	—
	80	≤DN20	DN25~DN70	DN80~DN200	DN80~DN200	≥DN250	—	—	—	—
	95	—	≤DN40	DN50~DN100	DN125~DN1 000	≥DN1 100	—	—	—	—
	140	—	—	≤DN32	DN40~DN70	DN80~DN150	DN350~DN2 500	≥DN3 000	—	—
	190	—	—	—	≤DN32	DN40~DN50	DN70~DN100	DN125~DN150	DN200~DN700	≥DN800
室外	60	—	≤DN80	DN100~DN250	≥DN350	—	—	—	—	—
	80	—	≤DN40	DN50~DN100	DN125~DN250	DN300~DN1 500	≥DN2 000	—	—	—
	95	—	≤DN25	DN32~DN70	DN80~DN150	DN200~DN400	DN500~DN2 000	≥DN2 500	—	—
	140	—	—	≤DN25	DN32~DN50	DN70~DN100	DN125~DN200	DN250~DN450	≥DN500	—
	190	—	—	≤DN25	DN32~DN50	DN70~DN80	DN100~DN150	DN200~DN450	≥DN500	—

(8)散热器宜明装；地面辐射供暖面层材料的热阻不宜大于 0.05 m² · K/W。散热器暗装在罩内时，不但散热器的散热量会大幅度减少；而且，由于罩内空气温度远远高于室内空气温度，

从而使罩内墙体的温差传热损失大大增加。为此，应避免这种错误做法，规定散热器宜明装。

面层热阻的大小，直接影响到地面的散热量。实测证明，在相同的供暖条件和地板构造的情况下，在同一个房间里，以热阻为 $0.02 \, m^2 \cdot K/W$ 左右的花岗石、大理石、陶瓷砖等做面层的地面散热量，比以热阻为 $0.10 \, m^2 \cdot K/W$ 左右的木地板为面层时要高 30%～60%，比以热阻为 $0.15 \, m^2 \cdot K/W$ 左右的地毯为面层时高 60%～90%。由此可见，面层材料对地面散热量的巨大影响。为了节省能耗和运行费用，采用地面辐射供暖方式时，要尽量选用热阻小于 $0.05 \, m^2 \cdot K/W$ 的材料做面层。

5.1.3 采暖节能新途径及采暖方式

根据热源的来源不同，建筑采暖节能新途径主要有太阳能采暖技术、热泵采暖技术、生物质能采暖技术，区别于传统采暖的采暖方式有地面辐射采暖、顶棚、墙壁辐射板采暖。

1. 采暖节能新途径

(1) 太阳能采暖技术。太阳能采暖是取之不尽、用之不竭、安全、经济、无污染的采暖方式，可以有效节省建筑能源，是比较节能的采暖方式。目前，节能建筑建设和改造工程正在我国各大城市大刀阔斧地展开，我国研发出一种复合式太阳能采暖房，专门用于农村地区建设，使冬天做到温暖如春，夏天可以自动制冷。复合式太阳能采暖房可以依不同建筑面积选取相应保温类型，墙中增加保温材料，双窗、屋面内置聚苯保温。屋面安装真空管集热系统，地板采暖可提供大量生活用热水，用户可以自动控制使用过程。图 5-3 所示为太阳能采暖房。

图 5-3 太阳能采暖房

若太阳能采暖房设计合理，基本不用增加建筑成本，集热墙的建造与粘瓷砖费用基本一样，无运行费用，与建筑一体化、同寿命。管道、泵设备、自动控制系统组成完整的太阳能热水采暖系统，采暖同时可提供洗浴和生活用热水。太阳能采暖房具有经济、高效、方便、耐用等特点，设备成本低，运行不用电辅助，价格低廉。到目前为止，太阳能采暖房已经获得大面积推广。目前，太阳能采暖工程已在内蒙古、辽宁、山西、山东等地广泛应用。

(2) 热泵采暖技术。热泵是通过动力驱动做功，从低温热源中取热，将其温度提升，送到高温处放热，夏季可为空调提供冷源，冬季可为采暖提供热源。与冬季直接燃烧燃料获取热量相比，热泵在某些条件下可降低能源消耗。热泵方式的关键问题是从哪种低温热源中有效地在冬季提取热量和在夏季向其排放热量。可利用的低温热源（室外空气、地表水、地下水、城市污水、海水及地下土壤）构成不同的热泵技术。热泵技术是直接燃烧一次能源而获得热量的主要替代方式，其减少了能源消耗，有利于环保。

传统电采暖的加热原理是将电能直接转化成热能，热转换效率会低于100%，一份电能不可能完全转化成一份热能，而空气源热泵采暖设备，同样也是利用电，它是以空气中的热量作为热源制取热风供暖，却不是直接用电作为能源进行转换。因此，它耗电量极小，核心原理是搬运原理。利用电能对热泵压缩机做功，热泵压缩机通过介质吸收大量空气中的热量，它的热转换效率远远大于100%。从原理上已经决定空气源热泵采暖比传统的电采暖更节能。

1) 空气源热泵采暖。空气源热泵使空气一侧温度降低，将其热量转送至另一侧的空气或水中，使其温度升至采暖所要求的温度。由于此时电用来实现热量从低温向高温的提升，因此，当外温为0℃时，1度电可产生约为3.5 kW/h的热量，效率为350%。考虑发电的热电效率为33%，空气源热泵的总体效率为110%，高于直接燃煤或燃气的效率。该技术目前已经很成熟，实际上现在的窗式和分体式空调器中相当一部分（通常的冷暖空调器）都已具有此功能。图5-4所示为空气源热泵机组。

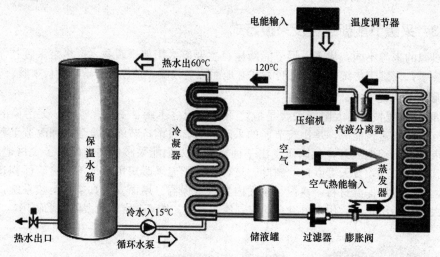

图5-4 空气源热泵机组

与其他热泵相比，空气源热泵的主要优点在于其热源获取的便利性。只要有适当的安装空间，并且该空间具有良好的获取室外空气的能力，该建筑便具备了安装空气源热泵的基本条件。空气源热泵采暖的主要缺点和解决途径如下：

①热泵性能随室外温度降低而降低，当外温降至-10℃以下时，一般就需要辅助采暖设备蒸发器结霜的除霜处理，这一过程较复杂且耗能较大；但通过优化的化霜循环、智能化霜控制、智能化探测结霜厚度传感器，特殊的空气换热器形式设计及不结霜表面材料的研究，会使这一问题得到陆续解决。

②为适应外温在-10℃~5℃范围内的变化，需要压缩机在很大的压缩比范围内都具有良好的性能要求。这一问题的解决需要通过改变热泵循环方式，如中间补气、压缩机串联和并联转换等，在未来10~20年内有望解决。

③房间空调器的末端是热风而不是一般的采暖器，对于习惯常规采暖方式的人感觉不太舒适，这可以通过采用户式中央空调与地板采暖结合等措施来改进，但初始投资会增加。

2) 地源热泵采暖。地源热泵系统是指以岩土体（土壤源）、地下水、地表水为低温热源，由水源热泵机组、地热能交换系统、建筑物内管道系统组成的供热空调系统。根据地热能交换系统形式的不同，地源热泵系统可分为地埋管地源热泵系统、地下水地源热泵系统和地表水地源热泵系统（图5-5）。作为可再生能源主要应用方向之一，地源热泵系统可利用浅层地能资源进行供热与空气调节，具有良好的节能与环境效益。近年来，其在国内得到了日益广泛的应用。《地源热泵系统工程技术规范（2009版）》（GB 50366—2005）的颁布，确保地源热泵系统可安全可靠地运行，以更好地发挥其节能效益。

①地埋管地源热泵系统（土壤源热泵、地下水环热泵）。这一系统也称为土壤源热泵或地下水环热泵，通过在地下竖直或水平地埋入塑料管道（换热器），利用水泵驱动，水经过塑料管道循环，与周围的土壤换热，从土壤中提取热量或释放热量。在冬季，通过这一换热器从地下取热，成为

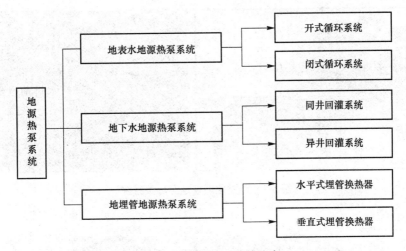

图 5-5 地源热泵系统的分类

热泵的热源,为建筑物内部供热。在夏季,通过这一换热器从地下取冷,使其成为热泵的冷源,为建筑物内部降温。地源热泵系统实现能量的冬存夏用,或夏存冬用。

水平卧式地埋管地源热泵系统(图 5-6)由于土方施工量小,是一种比较经济的埋放方式。竖式地埋管地源热泵系统(图 5-7)是条件允许时的最佳选择。竖直管埋深宜大于 20 m(一般为 30～150 m),钻孔孔径不宜小于 0.11 m,管与管的间距为 3～6 m,每根管可以提供的冷量和热量为 20～30 W/m。当具备这样的埋管条件且初始投资许可时,此方式在很多情况下是一种运行可靠且节约能源的好方式。

图 5-6 水平卧式地埋管地源热泵系统

设计使用这一系统时,必须注意全年的冷热平衡问题。因为地下埋管的体积巨大,每根管只对其周围有限的土壤发生作用。如果每年因热量不平衡而造成积累,则会导致土壤温度逐年升高或降低。为此应设置补充手段,如增设冷却塔以排出多余的热量或采用辅助锅炉补充热量的不足。地埋管地源热泵系统设备投资高,占地面积大,对于市政热网不能达到的独栋或别墅类住宅有较大优势。对于高层建筑,由于建筑容积率高,可埋的地面面积不足,所以一般不适用。

②地下水地源热泵系统。地下水地源热泵系统(图 5-8)就是抽取浅层地下水(100 m 以内),经过热泵提取热量或冷量,再将其回灌到地下。冬季,抽取的地下水经换热器降温后,通过回灌井回灌到地下,换热器得到的热量经热泵提升温度后成为采暖热源;夏季,抽取的地下水经换热器升温后,通过回灌井回灌到地下,换热器另一侧降温后成为空调冷源。

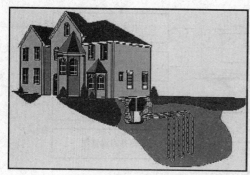

图 5-7　竖式地埋管地源热泵系统

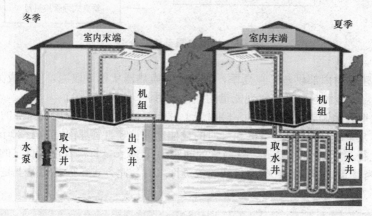

图 5-8　地下水地源热泵系统

由于取水和回水过程中仅通过中间换热器(蒸发器)，属全封闭方式，因此，不会污染地下水源。由于地下水温常年稳定，采用这种方式，整个冬季气候条件都可实现1度电产生3.5 kW/h以上的热量，运行成本低于燃煤锅炉房供热，夏季还可使空调效率提高，降低30%～40%的制冷电耗。同时，此方式在冬季可产生45 ℃的热水，仍可使用目前的采暖散热器。

目前，普遍采用异井回灌和同井回灌两种技术。异井回灌是在与取水井有一定距离处单独设回灌井，把提取热量(冷量)的水加压回灌，一般是回灌到同一层，以维持地下水状况；同井回灌是利用一口井，在深处含水层取水，在浅处的另一个含水层回灌。回灌的水依靠两个含水层之间的压差，经过渗透，穿过两个含水层之间的固体介质返回到取水层。

同井回灌的主要问题是提取了热量(冷量)的水向地下的回灌，必须保证将水最终全部回灌到原来取水的地下含水层，才能不影响地下水资源状况。将用过的水从地表排掉或排到其他浅层，都将破坏地下水状况，造成对水资源的破坏。另外，还要设法避免灌到地下的水很快被重新抽回；否则，水温就会越来越低(冬季)或越来越高(夏季)，使系统性能恶化。

③地表水地源热泵系统。地表水地源热泵系统采用湖水、河水、海水，以及污水处理厂处理后的中水作为水源热泵的热源，实现冬季供热和夏季供冷(图5-9)。这种方式从原理上看是可行的。在实际工程中，主要存在冬季供热的可行性、夏季供冷的经济性及长途取水的经济性三个问题，而在技术上则要解决水源导致换热装置结垢后引发换热性能恶化的问题。

冬季供热从水源中提取热量，就会使水温降低，这就必须防止水的冻结。如果冬季从温度仅为5 ℃左右的淡水中提取热量，则除非水量很大，温降很小，否则很容易出现冻结事故。当从湖水或流量很小的河水中提水时，还要正确估算水源的温度保持能力，防止由于连续取水和提取热量，导致温度逐渐下降，最终产生冻结。

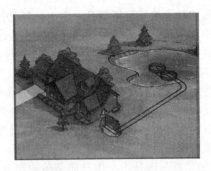

图 5-9 地表水地源热泵系统

(3)石墨烯采暖技术。其发热原理是石墨烯地暖通电后,电热膜发热体中的碳分子团产生"布朗运动",碳分子摩擦和撞击产生热量,以远红外辐射和对流的形式对外传递。通常,石墨烯地暖(图 5-10)就是电能刺激内部的石墨烯分子在正负极作用下,使碳分子团之间相互摩擦、碰撞,产生大量热能,以远红外光线的形式向外发热,加热地面进行房间供暖。石墨烯电采暖可分为五种,分别是石墨烯地暖、石墨烯电暖、石墨烯墙暖、石墨烯壁暖、石墨烯床垫暖。

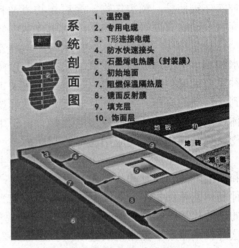

图 5-10 石墨烯地暖结构图

1)石墨烯地暖。石墨烯地暖是通过在地板下铺装石墨烯电热膜对房间进行供热的取暖方式。其利用通电发热,辐射升温,使热量从脚部开始上升,按照房间的空间大小,设计适合的功率密度,从而均匀分布整个房间空间的地面。其是通过点温控与家庭 220 V 电源的连接,在通电之后,使热量通过它的远红外线渗透上来的一种"理疗"取暖。

2)石墨烯电暖。石墨烯电暖器功率有多种类型,又包括水暖型和普通发热体型。水暖电暖器可连接暖气片和散热器使用,带动多个房间供暖;普通电暖器则可灵活放置,适用范围广泛。

3)石墨烯墙暖。石墨烯墙暖是一个整块的取暖发热物体,发热升温的方式和石墨烯地暖的方式相同,都是通过石墨烯发热材料核心的远红外线散、升温。

4)石墨烯壁暖。石墨烯壁暖是科技与美学相结合的成功典范,将石墨烯复合材料置于壁画之中,既能供暖,又可作装饰用,占用空间小。

5)石墨烯床垫暖。石墨烯床垫取暖与石墨烯电采暖的其余系列都有很大的不同,它是低电压(也是安全电压)范围的石墨烯床垫取暖。它的供电是 36 V 电压的电源,功率不足 100 W,即可满足整张床的供暖,它更被人当作"定制化"的电采暖。

上述五种石墨烯采暖方式中以石墨烯地暖应用得最为广泛,其主要优点如下:

1)经济节能。采暖过程中热量以辐射传热为主,室内温度分布合理,无效热损失少;热媒低温输送,结构保温性好,输送过程热量损失少;在同样舒适感条件下,室内设计温度可比传统对流采暖室内设计温度低 2~3 ℃,可节省 15%~30%的能耗。

2)健康、卫生、环保。石墨烯地暖相比其他电器,不会产生污染,不像其他电器产生废气等污染物,且远红外线能改善人体血液循环,促进新陈代谢。

3)不占用使用区域。石墨烯地暖一般安装在地板下,因此,不占用室内空间,有利于居家的美观和增加使用空间。

4)成本低。以电热膜用电作为能源。与其他能源相比,电力是中国最便宜的资源。特别是近年来，石油和天然气价格飙升，电力消耗已经是首选。

5) 使用寿命长。石墨烯发热芯片稳定不衰减，一般家庭使用寿命可以达 50 年以上，基本与建筑同寿命，不用像散热器等每隔 8~10 年需要更换。如果没有人为受损，可以节省大量的维护费用。

6) 热稳定性好。石墨烯地暖因为地面层具有储热量大，热稳定性好，室内温度在间歇加热条件下变化缓慢，可有效保持室内温度稳定，避免温度波动引起的体感不适。

7) 可应用于各种热量需求，一般来说，每个家庭由于年龄和身体健康都有不同的热量需求。石墨烯地暖可根据需要控制其温度和加热时间。

(4) 生物质能采暖技术。生物质是植物光合作用直接或间接转化产生的所有产物。生物质能是利用生物质生产的能源。目前，作为能源的生物质主要是指农业、林业及其他废弃物，如各种农作物秸秆、糖类作物、淀粉作物、油料作物、林业及木材加工废弃物、城市和工业有机废弃物及动物粪便等。生物质能利用技术可分为气体、液体和固体三种。

1) 生物质气体燃料。生物质气体燃料主要有两种技术：一种是利用动物粪便、工业有机废水和城市生活垃圾通过厌氧消化技术生产沼气，用作居民生活燃料或工业发电燃料，这既是一种重要的保护环境的技术，也是一种重要的能源供应技术。目前，沼气技术已非常成熟，并得到了广泛的应用。另一种是通过高温热解技术将秸秆或林木质转化为以一氧化碳为主的可燃气体，用作居民生活燃料或发电燃料。由于生物质热解气体的焦油问题还难以处理，致使目前生物质热解气化技术的应用还不够广泛。

2) 生物质液体燃料。生物质液体燃料主要有两种技术：一种是通过种植能源作物生产乙醇和柴油，如利用甘蔗、木薯、甜高粱等生产乙醇，利用油菜籽或食用油等生产柴油。目前，这种利用能源作物生产液体燃料的技术已相当成熟，并得到了较好的应用，如巴西利用甘蔗生产的乙醇代替燃油的比例已达到 25%。另一种是利用农作物秸秆或林木质生产油或乙醇。目前，这种技术还处于工业化试验阶段。总体来看，生物质液体燃料是一种优质的工业燃料，不含硫及灰分。其既可以直接代替汽油、柴油等石油燃料，也可以作为民用燃烧或内燃机燃料，展现了极好的发展前景。

3) 生物质固体燃料。生物质固体燃料是指将农作物秸秆、薪柴、芦苇、农林产品加工剩余物等固体生物质原料，经粉碎、压缩成颗粒或块状燃料，在专门设计的炉具、锅炉中燃烧，代替煤炭、液化气、天然气等化石材料和传统的生物质材料进行发电或供热，也可以为农村和小城市的居民、工商业用户提供炊事、采暖用能及其他用途的热能。由于生物质成型燃料的密度和煤相当，形状规则，容易运输和储存，便于组织燃烧，故可作为商品燃料广泛应用于炊事、采暖。国内外研制了各种专用的燃烧生物质成型燃料的炊事和采暖设备，如一次装料的向下燃烧式炊事炉、炊事—采暖两用炉、上饲式热水锅炉、固定床层燃烧热水锅炉、热空气取暖壁炉等。生物质成型燃料户用炊事炉的热效率在 30% 以上；户用热水采暖炉的效率为 75%~80%；50 kW 以上热水锅炉的效率为 85%~90%；各种燃料污染物的排放浓度均很低。

生物质能是重要的可再生资源，预计在 21 世纪，世界能源消费的 40% 将会来自生物质能。生物质能作为可再生的洁净能源，无论从废弃资源回收或替代不可再生的矿物质能源，还是从环境的改善和保护等各方面均具有重要的意义。

2. 建筑采暖方式

(1) 地面辐射采暖。目前，地面辐射采暖应用主要有水暖和电暖两种方式。电暖又可分为普通地面采暖和相变地面采暖。

1) 低温热水地板辐射采暖系统。该采暖系统起源于北美、北欧的发达国家，在欧洲已有多年的使用历史，是一项非常成熟且应用广泛的供热技术，也是目前国内、外暖通界公认的最为理想舒适的采暖方式之一。随着建筑保温程度的提高和管材的发展，我国近 20 年来低温热水地面辐射采暖发展较快。埋管式地面辐射采暖具有温度梯度小、温室温度均匀、垂直温度梯度小、脚感温度高等特点。在同样舒适的情况下，辐射采暖房间的设计温度可以比对流采暖房间低2～3 ℃，其实感温度比非地面的实感温度要高2 ℃，具有明显的节能效果。

低温热水地板辐射采暖是以温度不高于60 ℃的热水作为热源，在埋置于地板下的盘管系统内循环流动，从而加热整个地板，通过地面均匀向室内辐射散热的一种采暖方式。民用建筑供水温度宜采用35～60 ℃，供、回水设计温差不宜大于10 ℃，通过直接埋入建筑物地面的铝塑复合管或聚丁烯管、交联聚乙烯管、无规共聚聚丙烯管等盘管辐射散热(图5-11)。地板辐射采暖加热管的环路布置形式有平行盘管[图5-12(a)]、回形盘管[图5-12(b)]、S形盘管[图5-12(c)]等形式。图5-13所示为地板辐射采暖的地板构造示意。

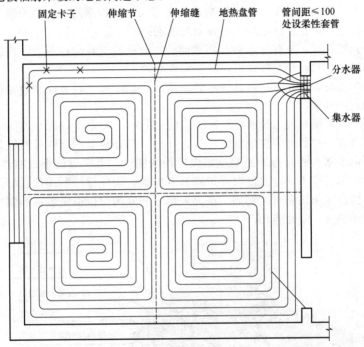

图5-11 低温热水地面辐射采暖布置示意

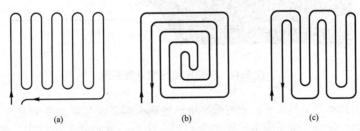

图5-12 低温热水地板辐射采暖环路布置形式
(a)平行盘管；(b)回形盘管；(c)S形盘管

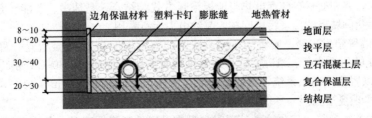

图5-13 地板辐射采暖的地板构造示意

低温热水地板辐射采暖的优点：较传统的采暖供水温度低，加热水消耗的能量少，热水传送过程中的热量消耗也小。由于进水温度低，便于使用热泵、太阳能、地热、低品位热能，可以进一步节省能耗，便于控制与调节。地面辐射采暖供、回水为双管系统，避免了传统采暖方式无法单户计量的弊端，可适用于分户采暖。只需要在每户的分水器前安装热量表，就可实现分户计量。用户各房间温度可通过分、集水器上的环路控制阀门方便地调节，有条件的可采用自动温控，这些都有利于能耗的降低。

低温热水地板辐射采暖设计要参照《民用建筑供暖通风与空气调节设计规范》(GB 50736—2012)的规定，低温热水地面辐射供暖系统应具有室温控制功能；室温控制器宜设在被控温的房间或区域内；自动控制阀宜采用热电式控制阀或自力式恒温控制阀。自动控制阀的设置可采用分环路控制和总体控制两种方式，并应符合下列规定：

①采用分环路控制时，应在分水器或集水器处，分路设置自动控制阀，控制房间或区域保持各自的设定温度值。自动控制阀也可内置于集水器中。

②采用总体控制时，应在分水器总供水管或集水器回水管上设置一个自动控制阀，控制整个用户或区域的室内温度。

2) 普通电热地面采暖系统。普通电热地面采暖(图 5-14)以电为能源，发热电缆通电后开始发热并为地面层吸收，然后均匀加热室内空气，并将一部分热量以远红外线辐射的方式直接释放到室内。其可以根据人们自身的需要设定温控器的温度，当室温低于温控器设定的温度时，温控器接通电源，温度高于设定温度时温控器断开电源，以此保持室内最佳舒适温度。还可以根据不同情况自由设定加热温度，例如，在无人留守的室内可以设定较低的温度，缩小与室外的温差，减少传递热量，降低能耗。

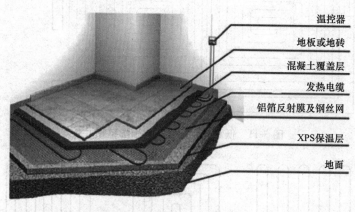

图 5-14　普通电热地面采暖系统

3) 相变储能电热地面采暖系统。相变储能电热地面采暖系统是将相变储能技术应用于电热地面采暖，在普通电热地面采暖系统中加入相变材料，作为一种新的采暖方式，在低谷电价时段，利用电缆加热地板下面的 PCM 层使其发生相变，吸热融化，将电能转化成热能。在非低谷电价时段，地板下面的 PCM 再次发生相变，凝固放热，达到采暖目的。这不仅可以解决峰谷差的问题，达到节能的目的，将相变材料储存电热与地板采暖方式相结合，是洁净、节能、方便和舒适的选择；还可以缓解我国城市的环境污染问题，节约电力运行费用。

(2) 顶棚、墙壁辐射采暖。安装于顶棚或墙壁的辐射板供热/供冷装置是一种可改善室内热舒适并节约能耗的新方式(图 5-15)。这种装置供热时内部水温为 23～30 ℃，供冷时水温为 18～22 ℃，同时辅以置换式通风系统，采取下送风、侧送风、风速低于 2 m/s 的方式，换气次数为 0.5～1 次/h，实现夏季除湿、冬季加湿的功能。

由于是辐射方式换热，使用这种装置时，夏季可以适当降低室温，冬季可以适当提高室温，

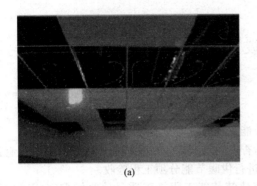 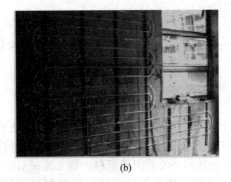

图 5-15 顶棚、墙壁辐射采暖方式
(a)顶棚辐射采暖；(b)墙壁辐射采暖

在获得等效舒适度的同时可降低能耗。冬、夏共用同样的末端，可节约一次初始投资；提高夏季水温，降低冬季水温，有利于使用热泵而显著降低能耗。由于顶棚具有面积大、不会被家具遮挡等优点，因而是最佳辐射降温表面，同时还能进行对流降温。通过控制室内湿度和辐射板温度可防止顶棚结露。为了控制室内湿度，应对新风进行除湿，同时保证辐射板的表面温度高于空气的露点温度。这种装置可以消除吹风感的问题。同时，由于夏季水温较高，而且新风独立承担湿负荷，还可以避免采用风机盘管时由于水温较低容易在集水盘管产生霉菌而降低室内空气品质的问题。

5.2 建筑采暖设备选型

采暖设备选型对节能效果影响很大，选择时应符合下列规定：

(1)燃油、燃气或燃煤锅炉的选择。锅炉房单台锅炉的容量，应确保在最大热负荷和低谷热负荷时都能高效运行；锅炉台数不宜少于 2 台，当中、小型建筑设置 1 台锅炉能满足热负荷和检修需要时，可设置 1 台；应充分利用锅炉产生的多种余热。锅炉的额定热效率应符合表 5-7 的规定。

表 5-7 锅炉的额定热效率

锅炉类型	热效率/%
燃煤蒸汽、热水锅炉	78
燃油、燃气蒸汽、热水锅炉	89

(2)散热器的选择。应参照散热器的单位散热量、金属热强度指标(散热器在热媒平均温度与室内空气温度差为 1 ℃时，每 1 kg 重散热器每小时所放散的热量)、单位散热量的价格这三项指标，特别是金属热强度指标，是衡量同一材质散热器节能性和经济性的重要标志。

(3)空气源热泵冷、热水机组的选择。选择时应根据不同气候区来确定：较适用于夏热冬冷地区的中、小型公共建筑；夏热冬暖地区采用时，应以热负荷选型，不足冷量可由水冷机组提供；在寒冷地区，当冬季运行性能系数(冬季室外空气调节计算温度时的机组供热量与机组输入功率之比)低于 1.8 或具有集中热源、气源时不宜采用。

(4)冷水(热泵)机组的单台容量及台数的选择。应能适应空气调节负荷全年变化规律，满足季节及部分负荷要求。当空气调节冷负荷大于 528 kW 时不宜少于 2 台。

(5)采用蒸汽为热源，经技术经济比较合理时，应回收用汽设备产生的凝结水，凝结水回收系统应采用闭式系统。

5.3 建筑采暖设备质量验收

5.3.1 一般规定

(1)本节的内容适用于室内集中供暖系统节能工程施工质量验收。

(2)供暖节能工程施工中应及时进行质量检查,对隐蔽部位在隐蔽前进行验收,并应有详细的文字记录和必要的图像资料,施工完成后应进行供暖节能分项工程验收。

(3)供暖节能工程验收的检验批划分可按《建筑节能工程施工质量验收标准》(GB 50411—2019)第3.4.1条的规定执行,也可按系统或楼层,由施工单位与监理单位协商确定。

5.3.2 主控项目

(1)供暖节能工程使用的散热设备、热计量装置、温度调控装置、自控阀门、仪表、保温材料等产品应进行进场验收,验收结果应经监理工程师检查认可,且应形成相应的验收记录。各种材料和设备的质量证明文件与相关技术资料应齐全,并应符合设计要求和国家现行有关标准的规定。

检验方法:观察、尺量检查,核查质量证明文件。

检查数量:全数检查。

(2)供暖节能工程使用的散热器和保温材料进场时,应对其下列性能进行复验,复验应为见证取样检验:

1)散热器的单位散热量、金属热强度;

2)保温材料的导热系数或热阻、密度、吸水率。

检验方法:核查复验报告。

检查数量:同厂家、同材质的散热器,数量在500组及以下时,抽检2组;当数量每增加1 000组时应增加抽检1组。同工程项目、同施工单位且同期施工的多个单位工程可合并计算。当符合《建筑节能工程施工质量验收标准》(GB 50411—2019)第3.2.3条规定时,检验批容量可以扩大一倍。

同厂家、同材质的保温材料,复验次数不得少于2次。

(3)供暖系统安装的温度调控装置和热计量装置,应满足设计要求的分室(户或区)温度调控、楼栋热计量和分户(区)热计量功能。

检验方法:观察检查,核查调试报告。

检查数量:全数检查。

(4)室内供暖系统的安装应符合下列规定:

1)供暖系统的形式应符合设计要求;

2)散热设备、阀门、过滤器、温度、流量、压力等测量仪表应按设计要求安装齐全,不得随意增减或更换;

3)水力平衡装置、热计量装置、室内温度调控装置的安装位置和方向应符合设计要求,并便于数据读取、操作、调试和维护。

检验方法:观察检查。

检查数量:全数检查。

(5)散热器及其安装应符合下列规定:

1)每组散热器的规格、数量及安装方式应符合设计要求;

2)散热器外表面应刷非金属性涂料。

检验方法：观察检查。

检查数量：按《建筑节能工程施工质量验收标准》(GB 50411—2019)第 3.4.3 条的规定抽检，最小抽样数量不得少于 5 组。

(6)散热器恒温阀及其安装应符合下列规定：

1)恒温阀的规格、数量应符合设计要求；

2)明装散热器恒温阀不应安装在狭小和封闭空间，其恒温阀阀头应水平安装并远离发热体，且不应被散热器、窗帘或其他障碍物遮挡；

3)暗装散热器恒温阀的外置式温度传感器，应安装在空气流通且能正确反映房间温度的位置上。

检验方法：观察检查。

检查数量：按《建筑节能工程施工质量验收标准》(GB 50411—2019)第 3.4.3 条的规定抽检，最小抽样数量不得少于 5 组。

(7)低温热水地面辐射供暖系统的安装，除应符合《建筑节能工程施工质量验收标准》(GB 50411—2019)第 9.2.4 条的规定外，尚应符合下列规定：

1)防潮层和绝热层的做法及绝热层的厚度应符合设计要求；

2)室内温度调控装置的安装位置和方向应符合设计要求，并便于观察、操作和调试；

3)室内温度调控装置的温度传感器宜安装在距地面 1.4 m 的内墙上或与照明开关在同一高度上，且避开阳光直射和发热设备。

检验方法：防潮层和绝热层隐蔽前观察检查；用钢针刺入绝热层、尺量；观察检查、尺量室内温度调控装置传感器的安装高度。

检查数量：按《建筑节能工程施工质量验收标准》(GB 50411—2019)第 3.4.3 条的规定抽检，最小抽样数量不得少于 5 处。

(8)供暖系统热力入口装置的安装应符合下列规定：

1)热力入口装置中各种部件的规格、数量应符合设计要求；

2)热计量表、过滤器、压力表、温度计的安装位置及方向应正确，并便于观察、维护；

3)水力平衡装置及各类阀门的安装位置、方向应正确，并便于操作和调试。

检验方法：观察检查。

检查数量：全数检查。

(9)供暖管道保温层和防潮层的施工应符合下列规定：

1)保温材料的燃烧性能、材质及厚度等应符合设计要求。

2)保温管壳的捆扎、粘贴应牢固，铺设应平整，硬质或半硬质的保温管壳每节至少应采用防腐金属丝、耐腐蚀织带或专用胶带捆扎 2 道，其间距为 300~350 mm，且捆扎应紧密，无滑动、松弛及断裂现象。

3)硬质或半硬质保温管壳的拼接缝隙不应大于 5 mm，并应用粘结材料勾缝填满；纵缝应错开，外层的水平接缝应设在侧下方。

4)松散或软质保温材料应按规定的密度压缩其体积，疏密应均匀，搭接处不应有空隙。

5)防潮层应紧密粘贴在保温层上，封闭良好，不得有虚粘、气泡、褶皱、裂缝等缺陷；防潮层外表面搭接应顺水。

6)立管的防潮层应由管道的低端向高端敷设，环向搭接缝应朝向低端；纵向搭接缝应位于管道的侧面，并顺水。

7)卷材防潮层采用螺旋形缠绕的方式施工时，卷材的搭接宽度宜为 30~50 mm。

8)阀门及法兰部位的保温应严密，且能单独拆卸并不得影响其操作功能。

检验方法：观察检查；用钢针刺入保温层、尺量。

检查数量：按《建筑节能工程施工质量验收标准》(GB 50411—2019)第 3.4.3 条的规定抽检，

最小抽样数量不得少于5处。

(10)供暖系统安装完毕后,应在供暖期内与热源进行联合试运转和调试,试运转和调试结果应符合设计要求。

检验方法:观察检查;核查供暖系统试运转和调试记录。

检查数量:全数检查。

5.3.3 一般项目

供暖系统阀门、过滤器等配件的保温层应密实、无空隙,且不得影响其操作功能。

检验方法:观察检查。

检查数量:按《建筑节能工程施工质量验收标准》(GB 50411—2019)第3.4.3条的规定抽检,最小抽样数量不得少于2件。

5.4 建筑采暖系统的运行维护

为了使整个供热采暖系统能够正常运行,使其达到设计所需的供热量或室内温度,就必须对供热采暖系统进行热量调节和运行的维护管理。

供热采暖系统的热量调节可分为初调节和运行调节两种。

(1)初调节是系统安装全部完成后,交工验收之前根据设计参数的要求,由施工单位负责进行的投入运行的调节,有时又称为安装调节。根据位置的不同,初调节可分为室外管网和室内管网两部分的调节;而根据热媒情况,又可分为热水供热采暖管网的初调节和蒸汽供热采暖管网的初调节。

(2)运行调节是指系统在运行过程中,用来保证用户所需供热量能随季节或室外气候条件变化而变化,以保持要求的室内温度的调节。运行调节通常是由使用单位负责进行的。对于运行调节,根据调节的方法,可分为改变供水温度的质调节、改变流量的量调节、改变每天供热时间的间歇调节;按调节的地点,又可分为在热源处进行的集中调节、在用户入口进行的局部调节、在用户热设备(如散热器)上进行的个体调节。

典型工程案例

1. 工程概况

北京市房山区长阳镇的一座新建节能民居,上下两层建筑面积为419 m²,大小房间共15间,砖混结构,中空玻璃塑钢门窗,外墙为370 mm厚空心砖,外墙加装70 mm厚标准挤塑板保温层,房顶采用200 mm厚聚苯板保温,建筑外围护结构符合节能50%标准。该建筑采用太阳能采暖—制冷—热水三联供系统。

2. 太阳能采暖—制冷—热水三联供系统介绍

太阳能采暖—制冷—热水三联供系统(图5-16)由太阳能集热系统、辅助能源系统、低温热水地板辐射采暖系统、热水供应系统、风冷系统、自动控制系统六个子系统组成。

(1)太阳能集热系统。太阳能集热系统主要由太阳能集热器、集热器支架、循环管路、循环泵、阀门、过滤器、储热水箱等组成。集热器由太阳能采暖专用真空管和特制的采暖联箱组成,实现了承压运行、超低温差传导、防垢、防冻、防漏、抗风功能,真空管经过特殊加工处理,即使玻璃管损坏系统也不会漏水,能够照常运行。集热器及支架设计安装合理,且功能与景观完美结合,不破坏建筑物美观,并可起到屋面隔热层作用。集热器采集的热量以水为载体,通

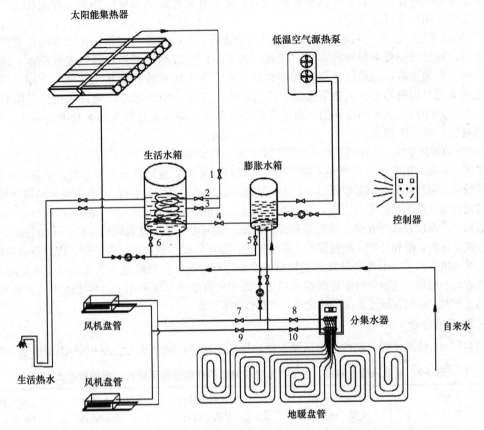

图 5-16　太阳能采暖—制冷—热水三联供系统示意

过循环管路储存于储热水箱中。水箱有两个，一个是热水水箱，主要用于生活热水和洗浴热水；另一个是膨胀水箱，主要用于采暖和制冷。水箱与集热器采用高位集热器低位水箱的安装方式，强制循环、停机排空的运行方式，实现太阳能的采集和系统防冻，大大提高了对太阳能的采集效率和系统安全性。

(2) 辅助能源系统。当太阳能不能满足系统需求的热量时，不足的热能由辅助能源提供。该工程选用新一代低温空气源热泵机组作为辅助能源，制冷量为 31 kW，制热量为 32 kW，电源电压为 380 V。空气源冷热泵机组已成功实现室外温度 $-15\ ℃$ 时，额定制热量衰减比普通热泵机组减少 25% 左右。而且，其最低运行温度可低至 $-20\ ℃$。机组在室外温度 0 ℃ 时运行的能效比可达到 3.0。

(3) 低温热水地板辐射采暖系统。采用低温热水地板辐射采暖，上、下两层共设四组分集水器，每组分别采用温控器控制，优先使用太阳能能源，根据采暖区域温度的要求，合理利用辅助热源，大大减少了运行费用。进入冬季采暖时，必须先将系统进行冬夏季行环管路转换，以集热系统及辅助能源系统生产的热水为热媒，在地板盘管中循环流动，加热地板，通过地面辐射的方式向室内供热。低温热水地板辐射采暖所需供水温度为 35～50 ℃，较普通暖气片的 85～95 ℃ 低得多，从采暖水箱到采暖末端是低温传输，所以传输热损大大减少。由于加热管在地下面，地板散发的热量从低处向高处传送，在 2 m 以内的人体活动区域被有效利用，热损失小。地暖不占用室内空间且温度梯度均匀，不像普通暖气片那样既冷热不均又占用空间。

(4) 热水供应系统。系统生产的热水除提供采暖外，还能通过热水供应系统为用户提供日常用热水。本系统采用恒温恒压装置保证用水终端水的温度和压力，不会出现供水不足或断水现象,采用自动循环保温装置保证供水管路和用水终端时刻有舒适温度的热水,即使较长时间不用,也能保证用热水时即开即热。

(5)风冷系统。本系统利用了风冷热泵机组的优点,不但冬季可以给太阳能采暖提供热能补充,还可以独立完成夏季制冷的需求,实现一机多用,充分利用能源,降低投资成本。进入夏季制冷时,必须先将系统进行冬夏季行环管路转换,将生活水箱和膨胀水箱独立使用,用太阳能集热器为用户提供热水。由热泵机组生产低温水并储存于膨胀水箱,通过风机盘管吸收室内热量,为室内降温,达到制冷目的。由于采用冷水系统,室内水分及人体水分不易流失,所以,远比直接使用氟系统舒适。

(6)自动控制系统。本系统采用微电脑自动控制,自动识别阳光的有无及强弱,监测水箱水温和室内温度,实现太阳能集热系统和采暖系统温差循环,采暖实施分室分时段控制;水位自动控制;热水系统自动循环保温,恒温恒压给水;实时功能状态显示;另特为有峰/谷电价地区的用户设计了谷电应用功能,使辅助能源可以在谷电时间段内充分蓄能,享受优惠电价,减少运行费用。为保证系统运行可靠及用户人身安全,设置多种保护措施,如漏电保护、过载短路保护、干烧保护、水流保护、逆序保护、缺相保护、超温保护、高压保护、低压保护、频繁启动保护等,用户可放心使用。控制系统人机界面可显示各种设置点参数及各设备运行情况,自动检测系统故障并显示故障代码,以方便查询和检修。通过全智能化的控制功能,既充分有效地采集利用了可再生能源,又最大限度地节约了能源,同时保证了系统的稳定性、可靠性和安全性。

3. 经济性分析

(1)419 m^2 建筑采暖、制冷、生活热水供应形式的初始投资及运行、维护费用比较(表5-8)。

表5-8 建筑采暖、制冷、生活热水供应形式的初始投资及运行、维护费用比较

名称 项目	太阳能+低温热泵 采暖、制冷、热水	燃煤锅炉采暖+ 中央空调制冷	电加热热水 (0.48 t/d)	太阳能热水 (0.48 t/d)
初始投资/万元	23.38 (558元/m^2)	(0.012+0.026)× 419=15.92	0.5 (6 kW 电锅炉)	无
夏季运行费用/元 (90 d)	419×20 =8 380	419×20 =8 380	245×0.5×19.5 =2 389	无
冬季运行费用/元 (120 d)	419×12 =5 028	419×30 =12 570	120×0.5×19.5 =1 170	1 170×30% =351
平均年维修费用/元	400	2 000	400	351
全年生活热水费用/元	—	—	3 959	351

电费按0.5元/(kW·h)计算,低温热泵在0 ℃时能效比为3.0,太阳能保证率为70%。由表5-8可知,太阳能采暖、制冷、热水每年运行费用可节约(2.34+0.4)−(1.38+0.035)=1.325(万元)。系统增加投资为23.38−15.92−0.5=6.96(万元),增投资回收年限为6.96÷1.325≈5(年)。系统使用寿命为20年,寿命期内节约费用20×1.36=27.2(万元)(其中,还没考虑常规能源涨价因素、利率因素等,燃煤锅炉或电锅炉一般不超过10年就需要较大的设备更换投资等因素)。

(2)系统碳减排量。经过计算,太阳能采暖、制冷、生活热水系统寿命期内的二氧化碳减排量为181 t。

4. 总结

本系统是对太阳能、热泵、低温热水辐射地板采暖的综合利用。春季、夏季、秋季可完全依靠太阳能提供足够的日常生活用热水;夏季用热泵和风机盘管制冷;冬季以太阳能为热源,

热泵为辅助能源完成采暖和热水供应的任务。在本系统中，太阳能采用地暖专用集热器，集热效率高，系统热稳定性强。辅助能源为低温热泵机组，它弥补了太阳能的间歇性和随季节变化带来的不稳定性，对新一代低温热泵的应用进一步提高了系统工作效率；而低温热水辐射地板采暖环保节能，不占用居室空间，热稳定性好，使用低温热水不结垢，可以连续使用 50 年以上。夏季制冷系统使低温热泵机组得到有效利用，不仅降低初始投资费用，还实现了系统整体化的布置，有利于装饰和维护管理。

太阳能、低温热泵机组的有效结合和优势互补，加上全智能化控制系统，实现了零能耗＋低能耗＋无污染的运行方式，符合节能减排的政策，为用户创造了舒适的生活环境，是值得进一步研究和推广的系统。

本章小结

1. 根据热源的来源不同，建筑采暖节能新途径主要有太阳能采暖技术、热泵采暖技术、石墨烯采暖技术、生物质能采暖技术，区别于传统采暖的采暖方式有地面辐射采暖，顶棚、墙壁辐射板采暖。

2. 热泵技术的关键问题是从哪种低温热源中有效地在冬季提取热量和在夏季向其排放热量。可利用的低温热源有室外空气、地表水、地下水、地下土壤、城市污水、海水。由此构成不同的热泵技术，如空气源热泵、地表水地源热泵、地下水地源热泵、土壤源热泵、污水源热泵等。

3. 目前，作为能源的生物质主要是指农业、林业及其他废弃物，如各种农作物秸秆、糖类作物、淀粉作物、油料作物、林业及木材加工废弃物、城市和工业有机废弃物以及动物粪便等。

4. 地面辐射采暖应用主要有水暖和电暖两种方式。水暖是以温度不高于 60 ℃ 的热水作为热源；电暖以电为能源。

5. 安装于顶棚或墙壁的辐射板供热/供冷装置是一种可改善室内舒适度并节约能耗的新方式。这种装置供热时内部水温为 23 ℃～30 ℃，供冷时内部水温为 18 ℃～22 ℃，同时，辅以置换式通风系统，采取下送风、侧送风，风速低于 2 m/s 的方式，换气次数为 0.5～1 次/h，实现夏季除湿、冬季加湿的功能。

本章相关
教学资源

复习思考题

一、选择题

1. 室内的供暖系统采用共用立管系统时，在每层连接的户数不宜超过（　　）户。
   A. 2　　　　　　　B. 3　　　　　　　C. 5　　　　　　　D. 8

2. 室内的供暖系统采用共用立管系统时，立管连接的户内系统总数不宜多于（　　）个。
   A. 20　　　　　　 B. 30　　　　　　 C. 40　　　　　　 D. 50

3. 室内供暖系统的散热器系统供水温度不应高于（　　）℃。
   A. 60　　　　　　 B. 70　　　　　　 C. 80　　　　　　 D. 90

4. 室内供暖系统的供水、回水温差不宜小于（　　）℃。
   A. 5　　　　　　　B. 10　　　　　　 C. 15　　　　　　 D. 20

5. 低温地面辐射供暖系统户（楼）内的供水温度不应高于（　　）℃。
   A. 35　　　　　　 B. 45　　　　　　 C. 55　　　　　　 D. 65

6. 低温地面辐射供暖系统户(楼)内的供水、回水温差不宜大于(　　)℃。
   A. 5　　　　　　B. 10　　　　　　C. 15　　　　　　D. 20
7. 采用低温地面辐射供暖的集中供热小区，当外网提供的热媒温度高于(　　)℃时，宜在楼栋的供暖热力入口处设置混水调节装置。
   A. 50　　　　　B. 60　　　　　　C. 70　　　　　　D. 80
8. 竖式地埋管地源热泵系统其竖直管埋深宜大于(　　)m。
   A. 10　　　　　B. 20　　　　　　C. 30　　　　　　D. 40
9. 锅炉房单台锅炉的容量，应确保在最大热负荷和低谷热负荷时都能高效运行，且锅炉台数不宜少于(　　)台。
   A. 2　　　　　　B. 3　　　　　　C. 4　　　　　　D. 5
10. 散热器在质量验收时，其检验数量按总数抽查(　　)，不得少于(　　)组。
    A. 2%，2　　　B. 2%，5　　　C. 5%，2　　　D. 5%，5

二、简答题

1. 简述住宅建筑集中供热热源的选择原则。
2. 简述公共建筑集中供暖系统设置水力平衡装置的原因。
3. 简述太阳能采暖的特点。
4. 简述热泵采暖技术的工作原理。
5. 简述石墨烯采暖技术的工作原理。
6. 简述石墨烯地暖的优点。
7. 用图或者表的形式说明热泵的分类。
8. 简述地面辐射采暖的分类及其各自的优点。

综合训练题

资料：

某别墅采暖系统，包括太阳能集热蓄热系统、辅助热源系统、末端及控制系统。

太阳能集热系统由平板型集热器、工质循环泵及相应管道组成。由集热器吸收太阳辐射热量，将系统中的工质加热到设计温度。工质循环泵通过循环，经过换热装置将热量换给水，再将热水转移至蓄热系统中后直接供应给采暖系统的末端装置，为建筑冬季提供采暖。

为保证系统的安全性和可靠性，设置辅助热源系统。辅助热源和蓄热水箱可以满足建筑1天的热量需求，且满足在阴、雨、雪天日照不足情况下采暖建筑的用热需求，提高了系统的可靠性。系统采用平板型集热器，可以避免直接系统过热，产生汽化、爆管等危害，提高系统的安全性。

问题：

(1) 该别墅建筑采暖系统在哪些方面采用了节能技术？
(2) 资料中提到的辅助热源系统可以采用哪些能源作为辅助热源？
(3) 通过查找资料，再列举三个项目案例，分别描述其建筑采暖节能系统及其节能效果。

第 6 章　空调通风系统节能技术

学习目标

1. 了解制冷设备的选型与安装、通风与空调系统的节能质量验收的方法和制冷系统的运行与维护。
2. 熟悉中央空调系统的节能控制的途径和高大空间建筑物空调节能技术。
3. 掌握空调系统和通风系统的节能途径，掌握热泵技术、变流量技术、蓄能(冷)空调技术、建筑冷热电三联供技术，以及热回收技术的原理，掌握自然通风的基本原理及使用条件。

本章导入

随着国民经济的发展和人们生活水平的提高，在各类建筑中，空调已日渐成为人们获得舒适室内环境的主要手段，因此，空调能耗成了建筑能耗的主要组成部分。近年来，电力供应日渐紧张，炎热的夏季是空调用电的高峰季节，许多城市为保证人民生活用电而对一些用电企业等实行拉闸限电，限制了企业的发展；既要保证企业的正常生产又要保证人们舒适生活的需要，这就使得空调系统的节能变得尤为重要。

为实现空调系统的高效运行和节能目标，必须了解空调系统能耗的构成及特点。因为空调系统能对空气进行温度、湿度、清洁度及流速的处理，进而满足生活和生产的需要；而其所消耗的全部能量称为空调系统的能耗。该能耗包括建筑物冷热负荷引起的能耗、新风负荷引起的能耗及输送设备(风机和水泵)的能耗。影响空调能耗的因素有很多，如室内温度、湿度设定值，室外空气量，空调方式，空调系统的控制运行和维护管理等。另外，建筑物的朝向和平面布置、建筑围护结构的保温性能、窗户隔热和建筑遮阳等也对空调能耗产生很大影响。因此，在空调设计运行时应综合考虑各种因素的影响，力求在最大程度上降低空调能耗。

6.1　空调系统的节能途径

用于暖通空调的能耗占建筑能耗的 30%~50%。如果采用节能技术，现有暖通空调系统可以实现节能 20%~50%。

在我国，随着改革开放的步伐，全国各地大量兴建现代化办公楼和综合性服务建筑群(包括商业娱乐设施)及大量住宅小区，而这些建筑多设有空调设备，这就使得空调节能逐步成为建筑节能中一个重要的问题。空调系统按照空气处理设备的集中程度分类，一般可分为三大类，即集中式、半集中式和分散式(包括局部方式)，具体见表 6-1。

表 6-1　主要空调方式

类别	空调系统形式	空调输送方式
集中式空调方式	全空气系统	定风量方式
		变风量方式
		分区、分层空调方式
		冰蓄冷低温送风方式

续表

类别	空调系统形式	空调输送方式
半集中式空调方式	空气—水系统	新风系统加风机盘管机组
		诱导机组系统
	全水系统	水源热泵系统
		冷热水机组加末端装置
分散式空调方式	直接蒸发式	单元式空调机加末端设备（如风口）
		分体式空调器及VRV系统
		窗式空调器
	辐射板式	辐射板供冷加新风系统
		辐射板供冷或采暖

目前，我国大型公共建筑应用最多的集中式空调方式为全空气空调系统，而半集中式空调方式则为风机盘管加新风的空调系统。要实现空调系统的节能，主要从两个方面考虑：一方面是提高中央空调系统的运行效率；另一方面是对系统运行过程中的能量予以回收（包括可再生能源的利用）。

系统节能的理念在新的空调系统设计和系统的改造过程中就需要渗透，如果系统和设备选择不当，则系统节能无从谈起。即使设计合理，但运行不当，也难以达到设计时的节能目标。因此，设计与运行是相辅相成的两个方面。

空调节能主要是指对控制室内温度、湿度的空调系统及设备采用先进技术或合理方式以达到节约能耗目的。空调节能可以从以下几个方面进行：

(1)合理地控制室内参数，降低空调冷负荷。在空调设计时合理地选择室内设计温度和湿度，避免夏季盲目低温和冬季采用过高温度。在风机盘管加新风系统中设置新风调节阀，避免新风量不均。设计中应避免送风温度过低，因为当送风温度由18 ℃降到14 ℃，在同样的房间温度(26 ℃，相对湿度为50%)下，处理送风的能耗会增加25%。

(2)提高输配系统的效率。设计时应合理地选择水泵的扬程。如果扬程过高，系统阻力无法消耗时，靠减小阀门开度来调节系统的水力平衡，就会使系统的能耗过多地消耗在阀门和过滤器上。适当采用二级泵系统，通过二级泵调整系统的流量和负荷。在送风系统设计时，应确定合理的流量及余压，使风机工作在高效区，也可以通过变频设备调整风量和负荷需求。

(3)提高制冷系统的效率。在制冷机负荷相同的情况下，冷冻水温度越高，冷却水温度越低，制冷机的效率越高。因此，应选用合理的冷冻水温度，并尽量选用高效冷却塔，降低冷却水温度。合理地调配冷却塔的运行，设置联动装置，避免冷却塔停风机不停水。

(4)充分利用天然能源。在过渡季节充分利用新风，并且合理地使用热回收装置。例如，在有内外区的大型建筑回收内区余热量或从排风系统中回收能量，用以对新风进行预处理。

(5)采用蓄冷系统。在实施峰谷电价的地区，可利用低电价时段采用冰蓄冷系统和水蓄冷系统。

(6)在使用条件、使用功能同步的地区或项目采用热电联产三联供。在项目初期，通过合理的规划是可以确保节能效果的。

(7)采用变频技术。空调系统变频技术主要有两种形式：一种是采用变速泵和变速风机替代调节阀，减少系统内部消耗，提高整机效率；另一种是采用变流量技术，根据空调负荷改变水流量或风流量。变流量系统可分为变风量系统(VAV)、变制冷剂流量系统(VRV)和变水量系统(VWV)。实行变流量调节不仅可以防止或减少运行调节的再热、混合等损失，而且由于流量随负荷的减少而减少，使输送动力能耗大幅度降低，节约风机和水泵耗电量，因而能有效地节能。

6.2 变流量技术

采暖、空调系统的设计是按照比较不利的气象条件进行的,所以在绝大部分时间内,实际负荷小于设计热(冷)负荷,并且在一天之内也是不断变化的。那么,水和空气作为热量和冷量的载体,其流量也应当是随着负荷的变化而变化。这既是采暖、空调质量的要求,也是节能的要求。因此,如何动态地控制系统的流量,既能满足经常变化的负荷要求,又能最大限度地节省能耗,是暖通空调领域近年来的技术热点之一。

就全国范围来看,改变系统动力的变流量技术,在热水供暖系统、空调的冷冻水系统、冷却水系统及风系统中,都有了很多的应用。

自从1972年世界能源危机以来,各种空调系统都以节能作为主要的选择依据,因此,变容量调节以匹配负荷变化的概念在空调系统中得到了广泛应用。从水系统、空气系统到制冷剂系统,分别出现了变风量、变制冷剂流量和变水量等各类变容量系统。

6.2.1 变风量(VAV)空调系统

1. VAV空调系统的概念和特点

VAV空调系统是全空气空调系统的一种,是通过改变送风量(也可以调节送风温度)来控制某一空调区域温度的一种空调系统。该系统是通过变风量末端装置调节送入房间的风量,并相应调节空调机的风量来适应该系统的风量需求。变风量空调系统可以根据空调负荷的变化及室内要求参数的改变自动调节空调送风量(达到最小送风量时调节送风温度),以满足室内人员的舒适要求或其他工艺要求。同时,根据实际送风量自动调节送风机的转速,最大限度地减小风机动力,节约能耗。

VAV空调系统具有以下特点:

(1)变风量系统属于全空气系统,没有风机盘管的凝水问题和霉变问题;

(2)能实现局部区域(房间)的灵活控制,可以根据负荷的变化或个人舒适要求自动调节各房间的送入风量,在考虑同时使用系数的情况下,空调器总装机容量可减少10%~30%;

(3)可以消除或减小再热量,室内无过热过冷现象,由此可减少空调负荷15%~30%;

(4)部分负荷运转时可大大降低风机能耗,据模拟计算,全年平均空调负荷率为60%时,VAV空调系统(变静压法控制)可节约风机动力78%;

(5)系统的灵活性较好,易于改建、扩建,尤其适用于格局多变的建筑。

2. VAV空调系统的组成

(1)末端装置。末端装置是变风量系统的关键设备,通过它来调节风量,能够补偿变化着的室内负荷,维持室温。一个变风量系统运行成功与否,在很大程度上取决于所选用的末端装置是否合适,性能是否良好。

VAV空调系统的运行依靠称为VAV末端装置的设备来根据室内要求提供能量控制其送风量。同时向DDC控制器传送自己的工作状况,经DDC分析计算后发出控制风机变频器信号。根据系统要求风量改变风机转速,节约送风动力。首先,在新风、排风管上设置VAV装置,通过自动控制保持新风量与排风量一致而实现房间的风量平衡;其次,送入每个房间或空调区域的风量由VAV控制,空调器的风量由变频器调节风机转速来实现控制。最常用的VAV末端装置原理如图6-1和图6-2所示。该装置主要由室内温度传感器、电动风阀、控制用IC板、风速传感器等部件构成。按调节原理分,变风量末端可分为四种基本类型,即节流型、风机动力型(Fan Powered)(串联型和并联风机型)、双风道型和旁通型,还有一种是在北欧广泛采用的诱导型。

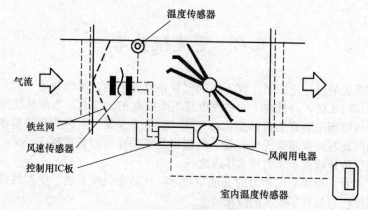

图 6-1 VAV 末端装置原理图

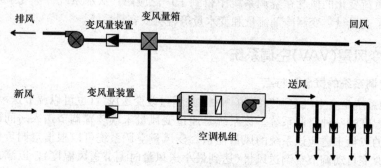

图 6-2 VAV 系统工作原理图

(2)系统控制器。系统控制器的主要功能是根据系统中各 VAV 装置的动作状态或风管的静压值(设定点),分析计算系统的最佳控制量,指示变频器动作。在各种 VAV 空调系统的控制方法中,除 DDC 式外,其他方法均设置独立式系统控制器。

(3)变频风机。VAV 空调系统常采用在送风机的输入电源线路上加装变频器,根据 SC 的指示改变风机的转速,满足空调系统的设计。

另外,与一般空调系统相似,变风量空调系统还应包括集中空气处理设备、送回风系统。

3. VAV 空调系统的控制

VAV 空调系统送至各房间的风量和系统的总送风量,都会随着房间负荷的变化而变化。因此,它必然会有较复杂的控制要求。只有实现了这些控制要求,系统的运行才能平稳可靠,使它的节能性和经济性充分体现出来。

变风量系统的基本控制要求主要包括以下几个方面:

(1)房间温度控制。房间温度控制是通过末端装置对送风量的控制来实现的。

(2)系统的静压控制。系统的静压控制是变风量系统十分重要的控制环节,它关系着整个系统的能耗情况和系统的稳定性及可靠性。

(3)空气处理装置的控制。实现了这类控制,既可以保证送风温度符合设计要求,又使送风量随着负荷的变化而变化,从而使系统在最经济的工况下运行。

6.2.2 变制冷剂流量(VRV)空调系统

1. VRV 空调系统的概念和组成

VRV 空调系统是制冷剂流量可自动调节的一大类直接蒸发式空调设备的总称。自 20 世纪 90 年代初以来,变频 VRV 系统在日本发展迅速,应用广泛。VRV 系统一般由室内机、室外机、控制装置和冷媒配管组成。一台室外机可以配置不同规格、不同容量的室内机。根据室内外机数量的多少可划分为单元 VRV 系统和多元 VRV 系统两大类。

VRV 空调系统由室内机、室外机、配线与控制系统和制冷剂配管等组成。从系统外观上看，该空调系统室外机相当于水系统空调中的制冷机组，制冷剂管道相当于冷水管，室内单机相当于风机盘管。图 6-3 所示为室内外机组合图。

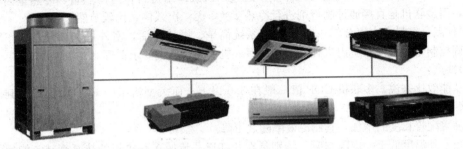

图 6-3　室内外机组合图

2. VRV 空调系统的压缩机技术

VRV 空调系统原理上与分体式空调相同，只是一台室外机可带多台室内机。VRV 空调系统通过压缩机的制冷剂循环量和进入室内各换热器的制冷剂流量，适时满足室内冷热负荷要求，是一种可以根据室内负荷大小自动调节系统容量的节能、高效、舒适的空调。其在对制冷压缩机的控制上有变频 VRV 系统和数码涡旋 VRV 系统之分。

用于容量调节的变频压缩机技术包括由变频器驱动提供的可变速压缩机、带旁路（热气和液体）的多级压缩机、双速压缩机和二级容量控制压缩机等。数码涡旋技术是实现容量调节的一种全新的技术。数码涡旋技术使用的是涡旋压缩机，它具有独特的固有性能，称为"轴向柔性"。

3. VRV 空调系统的节能

VRV 空调系统的节能性表现在以下几个方面：

（1）空调系统在全年的绝大部分时间里是处于部分负荷运行状态，常规空调在设计时是按照设计负荷选定的制冷设备，在非额定工况下，制冷机 COP 值较低，而 VRV 空调产品在部分负荷下运行时也有较高的 COP 值。

（2）在 VRV 空调系统中，不同的房间可以设定不同的温度，以满足不同使用者的要求，避免了集中控制造成的无效能源消耗，也提高了舒适水平。

（3）空调系统直接以制冷剂作为传热介质，传送的热量约为水的 10 倍、空气的 20 倍，且不需用庞大的水管和风管系统，不但减少了耗材，节省了空间，还减小了输送能耗及冷媒输送中的能量损失。

4. 与传统空调相比的优、缺点

VRV 空调系统运用全新理念，集一拖多技术、智能控制技术、多重健康技术、节能技术和网络控制技术等多种高新技术于一身，满足了消费者对舒适性、方便性等方面的要求。

（1）优点：

1）投资少。与多台家用空调相比，它只用一个室外机，安装方便美观，并且投资少。

2）控制灵活方便。它可实现各室内机的集中管理，采用网络控制。可单独启动一台室内机运行，也可多台室内机同时启动，使得控制更加灵活和节能。

3）占用空间少。仅一台室外机可放置于楼顶，其结构紧凑、美观、节省空间。

4）长配管，高落差。多联机可实现超长配管 125 m 安装，室内机落差可达 50 m，两个室内机之间的落差可达到 30 m，因此，安装随意、方便。

5）采用的室内机可选择各种规格，款式可自由搭配。它与一般中央空调相比，避免了一般中央空调一开俱开,且耗能大的问题,因此它更加节能。另外,自动化控制避免了一般中央空调需要专用的机房和专人看守的问题。

(2)缺点:价格相对较高。

5. 与集中空调系统相比的优、缺点

集中式中央空调的螺杆机组与风冷热泵通过二次载体水进行传送冷热量,冷热量会有一定的损失,而多联机是直接通过制冷剂进行冷热交换,无二次载体,比较节能。

(1)优点:容量自由组合(8~56 HP),系统简单、设计灵活,室外机位置任意、作用半径大,精确控制室内温度,室内机独立控制、室外机变频,环境要求低等。

(2)缺点:

1)从能效比来说,多联机 COP 值一般在 3.0 以上,而大型机组的 COP 值可以达到 5.0 以上,无疑大型机组是节能的。

2)随着配管长度的增加,其制冷效率随之下降。

3)当室外温度低于一定限制时,特别是在长江以北流域多联机组的热泵衰减、能量的流失就显得更为严重。

4)多联机换新风问题的解决难度比较大。

5)多联机的造价比较高,所以,同一个工程中多联机和大型机组没有竞争力。

6.2.3 变水量(VWV)空调系统

传统的中央空调水系统采用定流量质调节的方式,即冷冻水泵和冷却水泵都是定流量运行的,导致在低负荷下水系统处于大流量小温差下运行工况,浪费了大量电能,因此,如何降低水泵的能耗对于空调系统节能意义重大。随负荷变化来降低水泵能耗的主要手段是变频技术,即通过 PLC 或工控机控制变频器,改变水泵的转速,在部分负荷下减小循环的水量以实现节能。VWV 空调系统具体的方式包括变冷却水量和变冷冻水量,以及上述两种方式的结合。变流量水系统在水泵设置和系统流量控制方面必须采取相应措施,才能达到节能目的。

VWV 系统的水泵配置方式有以下两种:

(1)制冷机(或热源)与负荷侧末端共用水泵,称为一次泵(Primary Pump)系统或"单式"系统。如图 6-4 所示,一次泵系统的末端如果用三通阀,则流经制冷机(R)或热源(H)的水量一定,如果末端用两通阀,则系统水量变化。为保证流经制冷机蒸发器的水量一定,可在供、回水干管之间设置旁通管。

在供、回水干管之间的旁通管上设有旁通调节阀。根据供、回水干管之间的压差控制器的压差信号调节旁通阀,调节旁通流量。在多台制冷机并联情况下,根据旁通流量也可实现台数控制。一次泵系统的台数控制有以下一些方式:

1)旁通阀规格按一台冷水机组流量确定。当旁通流量降到阀开度的 10% 时,意味着系统负荷增大,末端用水量增加,这时要增开一台冷水机组;反之,当旁通流量增加到 90% 时,停开一台冷水机组。

2)在旁通管上再增设流量计。当旁通流量计显示流量增加到一台冷水机组流量的 110% 时,停开一台冷水机组。旁通调节阀由压差控制,保证供回水管处于恒定压差。

3)在回水管路中设置温度传感器。当回水温度变化时,根据设定值控制冷水机组的启停。

一次泵系统比较简单,可节省初次投资。目前,在中、小规模空调系统中应用十分广泛。

(2)将水系统设为冷热源侧和负荷侧。冷热源侧用定流量泵,保持一次环路流经蒸发器的水流量不变;负荷侧(二次环路)可以采用变频水泵或定流量水泵的台数控制实现变流量运行。这种系统称为二次泵系统或"复式"系统,如图 6-5 所示。

在二次泵水系统中,负荷侧用两通阀,则二次侧可以用定流量水泵台数控制、变频变流量水泵,以及台数控制与变流量水泵结合,实现二次侧变水量运行。

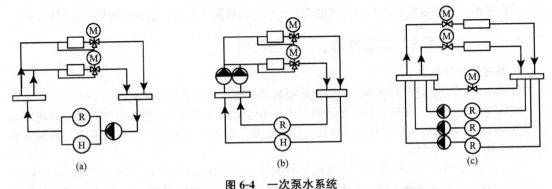

图 6-4 一次泵水系统
(a)一次泵定流量系统；(b)分区一次泵定流量系统；(c)一次泵变流量系统

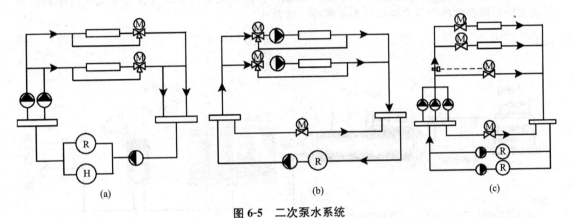

图 6-5 二次泵水系统
(a)定流量水系统；(b)分区供水定流量水系统；(c)台数控制变流量水系统

二次泵系统有很多优点，例如，在多区系统的各子系统阻力相差较大的情况下，或各子系统运行时间、使用功能不同的情况下，将二次泵分别设在各子系统靠近负荷之处，会给运行管理带来更多的灵活性，并可以降低输送能耗。在超高层建筑中，二次泵系统可以将水的静压分解，减少底部系统承压。但二次泵系统初始投资较高，需要有较好的自控系统配合，一般用在大型、分区系统中。

6.3 蓄能(冷)空调技术

世界上采用人工制冷的蓄冷空调大约出现在 1930 年前后。随着机械制造业的发展，制冷设备造价大幅度降低，节省制冷设备的投资费用逐渐失去吸引力，相反，蓄冷装置价格高昂和耗电多的不利因素变得突出，使该项技术的应用长期处于停滞状态。大约在 20 世纪 50—70 年代，空调水蓄冷技术有了较大发展。

1973 年，世界范围内的能源危机使得蓄冷技术得到迅速发展。我国于多年前就在一些体育馆建筑中采用了水蓄冷技术，以减少制冷设备容量，取得了较好的效果。

蓄冷概念就是空调系统在不需要冷量或需冷量少的时间(如夜间)，利用制冷设备将蓄冷介质中的热量移出，进行冷量储存，并将此冷量用在空调用冷或工艺用冷高峰期。这就好像在冬天将天然冰深藏于地窖之中供来年夏天使用一样。蓄冷介质可以是水、冰或共晶盐。这一概念是和平衡电力负荷即"削峰填谷"的概念相联系的。现代城市的用电状况是：一方面在白天存在用电高峰，供电能力不足，为满足高峰用电不得不新建电厂；另一方面夜间用电低谷时又有电送不出去，电厂运行效率很低。因此，蓄冷系统的特点是转移制冷设备的运行时间。这样，一方面可以利用夜间的廉价电;另一方面也减少了白天的峰值电负荷,达到移峰填谷的目的。

6.3.1 空调蓄冷技术的概念、分类与特点

1. 蓄冷技术的概念

(1)蓄冷。蓄冷就是利用某种物质的潜热或显热特性,将冷量蓄存起来。

(2)空调蓄冷技术。在电力负荷很低的夜间采用电动制冷机制冷,用蓄冷介质的显热或潜热将冷量储存起来,在用电高峰期将其释放,以满足建筑物的空调或生产工艺的需要,从而达到转移高峰电力负荷的目的。

(3)冰(水)蓄冷。冰(水)蓄冷即在夜间电网低谷电费时制冰(冷水),并由蓄冷设备以冰(冷水)的形式将冷量储存起来,待白天电网高峰电费时,再通过融冰(循环冷水)的方式将冷量释放出来,满足高峰空调负荷需要的空调系统。冰(水)蓄冷根据运行方式可分为全负荷蓄冷和部分负荷蓄冷;根据蓄冷介质主要可分为水蓄冷、冰蓄冷。

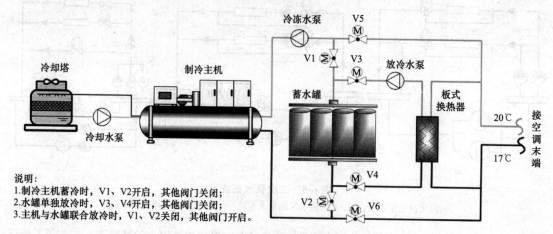

说明:
1.制冷主机蓄冷时,V1、V2开启,其他阀门关闭;
2.水罐单独放冷时,V3、V4开启,其他阀门关闭;
3.主机与水罐联合放冷时,V1、V2关闭,其他阀门开启。

图 6-6 水蓄冷运行原理图

2. 蓄冷技术介质分类

水蓄冷(显热)常用介质有水和盐水;冰蓄冷(潜热)的蓄冷介质是冰、共晶盐水化合物等相变物质。水蓄冷、冰蓄冷和共晶盐蓄冷的优缺点及适用条件见表 6-2。

表 6-2 水蓄冷、冰蓄冷和共晶盐蓄冷优缺点及适用条件

分类	常用介质	蓄冷介质特性	优缺点及适用条件	
水蓄冷	水和盐水	显热	优点	(1)能使用常规冷水机组,制冷效率高; (2)初始投资低,可结合地下消防水池等作蓄冷器; (3)可用作蓄冷和蓄热双用途; (4)技术要求低,操作维修方便,适用于常规空调系统的扩容和改造; (5)自控简单; (6)压缩机形式可任选
			缺点	(1)蓄冷密度低,蓄冷池占地面积大,容积大、冷损大(10%~15%); (2)开启式水池,易受污染,管道易腐蚀; (3)不易用于闭式水系统,输水能耗大
			适用建筑类型	可以用于新建项目,也可以用于改造项目

续表

分类	常用介质	蓄冷介质特性	优缺点及适用条件	
冰蓄冷	冰	潜热	优点	(1)COP值较低，蓄冷槽容积小，冷损小(2%~3%)； (2)水温低，可采用低温送风，节约水管、风管材料，减少水泵、风机能耗，降低噪声； (3)水温低，除湿能力强，提高空调的舒适性； (4)易实现闭式系统，水泵耗能小，不易污染； (5)易实现产品定型化工厂生产，造价趋于合理
冰蓄冷	冰	潜热	缺点	(1)制冷机COP值下降20%~40%，冷量下降20%~38%； (2)运行控制要求高，投资较大； (3)保温要求高； (4)压缩机使用有限制，常用螺杆式、往复式
冰蓄冷	冰	潜热	适用建筑类型	一般用于新建建筑
共晶盐蓄冷	由无机盐、水、成核剂和稳定剂组成	潜热	优点	(1)主机效率高，接近常规冷水机组的效率； (2)易用于现有的空调系统，尤适用于常规空调改造和扩容； (3)管线无冻结问题； (4)蓄冷能力在水与冰之间； (5)压缩机形式可任选； (6)运行和储冷可同时进行
共晶盐蓄冷	由无机盐、水、成核剂和稳定剂组成	潜热	缺点	(1)蓄冷材料价格高，寿命短； (2)系统复杂，控制要求高； (3)相变温度为8.3℃，冷冻水须进一步降温后才能使用
共晶盐蓄冷	由无机盐、水、成核剂和稳定剂组成	潜热	适用建筑类型	一般用于新建建筑

3. 蓄冷空调系统的主要特点

(1)全部或部分转移了制冷机组的用电时间，起到了转移电力高峰期电负荷的作用。制冷机组在夜间电力低谷时段运行，用储存的冷量来供应高峰时段的全部或部分空调负荷。

(2)空调蓄冷系统的制冷设备容量和功率小于常规空调系统，一般可减少30%~50%。

(3)由于增加了蓄冷器及其辅助设备，一般比常规空调系统初始投资高，如果计入供电增容费及用电集资费等，视各地区的情况，有可能相当或增加不多。

(4)由于电力部门实施峰谷分时计价政策，空调系统的运行费用比常规空调系统低，分时电价差值越大，得益越多。

(5)空调蓄冷系统中制冷设备满负荷运行比例增大，运行工况稳定，提高了设备利用率。

(6)空调蓄冷系统并不一定节电，而是合理使用峰谷段电能。综合考虑电力系统，则肯定是节能的。当然，蓄冷系统在夜间蓄冷时，基本上是满负荷运行，且空气温度低，有利于制冷效率的提高。但在蓄冰系统中，其蓄冷温度为−6℃~−4℃，增加了制冷机的能耗率。另外，还有蓄冷设备的热损失及二次换热损失等。因此，一般对水蓄冷和共晶盐蓄冷系统会节能，而对蓄冰系统可能是不节能的。

6.3.2 全负荷蓄冷与部分负荷蓄冷

冰蓄冷空调可以缓解本地区的电网高峰压力，从而减缓电力部门的扩容压力。由于制冷主机可日夜运行,可以大大地减少主机容量及相应的电力配套设施,即减少冷却塔配套容量和设备的使用空间。同时,由于合理利用电网的分时差价制冷,可大幅度地降低空调系统的电费,而且具有应急冷源的特点,停电时可利用很少的自备电力启动水泵融冰供冷,进一步提高了空调系统的可靠性。一般可将冰蓄冷空调系统划分为全量蓄冰运行模式和部分蓄冰运行模式两种。

(1) 全负荷蓄冷:将高峰期的负荷全部转移到低谷时段。如图 6-7 所示,将制冷机组在低谷时段的制冷量蓄存起来供电力高峰时段使用,高峰时段停止运行,图 6-7 中 B 与 C 的面积总和等于 A 的面积。如果低谷时段时间较短,则制冷机组的容量要求就会比较大,但转移的高峰负荷最多。多用于间歇性的空调场合,如体育馆、影剧院。全负荷蓄冷要求制冷机和蓄冷装置的容量较部分负荷蓄冷方式要大、初始投资增多,但最节省运行电费。

(2) 部分负荷蓄冷:在电力高峰时段,制冷机组仍然运行,不足部分由低谷时段的蓄冷量来满足,即只将部分负荷转移到低谷时段。在图 6-8 中,A_2 的面积等于 B 与 C 之和。采用部分负荷蓄冷策略,相当于一个工作日的负荷被制冷机组均摊在全天来承担,所以,其容量最小,可以节约这方面的初始投资。在实际工程中采用这种策略的较多。设计总负荷的 30%~60% 由蓄冷装置提供,蓄冷装置和制冷机联合运行。该方式在过渡季节也可执行全负荷蓄冷方式。因节省初始投资,而被广泛采用。

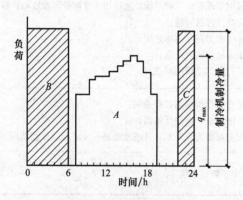

图 6-7 全负荷蓄冷系统

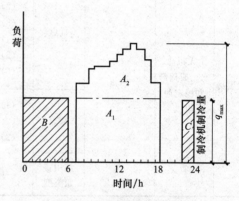

图 6-8 部分负荷蓄冷系统

6.3.3 冰蓄冷空调系统的运行模式

冰蓄冷空调系统的制冷主机和蓄冷装置所组成的管道系统,按制冷机组与蓄冷装置的相对位置不同,基本可分为并联系统和串联系统。

1. 并联系统及其运行模式

冰蓄冷并联系统由两部分组成:一部分为空调冷冻水系统,介质为水;另一部分为乙烯乙二醇水溶液系统(图 6-9 中点画线框内部分),可以进行蓄冷或供冷。乙烯乙二醇水溶液系统由制冷主机、蓄冰槽、板式换热器和泵、阀门等组成。调节阀门可以使系统有不同的运行模式。图 6-9 所示为制冷主机与储冰设备并联的双泵流程系统。与储冰设备并联的双泵流程系统,其可能的运行模式见表 6-3。

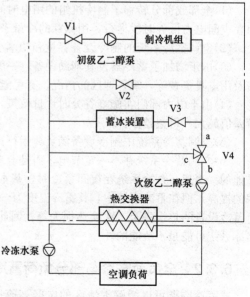

图 6-9 并联循环回路冰蓄冷空调系统流程

表6-3 并联双泵循环回路各种运行方式及设备、阀门状态

运行方式	主机	初级乙二醇泵	次级乙二醇泵	V1	V2	V3	V4
制冰	开	开	关	b-a	a-c	开	关
融冰供冷	关	开	开	调节	a-b	关	开
制冰同时供冷	开	开	开	b-a	调节	开	关
主机供冷	开	开	开	b-c	a-b	开	关
主机和融冰同时供冷	开	开	开	调节	a-b	开	关

2. 串联系统及其运行模式

冰蓄冷串联系统由乙烯乙二醇水溶液制冷主机、蓄冰槽、板式换热器及泵、阀门等串联组成；利用温度比较低的乙烯乙二醇水溶液通过板式换热器冷却空调用水。对于串联系统来说，制冷主机可位于蓄冷槽上游，此时，制冷主机出水温度较高，蓄冰槽进出水温度较低。因此，制冷主机效率高、电耗较小，而融冰温差小，取冰效率较低。如果制冷机组位于冰槽下游，则情况正好相反。一般多采用"主机上游"布置方式。

串联系统与并联系统一样，除蓄冰工况外，也可以制冷机组单独供冷、蓄冰槽单独供冷，或制冷机组与蓄冰槽联合供冷。

相对于并联系统，串联配置的冰蓄冷系统主机无论是满负荷或部分负荷运行都比较稳定，主机出口温度较高，从而运行效率也高，且较易实现对系统运行的自动控制。另外，串联系统流程的供、回液温差大，其溶液泵的电功率可相应减少，可较经济地实行大温差供冷或进行低温空气调节。因此，在实际工程中更多使用的是串联系统。串联系统又有制冷机置于上游与置于下游两类。与置于下游比较，制冷机置于上游的串联系统由于首先接受热交换（图6-10所示为单泵流程，图6-11所示为双泵流程），是目前工程上较为常用的冰蓄冷系统模式。其可能的运行模式分别见表6-4和表6-5。

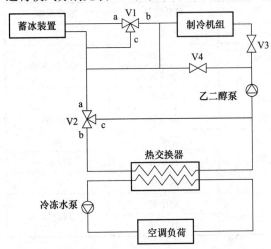

图6-10 制冷机置于上游的串联单循环回路冰蓄冷空调系统流程

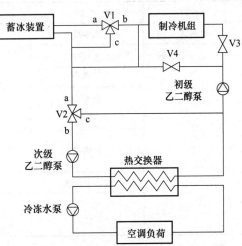

图6-11 制冷机置于上游的串联双循环回路冰蓄冷空调系统流程

表6-4 主机置于上游的串联单循环各种运行方式及设备、阀门状态

运行方式	主机	乙二醇泵	V1	V2	V3	V4
制冰	开	开	b-a	a-c	开	关
融冰供冷	关	开	调节	a-b	关	开

续表

运行方式	主机	乙二醇泵	V1	V2	V3	V4
主机供冷	开	开	b-c	开	开	关
主机和融冰同时供冷	开	开	调节	a-b	开	关

表6-5 主机置于上游的串联双循环各种运行方式及设备、阀门状态

运行方式	主机	初级乙二醇泵	次级乙二醇泵	V1	V2	V3	V4
制冰	开	开	关	b-a	a-c	开	关
融冰供冷	关	开	开	调节	a-b	关	开
制冰同时供冷	开	开	开	b-a	调节	开	关
主机供冷	开	开	开	b-c	a-b	开	关
主机和融冰同时供冷	开	开	开	调节	a-b	开	关

从表6-4和表6-5中可以看出，每一个冰蓄冷空调系统都可以有多种供冷运行方式，针对实际运行中主要采用哪种方式较为经济，如何根据负荷和外部条件的变化来改变和调配运行方式，设计人员在具体的工程设计中都应有详细的经济分析比较方案，并最后根据分析结果编制运行模式控制程序。

6.3.4 蓄冷设备

蓄冷设备一般可分为显热式蓄冷和潜热式蓄冷，表6-6为具体分类情况。蓄冷介质最常用的有水、冰和其他相变材料，不同蓄冷介质有不同的单位体积蓄冷能力和不同的蓄冷温度。

表6-6 显热式蓄冷和潜热式蓄冷分类情况

分类	类型	蓄冷介质	蓄冷流体	取冷流体
显热式	水蓄冷	水	水	水
潜热式	冰盘管（外融冰）	冰或其他共晶盐	制冷剂	水或载冷剂
			载冷剂	水或载冷剂
	冰盘管（内融冰）	冰或其他共晶盐	载冷剂	载冷剂
			制冷剂	制冷剂
	封装式	冰或其他共晶盐	水	水
			载冷剂	载冷剂
	片冰滑落式	冰	制冷剂	水
	冰晶式	冰	制冷剂	载冷剂
			载冷剂	

(1) 水。显热式蓄冷以水为蓄冷介质，水的比热为4.184 kJ/(kg·K)。蓄冷槽的体积取决于空调回水与蓄冷槽供水之间的温差，大多数建筑的空调系统，此温差可为8℃～11℃。水蓄冷的蓄冷温度为4℃～6℃，空调常用冷水机组可以适应此温度。从空调系统设计上，应该尽可能提高空调回水温度，以充分利用蓄冷槽的体积。

(2) 冰。冰的溶解潜热为335 kJ/kg，所以，冰是很理想的蓄冷介质。冰蓄冷的蓄存温度为水的凝固点0℃。为了使水冻结，制冷机应提供-7℃～-3℃的温度，它低于常规空调用制冷设备所提供的温度。在这样的系统中，蓄冰装置可以提供较低的空调供水温度，有利于提高空

调供、回水温差，以减小配管尺寸和水泵电耗。

(3)共晶盐。为了提高蓄冷温度，减少蓄冷装置的体积，可以采用除冰外的其他相变材料。目前，常用的相变材料为共晶盐，即无机盐与水的混合物。对于作为蓄冷介质的共晶盐有以下要求：

1)融解或凝固温度为 5 ℃~8 ℃。
2)融解潜热大，导热系数大。
3)相对密度大。
4)无毒，无腐蚀。

6.4 建筑热电冷三联供技术

6.4.1 概述

热电冷联供系统是将制冷、制热及发电过程一体化的总能系统。热电冷联供系统是由热电联供发展而来，热电设备利用煤、天然气等能源，通过锅炉(或燃烧室)燃烧，首先将产生的具有高品位的蒸汽通过汽轮机发电，然后利用汽轮机的抽汽或排汽，冬季向用户供热、夏季利用吸收式制冷机供冷的联供系统。因此，热电冷联供技术是热电联供技术与制冷技术的结合。

热电冷联供技术的最大的特点就是对不同品质的能量进行梯级利用，温度比较高的、具有较大可用能的热能被用来发电，而温度比较低的低品位热能则被用来供热或是制冷。这样，不仅提高了能源的利用效率，而且减少了碳化物和有害气体的排放，具有良好的经济效益和社会效益。

燃气冷热电三联供也称 CCHP(Combined Cooling Heating and Power)，它主要是利用燃气轮机或燃气内燃机燃烧洁净的天然气发电，进一步回收做功后的余热，用来制冷、制热和制造生活用热水。

燃气冷热电三联供系统属于分布式能源。分布式能源是相对于传统的集中式供电方式而言的，是指将发电系统以小规模、小容量(数千瓦至 15 MW)、模块化、分散式的方式布置在用户附近，可以独立地输出电、热和冷能的系统。

6.4.2 热电冷联供的驱动装置

按照驱动方式分，热电冷联供的主要形式有蒸汽轮机驱动的外燃烧式和燃气轮机驱动的内燃烧式。随着现代科学技术的发展，特别是微型燃气轮机、燃气外燃机和燃料电池及其他新能源技术的发展，赋予了热电冷联供技术新的内涵。

1. 蒸汽轮机

通过锅炉，由煤燃烧形成的高温烟气将水加热成的高温高压蒸汽送入蒸汽轮机组发电和供热。其工作原理如图 6-12 所示。

蒸汽轮机组一般有两种，一种是背压式机组；另一种是抽汽式机组。背压式机组不设冷凝器，用汽轮机尾部的余热作为热源，需要稳定的热负荷才能正常发电，其优点是热效率高；抽汽式机组设置冷凝器，在汽轮机的中段抽取一定压力(一般在 1.0 MPa 左右)蒸汽作为热源，其优点是热负荷可灵活调节，但热效率比背压式机组低。热电联机组充分利用梯级做功的原理，能够提高发电机组的总热效率，纯凝汽式发电机组的热效率一般为 25%~34%，而热电联产机组总热效率则在 45%以上。

2. 燃气轮机装置

燃气轮机热电联产系统可分为单循环和联合循环两种形式。燃气轮机结构图如图 6-13 所示。单循环的燃气轮机主要由压气机、燃烧室和汽轮机组成。压气机将空气压缩进入燃烧室，在

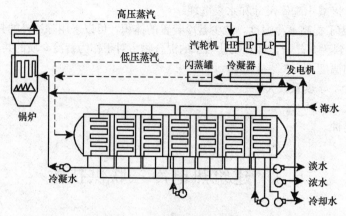

图 6-12 蒸汽轮机工作原理图

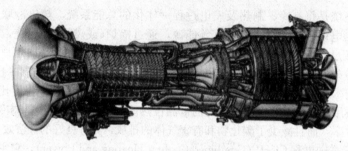

图 6-13 燃气轮机结构图

燃烧室内与喷入的燃气(如天然气)混合燃烧,之后在汽轮机里膨胀,驱动叶轮转动,使其驱动发电机发电。燃气轮机的尾气温度很高(一般在 500 ℃以上),是很好的驱动热源,既可以用来制冷,也可以进余热锅炉产生蒸汽再供热或制冷。另外,烟气除用来发电外,部分可用于工艺,这样它的总热效率可达 80% 或更高。燃气轮机的容量范围也很宽,有几十到数百千瓦的微型燃气轮机,也有 300 MW 以上的大型燃气轮机。因而,燃气轮机正日益取代汽轮机在热电联产系统中的地位。

(2) 燃气-蒸汽联合循环发电装置。除燃气轮机的单循环形式外,还有一种联合循环的形式,即燃气-蒸汽联合循环。燃气-蒸汽联合循环将具有较高平均吸热温度的燃气轮机与具有较低平均放热温度的蒸汽轮机结合起来,使燃气轮机的高温尾气进入余热锅炉产生蒸汽,并使蒸汽在汽轮机中继续做功发电。其抽汽或背压排汽被用于供热和制冷,达到了扬长避短、相互弥补的目的,使整个联合循环的热能利用水平较简单循环有了明显提高。燃气-蒸汽联合循环系统初始投资较高,占地面积较大,但具有较强的灵活性,热电产出比可通过控制抽汽量方便地调节,故适用于大型的联产系统。

3. 燃气内燃机装置

内燃机将燃料(如天然气)与空气注入汽缸混合,点火引发其爆炸做功,推动活塞运动,驱动发电机发电,回收燃烧后的烟气和各部件的冷却水的热量用于热电冷联供。当其规模较小时,发电效率明显比燃气轮机高,一般在 30% 以上,并且初始投资较低,在一些小型的热电冷联供系统中往往采用这种形式。但是,由于余热回收复杂而品质又不高,不适用于供热温度要求高的场合。

4. 燃料电池装置

燃料电池是将氢和氧反应生成水放出的化学能转换成电能的装置,其基本原理(图 6-14)相当于电解反应的逆向反应,具有无污染、高效率、适用广、无噪声和能连续运转等优点,发电效率达 40% 以上,热电联产的效率达到 80% 以上。目前,多数燃料电池正处于开发研制中。

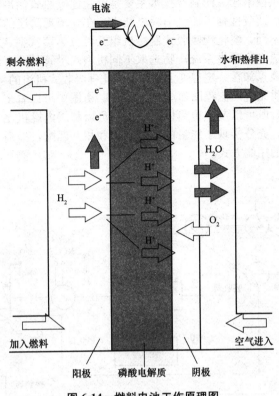

图 6-14 燃料电池工作原理图

6.4.3 热电冷联供常用设备及系统形式

热电联产装置与制冷机及其他部件(如热网、蓄冷器等)的组合,可以形成多种热电冷联供系统形式。小型热电冷联供装置可以设置在一个建筑物内,发电直接供建筑物的用电负荷,所产生的热冷量由建筑物内管网输送至各房间。大型热电冷联供系统,即以热电厂为热源的区域供热(DH)或区域冷热联供(DHC)系统,发电一般直接输送至电网,而热冷量则通过热网输送给各建筑物用户,如图 6-15 所示。如果根据热网输送介质的不同来划分,大型热电冷联供系统的形式主要有三种,即热水输送、冷水直供和蒸汽输送。

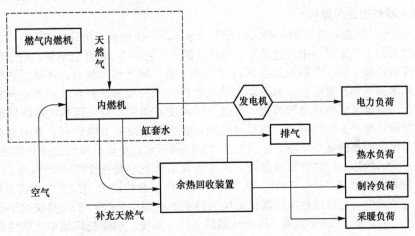

图 6-15 热电冷联供系统典型示意

目前，与热电冷联供技术相关的制冷技术主要是溴化锂吸收式制冷。由于溴化锂吸收式制冷机对热源参数要求低、适应性强，而且消耗电能少，在我国现阶段的冷热电联供系统中最为常见。根据驱动热源的不同，溴化锂吸收式制冷机组又可分为蒸汽型、直燃型、热水型、余热型和复合热源型，可视热电冷联供系统产物选取不同机型。尽管如此，溴化锂溶液易结晶的特性和机组能效比偏低的缺点却在一定程度上制约了溴化锂吸收式机组的发展。

燃气轮机热电冷联供系统的流程图如图6-16所示。由图中可以看出，利用燃气轮机热电冷联供技术在供电的同时，既可以制热也可以制冷，既可以利用内燃机尾气余热实现热制冷，也可以耗电带动热泵制热，充分实现了能量的梯级利用和相互匹配，提高了能量的利用效率。从理论上讲，这是最合理的用能方式。

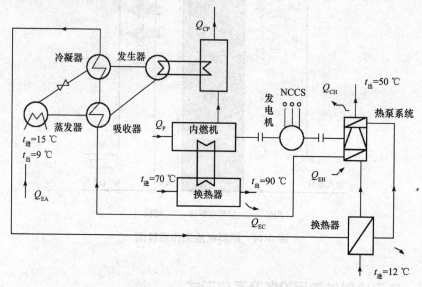

图6-16 燃气轮机热电冷联供系统的流程图

6.4.4 热电冷联供的应用现状及发展趋势

热电冷联供是既产电又产热的先进能源利用形式，与热电分产相比具有很多优点：降低能源消耗、提高空气质量、节约城市用地、提高供热质量、改善城市形象、减少安全事故等。由于热电冷联供技术具有上述优点，世界各国都在大力发展。

1. 热电冷联供的应用现状

19世纪70年代末期，在欧洲一些人口密集的城区，开始出现了由往复式蒸汽机带动的发电机，并对蒸汽机的乏汽加以利用，这是早期的热电联供系统。在20世纪早期，由于纯发电开始产生显著的规模效益，热电联供系统没能得到发展。第二次世界大战后，区域供热在北欧、苏联及一些东欧国家得到普遍应用，并带动了热电联供技术的发展。而在欧洲其他国家，由于燃料丰富、廉价，热电联供技术发展缓慢，在经历了两次石油危机后，以热电冷联供形式为主的区域供热、区域供冷开始受到重视。美国将区域供热列入其政府节能计划，英国国会则评价区域供热为减少国家能耗的重要手段，法国更是以守法的形式推动热电冷联供技术的发展。

近年来，美国的热电冷联供发展迅速，热电冷联供装机容量在1980—1995年的15年间由12 000 MW增加至45 000 MW。目前，热电冷联供装机容量约已占美国总装机容量的7%。在日本能源供应领域中，主要以热电冷联供系统为热源的区域供热(冷)系统是仅次于燃气、电力的第三大公益事业，到1996年共有132个区域供热(冷)系统。燃气轮机热电冷联供设备和汽轮机驱动压缩式制冷设备是日本热电冷联供的主要形式。区域供冷则没有区域供热应用那样广泛，但由于其在经济上的吸引力也正在世界范围内慢慢被提倡和应用。1962年美国建成世界上最早的区域供冷系统，并可同时供应蒸汽。目前，美国已有超过60个区域供冷系统。日本的区域供冷发展最快，而欧洲也已有多个热电冷联供系统投入运行。

我国早在建国初期就学习苏联经验，重视发展热电联供建设。供热机组占全部火电设备总容量的比例从1952年的2%增加到1957年的17%，仅次于苏联，居世界第二位。在经历了20世纪70年代的发展低潮后，随着改革开放和经济的发展，我国热电联供又取得了很大进展。到1999年年底，我国单机容量6 000 kW以上的热电机组装机容量达2 815.9万 kW，占同期同容量火电机组的13.30%。这些机组主要以煤为燃料，即由燃煤锅炉和抽凝(或背压)汽轮机组构成。

在供冷方面，热电冷联供形式的区域供冷在我国起步较晚。全国多个城市拥有在燃煤热电厂基础上建立的热电冷联供系统，在燃气轮机或内燃机基础上建立的燃气热电冷联供系统也已出现。据不完全统计，在我国2017年6—10月建设和签约的燃气三联供项目就有18个，投资额超过100亿元。国家在政策方面也支持天然气分布式能源行业的进一步发展，根据国家发展改革委《天然气发展"十三五"规划》，到2020年，天然气分布式发电装机规模将达到4 000万 kW。另外，根据《关于发展天然气分布式能源的指导意见》，我国将建设约1 000个燃气分布式能源项目，拟建设约10个各类典型特征的分布式能源示范区。

2. 热电冷联供技术的发展趋势

(1)与智能微电网融合。燃气冷热电三联供在未来可以融入智能微电网，通过智能微电网的智能管理和协调控制，更好地发挥天然气三联供的个性化设计、运行灵活、能效高等优势。通过微电网还可以融入风电、太阳能、生物质能、地源热泵、水源热泵、蓄热蓄冷装置等构建的多能互补能源系统。实现能源供应的耦合集成和互补利用是天然气分布式能源的重要发展方向之一。

(2)带动智能冷热气网技术发展。燃气冷热电三联供技术的发展，还将带动天然气管网、供冷(热)管网的智能控制及蓄能技术的发展，形成以天然气分布式能源为基础的智能供能区域。通过智能热(冷)网，连接分布式能源站、换热站和用户，形成三位一体的集成智能供热(冷)系统，实现少人值守、远程监控，降低运行成本；采用气候补偿技术，根据室外温度变化情况及时调整热(冷)网调度顺序及对换热站二次侧实施动态监控，实时掌控能耗状况，对能耗数据进行统计、分析，优化控制策略，通过调节阀调整一次侧流量、温度，合理调节各用户供热(冷)温度，避免供热温度过高或过低；结合热计量推广，采用大数据和全智能控制策略，根据监控数据、用能时段及用能区域的不同，提高热源和热网全系统对单个用户的需求响应和分级控制，实现独立控制、分时分区供能。

(3)区域一体化综合能源服务。大多数燃气冷热电三联供项目服务于新建的工业园区和公共建筑，具有开展增量配电和售电业务的有利条件。通过开展配售电业务，成立区域售电、售热、售冷一体化能源服务公司，实现发、配、售一体化，实现区域综合能源服务，进而更好地满足用户多样化和定制化的需求，是燃气冷热电三联供项目未来的重要发展方向。例如，上海迪士尼园区天然气分布式供能，能源中心向乐园提供冷、热、电、生活热水等多种能量，实现迪士尼园区一体化综合能源服务。

(4)大用户自备能源站。对于有冷热需求的优质客户，在政策支持、鼓励及燃气冷热电三联供经济性逐渐改善的趋势下，当其具有一定的资金实力时，便会主动投资建设能源站，以满足自身的电力和其他能源需求，并给企业带来较大的经济效益。

6.5 热回收技术

对于建筑空调系统，为了保证必要的室内空气质量，就必须引入足够的室外新风，将新风处理到室内设计状态需要一定的热量(或冷量)。而空调系统耗能特点之一是系统同时存在需热

(冷、湿)和排热(冷、湿)的处理过程,如夏季低温低湿的排风可冷却干燥新风,冬季高温高湿的排风可加热加湿新风,利用这一特点,可以对空调系统进行有效的热回收,从而降低空调系统的能耗。

所谓热回收即回收建筑物内外的余热(冷)或废热(冷),并将回收的热(冷)量作为供热(冷)或其他加热设备的热源而加以利用。建筑空调系统热回收的方式很多,按热回收的能量形式不同,可分为显热回收(Heat Recovery)和全热回收(Energy Recovery);按照热回收在空调系统中的不同位置,可分为排风热回收、建筑内区热回收和机组冷凝热量的回收等。在建筑物空调负荷中,新风负荷一般要占到空调总负荷的30%,甚至更多。若对空调系统排风进行热回收用于新风的预冷或预热,就可以减少处理新风所需的能耗。《公共建筑节能设计标准》(GB 50189—2015)实施之后,近几年各类空调系统排风能量的热回收,一般都做到了全热回收。

排风热回收装置(Air-to-Air Energy Recovery Ventilation Equipment)利用空气-空气热交换器(Air-to-Air Heat Exchanger)来回收排风中的冷(热)能对新风进行预处理。空气-空气热交换器是排风热回收装置的核心。按照热交换器的不同种类,常用的排风热回收方式有转轮式热回收、板翅式热回收、热管式热回收和盘管式热回收等。

6.5.1 转轮(回转)式热回收

转轮式热交换器具有全热交换性质,在换热器旋转体内,设有两侧分隔板,使新风与排风反向逆流。转轮式热交换器的心脏是一个以 10 r/min 速度不断转动的蜂窝状转轮。其转芯用特殊复合纤维或金属箔作载体,将无毒、无味,环保型蓄热、吸湿材料,用高科技方法合成,装配在一个左右或上下分隔区的金属箱体内,由传动装置驱动皮带轮子转动,将排风中的冷、热量收集在覆盖吸湿性涂层的抗腐蚀的铝合金箔蓄热体里,然后传递给新风。空气以 2.5~3.5 m/s 的流速通过蓄热体,靠新风与排风的温差和蒸汽分压差来进行热湿交换。其工作原理如图 6-17 所示,结构如图 6-18 所示。

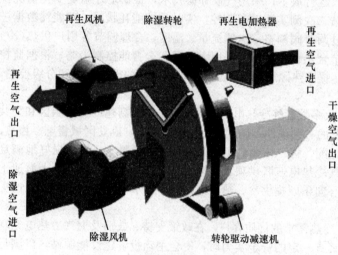

图 6-17 转轮式热回收工作原理图

图 6-18 转轮式热回收装置

冬季排风的温度、湿度高于新风,排风经过转轮时,转芯温度升高,水分含量增加,当转芯转过清洗扇与新风接触转轮偏向低温、低湿的新风放出热量和水分,使新风升温增湿。夏季与之相反,降低新风温湿度,提高排风温湿度。这种蜂窝状转轮的设计体积虽小却构成了一个吸湿、蓄热、传热的巨大接触面积,蕴藏了超级能量,具备了回收显热和潜热的优异特性。

6.5.2 板翅式热回收

板翅式热交换器的结构由单体(图6-19)和外壳体组成。外壳体用薄钢板制作,其上有四个风管接口。为便于单体的定位和安装取出(为了清洁和更换),外壳体的内侧壁上设有定位导轨,并衬有密封填料,以防止两股短路混合造成交叉污染。单体由若干个波纹板交叉叠置而成,波纹板的波峰与隔板连接在一起。如果换热元件采用特殊加工的纸(如浸溴化锂的石棉纸等)既能传热又能传湿,这类用特殊加工纸做成的板翅式热交换器是板翅式全热交换器。如果材料采用的是铝板或钢板,用焊接将波纹板与隔板连接在一起,而无湿交换,则为板翅式显热交换器。

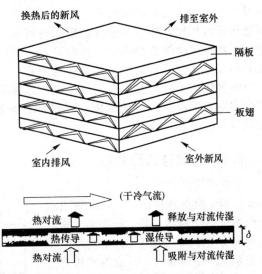

图 6-19 板翅式热交换器结构示意

板翅式全热热交换器是在板式显热热交换器的基础上进行改进的。在平板之间的通道内加入许多通常由铝材制成的锯齿状、梯形状的翅片;其隔板材料采用多纤维性材料,一般为特殊加工的纸或膜,这种特殊的材料不透气,但具有良好的传热和透湿性。当隔板两侧的气流之间存在温度差和湿度差时,两者之间就会产生热传递和湿传递,从而进行全热交换。

板翅式热交换器结构简单,运行安全、可靠,无传动设备,不消耗动力,无温差损失,设备费用较低;但是设备体积大,需占用较大建筑空间,接管位置固定,缺乏灵活性。

6.5.3 热管式热回收

热管是利用某种工作流体在管内产生相态变化和吸液芯多孔材料的毛细作用而进行热量传递的一种传热元件,如图 6-20 所示。热管一端为蒸发端,另一端为冷凝端,热管一端受热时,液体迅速蒸发,蒸汽在微小压力差作用下流向另一端,并且快速释放热量,而后重新凝结成液体,液体再沿多孔材料靠毛细作用流回蒸发端。如此循环,热量可以源源不断地进行传递。热管式换热器无须动力消耗,而是借助另一介质的相变来传递热量,传递效率较低。

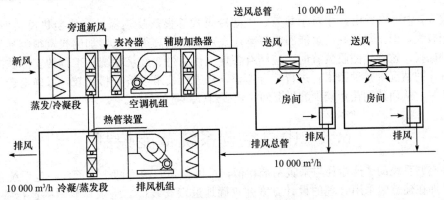

图 6-20 热管用于直流系统热回收

采用热管热回收技术的空调系统回收能量与排风、新风的温差有关,温差大则回收量大。热管热回收技术可以有效回收直流式空调系统排风中的显热量,全年节能明显,回收的最大冷量可占夏季冷负荷的12%,回收的最大热量可占冬季热负荷的40%。与普通空调系统热回收相比,热管热回收装置运行可靠,不需要增加额外的运行费用,可以有效利用空调系统排风中的低位热能,具有高效、节能和减少环境污染等优点,适合安装在排风量较大的直流式空调系统中。需要注意的是,冬季运行时,随着新风进口温度不断降低,排风机组换热后的排风温度也相应降低,当排风温度降低到一定程度时,排风机组换热器上将出现结霜现象。为避免结霜,可以部分开启旁通新风阀,减少通过换热热管的新风量,控制排风温度不过低。

6.5.4 盘管式热回收

盘管式换热器是一种空气+液体热交换器,由布置在新风、排风管道上的两个热交换器、泵、膨胀箱、排空阀和管道组成。使用一台小功率泵作为系统的循环动力,管道内的传热液体采用乙烯、乙二醇溶液或水,传热液体将排风中的热量再传递给新风。该装置优点是新风、排风管道布置灵活;其缺点是需要增加泵的配置和控制,对管道的密封要求极高。图 6-21 所示为盘管式热回收示意。

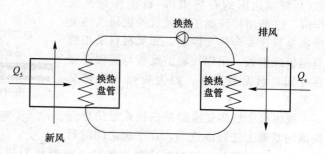

图 6-21 盘管式热回收示意

以上几种典型的热回收系统各有特色。表 6-7 从热转换效率、设备费用、维护保养、辅助设备、占用空间、交叉感染、自身能耗、接管灵活性和抗冻能力等角度对其进行了比较。

表 6-7 几种典型热回收方式的比较

热回收方式	热转换效率	设备费用	维护保养	辅助设备	占用空间	交叉污染	自身能耗	接管灵活性	抗冻能力
转轮式	高	高	中	无	大	有	少	差	差
板翅式显热	低	低	中	无	大	无	无	差	中
板翅式全热	高	中	中	无	大	有	无	差	中
热管式	中	中	易	无	小	无	无	中	好
盘管式	低	低	难	有	中	无	多	好	中

从表 6-7 中可以看出,相对于热管、中间冷媒式等显热换热器,全热换热设备费用较高,占用空间较大,但全热回收的余能回收效率比显热换热器高得多,增加的投资很容易从运行费用中得到回报。选择热回收装置时,应结合各地气候条件、经济状况、工程的实际状况、排风中有害气体的情况等多种因素,进行综合考虑,并进行技术经济分析比较,以确定选用合适的热回收装置,从而达到花费较少的投资回收较多热(冷)量的目的。

6.6 中央空调系统节能控制

中央空调系统的节能途径与采暖系统相似,可以主要归纳为两个方面:一是系统自身为节能产品,即在建造时采用合理的设计方案并正确地进行安装;二是依靠科学的运行管理方法,使空调系统真正地为用户节省能源。

6.6.1 冷热源节能控制

冷热源在中央空调系统中被称为主机。其能耗是构成系统总能耗的主要部分。目前，采用的冷热源形式主要有以下几项：

(1) 电动冷水机组供冷、燃油锅炉供热，供应能源为电和轻油。
(2) 电动冷水机组供冷、电热锅炉供热，供应能源为电。
(3) 风冷热泵冷热水机组供冷、供热，供应能源为电。
(4) 蒸汽型溴化锂吸收式冷水机组供冷、热网蒸汽供热，供应能源为热网蒸汽、少量的电。
(5) 直燃型溴化锂吸收式冷热水机组供冷、供热，供应能源为轻油或燃气、少量的电。
(6) 水环热泵系统供冷、供热，辅助热源为燃油、燃气锅炉等，供应能源为电、轻油或燃气。其中，电动制冷机组(或热泵机组)根据压缩机的形式不同，可分为活塞式、螺杆式、离心式三种。

在这些冷热源形式中，消耗的能源有电能、燃气、轻油、煤等，要衡量它们的节能性，就需要将这些能源形式全部折算成同一种一次能源，并用一次能源效率(OEER)值来进行比较。各类冷热机组的 OEER 值见表 6-8。

表 6-8 各种形式冷热源的 OEER 值

冷(热)水	制冷(制热)方式	热媒	定额工况时能耗指标			季节平均		
			EER(或 ε)	效率 ζ	OEER	EER(或 ε)	效率 ζ	OEER
冷水 (夏季)	活塞式冷水机组	电	3.90		1.19	3.40		1.034
	螺杆式冷水机组	电	4.10		1.25	3.60		1.094
	离心式冷水机组	电	4.40		1.34	3.90		1.186
	活塞式风冷热泵冷热水机组	电	3.65		1.11	3.20		1.034
	螺杆式风冷热泵冷热水机组	电	3.80		1.16	3.40		1.069
	蒸汽双效溴化锂 吸收式冷水机组	煤		1.15	0.71		1.05	0.648
	蒸汽双效溴化锂 吸收式冷水机组	油(气)		1.15	0.93		1.05	0.875
	直燃型双效溴化锂 吸收式冷热水机组	油(气)		1.09	1.09		0.95	0.950
热水 (冬季)	活塞式风冷热泵冷热水机组	电	3.85		1.17	3.45		1.049
	螺杆式风冷热泵冷热水机组	电	3.93		1.20	3.63		1.104
	直燃型双效溴化锂 吸收式冷热水机组	油(气)		0.90	0.90		0.75	0.75
	热水机组	电	1.00		0.304	0.90		0.274
	热水机组	油(气)		0.85	0.85		0.75	0.75
	采暖锅炉	煤		0.65	0.65		0.60	0.60

注：1. 冷水机组，冷冻水进出口温度 12℃/7℃，冷却水进出口温度 32℃/37℃。
2. 热泵冷热水机组，夏天环境温度 35℃，冷水出水温度 7℃；冬季环境温度 7℃，热水出水温度 45℃。

6.6.2 冷热源的部分负荷性能及台数配置

不同季节或在同一天中不同的使用情况下，建筑物的空调负荷是变化的。冷热源所提供的冷热量在大多数时间都小于负荷的 80%，这里还没有考虑设计负荷取值偏大的问题。这种情况下，机组的工作效率一般要小于满负荷运行效率。所以,在选择冷热源方案时,要重视其部分负荷效率性能。另外,机组工作的环境热工状况对其运行效率也有一定的影响。例如,风冷热泵冷热水机组在夏季夜间工作时,因空气温度比白天低,其性能也要好于白天;水冷式冷水机组主要受空气湿度、温度影响,而风冷机组主要受干球温度的影响,一般情况下,风冷机组在夜间工作就更为有利。

根据建筑物负荷的变化合理地配置机组的台数及容量大小,可以使设备尽可能满负荷高效地工作。例如,某建筑的负荷在设计负荷的60%～70%时出现的频率最高,如果选用两台同型号的机组,就不如选三台同型号机组,或一台70%、一台30%一大一小两台机组,因为后两种方案可以让两台或一台机组满负荷运行,以满足该建筑物大多数时候的负荷需求。

采用变频调速等技术,使冷热源机组具有良好的能量调节特性,是节约冷热水机组耗电的重要技术手段。生活中的电源频率为50 Hz(220 V)是固定的,但变频空调因装有变频装置,就可以改变压缩机的供电频率。提升频率时,空调器的心脏部件压缩机便高速运转,输出功率增大;反之,降低频率时,可以抑制压缩机输出功率。因此,变频空调可以根据不同的室内温度状况,以最合适的输出功率进行运转,以此达到节能的目的;同时,当室内温度达到设定值后,空调主机则以能够准确保持这一温度的恒定速度运转,实现"不停机运转",从而保证环境温度的稳定与舒适。定速空调与变频空调的区别见表6-9。

表6-9 定速空调与变频空调的区别

序号	项目	定速空调	变频空调
1	适应负荷的能力	不能自动适应负荷的变化	能自动适应负荷的变化
2	温控精度	开/关控制,温度波动范围达2℃	降频控制,温度波动范围1℃
3	启动性能	启动电流大于额定电流	软启动,启动电流很小
4	节能性	开/关控制,不省电	自动以低频维持,省电30%
5	低电压运转性能	180 V以下很难运转	低至150 V也可正常运转
6	制冷、制热速度	慢	快
7	热冷比	≤120%	≥140%
8	低温制热效果	0℃以下效果差	-10℃时效果仍好
9	化霜性能	差	准确而快速,只需常规空调一半的时间
10	除湿性能	定时开/关控制,除湿时有冷感	低频运转,只除湿不降温,健康除湿
11	满负荷运转	无此功能	自动以高频强劲运转
12	保护功能	简单	全面
13	自动控制性能	简单	真正模糊化、神经网络化

6.6.3 水系统节能控制

空调中水系统的用电,在冬季采暖期占动力用电的20%～25%,在夏季供冷期占动力用电的12%～24%。因此,降低空调水系统的输配用电是中央空调系统节约用电的一个重要环节。

我国的一些高层宾馆、饭店空调水系统普遍存在着不合理的大流量小温差问题。冬季采暖水系统的供回水温差:较好情况为8℃～10℃,较差情况只有3℃;夏季冷冻水系统的供回水温差:较好情况也只有3℃左右。根据造成上述现象的原因,可以从以下几个方面逐步解决,最终使水系统在节能状态下工作:

(1)各分支环路的水力平衡。对空调供冷、采暖水系统,无论是建筑物内的管路,还是建筑物外的室外管网,均需要按设计规范要求进行认真计算,使各个环路之间符合水力平衡要求。系统投入运行之前必须进行调试。所以,在设计时必须设置能够准确地进行调试的技术手段,例如,在各环路中设置平衡阀等平衡装置，以确保在实际运行中，各环路之间达到较好的水力平衡。

(2) 设置二次泵。如果某个或某几个支环路与其余环路压差相差悬殊，则这些环路就应增设二次循环水泵，以避免整个系统为满足这些少数高阻力环路的需要，而选用高扬程的总循环水泵。

(3) 变流量水系统。为了系统节能，目前大规模的空调水系统多采用变流量系统，即通过调节二通阀改变流经末端设备的冷冻水流量来适应末端用户负荷的变化，从而维持供回水温差稳定在设计值；采用一定的手段，使系统的总循环水量与末端的需求量基本一致；保持通过冷水机组蒸发器的水流量基本不变，从而维持蒸发温度和蒸发压力的稳定。

6.6.4 风系统节能控制

在空调系统中，风系统中的主要耗能设备是风机。风机的作用是促使被处理的空气流经末端设备时进行强制对流换热，将冷水携带的冷量取出，并输送至空调房间，用于消除房间的热湿负荷。被处理的空气可以是室外新风、室内循环风、新风与回风的混合风。风系统节能措施可从以下几个方面考虑：

(1) 正确选用空气处理设备。根据空调机组风量、风压的匹配，选择最佳状态点运行，不宜过分加大风机风压，以降低风机功率。另外，应选用漏风量及外形尺寸小的机组。在 700 Pa 压力时的漏风量不应大于 3%，实测证明：漏风量为 5% 时，风机功率增加 16%；漏风量为 10% 时，风机功率增加 33%。

(2) 选用节能性好的风机盘管。风机盘管的电机和盘管均应符合相关国家标准。

(3) 设计选用变风量系统。变风量系统是通过改变送入房间的风量来满足室内变化的负荷要求。用减小风量来降低风机能耗。变风量系统出现以后并没有得到迅速推广，目前这种节能的系统在发达国家得到广泛应用。

由于变风量系统通过调节送入房间的风量来适应负荷的变化。在确定系统总风量时，还可以考虑一定的同时使用情况，所以，能够节约风机运行能耗和减少风机装机容量，系统的灵活性较好。变风量系统属于全空气系统，它具有全空气系统的一些优点，可以利用新风消除室内负荷、没有风机盘管凝水问题和霉变问题；变风量系统存在的缺点：在系统风量变小时，有可能不能满足室内新风量的需求、影响房间的气流组织；系统的控制要求高且不易稳定；投资较高等。这些都必须依靠设计者在设计时周密考虑，才能达到既满足使用要求又节能的目的。

6.6.5 中央空调系统节能新技术

1. "大温差"技术

空调大温差是相对于国内空调常规设计的送风、水温差为 5 ℃ 而提出的，是指空调系统的送风、水温差大于常规温差。目前，大温差系统可分为：大温差送风系统，送风温差可达 14 ℃～20 ℃；大温差冷冻水系统，进出口水温差可达 6 ℃～10 ℃；大温差冷却水系统，进出口水温差可达 6 ℃～8 ℃；另外，还有与冰蓄冷相结合的低温送风大温差和冷冻水大温差系统，风侧温差可达 17 ℃～23 ℃，水侧温差可达 10 ℃～15 ℃ 等。

目前，国内采用这种新技术的典型工程有上海万国金融大厦、上海浦东国家金融大厦等。在常规空调系统中采用了大温差冷冻水系统，循环参数分别为 6.7 ℃/14.4 ℃ 和 5.6 ℃/15.6 ℃；上海金茂大厦采用了送风大温差设计等。空调大温差技术的应用已经引起了国内空调界的广泛关注。

2. 冷却塔供冷技术

冷却塔供冷是国外近年来发展较快的技术，因其具有显著的经济性而日益得到人们的广泛关注，并已成为国外空调设备厂家推荐的系统形式。利用冷却塔供冷不同于蒸发冷却空调系统，简而言之，就是在常规空调水系统基础上增设部分管路和设备。当室外湿球温度低到某个值以下时，关闭制冷机组，以流经冷却塔的循环冷却水直接或间接向空调系统供冷，提供建筑空调所需的冷负荷。众所周知，在空调系统中制冷机的能耗占有极高的比例，如用冷却塔来代替制冷机供冷，将节省可观的运行费用。其工作原理如图 6-22 所示。

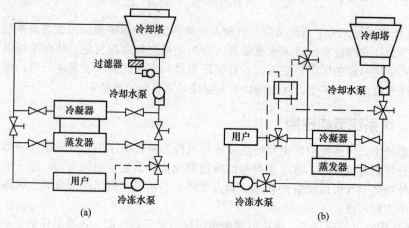

图 6-22　冷却塔供冷系统工作原理图
(a)直接供冷；(b)间接供冷

(1)冷却塔直接供冷技术。如图 6-22(a)所示，冷却塔直接供冷系统就是一种通过旁通管道将冷冻水环路和冷却水环路连接在一起的水系统。在夏季设计条件下，该类水系统如常规空调水系统一样正常工作。当过渡季节室外湿球温度下降到某值时，就可以通过阀门打开旁通管道，同时关闭制冷机，转入冷却塔供冷模式，继续提供冷量。需要强调的是，在设计这类水系统时，要考虑转换供冷模式后，冷却水泵的流量和压头与管路系统的匹配问题。

使用开式冷却塔的直接供冷系统，因水流与大气接触易被污染，造成表冷器盘管被污物阻塞而很少使用。可通过在冷却塔和管路之间设置旁通过滤装置[图 6-22(a)]，使相当于总流量 5%～10% 的水量不断被过滤，以保证水系统的清洁，其效果要优于全流量过滤方式，因为这样环路压力无大的波动。另外，还可以考虑选用封闭式冷却塔(冷却水与室外空气隔离)供冷，该塔可以满足水系统的卫生要求，但由于它是靠间接蒸发冷却原理降温，冷却塔的传热效果要受到影响，进而影响冷却塔供冷时数(指一年中利用冷却塔供冷方式运行的小时数)。

(2)冷却塔间接供冷技术。如图 6-22(b)所示，冷却塔间接供冷系统是在原有空调水系统中附加一台板式换热器，以隔离开冷却水环路和冷冻水环路。在过渡季节切换运行，不会影响水泵的工作条件和冷冻水环路的卫生条件。对于多台套冷水机组＋冷却塔的供冷系统，还可以考虑采用人工制冷和冷却塔供冷两种模式混合工作的办法，通过控制台数来调节供水温度，挖掘系统工作潜力。因此，目前多采用这一系统形式。

6.7　高大空间建筑物空调节能技术

6.7.1　概述

随着经济的发展，人们对社会生活、文化发展和空间环境等有了更高的要求，高大空间建筑，如体育馆、展览馆、大会堂、影剧院、音乐厅、机场候车厅、高大厂房等，近年来发展迅速。空间高度大于 5 m，体积大于 1 万 m^3 的建筑被称为高大空间建筑。在公用民用建筑方面，主要是指影剧院、音乐厅、大会堂、体育馆、展览馆等建筑。另外，工业建筑中也不乏这类大型的车间。高大空间建筑一般具有以下特点：

(1)高度高，这是形成温度梯度的主要原因。

(2)高大空间的外墙与地板面积之比较大，这就导致外界界面对室内空间的自然对流影响较大，冬季易在四周造成下降冷气流。

(3)室内体积大，单体建筑空调负荷大。高大空间的空调系统能量消耗巨大，在此基础上发展的高大空间分层空调得到了设计及科研人员的广泛关注。

对于高大空间来说，送风量往往很大，其上部和下部的温差也比较大，因此，可将高大空间分为上、下两部分区别对待是合理的，即采用分层空调技术。如图6-23所示，下部视为工作区，上部视为非工作区。

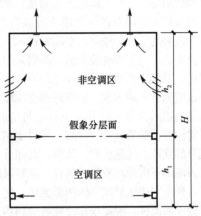

图6-23 分层空调示意图

在高大空间中，利用合理的气流组织仅对其下部(或上部)的空间进行通风，而对上部(或下部)的大部分空间不进行通风，在非空调区和空调区以大空间腰部喷口送风形成的射流层作为分界线。

在分层空调的设计中，气流组织非常重要，它直接与空调效果有关。能否保证工作区的温度分布均匀，得到理想的速度场，达到分层空调的效果和节能的目的，很大程度上取决于合理的气流组织。只要将空调区的气流组织好，使送入室内的空气充分发挥作用，就能在满足工作区空调要求的前提下，最大限度地降低分层高度，节约空调负荷，减小空调设备容量并节省设备运转费用。

只要空调气流组织好，就既能保障下部工作区所要求的环境条件，又能节省能耗，减少空调的初始投资和运行费用，其效果是全室空调所无法比拟的。与全室空调相比，可节省冷负荷14%～50%。我国20世纪70年代初开始对分层空调技术进行研究与应用，通过缩小比例的模型试验、对实际工程的测试验证和理论分析相结合的方法，取得了一系列研究成果，包括分层空调负荷计算的原理与方法、分层空调气流组织设计方法和分层空调系统的选择等，对工程应用具有指导性意义，从而在我国得到了广泛的应用。如上海展览馆、葛洲坝水电站水轮机房、北京二七机车车辆厂等采用了分层空调，都取得了显著的节能效果，证明高大空间建筑采用分层空调的节能效果十分显著，值得推广。从我国应用分层空调的多项工程来看，可节省冷负荷30%左右。

6.7.2 分层空调区冷负荷的组成

在分层空调间内，当空调区送冷风时，上下两区因空气温度和各个内表面温度的不同而产生由上向下的热转移，由此形成的空调负荷称为非空调区向空调区的热转移负荷，它由对流热转移负荷和辐射热转移负荷两部分组成。对流热转移负荷是由于送风射流的卷吸作用，使非空调区部分热量转移到空调区，当即全部成为空调区的冷负荷。辐射热转移是由于非空调区温度较高表面向空调区温度较低表面的热辐射，空调区各实体表面接收辐射热后，其中一部分热量以对流方式再排放到空气中，形成辐射热转移负荷。因此，在计算分层空调负荷时，除要计算通常空调区本身得热所形成的冷负荷外，还必须计算对流和辐射的热转移负荷。

分层空调区冷负荷由两部分组成，即空调区本身得热所形成的冷负荷和非空调区向空调区的热转移负荷。其中，空调区本身得热所形成的冷负荷包括：通过外围结构(墙、窗等)得热形成的冷负荷；内部热源(设备、照明和人体等)发热引起的冷负荷；室外新风或渗漏风形成的冷负荷。热转移负荷包括对流热转移负荷和辐射热转移负荷。

综上所述，空调区冷负荷由五部分组成，计算时要逐一考虑。

6.7.3 分层空调气流组织形式

高大空间建筑分层空调适用的气流组织形式主要有四种,即带空气幕的双侧对喷下部排风;双侧对喷上、下部排风;双侧对喷上、下部排风中部一次回风;双侧对喷上、下部排风中部送新风。

在进行分层空调气流组织设计时,首先应根据使用要求确定工作区的范围及空调参数。对于高大厂房分层空调气流组织可以有多种方式,效果较好的形式为腰部水平喷射送风、同侧下部回风方式。对于跨度较大的车间则采用双层双侧对送、双侧下部回风较好,图 6-24 所示为这两种送回风方式的示意。处理好的空气以很大的动量通过送风口喷入相对静止的空间里形成射流,当射流行至所要求的射程时,其温度和速度得到充分的衰减,气流折回。其中,大部分空气是补充射流的室内循环空气。这样,在避风射流作用下,整个空调区形成大的回旋循环,使下部工作区处于回流区,温度场和速度场达到均匀。而非空调区(上部大空间)则没有参数要求。

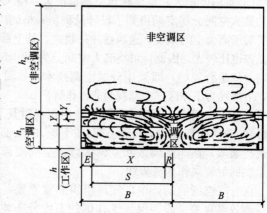

图 6-24 双层双侧对送、双侧下部回风气流示意

这种技术应用的基本原则:一是供冷时,冷风只送到工作区,另外,利用室外空气或回风以分隔形成上部非空调空间,或用于满足消防排烟之需;二是采暖时,送风温差宜小,且应送到工作区,并在有条件时与辐射采暖相结合。采取这些措施后,空调负荷可减少 30%~40%。

6.8 通风系统的节能

6.8.1 自然通风

自然通风是一项古老的技术,与复杂、耗能的空调技术相比,自然通风是能够适应气候的一项廉价而成熟的技术措施。通常认为,自然通风具有三大主要作用,即提供新鲜空气;生理降温;释放建筑结构中储存的热量。

1. 自然通风的概念

建筑自然通风是由于建筑物的开口处(门、窗等)存在压力差而产生的空气流动。按压力差产生的机理不同,建筑自然通风可以分为风压通风和热压通风两种方式。

(1)风压通风。当风吹向建筑正面时,因受到建筑物表面的阻挡而在迎风面产生正压区,气流偏转后绕过建筑物的各侧面和屋面,在这些正面及背面产生负压区,通风就是利用建筑迎风面和背风面产生的压力差来实现建筑物的自然通风,通常所说的"穿堂风"就是风压通风的典型范例。

$$p = K\frac{v^2 \rho_e}{2g} \quad (6-1)$$

式中 p——风压(Pa);
v——风速(m/s);
ρ_e——室外空气密度(kg/m³);
g——重力加速度(m/s²);
K——空气动力系数。

建筑中要有良好的自然通风，就要有较大的风压。由式(6-1)可以看出，有较大的风压就要有较大的风速和室外空气密度，而室外空气密度与室外环境的空气温度和湿度密切相关，因此，影响风压通风的气候因素包括空气温度、相对湿度、空气流速。另外，影响风压通风效果的因素还有建筑物进出风口的开口面积、开口位置及风向和开口的夹角。当正压区的开口与主导风向垂直时，开口面积越大，通风量就越大。

(2)热压通风。由于自然风的不稳定性或周围高大建筑、植被的影响，许多情况下在建筑周围不能形成足够的风压，这时，就要考虑采用热压通风原理来加速通风。热压通风的原理为热空气上升，从建筑上部的排风口排出，室外新鲜的冷空气从建筑底部的进风口进入室内，从而在室内形成不间断的气流运动，即利用室内外空气温差所导致的空气密度差和进、出风口的高度差来实现通风。热压通风即通常所讲的"烟囱效应"，热压的计算公式为

$$\Delta p = h(\rho_e - \rho_i) \tag{6-2}$$

式中 Δp——热压(Pa)；

h——进、出风口中心线间的垂直距离(m)；

ρ_i——室内空气密度(kg/m³)。

由式(6-2)可知，影响热压通风效果的主要因素为进出风口的高度差、风口的大小及室内外空气温度差。

风压通风和热压通风这两种自然通风方式往往互为补充、密不可分。在实际情况下，风压与热压同时存在、共同作用。这两种作用有时相互加强，有时相互抵消。目前，还没有探明风压和热压综合作用下的自然通风的机理。一般来说，建筑进深小的部位多利用风压通风来直接通风；而进深较大的部位多利用热压通风来达到通风的效果。

2. 自然通风的降温效果

建筑利用自然通风达到被动式降温的目标主要有以下两种方式：

(1)直接的生理作用，即降低人体自身的温度和减少因皮肤潮湿而带来的不舒适感。通过开窗将室外风引入室内，提高室内空气流速，增加人体与周围空气的对流换热和人体表面皮肤的水分蒸发速度，增加人体因对流换热和皮肤表面水分蒸发所消耗的热量，这样就加强了人体散热，从而达到降低人体温度、提高人体热舒适度的目的，此种自然通风可称为"舒适自然通风"，其降温效果主要体现在人体热舒适的改善方面。研究结果表明，房间利用自然通风进行被动式降温时可以提高空调的设定温度，但同时使人体达到同等甚至更高的热舒适度，从而大大减少了空调的开启时间，降低了建筑夏季空调能耗。这就提供了一种新的空调节能运行模式，即自然通风＋机械调风＋空气调节。

(2)间接的作用，通过降低围护结构的温度，起到对室内降温的作用。利用室内外的昼夜温差，白天紧闭门窗，以阻挡室外高温空气进入室内加热室温。同时，依靠建筑围护结构自身的热惰性，使室温维持在较低的水平，夜间打开窗户，将室外低温空气引入室内，降低室内空气温度，同时加速围护结构的冷却，为下一个白天储存冷量，这种自然通风可称为夜间通风。各种住宅夜间通风的降温效果见表6-10。

表 6-10 各种住宅夜间通风的降温效果

通风方式	住宅类型	室外气温日差/℃	室内外气温差/℃		
			日平均	日最大	日最小
间歇自然通风	240 mm 厚砖墙	7.1±0.8	−0.6±0.3	−3.1±0.6	2.0±0.8
	370 mm 厚砖墙	8.9±0.7	−1.2±0.4	−4.8±0.8	1.8±0.3
	200 mm 厚加气混凝土墙	8.2±0.8	−0.3±0.2	−3.2±0.5	2.9±0.3

由表6-10可以看出,夜间通风的效果十分明显,可以有效改善通风房间的热环境状况。

3. 自然通风的设计方法

(1)主导风向原则。为了组织好房间的自然通风,在建筑朝向上,应使房屋纵轴尽量垂直于建筑所在地区的夏季主导风向。如在夏季,我国南方在建筑热工设计上有防热要求的地区(夏热冬暖地区和夏热冬冷地区)的主导风向都是南、偏南或东南。因此,这些地区的传统建筑多为"坐北朝南",即房屋的主要朝向多朝南或偏南。从防辐射角度来看,也应将建筑物布置在偏南方向。

(2)窗的可开启面积比例。对于窗的可开启面积对室内通风状况的影响,首先要了解建筑物开口大小对房间自然通风的影响。

建筑物的开口面积是指对外敞开部分而言。对一个房间来说,只有门窗是开口部分。从表6-11中可以看出,如果进出风口的面积相等,开口越大,流场分布的范围就越大、越均匀,通风状况也越好;开口越小,虽然风速相对加大了,但流场分布的范围却缩小了。据测定,当开口宽度为开间宽度的1/3~2/3,开口的大小为地板面积的15%~25%时,室内通风效果最佳;当比值超过25%时,空气流动基本上不受进、出风口面积的影响。

表6-11 进、出风口比例不同对室内通风状况的影响

进风口面积 /外墙面积	出风口面积 /外墙面积	室外风速 /(m·s^{-1})	室内平均风速/(m·s^{-1})		室外最大风速/(m·s^{-1})	
			风向垂直	风向偏斜	风向垂直	风向偏斜
1/3	3/3	1	0.44	0.44	1.37	1.52
3/3	1/3	1	0.32	0.42	0.49	0.67

需要注意的是,建筑的开口面积也不宜过大,否则会增大夏季进入室内的太阳辐射量,增加冬季的热损失。

在实际建筑中,建筑的开口面积应该为建筑窗户的可开启面积,因而,需要对窗户的可开启面积比例加以严格控制,使其既能满足房间的自然通风的需要,又不至于造成建筑能耗的增加。对于夏热冬冷地区和夏热冬暖地区,尤其要注意控制窗户的可开启面积,否则,过小的窗户可开启比例会严重影响房间的自然通风效果。近年来,为了片面追求建筑立面的简约设计风格,外窗的可开启比例呈现逐渐下降的趋势,有的甚至不足25%,导致房间自然通风量不足,室内热量无法散出,居住者被迫选择开启空调降温,从而增加了建筑物的能耗。在设计过程中,可以参照国家标准《公共建筑节能设计标准》(GB 50189—2015)和《夏热冬暖地区居住建筑节能设计标准》(JGJ 75—2012)中对于窗可开启面积比例的相关规定,来控制外窗的可开启面积,以真正实现自然通风的节能效果。

自然通风是在压差推动下的空气流动。根据压差形成机理的不同,可以分为风压作用下的自然通风和热压作用下的自然通风。

1)风压作用下的自然通风的形成过程:当有风从单侧吹向建筑时,建筑的迎风面将受到空气的推动作用形成正压区,推动空气从该侧进入建筑;而建筑的背风面,由于受到空气绕流影响形成负压区,因此吸引建筑内空气从该侧的出口流出,这样就形成了持续不断的空气流,成为风压作用下的自然通风。

2)热压作用下的自然通风的形成过程:当室内存在热源时,室内空气将被加热,密度降低,并且向上浮动,造成建筑内上部空气压力比建筑外的空气压力大,导致室内空气向外流动;同时,在建筑内下部,不断有空气流入,以填补上部流出的空气所让出的空间,这样形成的持续不断的空气流,就是热压作用下的自然通风。

根据进出口位置,自然通风可以分为单侧的自然通风和双侧的自然通风。

4. 自然通风的使用条件

(1)室内得热量的限制。应用自然通风的前提是室外空气温度比室内的高,通过室内空气的

通风换气，将室外风引入室内，降低室内空气的温度。很显然，室内、外空气温差越大，通风降温的效果越好。对于一般的依靠空调系统降温的建筑而言，应用自然通风系统可以在适当时间降低空调运行负荷，典型的如空调系统在过渡季节的全新风运行。对于完全依靠自然通风系统进行降温的建筑，其使用效果则取决于很多因素，建筑的得热量是其中的一个重要因素，得热量越大，通过降温达到室内舒适要求的可能性越小。研究结果表明，完全依靠自然通风降温的建筑，其室内的得热量最好不要超过 40 W/m²。

(2)建筑环境的要求。采取自然通风降温措施后，建筑室内环境在很大程度上依靠室外环境进行调节，除空气的温湿度参数外，室内的噪声控制也将被室外环境所破坏。根据目前的一些标准要求，采用自然通风的建筑，其建筑外的噪声不应超过 70 dB；尤其在窗户开启时，应保证室内周边地带的噪声不超过 55 dB。同时，自然通风进风口的室外空气质量应满足有关卫生要求。

(3)建筑条件的限制。应用自然通风的建筑，在建筑设计上应参考以上两点要求，充分发挥自然通风的优势。具体的建议见表6-12。

表6-12 使用自然通风时的建筑条件

建筑条件		说明
建筑位置	周围是否有交通干道、铁路等	一般认为，建筑的立面应距离交通干道 20 m，以避免进风空气的污染或噪声干扰；或者，在设计通风系统时，将靠近交通干道的地方作为通风的排风侧
	地区的主导风向与风速	根据当地的主导风向与风速确定自然通风系统的设计，应特别注意建筑是否处于周围污染空气的下游
	周围环境	由于城市环境与乡村环境不同，对建筑通风系统的影响也不同，特别是建筑周围的其他建筑或障碍物将影响建筑周围的风向和风速、采光和噪声等
建筑形状	形状	建筑的宽度直接影响自然通风的形式和效果。建筑宽度不超过 10 m 的建筑可以使用单侧通风方法；宽度不超过 15 m 的建筑可以使用双侧通风方法；否则，将需要采取其他辅助措施，如烟囱结构或机械通风与自然通风的混合模式等
	建筑朝向	为了充分利用风压作用，系统的进风口应针对建筑周围的主导风向。同时，建筑的朝向还涉及减少得热措施的选择
	开窗面积	系统进风侧外墙的窗墙面积比应兼顾自然采光和日射得热的控制，一般为 30%~50%
	建筑结构形式	建筑结构可以是轻型、中型或重型结构。对于中型或重型结构，由于其热惰性比较大，可以结合晚间通风等技术措施改善自然通风系统的运行效果
建筑内部设计	层高	比较大的层高有助于利用室内热负荷形成的热压，加强自然通风
	室内分隔	室内分隔的形式直接影响通风气流的组织和通风量
	建筑内竖直通道或风管	可以利用竖直通道产生的烟囱效应有效组织自然通风
建筑室内人员	室内人员密度和设备、照明得热的影响	对于得热量超过 40 W/m² 的建筑，可以根据建筑内热源的种类和分布情况，在适当的区域分别设置自然通风系统和机械制冷系统
	工作时间	工作时间将影响其他辅助技术的选择(如晚间通风系统)

(4)室外空气湿度的影响。应用自然通风可以对室内空气进行降温，却不能调节或控制室内空气的湿度，因此，自然通风一般不能在非常潮湿的地区采用。

6.8.2 机械通风

在办公建筑中，机械通风往往是融合在空调系统中，通过新风量的调节和控制，使房间达到一定的通风量，以满足室内的新风需求。机械通风虽然需要消耗能量，但通风量稳定且可调节控制，通风时间不受上下班时间的限制，可以通过空调系统的送排风管路，利用夜间通风来冷却建筑物的蓄热，缓解白天的供冷需求，最终达到降低建筑运行能耗的目的。

办公建筑的平面空间布局通常有两种典型形式：一种是大空间办公室，通常采用全空气普通集中式空调系统，具有集中的排风管路，可以直接利用送风管路进行夜间送新风，利用排风管路排风，保持室内压力平衡及通风的顺利进行；另一种是走廊式空间布局，在走廊两侧或一侧布置许多小空间独立办公室，这样的办公建筑通常采用风机盘管半集中式空调系统，由于半集中式空调系统没有集中的排风管路，在这种既有办公建筑中利用夜间机械通风降温受到很大的限制，因此，需要采取一些措施，使这种节能技术得以使用。通常可以采取走廊排风的简单办法，即每间办公室在下班后将门上的通风口打开，夜间利用新风管路送风时，排风通过门上的通风口排向走廊，再通过楼梯间或走廊尽头的外窗排向室外，以保持各办公室室内压力平衡及通风的顺利进行，同时，不影响办公室在非工作时段的防盗安全要求。既有办公建筑可由空调系统运行管理人员根据气象条件的不同，在室外气温处于26 ℃以下的非工作时段内，利用新风管路进行大量的送风，同时采取走廊排风的简单办法，减小空调开机负荷和高峰用电负荷，以达到节能的目的。

6.9 制冷系统设备选型与安装

6.9.1 冷、热源系统设计选型的原则

空调冷、热源系统的设计需要遵循一个统一、两个选择和三个原则。所谓一个统一，是指能源的终端用户利益与社会和国家利益之间的协调统一；所谓两个选择，是指能源形式的选择和能源利用方式（设备类型）的选择；所谓三个原则，是指合理利用能源资源的原则、减少对环境影响的原则和技术经济合理可行的原则。

进行方案设计，首先应考虑空调工程的使用性质和具体使用要求，然后因地制宜、全面分析，按照初始投资、年运行费、能源供应、环境影响等因素，进行综合评价，选择能源结构合理、能源利用率高、对环境影响最小的设计方案。

方案比较是一项影响因素多、专业技术强且复杂的工作。在方案设计中，必须综合考虑和运用诸多方面的技术知识，主要包括：国家的能源资源状况，国家的能源政策、法规和能源建设方针；相关设计标准、规范；提高能源利用率、节约能源的技术措施；各种冷、热源形式，各种能源转换设备的种类、工作原理、性能特点及其适用场合；冷、热源设计方案比较中采用的评价准则和指标；能源利用及冷、热源设备的运行与环境的关系，保护环境的设计措施；冷、热源系统设计和冷、热源设备开发的新思路、新成果等。

因此，空调冷、热源系统的设计是一个多目标决策的过程。

1. 各种冷、热源系统的能效特性

目前，冷、热源设备的种类繁多，消耗的能源种类不同，工作原理各不同，能效特性也各不同。为了衡量各种设备的节能性，通常采用一次能源效率（在提供等量需求的条件下，各不同设备消耗的能源折算成同一种一次能源的消耗比，叫作一次能源效率，用符号 PER 表示）来进行比较。

2. 冷、热源系统的部分负荷性能

建筑物的空调负荷是变化的，冷、热源所要提供的冷、热量在大多数情况下都小于设计最大负荷，冷(热)水机组在部分负荷下工作的效率都小于机组额定负荷运行时的效率。所以，在选择冷、热源设备时，应该重视机组的部分负荷性能。行业内，用符号 IPLV 来表示部分负荷性能系数。对空调用冷(热)水机组，美国暖通制冷学会的有关标准中给出了 IPLV 的计算公式：

$$IPLV=0.17A+0.39B+0.33C+0.11D(kW/kW)$$

式中 A、B、C、D——100%、75%、50%、25%负荷时机组的性能系数 COP(或 EER)。

在进行方案设计时，可以参照该公式进行计算比较。但需要注意的是，该公式中的系数 0.17、0.39、0.33、0.11 是根据美国亚特兰大一座办公楼的冷、热源设备全年运行小时分布数据统计而得。实际上，对于不同地区、不同建筑物、不同使用条件，系数的数值是不同的。

据有关资料，IPLV 值每提高 0.1，在设备的经济寿命期内节约的能耗费用就可达到其初始投资的 30%~45%。

3. 冷、热源系统的寿命周期

设备的寿命周期是指所用的设备在不更换主要零部件的情况下，能保证正常运行并确保使用性能及效果所能维持的使用时间。设备的寿命周期体现了产品的使用价值。产品的寿命周期包含物理寿命、折旧寿命、经济寿命等。

4. 冷、热源系统的投资费用

冷、热源系统的投资费用，不仅取决于产品的报价，还与具体项目的配套设施费、水电气入网费、机房建设费、职业安全与卫生设施费、环境保护设施投资等有关。对于贷款建设项目，还要考虑贷款利息和还贷期限等动态因素，应具体分析计算。

仅就单位冷量设备比价而言，几种冷(热)源设备的排序(从大到小)大致为：风冷式冷(热)机组＞直燃型溴化锂吸收式机组＞水冷螺杆机组＞蒸汽型溴化锂吸收式机组＞离心式机组。

据有关资料介绍，几种常用冷、热源组合系统的投资排序(从大到小)大致为：燃气综合能源系统＞电制冷机加电锅炉系统＞空气源热泵系统加燃油(气)锅炉系统＞电制冷机加燃油(气)锅炉系统＞直燃机系统。

5. 冷、热源系统的运行费用

冷、热源系统的运行费用主要取决于系统的能源消耗和所用能源的价格及设备折旧。能源价格有地区的差别及市场的波动，就当前京、沪地区而言，几种冷、热源系统的运行费排序(从大到小)大致为：直燃机系统＞电制冷机加电锅炉系统＞空气源热泵系统加燃油(气)锅炉系统＞电制冷机加燃油(气)锅炉系统＞燃气综合能源系统。

6. 冷、热源系统的环境行为

能源生产和利用所引起的环境影响主要是化石燃料的燃烧而引起的温室效应、酸雨和臭氧层破坏。在我国，当前冷、热源系统消耗的一次能源基本是化石燃料和电力，而我国的总发电量中燃煤发电占 70% 以上，所以，如何减少冷、热源系统对环境的影响是个十分重要的课题。冷、热源系统的环境行为已成为评价设计方案的重要指标。

温室效应，主要是指在消耗化石燃料过程中，向大气排放 CO_2 等温室气体使地球变暖的作用。

酸雨，是指在消耗化石燃料过程中(特别是煤炭在直接燃烧利用的过程中)，向大气排放 SO_2、氮氧化物等致酸性物质与雨水形成的酸性雨。其影响在多雨地区比干燥地区严重。

冷、热源系统是耗能大户，因此，限制其在使用过程中有害物质排放量，是空调冷、热源系统设计的一个艰巨任务。

关于臭氧层的破坏，现已证明氟利昂制冷剂中所含的氯原子对大气平流层中的臭氧层具有很

大的损耗破坏力。所以，在选择制冷机组时，首先应选择使用不含或少含氯原子的制冷剂机组。

据有关资料，几种常用冷、热源组合系统环境行为的影响排序（从大到小）大致为：电制冷机加电锅炉系统＞电制冷机加燃油(气)锅炉系统＞空气源热泵系统加燃油(气)锅炉系统＞直燃机系统＞燃气综合能源系统。

提高冷、热源系统能源转换率，减少耗能对环境负面影响的原则性措施如下：

(1)对以燃气为一次能源的场合，应在兼顾经济性的条件下，宜优先考虑采用燃气热电冷联供形式和回收燃气余热的燃气热泵形式，尽可能避免燃气的直接热利用。

(2)对以电为一次能源的场合，尽可能选取各种形式的电动热泵。除非特殊需要，如直接电热供热的系统，必须采用蓄热式电热供热系统。

(3)尽可能减少系统中各个能量转换环节的损失。如尽可能回收系统排放的余热；尽可能选用部分负荷效率高的冷源设备；直接利用地下水降温或利用地下风道新风夏季降温和冬季加热；载冷(热)介质输送系统的变量调节、水力平衡等。

7. 冷、热源系统设计选型中存在的一些误区和不足

我国地域广大，各地气候、地理条件、能源资源条件、经济发展水平差别很大，即使同一地区的终端用户，各方面的条件也是不同的，所以，对单个建筑物或一个区域来说，总有一个最适用的冷、热源系统方案；或者说，每一个设计方案都有其一定的适用范围，在其适用范围之外，就有可能变得不合理。在具体工作中，存在以下几种误区或不足之处：

(1)不顾或不作具体分析，盲目追求最新技术、最新产品，并以此作为"时尚"，当作先进进行炒作。

(2)不顾或忽略系统使用期内的综合效果，片面追求投资最低的方案。投资低可能带来能源浪费、运行费用高、环境行为恶劣的后果，因此，投资最低的方案不一定是最佳方案。

(3)过分着眼于系统完美无缺，将系统搞得十分复杂。其实，复杂的方案可能投资高，可靠性、可控性、可操作性差，管理维护难度大，复杂不一定代表高水平。

(4)对设备的取舍，未把握不同种类冷(热)源设备所具备的适应社会发展需要的特定个性，简单地以其问世及应用历史的长短而论其先进与否，或只以其某方面的优缺点而论其先进或落后。

(5)在当前的建筑设备设计中，大部分情况下，各专业设计人员各自为战，很少考虑建筑设备总体系统和各专业设备内部的优化组合，也缺乏这方面的人力。

(6)进行经济比较时，不经调查研究，不做翔实的计算，盲目引用产品样本或没有权威性的数据，产生谬误。

6.9.2 主要设备选型

1. 冷水机组

冷水机组是中央空调系统的心脏，正确选择冷水机组，不仅是工程设计成功的保证，同时，对系统的运行也会产生长期影响。因此，冷水机组的选择是一项重要的工作。

(1)选择冷水机组应考虑的因素：

1)建筑物的用途。

2)各类冷水机组的性能和特征。

3)当地水源(包括水量、水温和水质)、电源和热源(包括热源种类、性质及品位)。

4)建筑物全年空调冷(热)负荷的分布规律。

5)初始投资和运行费用。

6)对氟利昂类制冷剂使用期限及使用替代制冷剂的可能性。

(2)冷水机组的选择注意事项。在充分考虑上述几个方面因素之后，选择冷水机组时，还应注意以下几点：

1)对大型集中空调系统的冷源,宜选用结构紧凑、占地面积小及压缩机、电动机、冷凝器、蒸发器和自控组件等都组装在同一框架上的冷水机组。对小型全空气调节系统,宜采用直接蒸发式压缩冷凝机组。

2)对有合适热源特别是有余热或废热等场所或电力缺乏的场所,宜采用吸收式冷水机组。

3)制冷机组一般以选用2~4台为宜,中、小型规模宜选用2台,较大型规模可选用3台,特大型规模可选用4台。机组之间要考虑其互为备用和切换使用的可能性。同一机房内可采用不同类型、不同容量的机组搭配的组合式方案,以节约能耗。并联运行的机组中至少应选择一台自动化程度较高、调节性能较好、能保证部分负荷下高效能运行的机组。选择活塞式冷水机组时,宜优先选用多机头自动联控的冷水机组。

4)选择电力驱动的冷水机组时,当单机空调制冷量大于1 163 kW时,宜选用离心式;制冷量为582~1 163 kW时,宜选用离心式或螺杆式;制冷量小于582 kW时,宜选用活塞式。

5)电力驱动的制冷机的制冷系数COP比吸收式制冷机的热力系数高,前者为后者的两倍以上。能耗由低到高的顺序为:离心式、螺杆式、活塞式、吸收式(国外机组螺杆式排在离心式之前)。但各类机组各有其特点,应用其所长。

6)选择制冷机时应考虑其对环境的污染:一是噪声与振动,要满足周围环境的要求;二是制冷剂CFCs对大气臭氧层的危害程度和产生温室效应的大小,特别要注意CFCs的禁用时间表。在防止CFCs污染方面,吸收式制冷机有着明显的优势。

7)无专用机房位置或空调改造加装工程可考虑选用模块式冷水机组。

8)尽可能选用国产机组。我国制冷设备产业近十年得到了飞速发展,绝大多数的产品性能都已接近国际先进水准,特别是中、小型冷水机组,完全可以和进口产品相媲美,且价格上有着无可比拟的优势。因此,在同等条件下,应优先选用国产冷水机组。

2. 热泵机组

热泵机组的冷负荷计算方法同于常规空调系统,热负荷计算方法与采暖系统大致相同,但需要考虑新风耗热量。

选型时要注意当地是否有足够的水源(包括水量、水温及水质)、电源和热源(包括热源性质、品位高低)。

风冷热泵机组的供水温度一般为45 ℃,而风机盘管机组和组合式空调机组等样本中提供的供热量,通常都是以60 ℃进水为前提,所以,必须对这些设备的供热量进行修正。

选择热泵机组时,一般应以冬季采暖负荷作为选择依据,同时校核夏季的冷负荷。

对于商场、餐厅等内部负荷和新风负荷特别大的建筑物,由于采暖负荷一般仅为供冷负荷的60%~70%,因此,宜采用热泵机组与单冷机组联合供应的方式,如"3+1"模式,即3台风冷热泵机组加1台单冷机组。

风冷热泵机组的额定供热量,通常都是标准工况,即环境温度$t_0=7$ ℃,出水温度$t_s=45$ ℃条件下的数值,当环境温度低于7 ℃时,供热量将大幅度降低。一般的降低幅度大致如下:$t_0=5$ ℃时,下降百分比为5%~8%;$t_0=3$ ℃时,下降百分比为12%~14%;$t_0=0$ ℃时,下降百分比为25%~32%;$t_0=-3$ ℃时,下降百分比为45%~50%;$t_0=-5$ ℃时,下降百分比为55%~65%(按标准工况设计的风冷热泵机组,实际上在-3 ℃以下时已不能正常运行)。

风冷热泵机组的单台容量较小,宜应用于中、小型工程。

冬季室外的空气温度,白天总是高于夜晚。因此,室外采暖计算温度在$t_w=-3$ ℃地区,对于仅白天使用的建筑物(如办公楼、商场等),可以采用风冷热泵机组。对于全天(24 h)要求采暖的建筑物,采用风冷热泵时则应谨慎对待。

水源热泵系统比较适用于多住户的公寓楼及面积较大的大型别墅。设计时,应确保系统水流量计算准确,以便于冷却塔、水泵等设备的选型。

在相对湿度较高的地区选用热泵时,应特别注意分析运行条件,并采取有效的除霜措施。

3. 地源热泵机组

(1)地源热泵的机房内热泵机组部分。地源热泵机组的容量不要过大。中央空调冷、热源设备选型时，设备制冷(热)量为设计冷(热)负荷的1.05～1.10。地源热泵机组选型时，应尽量接近设计冷(热)负荷。若机组偏大时，运行时间短，启动频繁。机组容量合适，运行时间长，有利于除湿。

(2)室外地下换热部分。地热换热器的选型包括形式和结构的选取，对于给定的建筑场地条件，应尽量使设计在满足运行需要的同时成本最低。地热换热器的选型主要涉及以下几个方面：

1)地热换热器的布置形式：包括埋管方式和连接方式。埋管方式可分为水平式和垂直式两种。选择主要取决于场地大小、当地土类型及挖掘成本，若场地足够大且无坚硬岩石，则水平式较经济；若场地面积有限，则采用垂直式布置，很多场合下这是唯一的选择。如果场地土中有坚硬的岩石，用钻岩石的钻头可以成功钻孔。连接方式有串联和并联两种，在串联系统中只有一个流体流道；而并联系统中流体在管路中可有两个以上的流道。采用串联或并联取决于成本的大小，串联系统较并联系统采用的管子管径更大，而大直径的管子成本较高。另外，由于管径较大，系统所需的防冻液也较多，管子质量也相应增大，导致安装的劳动力成本也较大。

2)塑料管的选择：包括材料、管径、长度、循环流体的压头损失。聚乙烯是地热换热器中最常用的管子材料。这种管材的柔韧性好，且可以通过加热熔合形成比管子自身强度更好的连接接头。管径的选择需要遵循两条原则：其一，管径足够大，使循环泵的能耗较小；其二，管径足够小，以使管内的流体处于紊流区，流体和管内壁之间的换热效果好。同时，在设计时还要考虑到安装成本的大小问题。

3)循环泵的选择：选择的循环泵应该能够满足驱动流体持续地流过热泵和地热换热器，而且消耗功率较低。一般在设计中，循环泵应能达到每吨循环液所需的功率为100 W的耗能水准。

4. 水源热泵机组

水源热泵机组的容量不要过大。中央空调冷、热源设备选型时，设备制冷(热)量约为设计冷(热)负荷的1.05～1.10。

封闭水系统水温的选择，夏季要求水温低些，目的是提高能效，降低耗电功率。冬季水温不要太高，因为水温高时，虽然制冷量高，但耗电功率也高，而能效系数变化不大。

设计时要考虑采暖空调对象建筑物的同时使用系数。同时，使用系数的取值与建筑物的类型和数量有关，需通过理论计算和实测确定。《住宅建筑空调负荷计算中同时使用系数的确定》规定：当住户小于100户时，该系数该系数该系数为0.7；当户数为100～150户时，为0.65～0.7；当户数为150～200户时，该系数为0.6。

5. 直燃机机组

直燃机设计选型时要确保同时满足冷、热负荷的需要，但不设过大余量，以防止造成主机投资浪费。一个系统最好配置两台以上主机且分别配置独立的冷却水循环泵、冷却塔及冷热水循环泵，这样可以使系统可靠性更高，低负荷时水泵电耗更低。由于直燃机运转时无振动、无磨损，运转可靠，如选用单台主机，也具有明显的经济优势而不降低其可靠性。

标准型直燃机供热量是制冷量的80%。如果热负荷大(如制冷时供卫生热水，或采暖时供卫生热水或采暖负荷大于制冷负荷)，则可以选择高压发生器加大型以提高供热能力，或选择大冷量机组来实现(这样初始投资较大)。每加大一号高压发生器，供热能力增加20%，即$\Delta Q=0.8\times 0.2=0.16$。若系统需夏季制冷、冬季采暖并供应卫生热水(满足夏季制冷量要求选定机型后校核冬季供热量)，则应满足以下要求：

(1)满足夏冬两季使用要求。

(2)如冬季热负荷大，采取加大高压发生器来满足使用要求。

(3)如冬季热负荷大，采取加大机组型号来满足使用要求。若须加大机组型号满足使用要求，则夏季靠调节燃烧器以保证经济运行。在过渡季节，系统靠调节燃烧器火头以保证经济运行。另外，制冷量和供热量的比例也可利用一些阀门来调节实现。

6. 风冷热泵机组

风冷热泵机组的容量通常是根据建筑物的夏季冷负荷来选择，同时，对冬季热负荷进行校核计算。若机组供热量大于采暖负荷，则该机组满足冬季采暖要求；若机组供热量小于采暖负荷：当机组供热量小于或等于采暖负荷的50%～60%时，可增加辅助电加热装置；反之，则应综合考虑初始投资和运行费用来确定机组的容量，即适当加大机组的装机容量。

风冷热泵机组空调系统的辅助电加热装置的形式有：在风机盘管系统中设置小型锅炉，以此来提高冬季机组的供水温度；在有其他热源（热水或废热水）时，可采用板式热交换器提高冬季供水温度；采用直烧式（气源可为水煤气、天煤气、柴油等）加热器提高冬季供水温度；采用电加热器提高冬季供水温度。

蓄冷（热）负荷在选择风冷热泵机组时，还应考虑建筑物的蓄冷（热）负荷。一般公共建筑，空调设备往往是间歇运行，即白天运行、夜间关闭。这样，在第二天运行时，由于建筑物的蓄冷（热），房间温度需要运行一定的时间后才能达到设定值。如果要求缩短这一时间，在选择机组时就要考虑蓄冷（热）负荷。它与预冷（热）时间有关，一般预冷（热）时间按2～3 h计。

7. 组合式空调机组

目前，在各类综合性功能高层建筑的中央空调系统中，往往对所需温度、湿度、新风量、冷（热）负荷的空气气流组织，采用分层或分区进行集中处理，其优点是便于建筑物内的物业管理和使用中的节能。

组合式空调机组的特点是以功能段为组合单元，用户可根据空气调节和空气处理的需要，任选所需各段进行自由排列组合，有极大的自由度和灵活性。考虑到运行和检修方便、气流均匀等因素，应当设置中间段。选型时必须注意以下几点：

(1)向制造厂家提供组合式空调机组所需功能段的组合示意。示意图上应注明所选机组的型号、规格、段号、功能段长度、排列先后次序，以及左右式方位等基本要求。

(2)组合式空调机组的操作面规定如下：

1)送、回风机有传动皮带的一侧。

2)袋式过滤器能装卸过滤袋的一侧。

3)自动卷绕式过滤器设有控制箱的一侧。

4)冷（热）媒进、出口的一侧有排水管一侧。

5)喷水室（段）喷水管有接水管的一侧。

空调外机设备

当面对机组操作时，气流向右吹为右式；反之则为左式。选型订货时需要说明所需机组的左、右式。

(3)选用表冷器、加热器和消声器前，必须设置过滤器（段），以保护换热器和消声器表面的清洁度，防止堵塞孔、缝，并应设置中间段。

(4)喷水段、表冷段等，除已有排水管接至空调机组外，还应考虑排水的水封装置。

(5)选用喷水室（段）时，应说明几级几排。

(6)选用表冷器、加热器（段）时，应注明形式和排数，使用的冷（热）媒性质、温度和压力等。机组用蒸汽供热时，空气温升不小于20 ℃；以热水加热时，空气温升不小于15 ℃。

(7)选用干蒸汽加湿器需要说明加湿量、供汽压力和控制方法（手动、电动或气动）。

(8)选用风机段需要说明风机的型号、规格、安装方式、出风口位置，风机段前应设置中间段，保证气流均匀。新风机组的空气焓降应不小于34 kJ/kg。

(9)注明各风口接口的位置、方向和尺寸，送、回风阀的形式及规格，采用的控制方式（手动、电动或气动）。风机出口应有柔性短管，风机底座应有减振装置。

(10)需要留出的观察孔及仪表安装孔位置和个数，风机供电的引线位置走向。

(11)机组的基础应高于室内地平面，基础四周应设有排水沟或地漏，以便排除冷凝水和放空设备底部存水。

(12)机组四周或机组与机组(多台)布置时,应留出足够的操作和检修空间。

(13)考虑到机组防腐性能,箱体材料最好选用镀锌钢板、玻璃钢或特殊铝合金。对于黑色金属制作的构件表面,应进行过防腐处理;对于玻璃钢箱体,应采用氧指数不小于 30 的阻燃树脂制作。

(14)机组漏风率标准:

1)机组内静压保持 700 Pa 时,机组漏风率不大于 3%。

2)净化空调系统的机组内静压保持 1 000 Pa、洁净度低于 1 000 级时,机组漏风率不大于 2%;洁净度高于或等于 1 000 级时,机组漏风率不大于 1%。

对机组性能考核要求:机组的风量、余压、供冷量和供热量的实测值应大于或等于其名义值的 93%。机组的水阻力和输入功率的实测值不得大于其名义值的 110%。

①基本参数应符合下列规定:

a. 机组风量实测值不低于额定值的 95%,全压实测值不低于额定值的 88%。

b. 机组额定供冷量的空气焓降应不小于 17 kJ/kg;新风机组的空气焓降应不小于 34 kJ/kg。

c. 机组供热量的空气温升至少应不小于:蒸汽加热时温升 20 ℃,热水加热时温升 15 ℃。机组在 85% 的额定电压下能正常激活和工作。

②机组的盘管及其管路在下列相应条件下应能长期正常运行且无渗漏:

a. 冷水盘管在 980 kPa 压力下或通热水使用时,在 980 kPa 压力、60 ℃ 的热水条件下。

b. 热水盘管在 980 kPa 压力、130 ℃ 的热水条件下。

c. 蒸汽盘管在 70 kPa 压力、112 ℃ 的蒸汽条件下。

机组箱内的隔热隔声材料应具有无毒、无异味、自熄性和不吸水性能。不应使用裸露的含石棉或玻璃纤维的材料。隔热隔声材料与面板之间应粘贴牢固、平整、无缝隙,保证在运行时箱体外表面无凝露。

机组应有凝结水处理设置,在运行中箱体外不应有渗漏水,箱体内不应有积水,排水应通畅。

箱体和检查门应具有良好的气密性,机组的漏风率应不大于 5%。检查门锁紧性能要好,防止因内、外压差而自行开关。盘管迎风面的风速超过 2.5 m/s 时,应加设挡水板。喷水段进、出风侧应有挡水板。

机组箱体应具有足够的刚度,在运行中不应产生变形。机组采用黑色金属材料制成的构件,其表面均应做防腐处理。

6.9.3 辅助设备选型

1. 清水泵类产品选型

(1)选择清水泵主要看参数流量和扬程。

(2)离心泵适用于大流量、大扬程的场所。

(3)管道泵流量范围不大,适用于扬程低的场所。

(4)常规选择卧式泵,当安装有局限时选立式泵。

(5)当单级泵不能满足要求时选择双级泵。

(6)当温度 $t>65$ ℃时,选热水泵;当 $t\leqslant 65$ ℃时,选冷水泵。

2. 新风机设备选型

空气处理机组主要用于处理室内空气和供新风,一般有回风工况和新风工况两种工作状态。

空气处理机组的选择一般由风量、表冷器排管数和机外余压三个主要参数决定。

选型步骤:先根据系统需要的风量确定空气处理机组的型号,再根据需要提供的冷量来决定其排管数,如此便可以确定。根据系统需要的余压要求确定余压。

空气处理机组一般有吊顶式和落地式两种。落地式包括立式和卧式两种。另外，空气处理机组有多种送风方式和回风方式，应根据建筑情况和建筑业主要求进行最终确定。

(1)根据安装设置选择新风机的形式。

(2)选用设备风量、风压时，以不小于设计值为原则。

根据房间用途、面积、内部人员数量确定合适新风量，按表6-13进行选择。

表6-13 新风机组选型风量参数表

房间类型	每人所需新风量 $Q/(m^3 \cdot h^{-1})$	房间新风换气次数/(次·h^{-1})
一般病房	17～42	1.06～2.65
体育用房	8～20	0.5～1.25
影剧院、百货商场	8.5～21	1.06～2.66
办公室	25～62	1.56～3.9
计算机房	40～100	2.5～6.25
餐厅	20～50	1.25～3.13
高级客房	30～75	1.88～4.69
会议室	50～125	3.13～7.81

另外，还应注意以下几个方面：

1)确定房间所需新风量时，应根据房间空间大小及室内人员数量综合考虑。根据表6-13分别按"每人所需新风量"和"房间新风换气次数"计算出新风数量值，取两者中较大值作为设备选型依据。

2)对于特殊行业，如医院(手术室、特护病房)、实验室、工业车间，按行业相关规范、条例确定所需新风量。

3)确定制冷量及制热量的设计工况。

4)原则上，一台新风机组只负责一层楼面所需的新风量。

3. 风机盘管设备选型

(1)明确所选用机组的形式、规格、风口位置等要求。风机盘管有两个主要参数，即制冷(热)量和送风量。因此，选择的方法有以下两种：

1)根据房间循环风量选择。房间面积、层高(吊顶后)和房间换气次数三者的乘积，即房间的循环风量。利用循环风量对应风机盘管高速风量和中速风量，即可确定风机盘管型号。

2)根据房间所需的冷负荷选择。根据单位面积负荷和房间面积，可得到房间所需的冷负荷值，利用房间冷负荷值对应风机盘管的制冷量即可确定风机盘管型号。对于一般的住宅和办公建筑，房间面积在10 m^2以下，可选用FP-35；面积为15 m^2左右的选用FP-51；面积为20 m^2左右的选用FP-68；面积为25 m^2左右的选用FP-85；面积为30 m^2左右的选用FP-102；面积为40 m^2左右的选用FP-136；面积为50 m^2左右的选用FP-170；面积为60 m^2左右的选用FP-204。房间面积较大时，应考虑使用多个风机盘管；房间单位面积负荷较大且对噪声要求不高时，可以考虑使用风量和制冷量较大的风机盘管。

在选用风机盘管制冷机组时，是将设计预热负荷与机组显热负荷相匹配。在大多数情况下，盘管有足够的潜热容量，可满足设计需要。如使用室外空气则相应修正其负荷及计算公式(水温升=空气温升)，先要确定工作要求，再确定机组规格、水量、所需水温及压降等参数。工作要求如下：

①制冷：室内预热制冷负荷，室内总热制冷负荷，进风温度，进水温度，风量。

②制热：通常按制冷选用的机组，采暖能力是足够的，回热量按照水流量相同时来选定，即用进水温度来满足室内所需加热负荷、室内加热负荷、进风温度。

(2)明确所选用机组的接水管左出或右出方向(与管道布置等有关)。

(3)明确风机电动机轴承是否采用含油或不含油轴泵。若选用不含油轴泵，使用中一贯按规定定期加油。

(4)注意出水的保温措施，避免夏季使用时产生凝露，污损室内建筑物。

(5)冬季通热水，水温一般不超过60℃，可减少结垢，同时，减轻冷热交替作用而使胀管胀紧力减弱，影响传热。

(6)机组盘管的最高处设置放气阀。

4. 冷却塔类选型

(1)按照被冷却水的温度选择高温塔、中温塔或常温塔。

(2)按照安装位置的现状及对噪声的要求选择横流塔或逆流塔。

(3)按照冷水机组的冷却水量选择水量，原则上冷却塔的水量要略大于冷水机组的冷却水量。

(4)选用多台水塔时尽量选择同一型号。冷却塔选型需要注意以下几点：

1)塔体结构材料要稳定、经久耐用、耐腐蚀，组装配合精确。

2)配水均匀、壁流较少、喷溅装置选用合理，不易堵塞。

3)淋水填料的形式应符合水质、水温要求。

4)风机匹配，能够保证长期正常运行，无振动和异常噪声，而且叶片耐水侵蚀性好并有足够的强度。风机叶片安装角度可调，但要保证角度一致，且电机的电流不超过电机的额定电流。

(5)电耗低、造价低，中、小型钢骨架玻璃冷却塔还要求质量轻。

(6)冷却塔应尽量避免布置在热源、废气和烟气发生点、化学品堆放处和煤堆附近。

(7)冷却塔之间或塔与其他建筑物之间的距离，除考虑塔的通风要求，塔与建筑物相互影响外，还应考虑建筑物防火、防爆的安全距离及冷却塔的施工与检修要求。

(8)冷却塔的进水管方向可按90°、180°、270°旋转。

(9)冷却塔的材料可耐-50℃低温，但对于最冷月平均气温低于-10℃的地区订货时应说明，以便采取防结冰措施(冷却塔造价约增加3%)。

(10)循环水的浊度不大于50 mg/L，短期不大于100 mg/L，不宜含有油污和机械性杂质，必要时需要采取灭藻及水质稳定措施。

(11)布水系统是按名义水量设计的，如实际水量与名义水量相差±15%以上，订货时应说明，以便修改设计。

(12)冷却塔零部件在存放运输过程中，其上不得压重物，不得暴晒，且应注意防火。冷却塔安装、运输、维修过程中，不得运用电气焊等明火，附近不得燃放烟花爆竹。

(13)圆塔多塔设计，塔与塔之间净距离应保持不小于0.5倍塔体直径。横流塔及逆流方塔可并列布置。

(14)选用水泵应与冷却塔配套，保证流量、扬程等工艺要求。

(15)当选择多台冷却塔时，尽可能选用同一型号。

另外，衡量冷却塔的效果通常还采用以下三个指标：

(1)冷却塔的进水温度t_1和出水温度t_2之差Δt，被称为冷却水温差。一般来说，温差越大，则冷却效果越好。对生产而言，Δt越大，则生产设备所需的冷却水的流量可以减少。但如果进水温度t_1很高时，即使温差Δt很大，冷却后的水温也不一定降低到符合要求，因此，这样一个指标虽是需要的，但说明的问题不够全面。

(2)冷却后水温t_2和空气湿球温度ξ的接近程度$\Delta t'=t_2-\xi$(℃)，$\Delta t'$称为冷却幅高。$\Delta t'$值越小，则冷却效果越好。事实上，$\Delta t'$不可能等于0。

(3)考虑冷却塔计算中的淋水密度。淋水密度是指 1 m² 有效面积上每小时所能冷却的水量,用 q 表示。其计算公式为

$$q = Q/F$$

式中　Q——冷却塔流量(m³/h);
　　　F——冷却塔的有效淋水面积(m²)。

其他说明如下:
(1)根据使用工况及水量确定冷却塔的主要参数。
(2)优选换热效率高的(相同水量体积小的)。
(3)优选噪声低的(相同水量风机输入功率低的噪声低)。
(4)材质好、寿命长、阻燃填料为第一优选。
(5)选型位置应考虑不受季风影响。

要求:
(1)阻力后的配管不能低于补水管进水口径。
(2)冷却塔出水管的阀门距离塔越近越好。
(3)建议回水管室外部分做保温措施。
(4)对多台并联的冷却塔建议将水路做成两路,便于在机组能量调整时节能运行。
(5)冷却塔激活时一定要先开水泵,后开风机。不允许在没有淋水的情况下使风机运转。

因此,在布水管上设有倾斜的收水板,如果开动风机而没有喷水,布水器反转,收水板会刮到填料,使填料刮出来被风带走,或者将布水管卡坏。因此,冷却塔激活时,一定要先开水泵,后开风机,停止工作时,应先停风机,后停水泵。

5. 风口类产品选型

(1)根据工艺要求和现场条件等,确定送回风的形式、气流组织形式及风口形式。
(2)根据风量来确定风口的外形尺寸。
(3)选型时还要注意以下要求:

1)一般可采用百叶风口或条缝形风口等侧送,有条件时,侧送气流宜贴附。工艺性空气调节房间,当室温允许波动范围小于或等于±0.5 ℃时,侧送气流应贴附。

2)当有吊顶可利用时,应根据房间高度及使用场所对气流的要求,分别采用圆形、方形和条缝形散流器和孔板送风。当单位面积送风量较大,而且工作区内要求风速较小或区域温差要求严格时,应采用孔板送风。

3)空间较大的公共建筑和室温允许波动范围大于或等于±1.0 ℃的高大厂房,可采用喷口或旋流风口送风。

新风系统

4)采用贴附侧送时,应符合下列要求:
①送风口上缘距顶棚距离较大时,送风口处应设置向上倾斜10°~20°的导流片。
②送风口内应设置使射流不致左右偏斜的导流片。
③射流流程中不得有阻挡物。另外,送风口的出口风速应根据送风方式、送风口类型、安装高度、室内允许风速和噪声标准等因素确定。消声要求较高时,宜采用2~5 m/s,喷口送风可采用4~10 m/s。

5)回风口的布置方式应符合下列要求:
①回风口不应设在射流区内和人员长时间停留的地点,采用侧送时,宜设在送风口的同侧。
②条件允许时,可采用集中回风或走廊回风,但走廊的断面风速不宜过大。

6. 空调箱选型

在进行空调箱选型时,应首先根据空调系统负荷计算结果确定该空调箱所需的风量、风压、冷热量,以及出风口噪声和空气过滤要求。但是,由于设计或制造等多方面原因,在使用中常发

现选用的空调箱存在风冷不足、冷量不足、箱体外表结露、凝水盘溢水、表冷器段后带水等问题。这就要求在设备选型时严格把好质量关，防患于未然，主要应注意以下几点：

(1) 箱体保温。为防止箱体外壳结露，箱体保温层热阻应不小于 $0.68\ m^2/kW$，同时，还要防止箱体各段连接处产生冷桥。保温材料目前多采用 PEF 或聚氨酯发泡。

(2) 迎风面风速。有些厂家为了缩小产品的外形尺寸，往往将空调箱的迎风面风速取得较大，这样就造成空调箱表冷段后带水的后果，如挡水板设计不合理。因此，在选型时，应将表冷器迎风面风速控制在 2～2.5 m/s 为宜。

(3) 漏风指标。组合式空调箱在箱内静压为 700 Pa 时，机内漏风率不得超过 3%。在实际使用中，现场空调箱漏风率竟有高达 10% 的现象。经分析，这主要是由以下几点原因造成的：密封材料性能不好；机组结构设计不合理；现场安装质量差；大风量空调箱箱体刚性差，当启停运行时易发生变形。

(4) 冷热量不足。国内厂家的表冷器设计选型依据多以小样试验结果的经验公式进行放大计算，这本身就存在一定误差，且有某些企业自己没有试验条件而抄袭其他厂家的相关样本，这是目前造成国内许多厂家此类产品冷热量不足的主要原因。所以，在对生产厂家进行实地考察时，一定要亲自了解其产品测试手段。

(5) 凝结水盘溢水。这是目前空调箱使用中发生最为普遍的一个现象。造成这个问题的原因有迎风面风速过大；表冷器处于负压段，机组出厂时未设水封；凝结水盘的长度和深度不够。对于机组所设置水封的高度及凝结水盘的长度和深度值的确定，应在订货时根据表冷段所处负压值，与厂家协商确定。

7. 风机盘管选型

我国在风机盘管检测指标中有风量、供冷量、供热量、单位风机功率供冷量、水阻力、A 声级噪声、凝露、凝结水处理、电机绕组温升、热态绝缘电阻、泄漏电流、接地电阻等一些指标。在工程中评价一台风机盘管质量好坏的标准，主要是看风量、冷量、噪声、耗电量这几个指标。

风机盘管在具体选型时应注意以下几点：

(1) 盘管冷量。盘管冷量不足是目前用户投诉最多的一个问题。造成这种问题的主要原因是很多企业没有自己的测试手段，样本上的参数是从其他厂家的样本上抄袭的，而且自己生产的盘管热工性能又较差(这主要是由翅片形式、胀管质量、生产工艺等造成)。因此，建议在进行项目考察时应注意厂家的测试设施与手段。

(2) 风量。目前，在进行具体工程设计中，往往是根据计算所得冷负荷通过查阅有关厂家的样本来选择风机盘管。而国内市场上多数厂家的盘管都只有一种三排管的，但也有厂家提供两排管的盘管。对于大多数民用建筑空调系统而言，选择两排管的盘管更为有利(对高湿度场合例外)。这是因为两排管的产品在同样冷量下风量较大，这将增大空调房间的换气次数，有利于提高空调精度及舒适性。同样冷量下，采用小温差、大风量送风，会取得比大温差、小风量送风更佳的空调效果。

(3) 机外余压。由于我国目前的风机盘管的风量、冷量及噪声等参数的测试，均是在机外静压为零的条件下进行的。但在实际使用中，盘管出风口前往往要接一小段风管及出风百叶。另外，有的工程中还没有回风箱，因而在实际使用中，会发现盘管的实际风量要小于其名义风量，这样的后果就是房间风量减小，送风温差增大，空调的舒适性下降。有的设计人员为避免这种情况，就在选型时按盘管的中档风量选取，以避免风量不足，但增大了工程的初始投资。因而，建议在盘管选型时，优先选择有余压(一般应为 10～15 Pa)的机组。

(4) 噪声问题。这是目前国内、外产品差距较大的一个地方，也是目前盘管因质量问题而被投诉的一个要点。造成这一问题的原因，多在于盘管中的电机与风机配置及匹配的不合理；另一个原因是厂家质量管理不严，装配工责任心不强，造成产品质量不稳定。所以，在考察一个厂家产品时，应查阅其由国家权威质检部门出具的该款产品噪声检测报告。对于选用批量较大的工程项目，应现场抽样送有关质检部门检测。国内外 1 000 m³/h 风机盘管性能比较见表 6-14。

表 6-14　国内外 1 000 m³/h 风机盘管性能比较

品牌	风量/(m³·h⁻¹)	供冷量/W	耗电量/W	A声级噪声/dB
三菱	1 020	6 141	75	38
松下	930	5 478	76	37
约克	1 050	5 584	85	43
捷丰	950	6 380	97	<47
申达	1 000	5 300	64	<43
吉佳	1 050	5 360	98	43

6.10　通风与空调节能工程的质量验收

6.10.1　一般规定

(1)本节的内容适用于通风与空调系统节能工程施工质量验收。

(2)通风与空调节能工程施工中应及时进行质量检查，对隐蔽部位在隐蔽前进行验收，并应有详细的文字记录和必要的图像资料，施工完成后应进行通风与空调系统节能分项工程验收。

(3)通风与空调节能工程验收的检验批划分可按《建筑节能工程施工质量验收标准》(GB 50411—2019)第 3.4.1 条的规定执行，也可按系统或楼层，由施工单位与监理单位协商确定。

6.10.2　主控项目

(1)通风与空调节能工程使用的设备、管道、自控阀门、仪表、绝热材料等产品应进行进场验收，并应对下列产品的技术性能参数和功能进行核查。验收与核查的结果应经监理工程师检查认可，且应形成相应的验收记录。各种材料和设备的质量证明文件与相关技术资料应齐全，并应符合设计要求和国家现行有关标准的规定。

1)组合式空调机组、柜式空调机组、新风机组、单元式空调机组及多联机空调系统室内机等设备的供冷量、供热量、风量、风压、噪声及功率，风机盘管的供冷量、供热量、风量、出口静压、噪声及功率；

2)风机的风量、风压、功率、效率；

3)空气能量回收装置的风量、静压损失、出口全压及输入功率；装置内部或外部漏风率、有效换气率、交换效率、噪声；

4)阀门与仪表的类型、规格、材质及公称压力；

5)成品风管的规格、材质及厚度；

6)绝热材料的导热系数、密度、厚度、吸水率。

检验方法：观察、尺量检查，核查质量证明文件。

检查数量：全数检查。

(2)通风与空调节能工程使用的风机盘管机组和绝热材料进场时，应对其下列性能进行复验，复验应为见证取样检验：

1)风机盘管机组的供冷量、供热量、风量、水阻力、功率及噪声；

2)绝热材料的导热系数或热阻、密度、吸水率。

检验方法：核查复验报告。

检查数量：按结构形式抽检，同厂家的风机盘管机组数量在 500 台及以下时，抽检 2 台；每增加 1 000 台时应增加抽检 1 台。同工程项目、同施工单位且同期施工的多个单位工程可合并计算。当符合《建筑节能工程施工质量验收标准》(GB 50411—2019)第 3.2.3 条规定时，检验批容量可以扩大一倍。

同厂家、同材质的绝热材料，复验次数不得少于 2 次。

(3)通风与空调节能工程中的送、排风系统及空调风系统、空调水系统的安装，应符合下列规定：

1)各系统的形式应符合设计要求；

2)设备、阀门、过滤器、温度计及仪表应按设计要求安装齐全，不得随意增减或更换；

3)水系统各分支管路水力平衡装置、温度控制装置的安装位置、方向应符合设计要求，并便于数据读取、操作、调试和维护；

4)空调系统应满足设计要求的分室(区)温度调控和冷、热计量功能。

检验方法：观察检查。

检查数量：全数检查。

(4)风管的安装应符合下列规定：

1)风管的材质、断面尺寸及壁厚应符合设计要求；

2)风管与部件、建筑风道及风管间的连接应严密、牢固；

3)风管的严密性检验结果应符合设计和国家现行标准的有关要求；

4)需要绝热的风管与金属支架的接触处，需要绝热的复合材料风管及非金属风管的连接处和内部支撑加固处等，应有防热桥的措施，并应符合设计要求。

检验方法：观察、尺量检查；核查风管系统严密性检验记录。

检查数量：按《建筑节能工程施工质量验收标准》(GB 50411—2019)第 3.4.3 条的规定抽检，风管的严密性检验最小抽样数量不得少于 1 个系统。

(5)组合式空调机组、柜式空调机组、新风机组、单元式空调机组的安装应符合下列规定：

1)规格、数量应符合设计要求；

2)安装位置和方向应正确，且与风管、送风静压箱、回风箱、阀门的连接应严密可靠；

3)现场组装的组合式空调机组各功能段之间连接应严密，其漏风量应符合现行国家标准《组合式空调机组》(GB/T 14294—2008)的有关要求；

4)机组内的空气热交换器翅片和空气过滤器应清洁、完好，且安装位置和方向正确，以便于维护和清理。

检验方法：观察检查；核查漏风量测试记录。

检查数量：全数检查。

(6)带热回收功能的双向换气装置和集中排风系统中的能量回收装置的安装应符合下列规定：

1)规格、数量及安装位置应符合设计要求；

2)进、排风管的连接应正确、严密、可靠；

3)室外进、排风口的安装位置、高度及水平距离应符合设计要求。

检验方法：观察检查。

检查数量：全数检查。

(7)空调机组、新风机组及风机盘管机组水系统自控阀门与仪表的安装应符合下列规定：

1)规格、数量应符合设计要求；

2)方向应正确，位置应便于读取数据、操作、调试和维护。

检验方法：观察检查。

检查数量：按《建筑节能工程施工质量验收标准》(GB 50411—2019)第 3.4.3 条的规定抽检，并不少于 10 个。

(8)空调风管系统及部件的绝热层和防潮层施工应符合下列规定：
1)绝热材料的燃烧性能、材质、规格及厚度等应符合设计要求；
2)绝热层与风管、部件及设备应紧密贴合，无裂缝、空隙等缺陷，且纵、横向的接缝应错开；
3)绝热层表面应平整，当采用卷材或板材时，其厚度允许偏差为 5 mm；采用涂抹或其他方式时，其厚度允许偏差为 10 mm；
4)风管法兰部位绝热层的厚度，不应低于风管绝热层厚度的 80%；
5)风管穿楼板和穿墙处的绝热层应连续不间断；
6)防潮层(包括绝热层的端部)应完整，且封闭良好，其搭接缝应顺水；
7)带有防潮层、隔气层绝热材料的拼缝处，应用胶带封严，粘胶带的宽度不应小于 50 mm；
8)风管系统阀门等部件的绝热，不得影响其操作功能。
检验方法：观察检查；用钢针刺入绝热层、尺量。
检查数量：按《建筑节能工程施工质量验收标准》(GB 50411—2019)第 3.4.3 条的规定抽检，最小抽样数量绝热层不得少于 10 段、防潮层不得少于 10 m、阀门等配件不得少于 5 个。

(9)空调水系统管道、制冷剂管道及配件绝热层和防潮层的施工，应符合下列规定：
1)绝热材料的燃烧性能、材质、规格及厚度等应符合设计要求。
2)绝热管壳的捆扎、粘贴应牢固，铺设应平整。硬质或半硬质的绝热管壳每节至少应用防腐金属丝、耐腐蚀织带或专用胶带捆扎 2 道，其间距为 300～350 mm，且捆扎应紧密，无滑动、松弛及断裂现象。
3)硬质或半硬质绝热管壳的拼接缝隙，保温时不应大于 5 mm、保冷时不应大于 2 mm，并用粘结材料勾缝填满；纵缝应错开，外层的水平接缝应设在侧下方。
4)松散或软质保温材料应按规定的密度压缩其体积，疏密应均匀，搭接处不应有空隙。
5)防潮层与绝热层应结合紧密，封闭良好，不得有虚粘、气泡、褶皱、裂缝等缺陷。
6)立管的防潮层应由管道的低端向高端敷设，环向搭接缝应朝向低端；纵向搭接缝应位于管道的侧面，并顺水。
7)卷材防潮层采用螺旋形缠绕的方式施工时，卷材的搭接宽度宜为 30～50 mm。
8)空调冷热水管穿楼板和穿墙处的绝热层应连续不间断，且绝热层与穿楼板和穿墙处的套管之间应用不燃材料填实，不得有空隙；套管两端应进行密封封堵。
9)管道阀门、过滤器及法兰部位的绝热应严密，并能单独拆卸，且不得影响其操作功能。
检验方法：观察检查；用钢针刺入绝热层、尺量。
检查数量：按《建筑节能工程施工质量验收标准》(GB 50411—2019)第 3.4.3 条的规定抽检，最小抽样数量绝热层不得少于 10 段、防潮层不得少于 10 m、阀门等配件不得少于 5 个。

(10)空调冷热水管道及制冷剂管道与支、吊架之间应设置绝热衬垫，其厚度不应小于绝热层厚度，宽度应大于支、吊架支承面的宽度。衬垫的表面应平整，衬垫与绝热材料之间应填实无空隙。
检验方法：观察检查、尺量。
检查数量：按《建筑节能工程施工质量验收标准》(GB 50411—2019)第 3.4.3 条的规定抽检，最小抽样数量不得少于 5 处。

(11)通风与空调系统安装完毕，应进行通风机和空调机组等设备的单机试运转和调试，并应进行系统的风量平衡调试，单机试运转和调试结果应符合设计要求；系统的总风量与设计风量的允许偏差不应大于 10%，风口的风量与设计风量的允许偏差不应大于 15%。
检验方法：核查试运转和调试记录。
检查数量：全数检查。

(12)多联机空调系统安装完毕后，应进行系统的试运转与调试，并应在工程验收前进行系统运行效果检验，检验结果应符合设计要求。

检验方法：核查系统试运行和调试及系统运行效果检验记录。
检查数量：全数检查。

6.10.3 一般项目

(1)空气风幕机的规格、数量、安装位置和方向应正确，垂直度和水平度的偏差均不应大于2/1 000。

检验方法：观察检查。
检验数量：全数检查。

(2)变风量末端装置与风管连接前应做动作试验，确认运行正常后再进行管道连接。

检验方法：观察检查。
检验数量：按总数量抽查10%，且不得少于2台。

6.11 制冷系统的运行与维护

空调系统维修人员应对空调系统巡检发现的问题和故障进行日常维护，同时，根据系统和设备特点，对空调系统的设备设施、管道系统等进行定期维护保养。

6.11.1 空调设备的节能维护保养

空调设备的节能维护保养主要是对冷水机组、风机盘管、水泵机组、风机等的节能维护保养。其具体的维护保养内容如下。

1. 冷水机组的节能维护保养

冷水机组是将整个制冷系统中的压缩机、冷凝器、蒸发器、节流阀等设备及电气控制设备组装在一起，提供冷冻水的设备。

(1)冷凝器和蒸发器的清洁保养。

1)对于设有冷却塔的水冷式制冷机中的冷凝器、蒸发器，每半年由制冷空调维修组进行一次清洁保养。

2)清洗时，先配制10%盐酸溶液(每1 kg盐酸溶液里加0.5 kg缓蚀剂)或用高效清洗剂杀菌清洗、剥离水垢一次完成，并对铜铁无腐蚀。

3)拆开冷凝器、封闭蒸发器两端进出水法兰，向里面注入清洗液，酸洗24 h，也可用泵循环清洗，时间为12 h。酸洗完后用1%的NaOH溶液或5%的Na_2CO_3溶液清洗15 min，最后用清水冲洗3遍。全部清洗完毕，检查是否漏水，若不漏水则重新装好，若法兰胶垫老化，则须更换。

(2)检查螺丝、螺栓、螺母及接头的紧密性，适当紧固，以消除振动，防止泄漏。

(3)压缩机的检查和保养。

1)制冷空调维修组每年对压缩机进行一次检查保养。

2)检查保养的内容。

①检查压缩机的油位、油色，如油位低于观察镜的1/22位置，则应查明漏油的原因并排除故障后再充注润滑油，如油已变色，则应彻底更换润滑油。

②检查制冷系统内是否存有空气，如有则应排放。

③检查压缩机和各项参数是否在正常范围内，压缩机电机绝缘电阻正常值为0.5 MΩ以上，压缩机运行电流正常为额定值，三相基本平衡，压缩机的油压正常值为1～1.5 MPa，压缩机外壳温度在85 ℃以下，吸气压力正常值为0.49～0.54 MPa，排气压力正常值为1.25 MPa，并检查压缩机运转时是否有异常的噪声和振动，检查压缩机是否有异常的气味。

3)通过各项检查确定压缩机是否有故障，视情况进行维修更换。

2. 冷却塔的节能维护保养

(1)冷却塔开机使用前的检查和维护保养。

1)冷却塔在每年开始使用前半个月内,制冷空调维修组对冷却塔进行一次全面维护保养。

2)清除冷却塔内的杂物。

3)检查、调整冷却塔风机皮带的松紧度。

4)冷却塔开机使用前除进行定期清洗维护保养工作外,还包括以下维护保养内容。

①检查测试冷却塔风机电动机的绝缘情况,其绝缘电阻应不低于 0.5 MΩ,否则应干燥处理电机线圈,干燥后仍达不到应拆修电机线圈。

②更换风机所有轴承的润滑脂。

③清除风机叶片上的腐蚀物,必要时在风机叶片上涂防锈层。

④检查减速箱中油的颜色和黏度,达不到要求时应更换。

⑤清洗冷却塔外壳。

⑥检查冷却塔架,金属塔架每两年涂漆一次。

(2)定期维护保养。

1)每个月对冷却塔进行一次清洗和维护保养,清洗和维护保养内容有以下几项:

①清洗布水装置,检查布水器布水是否均匀,否则应清洁管道及喷嘴。

②清洗冷却塔填料,发现有损坏的要及时填补或更换。

③清洗积水盘和出水口的过滤网。

2)每周检查一次电机风扇转动是否灵活,风叶螺栓是否紧固,转动是否有振动。

3)对于使用皮带减速装置的电机,每半个月检查一次皮带转动时松紧状况,调节松紧度或进行损坏更换;检查皮带是否开裂或磨损严重,视情况进行更换。

4)每个月停机检查一次齿轮减速箱中的油位,达不到油标规定位置时要及时加油。

5)每半个月检查一次补水浮球阀动作是否可靠,否则应修复。

(3)冷却塔停机期间维护保养措施。

1)冬季冷却塔停止使用期间,避免可能发生的冰冻现象,应将集水盘(槽)和管道中的水全部放完,避免冻坏设备和管道。

2)严寒和寒冷地区,应采取措施避免因积雪而使风机叶片变形。

①停机后将叶片旋转到垂直地面的角度紧固。

②将叶片或与轮毂一起拆下放到室内保存。

3)皮带减速装置的皮带,在停机期间取下保存。

3. 风机盘管的节能维护保养

(1)日常维护保养。

1)温控开关的动作不正常或控制失灵时要及时修理或更换。

2)电磁阀开关的动作不正常或控制失灵时要及时修理或更换。

3)每三个月清洗一次空气过滤网。

4)水管接头或阀门漏水时要及时修理或更换。

5)接水盘、水管、风管绝热层损坏时要及时修补或更换。

6)及时排除风机盘管内积存的空气。

(2)定期维护保养。

1)空调维修组每半年对风机盘管进行一次清洁维护保养,如果风机盘管只是季节性使用,则在使用结束后进行一次清洁保养。

2)清洁维护保养的内容。

①吹吸、清洗空气过滤网,冲刷、消毒接水盘,清洗风机风叶、盘管上的污物;使用盐酸溶液清洗盘管内壁的污垢;清洁风机盘管的外壳。

②盘管肋片有压倒的则要用翅梳梳好。

3)检查风机转动是否灵活,如果转动中有阻滞现象,应加注润滑油,如有异常的摩擦响声,应更换风机的轴承。

4)对于带动风机的电机,用 500 V 摇表检测线圈绝缘电阻,应不低于 0.5 MΩ,否则应进行干燥处理或整修更换,检查电容是否变形,如变形则应更换同规格电容,检查各接线头是否牢固。

5)拧紧所有紧固件。

(3)停机时维护保养。

1)风机盘管不使用时,盘管内要保证充满水,以减少管道腐蚀。

2)在冬季不使用的盘管,且无采暖的环境下要采取防冻措施,避免盘管冻裂。

4. 柜式风机盘管的节能维护保养

柜式风机盘管的维护保养内容与风机盘管的维护保养内容基本一致,所不同的是:

(1)1~2 个月清洗一次连接室外新风的过滤网。

(2)每个月调整一次离心机皮带。

(3)风机轴承每年须换一次润滑油。

5. 水泵的节能维护保养

(1)日常维护保养。

1)及时处理日常巡检中发现的水泵运行问题。

2)及时向水泵轴承加润滑油。

3)及时压紧或更换轴封。

(2)定期维护保养。

1)使用润滑油润滑的轴承每年清洗、换油一次;采用润滑脂润滑的轴承,在水泵使用期间,每工作 2 000 h 换油一次。

2)每年对水泵进行一次解体的清洗和检查,清洗泵体和轴承,清除水垢,检查水泵的各个部件。

(3)停机时的维护保养。水泵停用期间,环境低于 0 ℃时,要将泵内的水全部放干净,以免水的冻胀作用胀裂泵体。

6. 风机的节能维护保养

(1)日常维护保养。及时处理日常巡检中发现的风机运行问题。

(2)定期维护保养。

1)连续运行的带传动风机,每个月应停机检查调整一次皮带的松紧度;间歇运行的风机,在停机不用期间一个月进行一次检查调整。

2)检查、紧固风机与基础或机架、风机与电动机,以及风机自身各部分连接松动的螺栓、螺母。

3)调整、更换减振装置。

4)常年运行的风机,每半年更换一次轴承润滑脂,季节性使用的风机,每年更换一次轴承润滑脂。

6.11.2 空调系统的节能维护保养

空调系统的节能维护保养包括水系统、风系统、空调测控系统的节能维护保养。

1. 水系统的节能维护保养

水系统的节能维护保养包括冷冻水、冷却水和凝结水管系统的管道及阀门的维护保养。

(1)日常维护保养。

1)及时修补水系统破损和脱落的绝热层、表面防潮层及保护层,更换胀裂、开胶的绝热层或防潮层接缝的胶带。

远大集团—绿色建筑技术

2)及时封堵、修理和更换漏水的设备、管道、阀门及附件。
3)及时疏通堵塞的凝结水管道。
4)及时检修动作不灵敏的自动动作阀门和清理自动排气阀门的堵塞。
(2)定期维护保养。
1)每半年对冷冻(热)水管道、冷却水管、凝结水管、系统管道和阀门进行一次维护保养。具体的维护保养内容如下:
①修补或重做水系统管道和阀门处破损的绝热层、表面防潮层及保护层;更换胀裂、开胶的绝热层或防潮层接缝的胶带。
②从凝结水盘排水口处用加压清水或药水冲洗凝结水管路。
③检查修理或更换动作失灵的自动动作阀门,如止回阀和自动排气阀。
2)每三个月清洗一次水泵入口处的水过滤器的过滤网,有破损的要更换。
3)空调维修工每半年对中央空调水系统所有阀类进行一次维护保养;进行润滑、封堵、修理、更换。

2. 风系统的节能维护保养

风系统的节能维护保养包括风系统管道和阀门的维护保养。
(1)每三个月修补一次风系统破损和脱落的绝热层、表面防潮层及保护层,更换胀裂、开胶的绝热层或防潮层接缝的胶带。
(2)每三个月对送回风口进行一次清洁和紧固,每两个月清洗一次带过滤网的风口的过滤网。
(3)每三个月对风系统的风阀进行一次维护保养,检查各类风阀的灵活性、稳固性和开启准确性,进行必要的润滑和封堵。

3. 空调测控系统的节能维护保养

(1)及时修理或更换动作不正常或控制失灵的温控开关。
(2)及时维修或更换损坏的中央空调系统的压力表、流量计、温度计、冷(热)量表、电表、燃料计量表(如煤气表、油表)等计量仪表,缺少的应及时增设。
(3)每半年对控制柜内外进行一次清洗,并紧固所有接线螺钉。
(4)每年校准一次检测器件(如温度计、压力表、传感器等)和指示仪表,达不到要求的需要更换。
(5)每年清洗一次各种电气部件(如交流接触器、热继电器、自动空气开关、中间继电器等)。

典型工程案例

朱比丽校园项目设计的确定是通过 1996 年诺丁汉大学为庆祝 50 年校庆举行的一次竞标。最终,迈克·霍普金斯建筑师事务所以突出的生态设计特征胜出。该项目于 1997 年年底动工,经过两年九个月的时间,霍普金斯的设计将一废旧的工业用地最终转变成了一个充满自然生机的公园式校园。1999 年 12 月,由英女王正式为其揭幕开放使用,其总造价约为 5 000 万英镑。占地面积为 13 000 m^2,建筑面积为 41 000 m^2。其意图是将这一新校园塑造成为英国中部的一个可持续发展范例。本文将针对其教学楼建筑的烟囱通风技术,进行具体介绍和分析。

1. 建筑概况及基本形式

设计中的一个最大特点是所有的建筑物皆由具有玻璃顶盖的中庭所串联。整个中庭其实类似一个玻璃盒子,也可以说是一个小型温室,可以在寒冷的冬天储存适当的太阳热能以达到一定的舒适度,并减少暖气的使用。中庭内种满中型植栽,借由植栽保湿遮阴的特性,自动调节室内温度、湿度,而且让靠湖面进气口的冷风在进到室内时有预暖的效果,减少寒冷带来的不适与能源浪费。另外,中庭与圆形、类似于烟囱的楼梯间相结合也是这组建筑的一个明显特点。我们称之为其典型平面形式,如图 6-25、图 6-26 所示(以下均以商学院教学楼为例)。

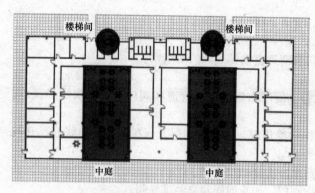

图 6-25　典型平面形式　　　　　图 6-26　"烟囱"外观图

2. 通风策略

朱比丽校园设计所采用的通风策略可以称作热回收低压机械式自然通风。其是一种混合系统，即在充分利用自然通风的基础上辅以有效的机械通风装置。

(1)"集热片"与"风塔"。这一通风系统的使用在建筑上表现为两个明显的特征：一个是中庭不仅起到采光的作用(中庭玻璃采用面积约为 450 m^2 的半透明太阳能光电板，每年所产生的电能约为 45 000 kW·h，这个再生能源足以供应建筑物整年的机械通风电能需求，让机械通风耗能不用依赖化石能源)，同时，还起到了一定的遮阳作用。

另一个是"风塔"，其主体为楼梯间，在顶部是集成的机械抽风和热回收装置，在建筑外部呈一造型独特的金属"风斗"，通过其旋转以确保排出气流总是朝下风向，从而形成最大的正负压差，加强抽风效果。3.5 m高的小塔状通风帽能够随着风向转动，所以，排风口总是顺着风向。它通过低速的风洞试验，即使在风速只有 2 m/s时也能转动，最大受风力可达 40 m/s。据观测，通过使用这一装置所节省的能耗不到风扇耗能的1%，但它们被认为在树立生态建筑标志性上有着更高的价值。

(2)系统运作。系统的运作或气流的组织可以理解为"穿越式"和"机械低压式"两种的混合。所谓"穿越式"，就是通过建筑窗口的设置形成的通风方式，也就是俗称的穿堂风；所谓"机械低压式"，就是在机械的辅助下，充分利用"烟囱效应"在建筑内部形成自然风循环，这尤其适用于酷热或寒冬气候条件下。

3."烟囱"通风分析

(1)在非酷热或寒冬气候条件下通风分析。在沿湖立面，设计了许多通风百叶，迎着水面风起冷却的效应，整个气流穿过刚刚所提的中庭空间，最后到达背立面的楼梯间，通过"烟囱效应"让使用过的气流上升穿过整个圆形、类似烟囱的楼梯间，最后经由一个 3.5 m 高的铝制风斗排放出去，完成整个低耗能空气循环动作(图6-27)。

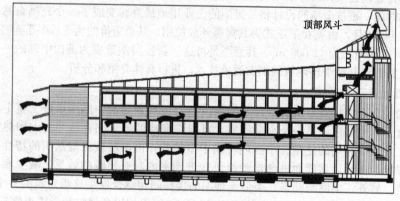

图 6-27　空气循环示意

1)排气:废气的排出是通过走道和楼梯间的低压抽风作用,最终又回到风塔上部,再经过热回收或蒸发冷却装置,通过风斗排出(图6-28)。

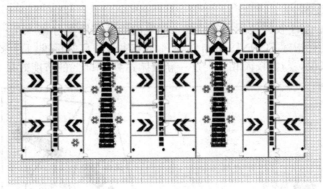

图6-28 平面排气流线示意

2)进气:新鲜的空气通过处于风塔上部的机械抽风和热回收装置被引入风道中,然后进入各层楼板350 mm高的夹层空间,进而在楼板低压发散装置的辅助下进入室内(图6-29)。

(2)夏季制冷与冬季制热工作原理。

1)夏季制冷:温度较低的室内空气被用来给吸入的室外新风降温。当室外温度超过24 ℃时,可采用空调设备制冷,以满足所需制冷要求(图6-30)。

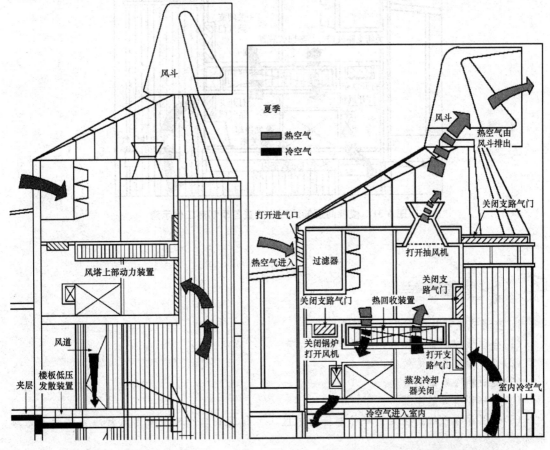

图6-29 进气流线示意　　图6-30 楼梯间顶部热回收装置夏季制冷工作示意

2)冬季制热：温度较高的室内空气被用来给吸入的室外新风增温，并经过巨大的热交换设施后被加热至18 ℃。当室外温度低于2.3 ℃时，将会启动一个30 kW的燃气锅炉来补充所需热量，给空气加热(图6-31)。

(3)经济性分析。基于校园使用后的监测，建筑的能耗被估算为85 kW·h/(m²·年)，这一数字低于英国建筑能耗指标ECON19的自然通风办公建筑的良好标准[112 kW·h/(m²·年)]。校方认为，从整体来说，与主校园相比，这一新校园达到了60%的节能效果。

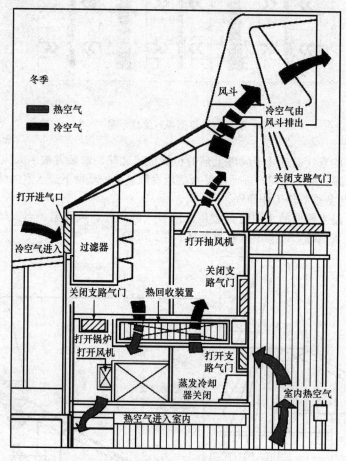

图6-31　楼梯间顶部热回收装置冬季制热工作示意

▶本章小结

1. 空调节能可从以下几个方面进行：
(1)合理地控制室内参数，减低空调冷负荷。
(2)提高输配系统的效率。
(3)提高制冷系统的效率。
(4)充分利用天然能源。
(5)采用蓄冷系统。在实施峰谷电价的地区，可利用低电价时段采用冰蓄冷系统和水蓄冷系统。
(6)采用变频技术。

2. 根据热泵所利用能源的不同，对热泵可作如下分类：空气源热泵；水源热泵；地源热泵和复合热泵(太阳—空气热源热泵系统，土壤—水热泵系统和太阳能—水源热泵空调系统)。

3. 各种空调系统都以节能为目的，因此，变容量调节以匹配负荷变化的概念在空调系统中得到了广泛应用，从水系统、空气系统到制冷剂系统，主要有变风量(VAV)、变水量(VWV)和变制冷剂流量(VRF)等变容量系统。

4. 蓄冷概念就是空调系统在不需要冷量或需冷量少的时间(如夜间)，利用制冷设备将蓄冷介质中的热量移出，进行冷量储存，并将此冷量用在空调用冷或工艺用冷高峰期。蓄冷介质可以是水、冰或共晶盐。

5. 按照热交换器的不同种类，常用的排风热回收方式有转轮式热回收、板翅式热回收、热管式热回收和盘管式热回收等。

6. 中央空调系统节能新技术主要有"大温差"技术和冷却塔供冷技术。

7. 在高大空间建筑物中，空气的密度随着垂直方向的温度变化而呈自然分层的现象，利用合理的气流组织，可以做到仅对下部工作区进行空调，而对上部的大空间不予空调或夏季采用上部通风排热，通常将这种空调方式称为分层空调。

8. 空调设备的节能维护保养主要是对冷水机组、风机盘管、水泵机组、风机等的节能维修保养。

本章相关
教学资源

复习思考题

一、选择题

1. 关于蓄冷空调系统，下列说法错误的是(　　)。
   A. 该系统在电网低谷期蓄冷，电网高峰期放冷，实现"削峰填谷"
   B. 冰蓄冷所占空间比水蓄冷大
   C. 冰蓄冷的冷水温度比水蓄冷低
   D. 冰蓄冷的初始投资、运行管理费用比水蓄冷高

2. 计算冷站能效比时，不考虑(　　)设备的用电量。
   A. 冷机　　　　B. 冷冻泵　　　　C. 末端风机　　　　D. 冷却泵

3. 不属于可以减少水泵电耗的方法是(　　)。
   A. 减少管网阻力　　　　　　　　B. 合理进行水泵选型
   C. 冷却水闭式系统改为开式系统　　D. 水泵变频调速控制

4. 不属于可以降低空调负荷的方法是(　　)。
   A. 合理设计室内环境参数　　　　B. 尽量多使用室外新风
   C. 局部热源就地排除　　　　　　D. 适当改善建筑保温隔热性能

5. 不属于空气源热泵空调系统的优点是(　　)。
   A. COP比水冷机组高　　　　　　B. 兼顾夏季供冷、冬季供热
   C. 安装方便，节省土建投资　　　D. 比直接电热供暖更为节能

6. 水蓄冷空调系统中，蓄冷水的温度以(　　)℃为宜。
   A. 2　　　　B. 4　　　　C. 6　　　　D. 8

7. 传统的冷凝除湿空调系统，7 ℃～12 ℃的冷冻水承担房间的(　　)。
   A. 显热负荷　　B. 潜热负荷　　C. 全热负荷　　D. 全部负荷

8. 针对VRF多联式空调系统的描述中，下列错误的是(　　)。
   A. 各室内机可以独立调节，满足不同房间的负荷需求

B. 以制冷剂为媒介，管道面积小，节省建筑层高
C. 适用于大内区、小外区，且外区难以开窗的建筑
D. 室外机数量少，保持建筑外立面美观

二、判断题

1. 冷机在满负荷运行时的 COP 一定高于部分负荷运行时的 COP。（　）
2. 转轮式空气热回收装置可回收全热或显热，回收效率高，但体积较大。（　）
3. 空调和照明能耗是公共建筑中能耗的主要构成部分，是开展节能工作的重点对象。
（　）
4. 当空调系统设计或运行不当时，输配系统电耗占空调系统总电耗的比例可能超过50%。
（　）
5. 在过渡季、冬季，可利用室外冷空气作为免费的自然冷源来为内区供冷。（　）

三、简答题

1. 空调系统节能途径有哪些？
2. 什么是热泵技术？
3. 请简述空气源热泵、水源热泵和地源热泵的原理。
4. 什么是变流量技术？简述 VAV、VRF 和 VWV 系统的组成与特点？
5. 请简述蓄冷空调技术的工作原理。
6. 什么是全负荷蓄冷与部分负荷蓄冷？
7. 中央空调系统节能控制主要体现在哪些方面？
8. 中央空调系统节能新技术有哪些？它们各有什么特点？
9. 什么是分层空调技术？
10. 自然通风的主要作用有哪些？自然通风的设计方法是什么？
11. 空调冷、热源系统设计需遵循的"一个统一、两个选择和三个原则"是指什么？

综合训练题

自然通风性能，以空间中开窗形态，与其他开口的通风路径关系为判定，分为"置中窗"（窗中心线距离墙面 D 值：$1/2x \geqslant D \geqslant 1/3x$）及"边窗"（非置中窗）两种开窗形态，请在图 6-32 中 A1~A11，B1~B11 中选取合适的开口位置，用方框将其框上，并绘制出空间内部的空气流向。

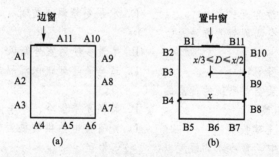

图 6-32　边窗、置中窗示意
(a)边窗；(b)置中窗

第7章 建筑照明节能技术

学习目标

1. 了解建筑自然采光的优点及自然采光方法的分类，电气照明节能设计的原则，建筑照明系统验收的检验方法。
2. 熟悉电气照明节能的照度标准。
3. 掌握自然采光节能设计自然采光方法利用的生态原则和自然采光设计的注意问题，电气照明节能的主要技术措施及典型公共建筑照明节能设计。

本章导入

随着人工照明的产生，人们对自然光照明的依赖程度大大降低，人工照明成为无法获得自然采光时的重要补充。但在倡导节能减排的今天，自然采光以其节能、无污染等特点而重新被重视起来。较多地使用自然采光，减少人工照明的使用及时长，已成为绿色建筑的一个重要理念。以北京市为例，人均居住面积为 30 m^2，在此空间内需要 100 lx 的照度维持人正常的行动。而满足 100 lx 的照度需要大约 150 W 的白炽灯泡，它一小时的耗电量为 0.15 kW·h，而每提供一度电约排放 0.79 kg 碳。以常住人口 2 200 万计算，多使用人工照明 1 h 约排放 2 607 t 碳。可见，减少人工照明延长自然采光可以大大减少一个城市每天的碳排放量。另外，就人的生理需求而言，自然光形成的视觉感受比人工照明更为舒适。研究表明，人眼并不习惯于长期处于人工照明那种恒定的照度之中，眼作为视觉器官已经完全适应自然光光谱。而人工光源无法具备自然光那样连续的光谱，各种波长的光组成也相差甚远。可见，自然采光不仅是可持续发展的需要，也是以人为本的需要。

在建筑设计中，可以通过采光口的合理设计及天然采光新技术的应用增强天光的入射，而天光的有效利用则在很大程度上依赖于人的行为意识。通过增强室内入射阳光和适宜的建筑室内布局，提高自然光利用率，从而减少人工照明的使用，使节能减排的环保理念有效落实到日常生活之中。

7.1 建筑采光的节能设计

据调查，我国的公共建筑能耗中，照明能耗所占比例很大。以北京市某大型商场为例，其用电量中，照明用电占 40%，电梯用电占 10%。而在美国商业建筑中，照明用电所占比例为 39%，在荷兰这一比例高达 55%。可见，照明在建筑能耗中占有很大的比例，因此，建筑节能设计必须将采光节能设计作为考虑的因素。采光节能需要协调采光节能与热工节能之间的矛盾，注重自然采光，根据不同的地区、环境采取不同的设计方法。在此基础上，采光节能设计需要对建筑物进行整体规划布局来达到控制采光的目的，以使采光节能效果达到最佳。

采光节能设计必须考虑自然采光，而不能一味依赖人工光源。这是因为人工光源会影响人们的感受，光线的温度会给人们带来截然不同的感觉。而自然光在不同的季节、时刻、环境通过合理的设计可以对室内照明产生很好的效果，其舒适度也远远高于人造光源，不仅可以使昏暗的房间变得明亮活泼，还可以塑造室内的艺术空间，营造良好的氛围。另外，自然光源如得到充分的利用可以节约电能。据统计，建筑消耗中照明消耗占了将近1/3的比重，而自然光源则具有取之不尽、用之不竭的特点，与人工光源相比更加安全、洁净。只有最大限度地降低照明消耗，才能更好地设计节能建筑，顺应绿色建筑的潮流。

7.1.1 合理优先利用自然光

自然光无处不在，是取之不尽、用之不竭、清洁无污染的能源。自然光比人工照明具有更高的视觉功效，它使人们在心理上和生理上感到舒适愉快。光环境营造时可以采用多种方法达到改善室内采光、照明环境的要求，被动式自然采光措施如高侧窗、折射玻璃砖、水平搁板反光窗、天窗采光等；主动式自然采光措施如镜面反射技术、导光管技术、光导纤维导光技术等。

目前，国内整体趋势是外窗面积扩大，落地窗在建筑中应用越来越广，窗墙面积比越大，导致采暖和空调的能耗也越大。为此，从节能的角度出发，必须限制窗墙面积比，一般应以满足室内采光要求作为窗墙面积比的确定原则，在能耗和光舒适度之间找到平衡点，前面的章节已对此进行了详尽的叙述，此处不再赘述。

自然光与建筑相结合，创造了低能耗高光舒适度的健康居住环境，有利于建筑装饰艺术的创作。多变的自然光，加上丰富多彩的阳光，使材料质感更加明显，显示出自然光的艺术魅力。在建筑设计时，尽可能充分利用自然光代替人工照明，可以大大减小空调负荷，有利于减少建筑物能耗，在必要条件下可以采用自然光眩光控制装置，如遮阳百叶、PVC遮光幕等。这样利用和改善自然光在室内的分布，充分利用自然光资源，可以减小人工照明设备的能耗，改善室内光环境。

1. 建筑采用自然采光的优点

（1）自然采光可以提高工作效率。尽管自然采光在节约能源和防止环境污染方面具有很大的潜力，但更重要的是它对室内人员的影响。建筑是为人而建的，调查表明，一个工作人员一年的照明用电费用仅和他一个小时的薪金相当，因此，自然采光的经济性主要表现在促进生产力、提高工作效率和增加出勤率，这些都为自然采光系统的初始投资回收提供了有力的保证。当前人们关注的绿色建筑，就包括如何将自然采光与健康建筑和室内环境质量联系起来。工作人员都喜欢办公室的窗户大一些，采光好一些，因为这样可以提高工作效率，正是由于自然光对人的美学、视觉和光生物学等方面的影响，人对自然光的需求无处不在。

（2）丰富室内光环境。从美学的角度来看，自然光能创造出人工照明无法创造的自然环境，更重要的是，室内人员可以享受室外的美景。自然光是自然界中动态变化的光线。其由散射光、反射光和折射光组成。它的强度、方向和频谱随着时间和天气的变化而变化。一个好的自然采光设计应该能够利用这些变化的属性创造一个良好的采光效果，丰富室内的光环境，如图7-1所示。

（3）自然采光使人们的身心更健康。照明研究中心最近提出了一个生理学原理假设，这一原

图 7-1 利用建筑自然采光的日本美术馆

理很好地解释了为什么自然采光可以提高工作效率。试验表明，自然光可以抑制人体中褪黑色素的产生，这种色素能够调节人体内部的生物钟和生理周期。Rea等人的研究也证明，在标准的办公室照度水平下，光波波长短，能量高，能更有效地抑制褪黑色素的产生，因此，自然光提供了合适的光环境，能够激发人体的生理周期系统，这样，人体的生理周期与室外的照度水平就会同步。白天室外照度高，光线好，人就很清醒；晚上照度低，相应地，人就很困乏，需

要睡眠。自然光强度、持续时间的变化都可能引起人身体不适和情绪波动，如季节性情绪失调，都是由褪黑色素滞后所引起的。他们分析比较了从事同类工作的工作人员在有窗建筑与无窗建筑中的不同表现，得出不同结论。当然，自然采光设计要尽量避免对人体的一些负面影响，如减少太阳辐射，避免眩光与声光设备发生冲突，以及保证个人隐私等。

（4）自然采光有利于节能。采用人工光往往要消耗大量能源，这一方面会增加建筑物及其维护的成本；另一方面还会加快资源消耗及加重环境污染。因此，我国是一个人口大国，资源相对匮乏，从节能、造价、环保的角度来看，自然采光也是非常必要的。

在对自然采光设计进行考虑时，还需要注意的一个问题就是需要配合空调系统的节能。我国大部分地区夏季具有日照时间长、太阳辐射强的特点，因此，在建筑设计时需要合理利用屋檐、遮阳板、窗帘等调节采光，减少热能消耗，节省电力资源。这种情况在采用玻璃幕墙的建筑中表现得尤为明显，更需要合理协调采光节能与热能消耗的矛盾。

2. 建筑自然采光方法的分类

为了营造一个舒适的光环境，可以采用各种技术手段，通过不同的途径来利用自然光。自然采光的方法大致可以分为以下三类：

（1）纯粹的建筑设计方法。纯粹的建筑设计方法将自然采光视为建筑设计问题，与建筑的形式、体量、剖面（房间的高度和深度），平面的组织，窗户的形式、构造、结构和材料整体加以考虑，在达到自然采光的目的时，技术起了很小的作用或根本不起作用。自然光的质量、特性和数量直接取决于与建筑形式相结合的自然采光方案。

（2）利用技术支撑建筑设计方法。利用技术支撑建筑设计方法是通过建筑设计考虑自然采光，但由于某些原因（如地形、朝向、气候、建筑的特点等），自然采光满足不了工作的亮度要求或产生眩光等照明缺陷，而采用遮阳（室内外百叶、幕帘、遮阳板等）、玻璃（各种性能的玻璃及其组合装置）和人工照明控制等技术手段来补充和增强建筑的自然采光。也就是说，自然采光的目标先通过建筑形式来解决，再通过技术的整合弥补不足。

（3）采用先进技术方法。完全抛开建筑设计手段，采用先进的技术系统来解决自然采光，如导光管（分水平导光管和垂直导光管）、太阳收集器、先进的玻璃系统（全息照相栅、三棱镜、可开启的玻璃等），或者收集、分配和控制自然光的日光反射装置。

3. 利用自然光需要注意的问题

对自然光的利用，要注意掌握自然光稳定性差，特别是直射光会使室内的照度在时间上和空间上产生较大波动的特点。设计者要注意合理地设计房屋的层高、进深与采光口的尺寸，注意利用中庭处理大面积建筑采光问题，并适时地使用采光新技术。

充分利用自然光，为人们提供舒适、健康的自然光环境，仅靠传统的采光手段已无法满足要求，新的采光技术的出现主要可以解决以下三个方面的问题：

（1）解决大进深建筑内部的采光问题。由于建设用地的日益紧张和建筑功能的日趋复杂，建筑物的进深不断加大，仅靠侧窗采光已不能满足建筑物内部的采光要求。

（2）提高采光均匀性。传统的侧窗采光，随着与窗距离的增加，室内照度显著降低，窗口处的照度值与房间最深处的照度值之比大于 5∶1，视野内过大的照度对比容易引起肉眼的不舒适感。

（3）解决自然光的稳定性问题。自然光的不稳定性一直都是自然光利用中的一大难点所在，通过日光跟踪系统的使用，可最大限度地捕捉太阳光，在一定的时间内保持室内较高的照度值。

7.1.2 自然采光节能设计

利用自然采光，不仅可以节约能源，并且使人们在视觉上更为习惯和舒适，在心理上能和自然接近、协调，可以看到室外景色，更能满足精神上的要求。室内采光效果，主要取决于采光部位和采光口的面积大小及布置形式，一般可分为侧光、高侧光和顶光三种形式。侧光可以选择良好的朝向、室外景观，但当进深增加时，采光效率就会很快降低。因此，常增加窗的高度或采用双向采光来弥补这一缺点。增加窗高，不仅有良好的景观，而且使室内充满阳光、明媚而富有生气。高侧采光照度比较均匀，留出较多的墙面可以布置家具、陈设，常用于商场等。顶光的照度分布均匀，影响室内照度的因素较少，但在管理、维修方面较为困难。

自然采光一般采取遮阳措施以避免阳光直射室内所产生的眩光和过热的不适感。如宾馆中庭的高窗采用的帏幔，使室内产生漫射光，光线柔和平静。但有时阳光对活跃室内气氛，创造空间立体感及光影的对比效果，起着重要的作用。

1. 自然采光方法利用的生态原则

(1)与气候相协调。由于自然光的光源是太阳，所以，自然采光要考虑当地的云状、云量、日照率、大气透明度、日照强度等气候条件，选择最佳的采光措施。

(2)与地理条件相适应。各个建筑所在地点的地理条件都不一样，如纬度和经度、高山、平原、峡谷、城市、乡村、相邻建筑的高度和距离，以及周围其他遮挡物(如树木)的距离和高度等都影响着天然采光，因此，采光的方法和措施要与这些条件相适应。

(3)满足视觉舒适度的要求。采用的自然光在满足建筑的使用及工作要求的同时，要避免过强或过弱的光线，避免同一工作区内的强度变化过大、眩光、光反射等，确保视觉舒适度，防止视觉疲劳，预防眼疾，保证工作的安全性。

(4)尽可能降低能耗。自然采光降低了本身的照明能耗，但玻璃的热阻小于其他围护结构，夏季的阳光透过玻璃产生了"温室效应"，增加了制冷的能耗，因此，须采用热工性能较好的采光材料，选用热工能耗较小的方法和措施。在满足采光要求的前提下，整体考虑采光系统的能耗，从采光材料的生产、运输、施工、维护到废弃，应选择能耗最小的自然采光方式。

(5)合理利用采光材料。自然采光系统的材料发展很快，种类也较多，但选用这些材料时应考虑环境的因素和可持续发展的原则，选用本土的、生产过程污染小的、原材料丰富的、原材料开采对环境破坏较小的、回收率高的材料。

(6)防止"光污染"。玻璃幕墙在强烈的阳光照射下，会形成强烈的反射光，影响行人、汽车司机及相邻建筑内使用者的视觉舒适度，甚至会发生事故。

2. 自然采光设计的注意问题

(1)采用有利的朝向。由于直射阳光比较有效，因此，朝南的方向通常是进行自然采光的最佳方向。无论是在一天中还是在一年里，建筑物朝南的部位获得的阳光都是最多的。在采暖季节里，这部分阳光能提供一部分采暖热能，同时，控制光线的装置在这个方向也最能发挥作用。

自然采光最佳的第二个方向是北方。因为虽然来自北方的光线数量比较少，但比较稳定。这个方向也很少遇到直接照射的阳光产生的眩光问题。在气候非常炎热的地区，朝北的方向甚至比朝南的方向更有利。另外，在朝北的方向也不必安装可调控光遮阳的装置。

最不利的方向是东方和西方，不仅因为这两个方向在每一天中只有一半的时间能被太阳照射，而且还因为这两个方向日照强度最大的时候，是在夏季而不是在冬季。然而，最大的问题还在于阳光在东方或者西方时，在天空中的位置较低，因此，会带来非常严重的眩光和阴影遮蔽等问题。从建筑物的平面布局来看，北侧开窗、南侧开窗并加装遮阳装置是最理想的楼面布局，如图 7-2(d)所示。确定方位的基本原则如下：

1)如冬季需要采暖，则应采用朝南的侧窗进行自然采光。
2)如冬季不需要采暖，还可以采用朝北的侧窗进行自然采光。
3)用自然采光时，为了不使夏季太热或者带来严重的眩光，应避免使用朝东和朝西的玻璃窗。

(2)采用有利的平面形式。建筑物的平面布局不仅决定了天窗和侧窗之间的搭配是否可能，同时，也决定了自然采光口的数量。通常情况下，在多层建筑中，窗户进深为 4.5 m 左右的区域能够被日光完全照亮，再往里 4.5 m 的区域只能被日光部分照亮。图 7-2(a)～(c)中列举了建筑的三种不同平面布置形式，其面积完全相同(都是 900 m²)。在正方形的布局里，有 16% 的地方日光根本照不到，有33%的地方只能照到一部分，有51%的部分自然采光比较充分。长方形的布局里，没有日光完全照不到的地方，但它仍然有大面积的地方日光只能部分照得到，而有中央天井的平面布局，能使屋子里所有地方都被日光照到。当然，中央天井与周边区域的实际比例，要由实际面积决定。建筑物越大，中央天井就应当越大，而周边的表面积越小。

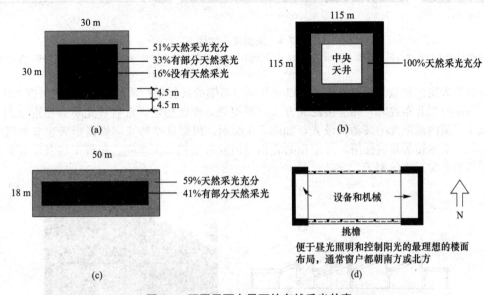

图 7-2 不同平面布局下的自然采光效率
(a)30 m×30 m 的平面布局；(b)115 m×115 m 的平面布局；
(c)50 m×18 m 的平面布局；(d)南方和北方开窗的平面布局

现代典型的中央天井，其空间都是封闭的，其温度条件与室内环境非常接近。因此，有中央天井的建筑，即使从热量的角度一起考虑，仍然具有较大的日光投射角。中央天井底部获取光线的数量，由一系列因素决定：中央天井顶部的透光性，中央天井墙壁的反射率，以及其空间的几何比例（深度和宽度之比）。使用实物模型是确定中央天井底部得到光线数量的最好方法。当中央天井空间太小，难以发挥作用时，它们常常被当作采光井，可以通过天窗、高侧窗（矩形天窗）或者墙窗来照亮中央天井（图 7-3）。

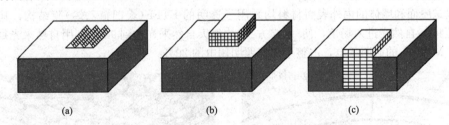

图 7-3 具有自然采光功能的中央天井的三种形式
(a)天窗；(b)高侧窗；(c)墙窗

(3)采用天窗采光。一般单层和多层建筑的顶层可以采用屋面上的天窗进行采光，也可以利用采光井采光。建筑物的天窗可以带来两个重要的好处：一是它能使相当均匀的光线照亮屋子里相当大的区域，而来自窗户的昼光只能局限在靠窗 4.5 m 的地方[图 7-4(a)]；二是水平的窗口比竖直的窗口获得的光线更多[图 7-4(b)]。但是，开天窗也会引起许多严重的问题，如来自天窗的光线在夏季时比在冬季时更强，而且水平的玻璃窗也难以遮蔽。因此，在屋面通常采用高侧窗、矩形天窗或者锯齿形天窗等形式的竖直玻璃窗比较适宜[图 7-4(c)]。

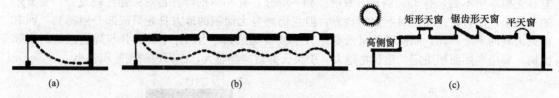

图 7-4 天窗采光的优点
(a)从侧窗进来的光线局限在靠窗 4.5 m 的地方；(b)天窗可以不受限制提供相当均匀的照明；(c)各种形式的天窗

锯齿形天窗的特点是屋面倾斜，可以充分利用顶棚的反射光，采光效率比矩形天窗高 5%～20%。当窗口朝北布置时，完全接受北方天空漫射光，光线稳定，直射日光不会照进室内，因此，减小了室内温湿度的波动及眩光，如图 7-5 所示。根据这些特点，锯齿形天窗非常适于在纺织车间、美术馆等建筑使用。大面积的轧钢车间或轻型机加工车间、超级市场及体育馆也有利用锯齿形天窗采光的例子。

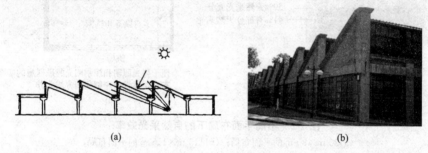

图 7-5 锯齿形天窗
(a)锯齿形天窗厂房剖面；(b)采用锯齿形天窗的工业厂房

散光挡板可以消除投射在工作表面上的光影，使光线在工作表面上的分布更加均匀，也可以消除来自天窗(特别是平天窗)的眩光(图 7-6)。挡板的间距必须精心设计，才能既阻止阳光直接照射到室内，又避免在 45°以下人的正常视线以内产生眩光。顶棚和挡板的表面应处理成既粗糙又具有良好的反光性。利用顶部采光达到节约照明能耗的一个很好的例子是我国的国家游泳中心——水立方(图 7-7)。

该建筑屋面和墙体的内外表面材料均采用了透明的 ETFE(聚四氟乙烯)膜结构，其透光特性可保证 90% 自然光进入场馆，使"水立方"平均每天自然采光达到 9 h。利用自然采光每年可以节省 627 MW·h 的照明耗电，占整个建筑照明用电的 29%。

图 7-6 散光挡板的布置及效果

图 7-7 水立方的内部屋面采光效果

(4)采用有利的内部空间布局。开放的空间布局对阳光进入建筑物深处非常有利。用玻璃隔板分隔屋子，既可以营造声音上的个人空间，又不至于遮挡光线。如果还需要营造视觉上的个人空间，可以将窗帘或者活动百叶帘覆盖在玻璃之上，或者使用半透明的材料，也可以选择只在隔板高于视平线以上的地方安装玻璃，以此作为替代。

(5) 选用浅淡颜色。在建筑物的内外都使用浅淡颜色，以使光线更多更深入地反射到房间内，同时，使光线成为漫射光。浅色的屋面可以极大地增加高侧窗获得光线的数量。面对浅色外墙的窗户也可以获得更多的日光。在城市，建筑物采用浅色墙面尤其重要，它可以增加较低楼层获得阳光的能力。

室内的浅淡颜色不仅可以将光线反射到屋子深处，还可以使光线漫射，以减少阴影、眩光和过高的亮度比。顶棚应当是反射率最高的地方，地板和较小的家具是最无关紧要的反光装置，反光装置的重要性依次为顶棚＞内墙＞侧墙＞地板和较小的家具，因此，即使地板和较小的家具具有相当低的反射率(涂成黑色)也无妨。

7.1.3 自然采光新技术

目前，新的采光技术可以说是层出不穷，它们往往利用光的反射、折射或衍射等特性，将自然光引入，并且传输到需要的地方。为了在建筑照明设计中贯彻国家的节能法规和技术经济政策，实施绿色照明，宜利用各种技术措施将自然光引入室内进行照明。采用自然光导光或反光系统时，必须采用人工照明措施，自然光导光系统只能用于一般照明，不可用于应急照明；当采用自然光导入系统时，宜采用智能照明控制系统对人工照明进行自动控制。太阳光导入器是目前国际上新推出的集节能、绿色、环保、健康为一体的产品，它主要采用太阳光自动跟踪、透镜集光、光缆传输自然光，实现白天地下室、朝北房间的阳光照射。据资料统计，一束阳光导入相当于 500 W 光源的照明亮度，采用太阳光导入器，零成本使用，可以有效地减少白天的照明电耗。充分利用太阳光导入系统，作为一项可持续能源技术，取得的经济效益和社会效益必将使其在建筑采光中得到广泛应用。下面介绍四种先进的采光系统。

1. 导光管采光系统

导光管采光系统就是通过室外的采光装置捕获室外的日光，并将其导入系统内部，然后经过导光装置强化并高效传输后，由漫射器将自然光均匀导入室内需要光线的任何地方。

导光管采光系统主要可分三大部分：一是用于收集日光的集光器。利用透射和折射的原理通过室外的采光装置高效采集太阳光、自然光，并将其导入系统内部。二是用于传输光的传输区。对导光管内部进行反光处理，使其反光率高达 99.7%，以保证光线的传输距离更长、更高效。三是用于控制光线在室内分布的出光部分漫射区。由漫射器将比较集中的自然光均匀、大面积地照到室内需要光线的各个地方。从黎明到黄昏甚至阴天或雨天，该照明系统导入室内的光线仍然十分充足。

集光器有主动式和被动式两种。主动式集光器通过传感器的控制来跟踪太阳，以便最大限度地采集日光；被动式集光器则是固定不动的。有时会将管体和出光部分合二为一，一边传输，一边向外分配光线。垂直方向的导光管可以穿过结构复杂的屋面及楼板，将自然光引入每一层直至地下层。为了输送较大的光量，这种导光管直径一般都大于 100 mm。由于自然光的不稳定性，人们往往还会给导光管加装人工光源作为后备光源，以便在日光不足的时候作为补充。导光管采光适用于自然光丰富、阴天少的地区。

结构简单的导光管在一些发达国家已经开始广泛使用。目前，国内也有企业开始生产这种产品。导光管的安装方式是多种多样的，可以根据建筑的不同位置选择适宜的安装方法，如图 7-8 所示。导光管的使用范围也比较广泛，民用建筑与工业建筑均可使用。图 7-9 和图 7-10 即大学宿舍和厂房内的安装效果。顶部装有可随日光方向自动调整角度的反光镜，管体采用传输效率较高的棱镜薄膜制作，可将自然光高效地传输到内部空间。

四川雅安体育馆
光导照明安装

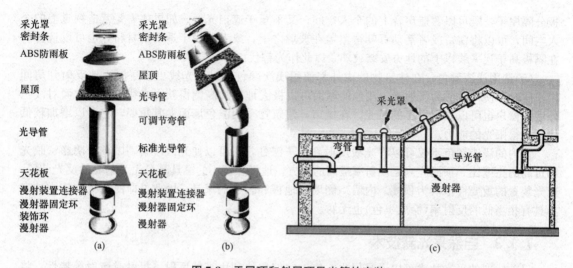

图 7-8 平屋顶和斜屋顶导光管的安装
(a)平屋顶标准分解图；(b)坡屋顶标准分解图；(c)导光管的多种安装示意

图 7-9 同济大学导光管安装实物图
(a)屋面采光罩实物图；(b)建筑内部导光管漫射器实物图

图 7-10 联合利华(合肥)生产基地导光管安装实物图
(a)屋面采光罩实物图；(b)建筑内部导光管漫射器实物图

2. 光导纤维采光系统

光导纤维是 20 世纪 70 年代开始应用的高新技术，最初应用于光导纤维通信，20 世纪 80 年代开始应用于照明领域，目前，光导纤维用于照明的技术已基本成熟。

光导纤维采光系统一般也是由聚光部分(图 7-11)、传光部分和出光部分组成的。聚光部分是将太阳光聚在焦点上，对准光导纤维束。用于传光的光导纤维束一般用塑料制成，直径在 10 mm 左右。光导纤维束的传光原理主要是光的全反射原理，光线进入光导纤维后经过不断全反射传输到另一端。在室内的输出端装有散光器，可以根据不同的需要使光按照一定规律分布。对于一幢建筑物来说，光导纤维可以采取集中布线的方式进行采光。

将聚光装置(主动式或被动式)放在楼顶，同一聚光器下可以引出数根光导纤维，通过总管垂直引下，分别弯入每一层楼的吊顶内，按照需要布置出光口，以满足各层采光的需要，如图 7-12 所示。

因为光导纤维截面尺寸小，所能输送的光通量比导光管小得多，但它最大的优点是在一定的范围内可以灵活地弯折，而且传光效率比较高。照明光导纤维为透明塑料光导纤维制品，主要安装在酒店、酒吧、KTV、宴会厅、各类展厅等娱乐场所，光导纤维灯装饰可做成花瓣形、圆锥形、环状形等效果，末端配用水晶球以便拉直光导纤维，使得光导纤维灯整体效果更富有美感。

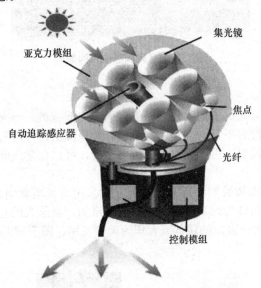

图 7-11　自动追踪太阳的聚光镜

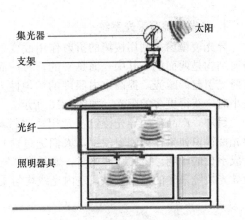

图 7-12　光导纤维采光示意

3. 采光搁板采光系统

采光搁板是在侧窗上部安装一个或一组反射装置，使窗口附近的直射阳光经过一次或多次反射进入室内，以提高房间内部照度的采光系统。当房间进深不大时，采光搁板的结构可以十分简单，仅是在窗户上部安装一个或一组反射面，使窗口附近的直射阳光经过一次反射，到达房间内部的天花板，利用天花板的漫反射作用，使整个房间的照度和照度均匀度均有所提高。

从某种意义上讲，采光搁板可以看作是水平放置的导光管，其主要是为解决大进深房间内部的采光而设计的。采光搁板入射口处起聚光作用，一般由反射板或棱镜组成，设在窗的顶部，与其相连的传输管道截面为矩形或梯形(图 7-13)，内表面具有高反射性的反射膜，这一部分通常设在房间吊顶的内部，尺寸大小可以与管线、结构等相配合。试验证明，配合侧窗、采光搁板能在一年中的大多数时间提供充足(照度大于 100 lx)均匀的光照。若房间开间较大，可并排布置多套采光搁板系统。采光搁板工作原理如图 7-14 所示。

图 7-13　采光搁板结构图

当房间进深较大时，采光搁板的结构就会变得复杂。在侧窗上部增加由反射板或棱镜组成的集光装置，反射装置可做成内表面具有高反射比反射膜的传输管道。这部分通常设在房间吊顶的内部，尺寸大小可以与建筑结构、设备管线等相配合。为了提高房间内的照度均匀度，在靠近窗口的一段距离内，向下不设出口，而将光的出口设置在房间内部，如图7-15所示，这样就不会使窗附近的照度进一步增加。配合侧窗，这种采光搁板能在一年中的大多数时间为进深小于9 m的房间提供充足均匀的光照。

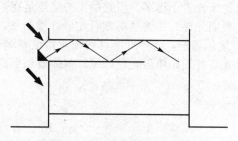

图7-14 采光搁板工作原理

图7-15 采光搁板使用的效果

4. 导光棱镜窗采光系统

导光棱镜窗是利用棱镜的折射作用改变射入光的方向，使太阳光照射到房间深处。导光棱镜窗结构是两面的，其中一面是平的，另一面设有平行的棱镜，它可以有效地减少窗户附近由直射光引起的眩光，提高室内照度的均匀性。同时，由于棱镜窗的折射作用，可以在建筑间距较小时，获得更多的阳光，如图7-16所示。

目前，产品化的导光棱镜窗常用透明材料将棱镜封装起来，棱镜一般采用有机玻璃制作。导光棱镜窗如果作为侧窗使用，人们透过窗户向外看时，影像是模糊或变形的，会给人的心理造成不良的影响。因此在使用时，通常将其安装在窗户的顶部或者作为天窗使用。图7-17所示为导光棱镜采光的使用效果，室内光线均匀柔和。

图7-16 导光棱镜窗采光示意

图7-17 导光棱镜采光的使用效果

7.2 电气照明节能设计

照明设计时，除正确采用照明方式、照明种类，满足照明质量要求外，还应充分重视照明的节能。

20世纪70年代发生第一次石油危机后,作为当时照明节电的应急对策之一,就是采取降低照明水平的方法,即少开一些灯或减短照明时间。然而实践证明,这是一种十分消极的办法。因为这会导致劳动效率的下降和交通事故与犯罪率的上升。所以,照明系统节能应遵循的原则是必须在保证有足够照明数量和质量的前提下,尽可能节约照明用电。照明节能主要是通过采用高能效的照明产品,提高照明质量,优化照明设计等手段来实现。

在我国,照明用电量占发电量的10%~12%,并且主要以低效照明为主,照明终端节电具有很大的潜力。同时,照明用电大都属于高峰用电,照明节电具有节约能源和缓解高峰用电的双重作用。

7.2.1 电气照明节能设计的原则

根据当代建筑电气节能照明设计的基本原则,应该倡导绿色照明,即包含高效的节能体系、高效的环保体系、高效的安全体系及高效的舒适体系,这几种建筑体系缺一不可。从目前我国的照明节能系统整体来看,节能的潜力还有很大的继续提升空间,但是不能单纯为了照明节能而过多增加其他方面的投资,要有效利用无谓消耗的能源,在保证不降低照明场所正常视觉要求的前提条件下,尽量减少照明能耗的损失,有效利用电能,用国际先进的技术手段,经济合理的建筑要求,安全可靠的电力保障,达到节约电能、提高照明的目的。

建筑照明节能设计应提倡绿色照明。绿色照明并不只是照明节能,而是在有益于提高人们生产、工作、学习效率和生活质量,保护身心健康的基础上,在保证民用建筑照明功能,即照度、色温、显色指数等照明质量指标的前提下,尽可能节约无谓消耗的能源。不能因为节能而过高地增加投资,而是应该让增加的部分投资能在较短的时间内用节能减少下来的运行费用进行回收。

为此,在照明设计时,应最大限度地满足建筑的功能,既要注重光的物理特性,也要考虑照度水平、灯具布置,考虑视觉环境及照明效果。因此,建筑电气照明节能设计要贯彻以人为本、舒适实用、经济合理、技术先进、节约能源和保护环境的原则。

7.2.2 电气照明节能的照度标准

1. 照明功率密度的概念

照明功率密度(Lighting Power Density,LPD,单位为W/m^2)是限定一个房间或场所的照明功率密度最大允许值,设计中实际计算的LPD不应超过标准规定值。照明设计时,应逐个房间或场所按使用条件确定照度标准,选择合适的光源、灯具,确定最优的照明方案,计算平均照度,使之符合规定的照度标准值(允许±10%的偏差)。根据实际照明方案再计算LPD包含灯具光源及附属装置的全部用电量。如果超过《建筑照明设计标准》(GB 50034—2013)中对应的规定值,应调整照明方案,直至符合要求为止。

2. 照明节能设计的宗旨

照明节能设计旨在提高整个照明系统效率,在保证照明质量的前提下,节约照明用电。降低LPD正确的做法是提高光源的光效,包括降低镇流器功耗;选用配光曲线与房间相适应、效率高、利用系数高的灯具;合理提高房间顶棚、墙壁的反射比,并选择合理的照度标准。

3. 各类建筑的照明功率密度

我国《建筑照明设计标准》(GB 50034—2013)对各种类型的建筑物的照明功率密度做了较为详细的规定,具体可见表7-1~表7-6。对应房间或场所的照明功率密度值不宜大于表7-1~表7-6的规定。当房间或场所的照度值高于或低于表7-1~表7-6规定的对应照度值时,其照明功率密度值应按比例折减或提高。在这里,住宅建筑的照明功率密度是按每户来计算的,除住宅建筑外其他类建筑的LPD均为强制性条文,这样既保证了照明质量,同时,在照明器件采用上也达到高效节能的目的。

表 7-1　住宅建筑每户照明功率密度限值

房间或场所	照明功率密度限值/(W·m⁻²)		照度标准值/lx
	现行值	目标值	
起居室	≤6.0	≤5.0	100
卧室			75
餐厅			150
厨房			100
卫生间			100
职工宿舍	≤4.0	≤3.5	100
车库	≤2.0	≤1.8	30

表 7-2　办公建筑和其他类型建筑中具有办公用途场所照明功率密度限值

房间或场所	照明功率密度限值/(W·m⁻²)		照度标准值/lx
	现行值	目标值	
普通办公室	≤9.0	≤8.0	300
高档办公室、设计室	≤15.0	≤13.5	500
会议室	≤9.0	≤8.0	300
服务大厅	≤11.0	≤10.0	300

表 7-3　商店建筑照明功率密度限值

房间或场所	照明功率密度限值/(W·m⁻²)		照度标准值/lx
	现行值	目标值	
一般商店营业厅	≤10.0	≤9.0	300
高档商店营业厅	≤16.0	≤14.5	500
一般超市营业厅	≤11.0	≤10.0	300
高档超市营业厅	≤17.0	≤15.5	500
专卖店营业厅	≤11.0	≤10.0	300
仓储超市	≤11.0	≤10.0	300

表 7-4　旅馆建筑照明功率密度限值

房间或场所	照明功率密度限值/(W·m⁻²)		照度标准值/lx
	现行值	目标值	
客房	≤7.0	≤6.0	—
中餐厅	≤9.0	≤8.0	200
西餐厅	≤6.5	≤5.5	150
多功能厅	≤13.5	≤12.0	300
客房层走廊	≤4.0	≤3.5	50
大堂	≤9.0	≤8.0	200
会议室	≤9.0	≤8.0	300

表 7-5　医疗建筑照明功率密度限值

房间或场所	照明功率密度限值/(W·m^{-2})		照度标准值/lx
	现行值	目标值	
治疗室、诊疗室	≤9.0	≤8.0	300
化验室	≤15.0	≤13.5	500
候诊室、挂号厅	≤6.5	≤5.5	200
病房	≤5.0	≤4.5	100
护士站	≤9.0	≤8.0	300
药房	≤15.0	≤13.5	500
走廊	≤4.5	≤4.0	100

表 7-6　教育建筑照明功率密度限值

房间或场所	照明功率密度限值/(W·m^{-2})		照度标准值/lx
	现行值	目标值	
教室、阅览室	≤9.0	≤8.0	300
实验室	≤9.0	≤8.0	300
美术教室	≤15.0	≤13.5	500
多媒体教室	≤9.0	≤8.0	300
计算机教室、电子阅览室	≤15.0	≤13.5	500
学生宿舍	≤5.0	≤4.5	150

7.2.3　电气照明节能的主要技术措施

电气照明节能的主要技术措施有很多种，在照明设计中，主要从以下几个方面考虑照明的节能措施：

(1)应根据国家规定的照度标准来合理选定各工作和活动场所的照度。

(2)应根据不同的使用场合来选择合适的照明光源，在满足照明质量的前提下，尽可能选择高光效的光源。

照明设计时，对照明光源的选择应符合国家现行相关标准的规定。根据不同的使用场合来选用合适的照明光源，所选用的照明光源应具有尽可能高的光效(表 7-7)，以达到照明节能的效果。

1)荧光灯的选用。荧光灯主要适用于层高不高的房间(4.5 m以下)，如办公室、商店、教室、图书馆、公共场所等。荧光灯应以直管形荧光灯为主，直管形荧光灯应选用细管径型(≤26 mm)，有条件时应优先选用直管形稀土三基色细管径荧光灯(T5)，以达到光效高、寿命长、显色性好的品质要求。

表 7-7　各种常用节能电光源的技术指标

电光源名称	普通荧光灯	三基色荧光灯	紧凑型荧光灯	金属卤化物灯	高压钠灯	低压钠灯	高频无极灯
额定功率范围/W	6~125	6~125	6~125	400~1 000	250~400	10~200	10~200

续表

电光源名称	普通荧光灯	三基色荧光灯	紧凑型荧光灯	金属卤化物灯	高压钠灯	低压钠灯	高频无极灯
光效/(lm·W^{-1})	70	93	60	70～110	70～130	70～150	60～80
平均寿命/h	10 000	12 000	8 000	6 000～20 000	24 000	20 000	10 000～60 000
一般显色指数	70	80～98	85	65～92	20～25	20～25	80
色温	全系列	全系列	全系列	3 000/4 500/5 600	1 950/2 200/2 500	1 750	2 700～6 500
启动稳定时间	1～3 s	1～3 s	1～3 s	4～8 min	4～8 min	7～15 min	瞬时
再启动时间	瞬时	瞬时	瞬时	5～15 min	10～20 min	50 min以上	瞬时
功率因数 cosϕ	0.33～0.7	0.33～0.7	0.33～0.7	0.4～0.61	0.44	0.06	0.98
频闪效应	明显	明显	明显	明显	明显	明显	无
表面亮度	小	小	小	大	较大	不大	大
电压变化对光通量的影响	较大	较大	较大	较大	大	大	小
环境温度对光通量的影响	大	大	大	较小	较小	小	小
耐震性能	较好	较好	较好	好	较好	较好	好
所需附件	镇流器、启辉器	镇流器、启辉器	镇流器、启辉器	镇流器、触发器	镇流器	镇流器	高频功率发生器

2) 金属卤化物灯的选用。一般室内空间高度大于5 m且对显色性有一定要求时，宜采用金属卤化物灯。体育场馆的比赛场地因其对照明质量、照度水平及光效有较高的要求，也宜采用金属卤化物灯。

一般照明场所不宜采用荧光高压汞灯，不应采用自镇流荧光高压汞灯，可用金属卤化物灯来替代荧光高压汞灯。

3) 高压钠灯的选用。标准高压钠灯光效高，显色性较差，适用于对显色性无要求的场所；对显色性要求不高的场所，宜选用显色性改进型高压钠灯。有调光要求时，高压钠灯可进行调光，光输出可以调至正常值的一半，系统的功耗减小到正常值的65%。

4) 发光二极管LED的选用。目前，其光通量尚不高，白光LED在50～60 lm/W，价格相对较高，尚未作为普通照明光源推广，但其单色性好，启动时间短，寿命长达10万h，适用于各种场合的动态照明及颜色变化。白光LED无红外线及紫外线辐射，发光效率高，适用于较多场所。

有些顶级的发光二极管LEP发光效率可达100 lm/W以上。据理论推算，白光LED发光效率极大值可达199 lm/W，未来仍有相当大的进步空间。

有很多领域还是可以大量地应用LED照明灯。这些领域的应用可促进大功率白光LED的生产，促进技术的提高，并可降低生产成本。在LED照明设计、应用上也可获得更多的经验，有利于将来的推广。

这些应用领域都是用电大户,对节电能起到很大作用,通常有以下几项:

①城镇街道的路灯系统(包括太阳能路灯系统)。
②隧道及地下停车场(包括地下商场)。
③交通工具的照明(汽车、电车、轮船、飞机等的内部及部分外部照明灯)。
④大型公共场所的 LED 照明,如铁路旅客车站、城市轨道交通站、地铁站、民用机场、汽车客运站、大型超市、大型百货公司、大厦及医院等。
⑤景观照明。

(3)选用配光合理、效率高的灯具。在满足眩光限制的条件下,应优先选用开启式直接照明灯具(效率不低于75%),一般室内的灯具效率不宜低于70%,并要求灯具的反射罩有较高的反射比。

1)灯具配光种类的选择。灯具宜按五种不同种类配光,根据场所不同选用直接型、半直接型、扩散型、半间接型、间接型。

2)灯具效率及保护角选择。灯具反射器的反射效率受反射材料影响较大,灯具扩散配光应采用扩散反射材料。格栅的保护角对灯具的效率和光分布影响很大。当保护角为20°～30°时,灯具格栅效率为60%～70%;当保护角为40°～50°时,灯具格栅效率为40%～50%。

采用直接照明的直管荧光灯时,所选灯具的光输出比应符合如下规定:敞开式不小于75%,透明棱镜不小于65%,漫射不小于55%;格栅灯具,双抛物面不小于60%,铝片不小于65%,半透明塑料不小于50%。不得采用镜面不锈钢钢板制作格栅和反射器。

采用间接照明时,所选灯具的光输出比不应小于80%;采用直接照明的高效气体放电灯时,出光口敞开的灯具光输出比不应小于75%;有格栅或面板的灯具光输出比不应小于60%。

(4)合理利用局部照明。对同一大房间中有局部小范围高照度要求的,应优先采用局部照明来满足。

(5)选择镇流器时,应选择电子镇流器或节能型高功率因数电感镇流器,并应采用能效等级高的产品,镇流器的各项参数详见表7-8～表7-10。

1)镇流器选用原则。
①自镇流荧光灯应配用电子镇流器。
②直管形荧光灯应配用电子镇流器或节能型电感镇流器。
③高压钠灯、金属卤化物灯应配用节能型电感镇流器。
④在电压偏差较大的场所,宜配用恒功率镇流器;功率较小者可配用电子镇流器。
⑤荧光灯和高强气体放电灯的镇流器分为电感镇流器和电子镇流器,选用时宜采用能效因数 BEF:

$$BEF = 100 \times (\mu/P) \tag{7-1}$$

式中 BEF——镇流器能效因数;
μ——镇流器流明系数值(基准灯和被测镇流器配套工作时的光通量与其和基准镇流器配套工作时的光通量之比);
P——线路功率(W)。

表7-8 各种镇流器自身的功耗

光源功率 /W	镇流器自身消耗的功率/W		
	普通型电感	节能型电感	电子型电感
≤20	8～10	4～6	<2
30	9～12	<4.5	<3
40	8.8～10	<5	<4
100	15～20	<11	<10

续表

光源功率/W	镇流器自身消耗的功率/W		
	普通型电感	节能型电感	电子型电感
150	22.5～27	<18	<15
250	35～45	<25	<25
400	48～56	<36	20～40
≥1 000	镇流器自身消耗占灯功率的百分比为10%～11%	镇流器自身消耗占灯功率的百分比为<8%	镇流器自身消耗占灯功率的百分比为5%～10%

表 7-9 管形荧光灯镇流器节能评价值

标称功率/W		18	20	22	30	32	36	40
镇流器能效因数(BEF)	电感型	3.686	3.458	3.248	2.583	2.461	2.271	2.152
	电子型	5.518	5.049	4.619	3.281	3.043	2.681	2.473

表 7-10 荧光灯用电子镇流器与电感镇流器比较性能

型号品种	自身功耗/W	质量比	价格比	光效比	开机浪涌电流比	电磁干扰 EMI
36 W/40 W 普通电感镇流器	9	1	1	0.95～0.98	1.5	无
36 W/40 W 节能电感镇流器	4～5	1.5	0.6	1.02～1.05	1.5	无
36 W/40 W 国产标准电子镇流器	≤3.5	0.3～0.4	3～4	1.10	10～15 倍	在允许范围内
36 W/40 W 进口电子镇流器	≤3.5	0.4～0.5	4～7	1.10	8～10 倍	在允许范围内
36 W/40 W 国产 H 形电子镇流器	≤3.5	0.2～0.4	1.3～1.8	1.10	15～20 倍	有明显干扰、超标

2)镇流器选用方式。

①宜按能效限定值和节能评价值选用管形荧光灯镇流器,选用要求参见《管形荧光灯镇流器能效限定值及能效等级》(GB 17896—2012)。

②高压钠灯镇流器选用。

a. 宜按能效限定值和节能评价值选用高压钠灯镇流器,选用要求参见《高压钠灯用镇流器能效限定值及节能评价值》(GB 19574—2004)。

b. 对于有调光要求的场所,如城市道路夜间照明,可以采用双功率输出的节能型镇流器,配合定时器进行功率选择,以适应不同时段的照度要求。

③宜按能效等级选用金属卤化物灯镇流器。

(6)室内照明配电线路应选用铜芯,配电线路导体截面的选择应合理,并可适当加大,以降低线路阻抗。

(7)采用智能化照明系统设计。智能化照明是智能技术与照明的结合,其目的是在大幅度提高照明质量的前提下,使建筑照明的时间与数量更加准确、节能和高效。智能化照明的组成包括智能照明灯具、调光控制及开关模块、照度及动静等智能传感器、计算机通信网络等单元。智能化的照明系统可实现全自动调光,更充分利用自然光,智能变换光环境场景,运行中节能、延长光源寿命等。

适宜的照明控制方式和控制开关可达到节能的效果。在控制方式上可以根据场所照明要求，使用分区控制灯光；在灯具开启方式上，可以充分利用自然光的照度变化，决定照明点亮的范围，还可以使用定时开关、调光开关、光电自动控制开关等。公共场所照明、室外照明可以采用集中控制、遥控管理方式，或采用自动控光装置等。

7.2.4 典型公共建筑照明节能设计应用

1. 办公建筑照明节能设计

(1)节能设计原则。节能设计原则是在保证有足够的照明数量和照明质量的前提下，采用各种节能措施，尽可能地节约照明用电。办公室照明光源应以高光效荧光灯为主要光源，其中包括稀土三基色荧光灯和紧凑型荧光灯。设计时，应优先选用直管形稀土三基色 T8 荧光灯和紧凑型荧光灯。在条件允许的情况下，宜采用直管形稀土三基色 T5 荧光灯。

(2)控制方式。根据自然光的照度变化，决定照明点亮的范围，且靠外墙窗户一侧的照明灯具应能单独控制。对门厅、会议室和要求比较高的办公室等，可以采用智能灯光控制系统进行多场景控制和调光控制。

2. 商业建筑照明节能设计

商场营业厅、超市等的照明光源一般以直管形荧光灯和紧凑型(节能)荧光灯为主，有时也可以采用小功率的金属卤化物灯，有特殊照明要求的场合则辅以一定数量的卤钨灯和陶瓷金卤灯。设计时，应优先选用直管形稀土三基色荧光灯。

商场营业厅、专卖店等的照明应采取一般照明、局部照明及与重点照明相结合的照明方式；超市则可以采取以一般照明为主的照明方式，适当采用分区一般照明方式。

3. 景观照明节能设计

(1)光源选择。应根据建筑物立面材质选择合适的高效节能光源。建筑物立面照明光源一般应以金属卤化物灯和高压钠灯为主；建筑物轮廓灯照明光源宜以 5~9 W 优质紧凑型荧光灯为主，有条件的宜采用高光效 LED 灯作为光源，室外景观照明光源则应以小功率高显色性高压钠灯、金属卤化物灯和节能灯为主。

(2)照明方式。建筑物夜间景观照明一般采用投光灯，以混光照明的方式达到改变光源和显色性的效果。对于有大面积玻璃幕墙的建筑物，宜利用室内的部分照明或在玻璃幕墙内侧单独设照明灯具(一般以高光效荧光灯为主，有条件的也可采用 LED 灯)达到内光外透的效果。

4. 建筑物轮廓灯照明节能设计

(1)相关标准、规定要求。我国目前尚没有专门针对公共建筑、居住小区类等建筑的庭院照明、景观照明、建筑物立面照明的相关规范、标准，可以借鉴我国行业标准《城市道路照明设计标准》(CJJ 45—2015)及国际照明委员会(CIE)的推荐标准。

(2)节能要点。进行室外照明的光源选择时应注重其光电参数的总体评估，如光源的发光效率、显色指数；灯的启动、再启动、工作电流、额定电压等参数；灯的寿命及性价比等相关因素。选用性能价格比适宜的光源，优先选用高光效光源。在照明功能无特殊要求、电能损耗大体相同时，一般宜选用同一类型或色温相近的光源。

7.3 建筑照明系统质量验收

7.3.1 一般规定

(1)本节的内容适用于配电与照明节能工程施工质量的验收。

(2)配电与照明系统施工中应及时进行质量检查,对隐蔽部位在隐蔽前进行验收,并应有详细的文字记录和必要的图像资料,施工完成后应进行配电与照明节能分项工程验收。

(3)配电与照明节能工程验收可按《建筑节能工程施工质量验收标准》(GB 50411—2019)第 3.4.1 条的规定进行检验批划分,也可按照系统、楼层、建筑分区,由施工单位与监理单位协商确定。

7.3.2 主控项目

(1)配电与照明节能工程使用的配电设备、电线电缆、照明光源、灯具及其附属装置等产品应进行进场验收,验收结果应经监理工程师检查认可,且应形成相应的验收记录。各种材料和设备的质量证明文件与相关技术资料应齐全,并应符合设计要求和国家现行有关标准的规定。

检验方法:观察、尺量检查,核查质量证明文件。

检查数量:全数检查。

(2)配电与照明节能工程使用的照明光源、照明灯具及其附属装置等进场时,应对其下列性能进行复验,复验应为见证取样检验:

1)照明光源初始光效;

2)照明灯具镇流器能效值;

3)照明灯具效率;

4)照明设备功率、功率因数和谐波含量值。

检验方法:现场随机抽样检验;核查复验报告。

检查数量:同厂家的照明光源、镇流器、灯具、照明设备,数量在 200 套(个)及以下时,抽检 2 套(个);数量在 201 套(个)~2 000 套(个)时,抽检 3 套(个);当数量在 2 000 套(个)以上时,每增加 1 000 套(个)时应增加抽检 1 套(个)。同工程项目、同施工单位且同期施工的多个单位工程可合并计算。当符合《建筑节能工程施工质量验收标准》(GB 50411—2019)第 3.2.3 条规定时,检验批容量可以扩大一倍。

(3)低压配电系统使用的电线、电缆进场时,应对其导体电阻值进行复验,复验应为见证取样检验。

检验方法:现场随机抽样检验;核查复验报告。

检查数量:同厂家各种规格总数的 10%,且不少于 2 个规格。

(4)工程安装完成后应对配电系统进行调试,调试合格后应对低压配电系统以下技术参数进行检测,其检测结果应符合下列规定:

1)用电单位受电端电压允许偏差:三相 380 V 供电为标称电压的 ±7%;单相 220 V 供电为标称电压的 −10%~7%;

2)正常运行情况下用电设备端子处额定电压的允许偏差:室内照明为 ±5%,一般用途电动机为 ±5%,电梯电动机为 ±7%,其他无特殊规定设备为 ±5%;

3)10 kV 及以下配电变压器低压侧,功率因数不低于 0.9;

4)380 V 的电网标称电压谐波限值:电压谐波总畸变率(THDU)为 5%,奇次(1 次~25 次)谐波含有率为 4%,偶次(2 次~24 次)谐波含有率为 2%;

5)谐波电流不应超过表 7-11 中规定的允许值。

检验方法:在用电负荷满足检测条件的情况下,使用标准仪器仪表进行现场测试;对于室内插座等装置使用带负载模拟的仪表进行测试。

检查数量:受电端全数检查,末端按《建筑节能工程施工质量验收标准》(GB 50411—2019)第 3.4.3 条规定最小抽样数量抽样。

表 7-11 谐波电流允许值

标准电压值/kV	基准短路容量/MVA	谐波次数及谐波电流允许值										
0.38	10	谐波次数	2	3	4	5	6	7	8	9	10	11	12	13
		谐波电流允许值/A	78	62	39	62	26	44	19	21	16	28	13	24
		谐波次数	14	15	16	17	18	19	20	21	22	23	24	25
		谐波电流允许值/A	11	12	9.7	18	8.6	16	7.8	8.9	7.1	14	6.5	12

(5)照明系统安装完成后应通电试运行,其测试参数和计算值应符合下列规定:

1)照度值允许偏差为设计值的±10%;

2)功率密度值不应大于设计值,当典型功能区域照度值高于或低于其设计值时,功率密度值可按比例同时提高或降低。

检验方法:检测被检区域内平均照度和功率密度。

检查数量:各类典型功能区域,每类检查不少于2处。

7.3.3 一般项目

(1)配电系统选择的导体截面不得低于设计值。

检验方法:核查质量证明文件;尺量检查。

检查数量:每种规格检验不少于5次。

(2)母线与母线或母线与电器接线端子,当采用螺栓搭接连接时应牢固可靠。

检验方法:使用力矩扳手对压接螺栓进行力矩检测。

检查数量:母线按检验批抽查10%。

(3)交流单芯电缆或分相后的每相电缆宜品字形(三叶形)敷设,且不得形成闭合铁磁回路。

检验方法:观察检查。

检查数量:全数检查。

(4)三相照明配电干线的各相负荷宜分配平衡,其最大相负荷不宜超过三相负荷平均值的115%,最小相负荷不宜小于三相负荷平均值的85%。

检验方法:在建筑物照明通电试运行时开启全部照明负荷,使用三相功率计检测各相负载电流、电压和功率。

检查数量:全数检查。

典型工程案例

临汾市国家电网办公大楼(图7-18)坐落于临汾市西北部向阳西路的开发区,坐北朝南,濒临城市主干道向阳西路北侧。从滨河路锣鼓桥东入口进入向阳西路就可以看到恢宏大气的主建筑。

整幢大楼高为23层,建筑面积为32 025 m²,大楼主大厅面积为400 m²,大厅东侧1~3层为东群楼,西侧1~3层为西群楼,4~21层为临汾供电公司生产调度及办公的主要场所。

临汾市国家电网整幢办公大楼的照明采用3 164盏高效、节能、高显色、长寿命的LED照明灯具,进行优化选型设计,大楼的照明用电量仅为7.83 kW,在满足区域功能性照明的基础上更加突出节能环保。

58套防眩光LED筒灯和29套LED格栅灯将高12.3 m、面积达400 m²的大楼主大厅照射得分外明亮,嵌入式安装的筒灯周围采用4 W LED自镇流照明灯点缀照明,均匀分布的筒灯矩阵可彰显电力大楼简约、商务的特点而又不失端庄和气派,如图7-19所示。

开放式的办公室及其附属走廊照明选用色温4 000 K,显色指数80以上的嵌入安装的LED

格栅灯，在0.75 m高的办公工作面的平均照度可达326 lx，走廊地面照度可达200 lx以上，完全满足《建筑照明设计标准》(GB 50034—2013)的要求，如图7-20和图7-21所示。

图7-18　临汾市国家电网办公大楼

图7-19　临汾市国家电网办公大楼大厅照明

图7-20　办公楼内开放式办公室照明

图7-21　办公楼内走廊照明

大楼西群楼3层的年度会议室、大型视听会议室、高层会议室及14层的各部门小型会议室的照明设计采用条形LED格栅灯与不同规格的LED筒灯搭配安装，并拼装成各种图形，既达到了客户预期要求的照明效果，又给人以美观舒适的感觉，如图7-22所示。

图7-22　办公大楼内的各会议室照明情况
(a)视听会议室；(b)年度会议室；(c)高层会议室；(d)部门小型会议室

88套不同功率的LED投射灯应用于大楼室外亮化，将大楼照射得格外亮丽。地下停车场和调度室的照明考虑顶棚不装修的原因，选用了悬挂式安装的LED顶灯，既满足了功能性照明的要求又经济实惠，如图7-23所示。

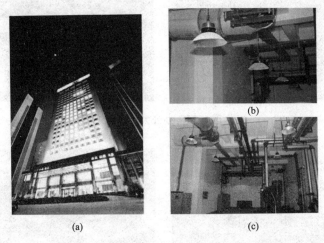

图 7-23　办公楼亮化及地下室和调度室照明
(a)办公大楼亮化；(b)停车场照明；(c)调度室照明

1. 节能措施

(1)工程全部采用高效节能环保的LED灯具，各办公室的照明功率密度值仅有4.53 W/m^2。

(2)建筑照明根据不同场所采用不同的灯具搭配和独特的灯具排列，以期达到灯具出光的最大利用率，多种灯具的互相搭配，其配光曲线的互补性可使光线得到充分利用。大厅和会议室均采用LED格栅灯与LED筒灯相结合的配光形式，LED格栅灯为范围性基础照明，LED筒灯为集中性局部照明，通过配光互补达到照明要求。

(3)墙面基本都采用高反射率白涂料，地面均采用白色或米白色等浅色地板砖，避免灯光的损耗；窗户开口尽量朝阳，玻璃均采用特制双层隔声中空玻璃，尽可能将阳光的眩光和补光控制在一个平衡点，使室内不开灯或少开灯就可达到国家标准的照度要求。

(4)灯具统一采用正白色温或冷白色温的LED灯具，在满足舒适度的同时，达到明亮的室内照明效果。经研究证明，相同光通量的情况下，白光要比暖白或其他颜色的光给人更明亮的感觉，且电力大楼的大部分场所为办公场所，采用白光或冷白光可以达到让人冷静、注意力集中等效果。办公用品包括桌椅等大部分均采用浅色调且尽可能少地减少颜色的种类，以期达到光能的充分利用。

1)办公大厅照明(图7-24)。大厅作为整栋大楼的第一窗口，首先是要有足够强的光线互补和给人足够亮的视觉感受，但绝不能出现不良眩光或刺眼等现象。采用防眩处理的高光效LED筒灯作为整个大厅的基本照明，其周围采用4 W LED自镇流照明灯点缀照明，均匀分布的筒灯矩阵彰显电力大楼简约、商务的特点而又不失端庄和气派；在筒灯矩阵中，再搭配光线更为柔和的LED格栅灯，其柔和的出光和面板的均匀性，使人直视灯面也不会有明显眩光的感觉，明显迥异于周围筒灯的发光面，可立刻将人眼球吸引，避免长时间直视筒灯而产生的眼球不适，规避LED功能性照明的眩光缺憾，使整个大厅表现出明亮、柔和、舒适感强等特点。

2)会议室照明(图7-25)。会议室作为一个公司重要决策发布和重大事件解决的场所，其照明特点应为端庄、严肃的。由于会议召开时间具有随机性，所以，室内应使用人工冷光源而避免自然光，光源要求对人眼视觉无不良影响，为确保正确的图像色调和摄像机的白平衡，要求照射在与会者面部的光应是均匀的。

图7-24 办公大厅照明

图7-25 会议室照明

3)电梯等待厅照明(图7-26)。电梯等待厅是通往其他楼层的必经之地,是人员来往比较频繁的地方,其照明特点一方面要求足够亮度来保证照明要求;另一方面也要求长时间点亮,故应设置调光系统以便白天有充分照明,使人眼能适应进出办公楼时的亮度变化,夜晚则应将亮度降低以减少光的浪费。

图7-26 电梯等待厅照明

等待厅主要作为人员流通和停留的场所,过于刺眼的光线容易使人产生烦躁、情绪波动等不适,故灯具应尽可能采用防眩光或见光不见灯的设计。

主要场所照明技术指标见表7-12。

表7-12 主要场所照明技术指标

房间或场所	参考平面及高度	客户要求照度/lx	实际照度值/lx	国标功率密度/(W·m^{-2})	实际功率密度/(W·m^{-2})	UGR标准值	UGR实际值	Ra标准值	Ra实际值
开放式办公室	工作面	300	326	11	4.53	19	18	80	85

续表

房间或场所	参考平面及高度	客户要求照度/lx	实际照度值/lx	国标功率密度/(W·m^{-2})	实际功率密度/(W·m^{-2})	UGR标准值	UGR实际值	Ra标准值	Ra实际值
办公走廊	地面	150	177	—	2.60	—		60	70
年度会议室	工作面	600	718	13	10.05	19	16	80	85
一楼大厅	地面	200	222	15	11.81			60	70
电梯等待厅	地面	250	331		4.84			60	70

2. 节能对比

因电梯等待厅基本都为 LED 筒灯，故以电梯等待厅作为对比场所。电梯等待厅共使用 LED 筒灯 51 盏，单灯功率为 10 W。若采用普通节能灯，则至少需单灯 36 W 才可达到目前效果。节能对比分析见表 7-13。

表 7-13 节能对比分析

比较项目	普通节能灯	LED 筒灯	备注
单灯功率	36 W	10 W	LED 筒灯 10 W 即可替代节能灯 36 W
每套单价/元	50	200	LED 筒灯本身成本较高，
首期投资/元	2 550	10 200	故首期投资明显高于节能灯系统
总功率/kW	1.84	0.51	—
电费单价/元	1	1	暂定电费为 1 元/(kW·h)
一年用电量/度	10 746	2 978	由于电梯等待厅无日光补充，
一年电费总价/元	10 746	2 978	故暂定灯具一天工作 16 h
一年维护费/元	3 000	0	节能灯寿命较短，一年需整体更换一次
一年总费用/元	13 296	13 178	LED 筒灯一年可收回首期投资成本

使用 LED 筒灯一年内即可收回首期投资成本，而 LED 筒灯至少可使用 10 年，其间的维护费用几乎为 0，节能灯系统 5 年的总费用为 68 280 元，而 LED 筒灯系统则为 25 090 元，而其 10 年总费用分别为 137 010 元和 39 980 元，故使用 LED 筒灯可显著节能。

本章小结

1. 建筑采用自然采光的优点：提高工作效率；丰富室内的光环境；自然光使人们的身心更健康；有利于节能。
2. 建筑自然采光的方法分为纯粹的建筑设计方法、利用技术支撑建筑设计方法和采用先进技术方法三种。
3. 新的采光技术的出现主要是解决三个方面的问题：解决大进深建筑内部的采光问题；提高采光均匀性和解决自然光的稳定性问题。
4. 自然采光方法利用的生态原则：与气候相协调；与地理条件相适应；满足视觉舒适度的要求；尽可能降低能耗；合理利用采光材料；防止"光污染"。
5. 自然采光设计的注意问题：采用有利的朝向；采用有利的平面形式；采用天窗采光；采用有利的内部空间布局；选用浅淡颜色。
6. 先进的自然采光系统主要有导光管采光系统、光导纤维采光系统、采光搁板采光系统和导光棱镜窗采光系统。

7. 根据当代建筑电气节能照明设计的基本原则，应该倡导绿色照明，即包含高效的节能体系、高效的环保体系、高效的安全体系及高效的舒适体系，这些建筑体系缺一不可。

8. 电气照明节能的主要技术措施：应根据国家规定的照度标准来合理选定各工作和活动场所的照度；应根据不同的使用场合来选择合适的照明光源，在满足照明质量的前提下，尽可能选择高光效的光源；选用配光合理、效率高的灯具；合理利用局部照明。对同一大房间中有局部小范围高照度要求的，应优先采用局部照明来满足。选择镇流器时，应选择电子镇流器或节能型高功率因数电感镇流器，并应采用能效等级高的产品。

本章相关
教学资源

复习思考题

一、选择题

1. 在建筑照明设计中，照度的单位是（　　）。
   A. lm　　　　　B. lx　　　　　C. cd　　　　　D. J
2. 将能够节约能源，保护环境，且有益于提高人们生产、工作、学习效率和生活质量，保护身心健康的照明，称为（　　）。
   A. 一般照明　　B. 工作照明　　C. 绿色照明　　D. 正常照明
3. 以下自然采光没有应用到新技术的是（　　）。
   A. 导光管　　　B. 太阳能收集器　　C. 导光棱镜窗　　D. 普通玻璃窗
4. 导光棱镜窗是利用棱镜的（　　）作用改变射入光的方向，使太阳光照射到房间深处。
   A. 折射　　　　B. 反射　　　　C. 透射　　　　D. 散射
5. 三相照明配电干线的各相负荷宜分配平衡，其最大相负荷不宜超过三相负荷平均值的（　　），最小相负荷不宜小于三相负荷平均值的（　　）。
   A. 115%；95%　　B. 115%；85%　　C. 105%；95%　　D. 105%；85%

二、判断题

1. 在建筑设计时，尽可能充分利用自然光代替人工照明，减少人工照明设备的能耗，以达到改善室内光环境。　　　　　　　　　　　　　　　　　　　　　　　　　　　　（　　）
2. 室内采光效果，只取决于采光口的面积大小及布置形式。　　　　　　　（　　）
3. 由于直射阳光比较有效，因此，朝南的方向通常是进行自然采光的最佳方向。（　　）
4. 光导纤维束的传光原理主要是光的折射原理，光线进入光导纤维后经过不断折射传输到另一端。　　　　　　　　　　　　　　　　　　　　　　　　　　　　　　　（　　）
5. 建筑电气照明节能设计要贯彻以人为本、舒适实用、经济合理、技术先进、节约能源和保护环境的原则。　　　　　　　　　　　　　　　　　　　　　　　　　　　（　　）

三、简答题

1. 建筑采用自然采光的优点有哪些？
2. 建筑自然采光方法有哪几种？
3. 新的采光技术的出现主要是解决哪些问题？
4. 简述自然采光方法利用的生态原则。
5. 简述自然采光设计应注意的问题。
6. 自然采光新技术有哪些？它们各有何特点？
7. 建筑电气节能照明设计的基本原则是什么？
8. 电气照明节能的主要技术措施体现在哪几个方面？

综合训练题

某服装厂厂房一期建设,总建筑面积为 23 436 m²,坡屋面层高为 4 m,室内吊顶,屋脊到吊顶的距离为 3 m,吊顶到地面的距离为 3.6 m,一期采光设计场所为仓库和裁片车间,建筑面积为 2 097 m²。本厂房一期工程设计光导照明采光场所为辅料库、光坯库和裁片车间。辅料库:建筑面积为 270 m²,长为 27 m,宽为 10 m,有一直通室外的侧门窗。光坯库:建筑面积为 1 260 m²,长为 126 m,宽为 10 m,为黑房间。裁片车间:建筑面积为 567 m²,长为 31.5 m,宽为 18 m,为黑房间。

本工程中,导光管采光系统是采光和照明的结合体,仓库以照明为主,车间以采光为主。

仓库:辅料库结合侧门窗采光设计,导光管采光系统离门窗较远,光坯库均匀布点,两个仓库共布置 17 套。当室外照度为 25 klx 时,室内平均照度为 85 lx。光坯库和辅料库导光管采光布置平面图如图 7-27 所示。

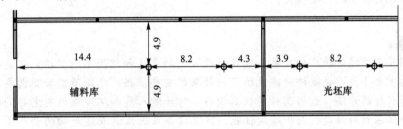

图 7-27 光坯库和辅料库导光管采光布置平面图

车间:工作区域设计,共 13 套,采光率为 3%,同时,当室外照度为 45 klx 时,可达到照明的要求,室内平均照度为 240 lx。车间导光管采光布置平面图如图 7-28 所示。

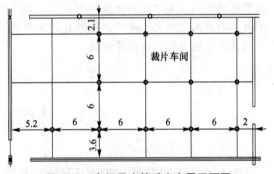

图 7-28 车间导光管采光布置平面图

要求:

1. 室外照度以《建筑采光设计标准》(GB 50033—2013)为依据,已知该地区属于光气候分区Ⅲ,天然光年平均总照度为 24 klx$\leqslant E_q <$26 klx。

2. 根据导光管采光的工作原理可知,室外照度越高,室内也随之增大,反之亦然。

3. 根据《建筑照明设计标准》(GB 50034—2013)可知,仓库照度要求为 100 lx 时,单位面积用电量为 5 W/m²(荧光灯),生产车间照度要求为 300 lx 时,单位面积用电量为 12 W/m²(荧光灯)。

4. 白天照明时间以 10 h 计算。

5. 根据《建筑照明设计标准》(GB 50034—2013)和《建筑采光设计标准》(GB 50033—2013)相关规定,其仓库照度要求为 50~100 lx,车间采光面积为 75%,其采光率不得低于 2%。以此标准进行导光管采光设计。

6. 本工程中的导光管采光系统设备费用为 16.50 万元,安装费为 1.5 万元,年平均白天照明时间为 10 h,产品使用寿命≥25 年,维护费为 1 万元(25 年)。

试进行节能分析:

(1)计算电力照明系统的年运行费用;

(2)确定导光管采光系统的总投资及回收期,并进行节能分析。

第8章 建筑节能检测

学习目标

1. 认识建筑节能检测在实现建筑节能目标中的意义和作用，了解我国建筑节能检测的发展及现状。
2. 了解建筑节能检测的定义、分类、主要仪器设备、机构资质等基础知识；了解建筑节能检测方法和技术，能根据建筑节能检测的标准、规范在工程实践中应用。
3. 熟悉建筑节能检测的主要内容，包括对保温材料性能、围护结构性能、建筑设备系统性能和节能工程现场检测的主要指标。

本章导入

随着我国建筑节能的推广和发展，建筑节能检测的意义和作用不断显现，它是保证节能建筑施工质量的重要手段，也是评价建筑物节能效果的重要依据。建筑节能检测需要掌握以下知识点：采用什么样的方法、选用怎样的仪器设备，对检测人员和环境条件有怎样的要求，如何对节能建筑中保温材料性能、围护结构性能、建筑设备系统性能或建筑物的哪些项目(指标)进行怎样的技术操作，建筑节能检测的标准、规范、依据有哪些，建筑节能检测机构及管理的现状和要求怎样。掌握上述建筑节能检测基础知识，了解建筑节能检测基本的方法技术，熟悉建筑节能检测的主要内容和重要指标，认识建筑节能检测的作用、任务，加强和促进建筑节能检测技术的应用、研究、推广，能够真正发挥建筑节能检测在建筑节能施工质量中的保障作用和实现建筑节能目标中的保障作用。

8.1 建筑节能检测概述

8.1.1 建筑节能检测的目的和意义

近年来，国家加大了全国范围内的建筑节能工作力度，制定了一系列关于建筑节能的标准、规程和规范。按道理，只要从建筑节能设计工作开始做好，严格按建筑节能设计标准选择使用节能材料和节能产品，在节能工程的施工过程中，控制好节能材料产品系统的施工，在竣工验收时，建筑的节能性就应该有保障。然而，现实却不然。开发商对建筑节能重要性的认识理解不足；设计人员对新的建筑节能规范和标准的认识与应用存在困惑；建筑的建造周期长，节能施工环节多；施工方对建筑节能的认识理解不足和施工技术有限，施工中常常出现偏离设计和标准的现象；利益的驱使和社会不良风气的渗入，偷工减料时有发生。为了确保建筑节能工程的质量，必须通过相关的检测来实施建筑节能施工质量监督。建筑节能检测是一门新兴技术，是对建筑节能施工质量实施监督的重要技术手段，可以通过实测评价建筑节能效果，也是实现建筑节能目标的重要保证。学习掌握建筑节能检测的知识、方法和技术，认识了解现状和要求，对于在建筑工程施工及管理中，积极实施建筑节能实现建筑节能目标，具有十分重要的意义。

8.1.2 建筑节能检测的发展及现状

我国的建筑科技工作者对建筑物的能耗检测研究,始于20世纪80年代,但当时只限于在大专院校和科研单位。"十二五"后期,特别是"十三五"期间,建筑节能技术发展较快,建筑节能检测和相关的管理工作,逐步进入快速、有序的发展轨道。

1. 我国建筑节能检测发展轨迹

(1)我国建筑研究院物理所的技术人员,针对在竣工和使用的房屋中出现保温浆料保温性能差、外墙内保温出现冷桥、外保温出现开裂等问题,研制出了国内第一台外墙保温系统耐候性检测系统。这台系统能够检测外墙保温系统的耐热循环、热冷循环等性能,检测依据《外墙外保温工程技术标准》(JGJ 144—2019)。材料基本性能检测中,施工验收必须提供系统检测报告,实行生产企业对耐候性检测结果等需要提供备案等。

(2)《建设工程质量检测管理办法》规定由省、自治区、直辖市人民政府建设主管部门负责对本行政区域内检测机构的资质审批;市、县人民政府建设主管部门负责对本行政区域内的质量检测活动实施监督管理,并提出检测机构是具有独立法人资格的中介机构。该办法执行以来,绝大多数省市按照部令的要求制定了细则,建筑工程检测机构第一次有了自己的管理要求,建筑检测机构逐渐走向市场化竞争。

(3)2006年全国执行建筑节能标准的力度加大,开始对墙体构件的热工性能、门窗气密性和热工性能进行检测。物理性能的检测技术基本依赖于设备性能,但热工性能的检测需要有能够承担热工检测项目的机构及一定专业知识的检测人员。检测人员亟须培训,提高业务能力,真正把住质量关。

(4)2019年12月1日,《建筑节能工程施工质量验收标准》(GB 50411—2019)颁布并开始实施,系统地提出了采暖、空调、管网系统运转调试检查和检测的内容,要求与建筑节能相关的节能材料和构配件应进场复试、工程实体应现场检测、采暖空调通风设备施工完成后应进行调试和检测,伴随着该标准的实施,全国检测单位逐渐建起建筑材料、保温、隔热系统、采暖空调系统、照明和配电、门窗幕墙等相关检测项目。目前,全国范围内节能检测机构数量占全部检测机构的50%左右。检测机构的成立为控制全国建筑工程质量、威慑假冒伪劣产品进入工程起到了重要作用,同时为政府制定相关节能政策,淘汰落后产品和材料提供了依据。

(5)《居住建筑节能检测标准》(JGJ/T 132—2009),不仅完善了该检测标准中采暖系统检测方法,增加了外围护结构隔热性能、外窗遮阳设施、锅炉运行效率和耗电输热比等共有11项内容。红外热成像技术在建筑节能检测中的应用,如对建筑围护结构中热工性缺陷(隔热材料缺失、热桥、漏气和受潮)的检测、楼房能量损失的检测等,促进了建筑节能检测工作日臻完善,给建筑节能检测和评估技术进步与发展带来了较大的帮助。

(6)建筑节能检测依据的标准和规范正在逐步建立和完善,主要由国家建筑节能综合性标准、各行业专业标准及地方标准三部分组成。国家建筑节能综合性能标准主要包括《居住建筑节能检测标准》(JGJ/T 132—2009)、《建筑节能工程施工质量验收标准》(GB 50411—2019)、《绝热 稳态传热性质的测定 标定和防护热箱法》(GB/T 13475—2008)等;各行业专业标准主要包括《建筑外窗气密、水密、抗风压性能现场检测方法》(JG/T 211—2007)、《公共建筑节能检测标准》(JGJ/T 177—2009)等;地方标准包括北京市《公共建筑节能施工质量验收规程》(DB11/510—2017)、《民用建筑节能现场检验标准》(DB11/T 555—2015)等。

绿色建筑是未来建筑节能的发展趋势,绿色建筑检测标准也在不断完善中。2005年10月,建设部与科技部联合发布的《绿色建筑技术导则》中明确指出:"建筑的智能化系统是建筑节能的重要手段,它能有效地调节控制能源的使用、降低建筑物各类设备的能耗,保证建筑物的使用更加绿色环保、高效节能。"

根据建设部《建筑节能与绿色建筑发展"十三五"规划》,绿色建筑将在全国范围强制推广。

全国省会以上城市保障性住房、政府投资公益性建筑以及大型公共建筑开始全面执行绿色建筑标准。北京、天津、上海、重庆、江苏、浙江、山东等地进一步加大推动力度，已在城镇新建建筑中全面执行绿色建筑标准。截至 2016 年年底，全国累计竣工强制执行绿色建筑标准项目超过 2 万个，面积超过 5 亿 m^2。北京、上海、江苏、浙江、广东、河北、吉林、云南、海南、新疆生产建设兵团等地绿色建筑占城镇新建民用建筑的比例超过了全国平均水平。

国家建设部先后颁布了《绿色建筑评价标准》(GB/T 50378—2014)、《绿色建筑评价标准》(GB/T 50378—2019)。上海市在 2016 年 10 月颁布了《绿色建筑检测技术标准》(DG/T J08—2199—2016)。

2. 建筑节能检测现状

(1)检测机构和评价方法。"十三五"以来，建筑节能检测机构快速增长，检测项目增多，有关规范、标准颁布较多，检测技术日趋完善和成熟。全国与建筑工程、建材检测相关的检测机构通过计量认证数量超过 4 000 家，其中，具有节能检测能力的检测机构占 30%～40%，超过 1 200 家；国家级能效测评资质的机构有 7 个；省市能效测评资质的机构约为 60 个，全国 28 个省市建立了能效测评机构，开展能效测评的建筑面积约为 150 万 m^2。全国具有门窗标识检测资质的机构有 11 家，它们承担着全国门窗节能标识的认证业务。另外，还有部分检测机构承担质量认证机构的资源性节能产品的认证工作。全国各省、市、自治区节能办公室纷纷筹建建筑节能检测中心。但是由于资金不足，这些检测机构缺乏先进的检测设备，检测方法和手段还存在着诸多限制，严重制约了建筑节能检测工作的进一步开展。

目前，国内外评价建筑节能是否达标，一般采用两种方法：一种方法是在热(冷)源处直接测取采暖耗煤(电)量指标，然后计算出建筑物的耗热(冷)量指标，此法称为热(冷)源法；另一种方法是在建筑物处直接测取建筑物的耗热(冷)量指标，然后计算出采暖耗煤(电)量指标，此法称为建筑热工法。前一种方法由于设备效率(如锅炉年平均运行效率、管网输送效率等)难以确定，因而在实践中较少采用。目前，大多采用建筑热工法现场测量。其中最关键的一项指标是建筑保温、隔热墙体的传热系数。在现场测量中，除门窗外，对于已粉刷的保温、隔热建筑墙体(如墙体、屋面等)，测试人员无法直观判断保温、隔热建筑墙体传热异常部位，利用热流计和热电偶测试也难以迅速和全面地确定墙体或屋面的表面温度分布。因此，建筑热工法现场测量急需具有测温速度快、灵敏度高、形象直观等优点的测试方法，以提高现场测试水平。

(2)建筑节能检测面临艰巨任务。建筑节能检测是保证节能建筑施工质量的重要手段，它可通过实测数据评价建筑物的节能效果，是保证建筑节能质量的重要关口，是司法仲裁鉴定的依据，也是保护消费者权益的重要手段，它对假冒伪劣产品和工程施工发挥着威慑作用，建筑节能检测面临艰巨而繁重的任务。当前，加强建筑节能检测技术的研究，发展包括绿色建筑性能检测认定、建筑能效测评、建筑遮阳检测技术、可再生能源(太阳能热水、光伏、地源热泵)检测等技术；掌握基本数据和基础资料，鼓励编制适应不同地区特点的检测标准；发挥建筑节能检测专业委员会的作用，加强检测人员培训和技术交流，建立相应培训制度，根据检测技术的发展需要和不同地区的特点，适时主办技术研讨会；规范和加强建筑节能检测机构的管理，根据技术和管理水平可分为不同等级的检测机构，承担不同的检测任务，采取动态管理和末位淘汰制。只有加强建筑节能检测技术的研究、探索，才能适应国家对建筑节能检测发展的需要，促进建筑业的发展壮大，承担起更多的社会责任、环境责任和经济责任。

8.1.3 建筑节能检测基本知识

1. 建筑节能检测的定义及相关知识点

建筑节能检测的定义及相关知识点见表 8-1。

表 8-1 建筑节能检测的定义及相关知识点

项目	内容
定义	建筑节能检测，就是用标准的方法、适合的仪器设备和环境条件，由专业技术人员对节能建筑中使用原材料、设备、设施和建筑物等进行热工性能及与热工性能有关的技术操作，它是保证节能建筑施工质量的重要手段，通过实测可评价建筑物的节能效果
内容	保温系统主要组成材料性能，外墙保温系统性能，建筑外门窗，采暖居住建筑节能检验，建筑节能工程现场检验等
主要仪器设备	导热系数测定仪、温度热流巡回检测仪、热流计、红外线摄像仪、外墙耐候性检测仪、保温材料拉拔仪、保温系统测定仪、尘埃粒子计数器、电子天平、万能试验机、电热鼓风干燥箱、低温箱、门窗气密性检测仪、标定热箱门窗保温性能试验装置等
基本方法	热(冷)源法：在热(冷)源处直接测取采暖耗煤(电)量指标，然后求出建筑物的耗热(冷)量指标； 建筑热工法：在建筑物处直接测取建筑物的耗热(冷)量指标，然后求出采暖耗煤(电)量指标

2. 建筑节能检测的分类

建筑节能检测根据检测场合划分，可分为试验室检测和现场检测；根据施工质量控制过程划分，可分为进场部品构件材料，保温、隔热节能系统及组成材料的型式检测和抽样检测，具体见表 8-2。

在试验室检测与现场检测中，现场实体检测项目是我国特有的，也是在相当时期内必须存在的。传热系数、门窗气密性和水密性、围护结构构造层钻芯、保温材料等的粘结拉拔、抗冲击强度等，这部分技术主要是控制施工质量，同时要在监理工程师的监督下完成，必须真实可靠。当检测部位出现不合格情况时，应坚决杜绝监理与施工单位串通检测、挑选部位直至检测合格为止的现象。

表 8-2 建筑节能检测分类

分类标准		内容
根据检测场合划分	试室检测	建筑结构材料，保温、隔热材料，建筑构件测试试件在试验室加工完成，相关检测参数均在试验室内测出
	现场检测	测试对象或试件在施工现场，相关的检测参数在施工现场测出
根据施工质量控制过程划分	型式检测	建筑节能部品构件材料，保温、隔热节能系统等进入建筑工程施工现场的必要条件，进入施工工程现场的企业应具有检测参数齐全的有效型式检测报告
	抽样检测	因建筑工程使用的建筑节能部品构件材料量大，现场施工人员文化程度大多不高，对新的建筑节能新产品和系统均不熟悉，且缺乏相关的实际操作使用经验，故对进入现场的建筑节能部品构件材料、保温、隔热节能系统组成材料进行复查抽检非常必要

3. 常用的名词和术语

(1)导热系数(λ)：稳态条件下，1 m 厚的材料，两侧表面温差为 1 K 时，1 h 内通过 1 m^2 面积所传递的热量，单位为 W/(m·K)。

(2)导温系数($a_{热扩散系数}$)：材料的导热系数 λ 与其比热 c 和密度乘积 ρ 的比值。表征物体在加热或冷却时各部分温度趋于一致的能力,其值越大,温度变化的速度越快。

(3)材料蓄热系数(S):当某一足够厚的单一材料层一侧受到谐波热作用时,表面温度将按同一周期波动,通过表面的热流波幅与表面温度波幅的比值,即该材料的蓄热系数。其值越大,材料的热稳定性越好。

(4)围护结构传热系数(K):也称为总传热系数,它是指稳态条件下,围护结构两侧表面温差为 1 K 时,1 h 内通过 1 m^2 所传递的热量,单位为 W/(m^2·K)。

(5)围护结构传热系数的修正系数(ε_i):不同地区、不同朝向的围护结构,因受太阳辐射和天空辐射的影响,其两侧空气温差同样为 1 K 的情况下,在单位时间内通过单位面积围护结构的传热量改变。这个改变后的传热量与未受太阳辐射和天空辐射影响的原有传热量的比值,即围护结构传热系数的修正系数。

(6)外墙平均传热系数(K_m):外墙包括主体部位和周边热桥(构造柱、圈梁及楼板伸入外墙部分等)在内的传热系数平均值。按外墙各部位(不包括门窗)的传热系数对其面积的加权平均计算求得,单位为 W/(m^2·K)。

(7)传热阻(R_0):表征围护结构(包括两侧表面空气边界层)阻抗传热能力的物理量,为结构热阻与两侧表面换热阻之和。传热阻为传热系数的倒数,单位为(m^2·K)/W。

(8)热导(G):在稳定传热条件下,平板材料两表面之间温差为 1 K,在单位时间内通过单位面积的传热量,有时也称导热系数(λ)。其值等于通过物体的热流密度除以物体两表面的温度差,单位为 W/(m^2·K)。

(9)热惰性指标(D):表征围护结构对温度波衰减快慢程度的无量纲指标。单一材料围护结构:$D=D_1+D_2+\cdots+D_n$;多层材料围护结构:$D=RS$。其中,R 为围护结构材料层的热阻;S 为相应材料层的蓄热系数。D 值越大,温度波在其中衰减越快,围护结构的热稳定性越好。

(10)围护结构的热稳定性:在周期性热作用下,围护结构本身抵抗温度波动的能力。围护结构的热惰性是影响其热稳定性的主要因素。

(11)建筑物耗热量指标(q_h):在采暖期室外平均温度条件下,为保持室内计算温度,1 m^2 建筑面积在 1 h 内需由采暖设备供给的热量,单位为 W/m^2。

(12)采暖耗煤量指标(Q_c):在采暖期室外平均温度条件下,为保持室内计算温度,单位建筑面积在一个采暖期内消耗的标准煤量,单位为 kg/m^2。

(13)门窗气密性:表征门窗在关闭状态下,阻止空气渗透的能力。用单位缝长空气渗透量表示,单位为 m^3/(m·h);或用单位面积空气渗透量表示,单位为 m^3/(m^2·h)。

(14)热流计法:用热流计进行热阻测量并计算传热系数的测量方法。

(15)热箱法(功率法):用标定或防护热箱法对建筑构件进行热阻测量并计算传热系数的测量方法。

(16)红外热像仪:基于表面辐射温度原理,能产生热像的红外成像系统。

(17)热工缺陷:当保温材料缺失、受潮、分布不均,或其中混入灰浆或围护结构存在空气渗透的部位时,则称围护结构在此部位存在热工缺陷。

(18)空调年耗冷量(ACC):按照设定的室内计算条件,计算出的单位建筑面积从 5 月 1 日—9 月 30 日之间所消耗的、需由室内空调设备供给的冷量,单位为 MJ/(m^2·年)。

(19)室外管网热输送效率(η_{ht}):管网输出总热量(采暖系统用户侧所有热力入口处输出的热量之和)与管网输入总热量(采暖热源出口处输出的总热量)的比值。室外管网热输送效率综合反映了室外管网的保温性能和水密程度。

(20)冷源系统能效系数(EER):冷源系统单位时间供冷量与单位时间冷水机组、冷水泵、冷却水泵和冷却塔风机能耗之和的比值。

4. 机构资质及检测流程

(1)检测机构资质。根据国家工程质量检测管理的有关规定,检测机构是具有独立法人资格的中介机构。国务院建设主管部门负责对全国质量检测活动实施监督管理,并负责制定检测机构资质标准。省、自治区、直辖市人民政府建设主管部门负责对本行政区域内的质量检测活动实施监督管理,并负责检测机构的资质审批。市、县人民政府建设主管部门负责对本行政区域内的质量检测活动实施监督管理。

检测机构应当按规定取得相应的资质证书,从事检测资质规定的质量检测业务。检测机构未取得相应的资质证书,不得承担相关规定的质量检测业务。检测机构资质按照其承担的检测业务内容可分为专项检测机构资质和见证取样检测机构资质。

建筑节能检测机构是工程检测机构中从事建筑节能检测、建筑能效评定的专业机构,有新成立的专门进行建筑节能检测的机构(站、中心、所或公司等),也有的是原来从事建筑工程检测的机构增购设备、培训人员扩项业务。无论何种形式的机构在从事建筑节能检测业务之前都必须取得相应的资质。

建筑节能检测机构的资质证书主要有两个:一个是建设主管部门核发的专项业务检测资质;另一个是质量技术监督部门核发的计量认证证书。前者要求机构具备的是机构能够开展的业务范围;后者要求机构运行的能力和质量保证措施。

(2)检测人员资格。建筑节能检测机构的检测人员必须满足所从事工作的数量和能力的需要。建筑节能专项资质管理部门要求主要管理人员具有相关专业工作经验并具有工程师以上职称,技术(质量)负责人具有一定时间的相关专业工作经验并具有高级工程师以上职称;操作人员必须进行专门的专业培训,培训内容有建筑热工基础知识、常用建筑材料(包括墙体主体主要材料和保温系统材料)的性能、检测基础知识、仪器设备工作原理及操作知识、相关的技术规范标准等内容,经过考核合格后方可从事其岗位工作。在工作中,所有检测人员必须持证上岗。

(3)检测设备配备。建筑节能检测机构设备仪器配备应能够满足开展建筑节能检测业务的要求,主要设备包括实验室检测设备和现场检测设备。其中,实验室检测设备包括材料导热系数检测设备和建筑构件热阻、耐候性、门窗性能等检测设备;现场检测设备包括墙体传热系数、热工缺陷、门窗性能等检测设备。

(4)建筑物现场节能检测流程见表8-3。

表8-3 建筑物现场节能检测流程

序号	检测流程
1	有关技术文件准备: (1)审图机构对工程施工图节能设计的审查文件; (2)工程竣工设计图纸和技术文件; (3)由具有建筑节能检测资质的检测机构出具的对从施工现场随机抽取的外门、户门、外窗及保温材料所做的性能复验报告; (4)热源设备、循环水泵的产品合格证和性能检测报告; (5)热源设备、循环水泵、外门、户门、外窗及保温材料等生产厂商的质量管理认证书; (6)外墙墙体、屋面、热桥部位和采暖管道的保温施工做法或施工方案; (7)有关的隐蔽工程施工质量的中间验收报告
2	将上述文件准备齐全后,对建筑物进行现场节能检验,评价出建筑的耗能指标
3	通过采用直接法和间接法得到建筑物耗能指标,最终评定建筑节能是否达标

8.2 建筑节能检测内容

8.2.1 保温材料性能检测

我国建材行业长期以来沿用粗放型传统生产模式,对自然资源重开发、轻保护,对生态环境重利用、轻改善。据统计，我国每年有约36%的能源消耗用于室内取暖或降温，因此，建筑保温材料便成为专业人员不断研究开发的重点。在民用与工业建筑中使用保温材料，既可以提高建筑物的保温、隔热效果，降低采暖空调能源损耗，又可以极大地改善使用者的生活、工作环境，因此，大力开发和利用各种高品质的保温建材，对于节约能源、降低能耗、保护生态环境具有深远的意义。

如图8-1所示，常用的建筑保温材料按材质可分为无机保温材料（如岩棉、矿渣棉）、有机保温材料（如聚乙烯泡沫塑料）和复合保温材料（如吸热玻璃）；按形态可分为纤维状保温材料（如镀铝膜玻璃纤维布）、微孔状保温材料（如硅藻土）、气泡状保温材料（如膨胀珍珠岩）、膏浆状保温材料（如硅酸盐复合保温膏）等。

保温材料节能检测的主要内容包括导热系数、密度、抗压强度或压缩强度、燃烧性能等。

图8-1 常用的建筑保温材料
(a)矿渣棉；(b)硅藻土；(c)膨胀珍珠岩；(d)硅酸盐复合保温膏

8.2.2 围护结构性能检测

建筑围护结构是构成建筑空间，抵御不利环境影响的构件。其包括围合建筑空间四周的墙体、门、窗等。围护结构具有保温、隔热、隔声、防水、防潮、耐火、耐久等作用，是构成建筑空间的必要条件。

1. 外墙保温系统

外墙保温系统分类及检测内容见表8-4。

表8-4 外墙保温系统分类及检测内容

类型	检测内容
保温装饰板外墙外保温系统	耐候性、拉伸粘结强度、单点锚固力、热阻、水蒸气透过性能
EPS板薄抹灰外墙外保温系统	耐候性、抗风压值、抗冲击强度、吸水量、水蒸气透过湿流密度、耐冻融性、不透水性、热阻
胶粉EPS颗粒保温浆料外墙外保温系统	导热系数、材料密度、材料的粘结强度、抗压强度或压缩强度
EPS板现浇混凝土外墙外保温系统	耐候性、拉伸粘结强度、单点锚固力、热阻、水蒸气透过性能
有网现浇系统	网的力学性能、热工性能、抗腐蚀性能
机械固定EPS钢丝网架板外墙外保温系统	网的力学性能、抗腐蚀性能

2. 门窗综合性能检测

建筑门窗进场后,对其外观、品种、规格及附件等应进行检查验收,对质量证明文件进行检查。建筑门窗工程在施工中,对门窗框与墙体接缝处的保温填充做法应进行隐蔽工程验收,并应有隐蔽工程验收记录和必要的图像资料。

门窗性能检测内容包括空气渗透(气密性)、雨水渗漏(水密性)、抗风压性、保温、隔声、采光等性能(表 8-5)。

表 8-5 门窗综合性能检测内容

项目	内容
气密性	外门窗在正常关闭状态时,阻止空气渗透的能力
水密性	外门窗在正常关闭状态时,阻止雨水渗漏的能力
抗风压性	外门窗在正常关闭状态时,在风压作用下不发生损坏(如开裂、面板破损、局部屈服、粘结失效等)和五金件松动、开启困难等功能障碍的能力

表 8-5 中检测内容是门窗型式检验中的必检项目(简称三性检测)。

另外,建筑外窗进入施工现场时,应按地区类别对其性能进行复验,复验项目应符合表 8-6 的规定[参见《建筑节能工程施工质量验收标准》(GB 50411—2019)]。

表 8-6 门窗进场复验项目

地区	复验项目
严寒、寒冷地区	气密性、传热系数和中空玻璃露点
夏热冬冷地区	气密性、传热系数、玻璃遮阳系数、可见光透射比、中空玻璃露点
夏热冬暖地区	气密性、玻璃遮阳系数、可见光透射比、中空玻璃露点

8.2.3 建筑设备系统性能检测

1. 采暖供热系统检测内容

建筑物除建筑结构外,附属的设备还有很多,包括采暖、热水供应、电力供应、灯光照明等。这些设备在建筑节能方面发挥着重要的作用。建筑物的围护结构是建筑节能的基础,但最终能源消耗在各种设备上。正如《建筑节能工程施工质量验收标准》(GB 50411—2019)中指出,采暖、通风与空调、配电与照明工程安装完成后,应进行系统节能性能的检测,受季节影响未进行的节能性能检测项目,还应在保修期内补做。要求检测的项目见表 8-7。

表 8-7 采暖供热系统节能检测项目和要求

序号	检测项目	抽样数量	允许偏差或规定值
1	室内温度	居住建筑每户抽测卧室或起居室 1 间,其他建筑按房间总数抽测 10%	冬季不得低于设计计算温度 2℃,且不应高于 1℃;夏季不得高于设计计算温度 2℃,且不应低于 1℃
2	供热系统室外管网的水力平衡度	每个热源与换热站均不少于 1 个独立的供热系统	0.9~1.2
3	供热系统的补水率	每个热源与换热站均不少于 1 个独立的供热系统	0.5%~1%
4	室外管网的热输送效率	每个热源与换热站均不少于 1 个独立的供热系统	≥0.92

2. 制冷通风工程检测内容

制冷通风系统如图 8-2 所示。

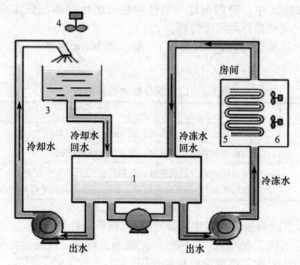

图 8-2 制冷通风系统
1—制冷主机；2—压缩机；3—冷却塔；4—冷却塔风机；5—盘管；6—风机

空调系统的能耗主要有两个方面：一方面是为了生产冷冻水和热水(蒸汽等)，冷热源设备消耗的能源，如压缩式制冷机的消耗电，吸收式制冷机消耗蒸汽或燃气，锅炉消耗煤、燃油、燃气或电等；另一方面是为了给房间送风和输送空调循环水，风机和水泵所消耗的电能。建筑物的空调需冷量和需热量由室外气象参数(如室外空气温度、空气湿度、太阳辐射强度等)，室内空调设计标准，外墙门窗的传热性，室内人员、照明、设备的散热状况及新风量的多少等多种因素决定。风机、水泵的输送能耗受输送的空气量、水量和水系统、风系统的输送阻力影响。风系统、水系统的流量和阻力的影响因素有系统形式、送风温差、供回水温差、送风和送水流速、空气处理设备和冷热源设备的阻力和效率等。空调系统能耗的影响因素较多，需从多方面、多环节共同节能才能起到较好的效果。

制冷通风工程节能检测项目及要求见表 8-8。

表 8-8 制冷通风工程节能检测项目及要求

序号	检测项目	抽样数量要求	允许偏差或规定值
1	各风口的风量	按风管系统数量抽查 10%，且不得少于 1 个系统	≤15%
2	通风与空调系统的总风量	按风管系统数量抽查 10%，且不得少于 1 个系统	≤10%
3	空调机组的水流量	按系统数量抽查 10%，且不得少于 1 个系统	≤20%
4	空调系统冷热水、冷却水总流量	全数	≤10%

3. 建筑照明工程检测内容

建筑照明工程节能检测项目及要求见表 8-9。

表 8-9 建筑照明工程节能检测项目及要求

检测项目	抽样数量要求	允许偏差或规定值
平均照度与照明功率密度	按同一功能区不少于 2 处	≤10%

8.2.4 节能工程现场检测

现场检测是指测试对象或试件在施工现场，相关的检测参数在施工现场测出的一种方法。在一项工程中，人们常常对于已完工程的施工过程采取种种检测进行质量控制，但其节能效果如何，仍难以确认。进行现场检验，是验证工程质量的有效手段之一，建筑节能工程现场检验是必不可少的。

建筑节能工程现场检测的主要内容有外窗气密性检测、围护结构传热系数检测、保温板材与基层的粘结强度检测、锚固件锚固力检测、室内温湿度检测、围护结构热工缺陷检测、供热系统室外管网的水力平衡检测、供热系统的补水率检测、室外管网的热输送效率检测、风管系统各风口的风量检测、通风与空调系统的总风量检测、空调机组的水流量检测、空调系统冷热水、冷却水总流量检测及平衡照度与照明功率密度检测等。

节能工程现场检测采用热流计法、功率法、控温箱-热流计法、温度场响应法等，见表8-10。

表8-10 建筑节能现场检测的方法

序号	名称	方法要点
1	热流计法	通过测出热流计冷端温度和热端温度，根据公式计算出被测对象的热阻和传热系数。这种方法必须在采暖期才能进行测试，因此，它的使用受到一定限制
2	功率法（热箱法）	由检测单位面积上通过的热流量，计算出被测对象的热阻
3	控温箱-热流计法	将热流计法、功率法两种方法联合应用，综合了两种方法的特点
4	温度场响应法	通过记录被测对象温度值和温度响应时间，计算出被测对象的热阻或传热系数

8.3 建筑节能检测方法和技术

8.3.1 建筑节能检测方法和技术的标准、规范

建筑节能检测的方法和技术主要是通过进行建筑结构及材料的耐候性试验、抗风压性试验、抗冲击性试验、吸水量检测、抗拉强度试验和传热系数检测等来对其节能指标进行判定的。我国也因此制定了以下相关的试验方法和标准：

(1)《建筑节能工程施工质量验收标准》(GB 50411—2019)。
(2)《居住建筑节能检测标准》(JGJ/T 132—2009)。
(3)《公共建筑节能检测标准》(JGJ/T 177—2009)。
(4)《建筑材料及其制品水蒸气透过性能试验方法》(GB/T 17146—2015)。
(5)《绝热 稳态传热性质的测定 标定和防护热箱法》(GB/T 13475—2008)。
(6)《绝热材料稳态热阻及有关特性的测定 防护热板法》(GB/T 10294—2008)。
(7)《建筑材料及制品燃烧性能分级》(GB 8624—2012)。
(8)《建筑外门窗保温性能检测方法》(GB/T 8484—2020)。
(9)《建筑外门窗气密、水密、抗风压性能检测方法》(GB/T 7106—2019)。

8.3.2 建筑节能材料检测技术和方法

1. 常见的建筑节能材料

(1)保温板材：泡沫塑料(EPS、XPS)、橡塑板、岩棉板、酚醛板、玻璃棉板、硬质聚氨

酯等。

(2)保温浆料：胶粉聚苯颗粒保温浆料、膨胀玻化微珠保温浆料等。

(3)节能墙体材料：泡沫混凝土砌块、复合保温砖、加气混凝土砌块、复合保温墙板等。

(4)隔热涂料。

2. 检测的基本项目(指标)

对于建筑节能材料常见的需要检测的项目有导热系数、传热系数、耐候性、抗风压值、抗冲击强度、吸水量、耐冻融性、拉伸粘结强度、水蒸气透过性能等。

3. 主要检测技术和方法(以聚苯颗粒保温砂浆为例)

(1)干表观密度。

1)仪器设备。

①烘箱：灵敏度±2 ℃。

②天平：精度为0.01 g。

③干燥器：直径大于300 mm。

④游标卡尺：0～125 mm；精度为0.02 mm。

⑤钢板尺：500 mm；精度为1 mm。

⑥油灰刀、抹子。

⑦组合式无底金属试模：300 mm×300 mm×30 mm。

⑧玻璃板：400 mm×400 mm×(3～5)mm。

2)试样的制备。

①成型方法：将3个空腔尺寸为300 mm×300 mm×300 mm的金属试模分别放在玻璃板上，用脱模剂涂刷试模内壁及玻璃板，用油灰刀将标准浆料逐层加满并略高出试模，为防止浆料留下孔隙，用油灰刀沿模壁插数次，然后用抹子抹平，制成3个试件。

②养护方法：试件成型后用聚乙烯薄膜覆盖，在实验室温度条件下养护7 d后拆模，拆模后在实验室标准条件下养护21 d，然后将试件放入(65±2)℃的烘箱中烘干至恒重，取出放入干燥器中冷却至室温备用。

3)试验过程。

①取制备好的3块试件分别磨平并称量质量，精确至1 g。按顺序用钢板尺在试件两端距离边缘20 mm处和中间位置分别测量其长度和宽度，精确至1 mm，取3个测量数据的平均值。

②用游标卡尺在试件任何一边的两端距离边缘20 mm和中间处分别测量厚度，在相对的另一边重复以上测量，精确至0.1 mm，要求试件厚度差小于2%，否则重新打磨试件，直至达到要求。最后取6个测量数据的平均值。

③由以上测量数据求得每个试件的质量与体积。

(2)抗压强度。

1)仪器设备。

①钢质有底试模：其尺寸为100 mm×100 mm×100 mm，应具有足够的刚度并拆装方便。试模的内表面不平整度应为每100 mm不超过0.05 mm，组装后各相邻面的不垂直度小于0.5°。

②捣棒：直径10 mm，长350 mm的钢棒，端部应磨圆。

③压力试验机：精度(示值的相对误差)小于±2%，量程选择应依据材料的预期破坏荷载在仪器刻度的20%～80%范围内；试验机的上压板、下压板的尺寸应大于试件的承压面，其不平整度应为每100 mm不超过0.02 mm。

2)试样的制备。

①成型方法：将金属模具内壁涂刷脱模剂，向试模内注满标准浆料并略高于试模的上表面，用捣棒均匀地由外向里按螺旋方向插捣25次，为防止浆料留下孔隙，用油灰刀沿模壁插数次，

再将高出的浆料沿试模顶面削去后用抹子抹平。须按相同的方法同时成型10个试件,其中5个用来测抗压强度,另外5个用来测软化系数。

②养护方法:试块成型后用聚乙烯薄膜覆盖,在试验室温度条件下养护7 d后去掉覆盖物,在试验室标准条件下继续养护48 d。放入(65±2)℃的烘箱中烘24 h,从烘箱中取出放入干燥器中备用。

3)试验过程。

①从干燥器中取出的试件应尽快进行试验,以免试件内部的温湿度发生显著的变化。取出其中的5个测量试件的承压面积,长宽测量精确到1 mm,并据此计算试件的受压面积。将试件安放在压力试验机的下压板上,试件的承压面应与成型时的顶面垂直,试件中心应与试验机下压板中心对准。开动试验机,当上压板与试件接近时,调整球座,使接触面均衡受压。承压试验应连续而均匀地加荷,加荷速度应为每秒钟0.5~1.5 kN,直至试件破坏,然后记录破坏荷载。

②试验结果以5个试件检测值的算术平均值作为该组试件的抗压强度,保留三位有效数字。当5个试件的最大值或最小值与平均值的差超过20%时,以中间3个试件的平均值作为该组试件的抗压强度值。

(3)软化系数。

1)取上一项余下的5个试件,将其浸入(20±5)℃的水中(用铁箅子将试件压入水面以下20 mm处),48 h后取出擦干,测饱水状态下胶粉聚苯颗粒保温浆料的抗压强度f_1。

2)软化系数按下式进行计算:

$$\varphi_p = f_1/f_0$$

式中　φ_p——软化系数;

　　　f_0——材料在绝热干燥状态下的抗压强度(kPa);

　　　f_1——材料在水饱和状态下的抗压强度(kPa)。

8.3.3　建筑围护结构节能检测方法和技术

1. 墙体

(1)外保温系统耐候性检测。

1)试样的制备:试样由混凝土墙和被测外保温系统构成。尺寸要求:试样的宽度应不小于2.5 m,高度应不小于2.0 m,面积应不小于6 m²。混凝土墙上角应预留一个宽0.4 m、高0.6 m的洞口,洞口距离边缘0.4 m。

外保温系统应包住混凝土墙的侧边,侧边保温层最大厚度为20 mm。预留洞口处应安装窗框。

2)试验过程:具体试验过程见表8-11。

表8-11　试验过程

步骤	试验环境	试验项目
一	高温—淋水循环	(1)淋水循环80次,每次6 h。 (2)升温3 h。使试样表面升温至70 ℃,并恒温在(70±5)℃,恒温时间应不小于1 h。 (3)淋水1 h。向试样表面淋水,水温为(15±5)℃,水量为1.0~1.5 L/(m²·min)。 (4)静止2 h。 (5)状态调节至少48 h
二	每四个周期观察系统表面	降温循环和每次加热-冷冻循环后观察试样是否出现裂缝、空鼓、脱落等破坏情况,并做记录

续表

步骤	试验环境	试验项目
三	加热-冷冻循环	(1)冷冻循环20次，每次24 h。 (2)升温8 h。使试样表面升温至50 ℃，并恒温在(50±5)℃，恒温时间应不小于5 h。 (3)降温16 h。使试样表面降温至−20 ℃，并恒温在(−20±5)℃，恒温时间应不小于12 h
四	每个周期观察系统表面	看是否有起泡、剥落、表面细裂纹、各层材料间丧失粘结力、开裂等，并做记录

试验结束后，状态调节7 d检测抗拉伸强度和抗粘结强度。

3)试验结果评定：经80次高温-淋水循环和20次加热-冷冻循环后系统未出现开裂、空鼓或脱落，抗裂防护层与保温层的拉伸粘结强度不小于0.1 MPa且破坏界面位于保温层，则系统耐候性合格。

(2)抗风压性检测。

1)试样的制备：试件与耐候性相同。

仪器设备：抗风压箱、风机(2个)、控制系统、摄像机(观察窗)。

2)试验过程：分别进行10 kPa、11 kPa、12 kPa试验。

3)试验结果评定：根据外观质量(包括裂缝、脱落、起鼓等)作出评定结果。

(3)抗冲击性检测。

1)试样的制备。

①试样厚度按外保温系统构造制备：在聚苯板上抹涂抹面抗裂砂浆，压入耐碱网布，抹面层厚度为4.0 mm，耐碱网布位于距离抹面胶浆表面1.0 mm处；或按生产商要求的抹面层厚度及耐碱网布位置，生产商要求的抹面层厚度应为3.0~5.0 mm，7~10 d后上饰面层，尺寸为1 200 mm×600 mm、400 mm×600 mm。

②准备仪器：抗冲击仪(由装有水平调节旋钮的基底、落球装置和支架组成，如图8-3所示)、钢球、轴承钢球(两个规格：公称直径50.8 mm、质量约535 g及公称直径63.5 mm、质量约1 045 g)。

2)试验过程。

①按原标准处理：在标准试验条件下放置14 d，然后在(23±2)℃的水中浸泡7 d，试样抹面胶浆层表面向下，浸入水中的深度为2~10 mm，然后在标准试验条件下放置7 d。

②按原标准不处理：在标准试验条件下放置28 d。

③冲击：10次中破坏次数少于4次(抹面胶浆抗冲击强度不带饰面层)。

图8-3 抗冲击仪

(4)吸水量检测。

1)试样的制备：

①尺寸为200 mm×200 mm，实际尺寸可略大，以便进行防水处理后试样浸水面积与标准一致。

②试样分带饰面层、不带饰面层(放入抹面砂浆检验项目)；四周蜡封，松香：石蜡=1:1，蜡封时温度不宜过高。

③仪器设备：天平、恒温水槽。

2)试验过程:试样处理按下述条件进行3个循环,在标准试验条件下至少放置24 h。
①在水中浸泡24 h;
②在(50±5)℃的条件下干燥24 h;
③不按原标准处理:在标准试验条件下放置28 d。
处理后试样测试结果与不处理时相差较大,吸水量更小。

a. 水温(23±2)℃。标准中规定的(20±2)℃,在标准试验室条件下,用恒温水浴是难以实现的,因为其并没有制冷措施。

b. 吸水量取3个试样的算术平均值。

c. 计算时的面积为实际与水接触的试样面积。

d. 抹面胶浆吸水量不带饰面层。

进行试样处理与不进行处理,吸水量相差较大,进行处理后试样吸水量通常有较大幅度的减小。

(5)水蒸气湿流密度检测。参照《建筑材料及其制品水蒸气透过性能试验方法》(GB/T 17146—2015)。

1)试样的制备。

①试样尺寸:直径80 mm,面积5 024 mm^2。

②温度(23±2)℃,相对湿度50%±2%。

③试验仪器:盛样容器、天平(应有较高精度,建议为0.01 g)、恒温恒湿试验箱(或对试验环境进行控制),如图8-4所示。

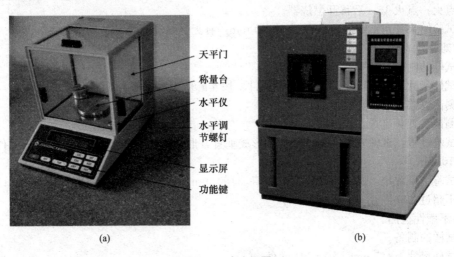

图8-4 试验仪器
(a)电子天平;(b)恒温恒湿试验箱

2)试验过程:试验时间9 d,每天进行一次称量,称量结果精确至0.01 g,称量时间不大于15 min。

3)试验结果评定:取连续6次相差不超过0.05 g的透过量或后6次透过量的算术平均值进行计算,试验结果取三次试验算术平均值。

(6)传热系数检测。参照《绝热 稳态传热性质的测定 标定和防护热箱法》(GB/T 13475—2008)。

1)试样的制备:

①按保温材料的材质和厚度、有无锚栓及其数量等分类;基本类型应进行成套构造测定。尺寸为1 m×1 m,为方便安装,试件应比试件框略小,空隙处应用保温材料填实;试件安装时

周边应密封，防止空气或水分从边缘进入试件，也不会从一侧传到另一侧；温度传感器应在样品两侧表面均匀分布、对应安装，温度传感器连同 0.1 m 长引线应与受检表面紧密接触，数量不少于 9 支。

②仪器设备：墙体传热系数测定仪，由功率控制记录仪、温度巡检记录仪、热箱、冷箱、试样架等组成。

2)试验过程：

①设定温度为热箱 30 ℃、冷箱－5 ℃，温差不小于 20 ℃，试样保温性能不同会有所变化。

②开始试验后，每半小时观察温度情况，达到接近稳定后开始记值。

③温度保持稳定，变化不大时结束试验，一般为 6～8 h。

3)试验结果评定：

①试件的表面平均温度是每个区域的表面平均温度的面积加权平均值；

②热阻＝温差/热量；

③传热系数＝1/热阻。

(7)可燃性检测。

1)试样的制备。

①边缘点火，试件尺寸为 90 mm×190 mm。

②表面点火，试件尺寸为 90 mm×230 mm。

③测试仪器：燃烧箱、燃烧器、支架。

2)试验过程：边缘未加保护的材料，只进行边缘点火；边缘有保护的材料，进行边缘点火和表面点火；点火 15 s 后移开燃烧器。

3)试验结果评定：20 s 内是否到达 150 mm，有无燃烧滴落物，是否点燃滤纸。

(8)难燃性检测。

1)试样的制备：

①试件尺寸：1 000 mm×190 mm，4 件，按实际使用厚度制备。

②测试仪器：燃烧竖炉。

③测试装置：流量、温度、压力。

2)试验过程：试件安装在试件架上，形成垂直方形烟道；预热至 50 ℃后，放入试件；试验时间为 10 min。

3)试验结果评定：燃烧剩余长度平均值≥150 mm，且没有一个试件剩余长度为 0；平均烟气温度不超过 200 ℃。

(9)不燃性检测。

1)试样的制备。

①试件尺寸：ϕ45 mm×50 mm，5 件。

②测试仪器：不燃炉、镜子(方便观察)。

2)试验过程：调整炉温，炉内温度为 750 ℃；快速放入试件；达到最终温度平衡结束，通常为 30 min。

3)试验结果评定：炉内平均温升不超过 50 ℃；试样平均持续燃烧时间不超过 20 s；试样平均质量损失率不超过 50%。

以上列举了常见墙体几项参数的节能检测技术与方法。此外，还可以进行墙体导热系数、蓄热系数、烟密度、氧指数、现场拉拔、钻芯检验等其他检测技术，此处不再赘述。

2. 门窗

(1)外窗保温性能检测。

1)执行标准：《建筑外门窗保温性能检测方法》(GB/T 8484—2020)。

2)检测原理：基于稳态传热原理，采用标定热箱法检测建筑外门窗传热系数。试件一侧为热箱，模拟供暖建筑冬季室内气温条件；另一侧为冷箱，模拟冬季室外气温和气流速度。在对试件缝隙进行密封处理，试件两侧各自保持稳定的空气温度、气流速度和热辐射条件下，测量热箱中加热装置单位时间内的发热量，减去通过热箱壁、试件框、填充板、试件和填充板边缘的热损失，除以试件面积与两侧空气温差的乘积，即可得到试件的传热系数 K 值。

3) 检测装置和仪器：检测装置主要由热箱、冷箱、试件框、填充板和环境空间五部分组成，仪器有温度传感器、功率表、风速仪、数据记录仪等。

(2) 门窗三性检测。

1) 执行标准：《建筑外门窗气密、水密、抗风压性能检测方法》(GB/T 7106—2019)。

2) 装置和仪器：压力箱、供压和压力控制系统、位移测量仪、压力测量仪、空气流量测量装置、喷淋装置。将门窗三性检测集中在一套装置中。

3) 试件安装：同一窗型、规格尺寸试件 3 樘，分别安装在镶嵌框上，并连接牢固、密封，安装质量要求垂直、水平、不得变形，安装完成后将开启部分开关 5 次，最后关紧。

4) 检测过程：

① 门窗三性——抗风压性。

抗风压性能检测包含变形检测、反复加压检测、安全检测。定级检测的安全检测包含产品设计风荷载标准值 P_3 检测、产品设计风荷载设计值 P_{max} (P_{max} 取 $1.4 P_3$) 检测。工程检测的安全检测包含风荷载标准值 W_k 检测和风荷载设计值 P'_{max} (P'_{max} 取 $1.4 W_k$) 检测，风荷载标准值 W_k 应按《建筑结构荷载规范》(GB 50009—2012) 规定的方法确定。

a. 检测项目。

变形检测：检测试件在逐步递增的风压作用下，测试杆件相对面法线挠度变化，得出检测压力差。

反复加压检测：检测试件在压力差的反复作用下，是否发生损坏和功能障碍。

定级检测：确定外门窗性能等级而进行的检测。

工程检测：确定外门窗是否满足工程设计要求的性能而进行的检测。

b. 检测方法：确定测点安装位移计(图 8-5)。

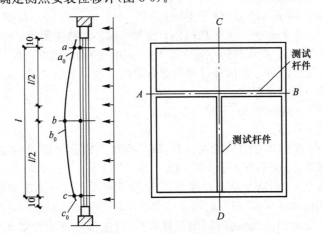

图 8-5 测点安装位移计

预备加压：在预备加压前，将试件上所有可开启部分启闭 5 次，最后关紧。检测加压前施加三个压力脉冲，定级检测时压力差绝对值为 500 Pa，加载速度约为 100 Pa/s，压力稳定作用时间为 3 s，泄压时间不少于 1 s。工程检测时压力差绝对值取风荷载标准值的 10% 和 500 Pa 二者的较大值，加载速度约为 100 Pa/s，压力稳定作用时间为 3 s，泄压时间不少于 1 s。

变形检测：变形检测分定级检测时的变形检测和工程检测时的变形检测，具体步骤如下：

定级检测时的变形检测应按下列步骤进行：
a)先进行正压检测，后进行负压检测。
b)检测压力逐级升、降。每级升降压力差值不超过 250 Pa，每级检测压力差稳定作用时间约为 10 s。检测压力绝对值最大不宜超过 2 000 Pa。
c)记录每级压力差作用下的面法线挠度值(角位移值)，利用压力差和变形之间的相对线性关系(线性回归方法)求出变形检测时最大面法线挠度(角位移)对应的压力差值，作为变形检测压力差值，标以±P_1。不同类型试件变形检测时对应的最大面法线挠度(角位移值)应符合产品标准的要求。

注：产品标准无要求时，玻璃面板的允许挠度取短边 1/60；面板为中空玻璃时，杆件允许挠度为 1/150，面板为单层玻璃或夹层玻璃时，杆件允许挠度为 1/100。

d)记录检测中试件出现损坏或功能障碍的状况和部位。

工程检测时的变形检测应按下列步骤进行：
a)先进行正压检测，后进行负压检测。
b)检测压力逐级升、降。每级升、降压力差不超过风荷载标准值的 10%，每级压力作用时间不少于 10 s。压力差的升、降直到任一受力构件的相对面法线挠度值达到变形检测规定的最大面法线挠度(角位移)，或压力达到风荷载标准值的 40%[对于单扇单锁点平开窗(门)，风荷载标准值的 50%]为止。
c)记录每级压力差作用下的面法线挠度值(角位移值)，利用压力差和变形之间的相对线性关系，求出变形检测时最大面法线挠度(角位移)对应的压力差值，作为变形检测压力差值，标以±P_1。当 P_1 小于风荷载标准值的 40%[对于单扇单锁点平开窗(门)，风荷载标准值的 50%]时，应判为不满足工程设计要求，检测终止；当 P_1 大于或等于风荷载标准值的 40%[对于单扇单锁点平开窗(门)，风荷载标准值的 50%]时，P_1 取风荷载标准值的 40%[对于单扇单锁点平开窗(门)，风荷载标准值的 50%]。
d)记录检测中试件出现损坏或功能障碍的状况和部位。

反复加压检测：定级检测和工程检测应按规定反复加压检测部分进行，并满足以下要求：
a)检测压力从零升到 $P_2(P_2')$ 后降至零，$P_2(P_2')=1.5\ P_1(P_1')$，反复 5 次，再由零降至 $-P_2(P_2')$ 后升至零，$-P_2(P_2')=-1.5\ P_1(P_1')$，反复 5 次。加载速度为 300～500 Pa/s，每次压力差作用时间不应少于 3 s，泄压时间不应少于 1 s。定级检测 Pa 值不宜大于 3 000 Pa。
b)正压、负压反复加压后，将试件可开启部分启闭 5 次，最后关紧。记录检测中试件出现损坏或功能障碍的压力差值及部位。

c.定级检测与工程检测时的安全检测。

定级检测时的安全检测：
a)产品设计风荷载标准值 P_3 检测。P_3 取 2.5P_1，对于单扇单锁点平开窗(门)，P_3 取 2.0 P_1。没有要求的 P_3 值不宜大于 5 000 Pa。

检测压力从零升至 P_3 后降至零，再降至 $-P_3$ 后升至零。加载速度为 300～500 Pa/s，压力稳定作用时间均不应少于 3 s，泄压时间不应少于 1 s。正、负加压后各将试件可开启部分启闭 5 次，最后关紧。记录面法线位移量(角位移值)、发生损坏或功能障碍时的压力差值及部位。如有要求，可记录试件残余变形量，残余变形量记录时间应在 P_3 检测结束后 5～60 min 内进行。

如试件未出现损坏或功能障碍，但主要构件相对面法线挠度角位移值超过允许挠度，则应降低检测压力，直至主要构件相对面法线挠度(角位移值)在允许挠度范围内，以此压力差作为 ±P_3 值。

b)产品设计风荷载设计值 P_{max} 检测。检测压力从零升至 P_{max} 值后降至零，再降至 $-P_{max}$ 值后升至零。加载速度为 300～500 Pa/s，压力稳定作用时间均不应少于 3 s，泄压时间不应少于 1 s。

正、负加压后各将试件中可开启部分启闭5次,最后关紧记录发生损坏或功能障碍的压力差值及部位。如有要求可记录试件残余变形量,残余变形量记录时间应在 P_{max} 检测结束后 5～60 min 内进行。

工程检测时的安全检测:

a)风荷载标准值 P_3 检测。检测压为从零升至 P_3' 后降至零,再降至 $-P_3'$ 后升至零。加载速度为 300～500 Pa/s,压力稳定作用时间均不应少于3 s。泄压时间不应少1 s。正、负加压后各将试件可开启部分启闭5次,最后关紧。记录面法线位移量(角位移值)、发生损坏或功能障碍时的压力差值及部位。如有要求,可记录试件残余变形量,残余变形量记录时间应在风荷载标准值检测结束后 5～60 min 内进行。

b)风荷载设计值 P_{max} 检测。检测压力从零升至风荷载标准值 P_{max}' 值后降至零,再降至 $-P_{max}'$ 值后升至零。压力稳定作用时间均不应少于3 s,泄压时间不应少于1 s。正、负加压后各将试件可开启部分启闭5次,最后关紧。记录发生损坏或功能障碍的压力差值及部位。如有要求,可记录试件残余变形量,残余变形量记录时间应在风荷载设计值检测结束后 5～60 min 内进行。

d. 检测结果判定:

a)变形检测的评定。定级检测时以试件杆件或面板达到变形检测最大面法线挠度时对应的压力差值为 $\pm P_1$;对于单扇单锁点平开窗(门),以角位移值为 10 mm 时对应的压力差值为 $\pm P_1$。当检测中试件出现损坏或功能障碍时,以相应压力差值的前一级压力差作为 P_{max},按 $P_{max}/1.4$ 中绝对值较小者进行定级。

工程检测出现损坏或功能障碍时,应判为不满足工程设计要求。

b)反复加压检测的评定。定级检测时,试件未出现损坏或功能障碍,注明 $\pm P_2$ 值。当检测中试件出现损坏或功能障碍时,以相应压力差值的前一级压力差为 P_{max},按 $\pm P_{max}/1.4$ 中绝对值较小者进行定级。

工程检测试件出现损坏或功能障碍时,应判为不满足工程设计要求。

c)安全检测的评定。

定级检测的评定:产品设计风荷载标准值 P_3 检测时,试件未出现功能障碍和损坏,且主要构件相对面法线挠度(角位移值)未超过允许挠度,注明 $\pm P_3$ 值;当检测中试件出现损坏或功能障碍时,以相应压力差值的前一级压力差作为 P_{max},按 $\pm P_{max}/1.4$ 中绝对值较小者进行定级。

产品设计风荷载设计值 P_{max} 检测时,试件未出现损坏或功能障碍时,注明正、负压力差值,按 $\pm P_3$ 中绝对值较小者定级;如试件出现损坏或功能障碍时,按 $\pm P_{max}/1.4$ 中绝对值较小者进行定级。

以三樘试件定级值的最小值为该组试件的定级值,依据《建筑幕墙、门窗通用技术条件》(GB/T 31433—2015)进行定级。

工程检测的评定:试件在风荷载标准值 P_3' 检测时未出现损坏或功能障碍、主要构件相对面法线挠度(角位移值)未超过允许挠度,且在风荷载设计值 P_{max}' 检测时未出现损坏或功能障碍,则该试件判为满足工程设计要求,否则判为不满足工程设计要求。

三樘试件应全部满足工程设计要求。

②门窗三性——气密性。

a. 检测项目:检测在 10 Pa 压力差下单位缝长空气渗透量或单位面积空气渗透量。

b. 检测方法:预备加压——加3个 500 Pa 压力脉冲,加载速度 100 Pa/s,压力稳定作用时间3 s,泄压时间不低于1 s,将试件上所有可开闭部分开关5次,然后关紧。

c. 检测过程:充分密封试件上的可开启缝隙和镶嵌缝隙,然后按照 0—10—50—100—160—100—50—10—0(Pa)逐级施压,作用时间 10 s,记录空气渗透量。

d. 结果处理：计算100 Pa压力下的空气渗透量，再换算成标准状态渗透量，除以开启缝长度，得出单位缝长空气渗透量，除以试件面积则得出单位面积渗透量。三组平均，取最不利级别确定为该组试件等级。

③门窗三性——水密性。

a. 检测项目：稳定加压法和波动加压法。

b. 检测方法。预备加压：在预备加压前，将试件上所有可开启部分启闭5次，最后关紧。检测加压前施加三个压力脉冲，定级检测时压力差绝对值为500 Pa，加载速度约100 Pa/s，压力稳定作用时间为3 s，泄压时间不少于1 s。

工程检测时压力差绝对值取风荷载标准值的10%和500 Pa二者的较大值，加载速度约为100 Pa/s，压力稳定作用时间为3 s，泄压时间不少于1 s。

c. 检测过程（稳定加压法）：

定级检测：按照标准试验顺序加压，并按以下步骤操作：

a) 淋水：对整个门窗试件均匀地淋水，淋水量为$2 L/(m^2 \cdot min)$。

b) 加压：在淋水的同时施加稳定压力，逐级加压至出现渗漏为止。

c) 观察记录：在逐级升压及持续作用过程中，观察记录渗漏部位。

工程检测：工程检测按以下步骤操作：

a) 淋水：对整个门窗试件均匀地淋水。年降水量不大于400 mm的地区，淋水量为$1 L/(m^2 \cdot min)$；年降水量400~1 600 mm的地区，淋水量为$2 L/(m^2 \cdot min)$；年降水量大于1 600 mm的地区，淋水量为$3 L/(m^2 \cdot min)$。年降水量地区的划分按照《建筑气候区划标准》(GB 50178—1993)的规定执行。

b) 加压：在淋水的同时施加稳定压力。直接加压至水密性能设计值，压力稳定作用时间为15 min或产生渗漏为止。

c) 观察记录：在升压及持续作用过程中，观察记录渗漏部位。

d. 结果处理：

a) 定级检测数据处理：记录每个试件的渗漏压力差值。以渗漏压力差值的前一级检测压力差值作为该试件水密性能检测值。以三樘试件中水密性能检测值的最小值作为水密性能定级检测值，并依据《建筑幕墙、门窗通用技术条件》(GB/T 31433—2015)进行定级。

b) 工程检测数据处理：三樘试件在加压至水密性能设计值时均未出现渗漏，判定满足工程设计要求，否则判为不满足工程设计要求。

(3) 窗户遮阳性能检测。

1) 检测方法：检测固定遮阳设施的结构尺寸、安装角度，活动遮阳设施的活动、转动范围，遮阳材料的光学特性，与设计值进行比较，以此判定遮阳设施是否符合设计要求。其中遮阳材料的太阳光反射比、太阳光直接透射比按照《建筑玻璃 可见光透射比、太阳光直接透射比、太阳能总透射比、紫外线透射比及有关窗玻璃参数的测定》(GB/T 2680—1994)的规定进行检测。

2) 检测仪器：长度和角度量具、分光光度计。

3) 检测对象：按照施工质量验收规范确定。

4) 结果判定：有1处不合格，另抽取3处检验，还有不合格时则判定为不合格。

(4) 建筑物外窗窗口整体气密性。

1) 检测方法：检测开始前，在首层外窗中选择一樘进行检测系统附加渗透量的现场标定，附加渗透量不得超过总空气渗透量的15%。检测其他受检外窗时，检测系统附加空气渗透量可直接采用首层受检外窗的标定数据，室内外温度、室外风速、大气压力等环境参数进行同步检测。建筑外门窗测试仪如图8-6所示。

2) 检测仪器装备：差压表、空气流量表、环境参数检测仪表等。

窗口气密性现场检测装置如图8-7所示。

3) 检测对象：相同类型、结构及规格尺寸的试件，应至少检测三樘，且以三樘为一组进行

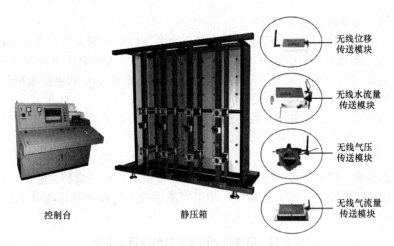

控制台　　　　　　　静压箱

图 8-6　建筑外门窗测试仪

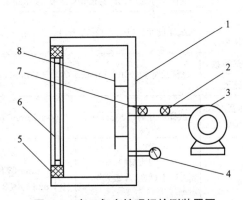

图 8-7　窗口气密性现场检测装置图
1—压力箱；2—调压系统；3—供压设备；4—压力检测仪器；
5—镶嵌板；6—试件；7—流量测量装置；8—进气口挡板

评定。

4) 检测步骤：定级检测时按规范顺序进行检测加压，工程检测时，检测压力应根据工程设计要求的压力进行加压，同时按规范顺序进行检测加压；当工程对检测压力无设计要求时，可按规范顺序进行；当工程检测压力值小于 50 Pa 时，应采用规范要求的加压顺序进行检测，并回归计算出工程设计压力对应的空气渗透量。

预备加压：在正压预备加压前，将试件上所有可开启部分启闭 5 次，最后关紧。在正、负压检测前分别施加三个压力脉冲。定级检测时压力差绝对值为 500 Pa，加载速度约为 100 Pa/s，压力稳定作用时间为 3 s，泄压时间不少于 1 s。工程检测时压力差绝对值取风荷载标准值的 10% 和 500 Pa 二者的较大值，加载速度约为 100 Pa/s，压力稳定作用时间为 3 s，泄压时间不少于 1 s。

渗透量检测：渗透量检测包括附加空气渗透量检测和总空气渗透量检测。

附加空气渗透量检测：检测前应在压力箱一侧，采取密封措施充分密封试件上的可开启部分缝隙和镶嵌缝隙，然后将空气收集箱扣好并可靠密封。按照规范规定的检测加压顺序进行加压，每级压力作用时间约为 10 s，先逐级正压，后逐级负压。记录各级压力下的附加空气渗透量。附加空气渗透量不宜高于总空气渗透量的 20%。

总空气渗透量检测：去除试件上采取的密封措施后进行检测，检测程序同附加空气渗透量检测。记录各级压力下的总空气渗透量。

数据处理：分别计算出升压和降压过程中各压力差下的两个附加空气渗透量测定值的平均值 q_f 和两个总空气渗透量测定值的平均值 q_z，然后计算试件本身在各压力差下的空气渗透量 q_1；按规范要求计算试件在设计压力差下的单位开启缝长空气渗透量 q_1 和单位面积空气渗透量 q_2。正压、负压分别进行计算。

5) 检测结果判定：三樘试件正、负压按照单位开启缝长和单位面积的空气渗透量均应满足工程设计要求，否则应判定为不满足工程设计要求。

3. 屋面和地面

屋面和地面保温、隔热工程的施工，应在基层质量验收合格后进行。施工过程中应及时进行质量检查、隐蔽工程验收和检验批验收，施工完成后应进行屋面和地面节能分项工程验收。具体的检测项目和要求见表 8-12。

表 8-12　屋面和地面节能检测项目及要求

序号	分项工程	检测项目		取样要求
1	地面节能工程	保温材料	导热系数	试样尺寸为 (300±1)mm×(300±1)mm×(25～30)mm，样品数量为 3 个
			密度	试样尺寸为 (100±1)mm×(100±1)mm×(50±1)mm，样品数量为 6 个
			抗压强度	
2	屋面节能工程	保温隔热材料	导热系数	试样尺寸为 (300±1)mm×(300±1)mm×(25～30)mm，样品数量为 3 个
			密度	
			抗压强度或压缩强度	试样尺寸为 (100±1)mm×(100±1)mm×(50±1)mm，样品数量为 6 个
			燃烧性能：匀质材料 不燃性（A级）	450 mm×450 mm×δ(mm) δ>5 mm(3件)、2 mm<δ≤5 mm(4件)、1 mm<δ≤2 mm(6件)、δ≤1 mm(10件)
			建筑材料 难燃性（B1级）	1 000 mm×190 mm×δ(mm) δ≤80 mm(16件)
			建筑材料 可燃性（B2级）	500 mm×190 mm×δ(mm)(5件)
			氧指数	200 mm×200 mm×δ(mm)(4件)
			泡沫塑料燃烧性能（B1、B2级）	400 mm×400 mm×δ(mm)(6件)

具体方法参照墙体各个项目的检测技术和方法。

8.3.4 采暖系统热工性能检测

1. 室外管网水力平衡度

(1) 检测条件：在采暖系统正常运行工况下进行；系统总循环水量维持恒定并为设计值的 100%～110%。

(2) 检测仪器：流量计量装置。

(3) 检测对象：以独立供热系统为对象，热力入口小于 10 个时全数检测，大于 10 个时，按热力入口距离热源中心的远近选择，近端选 3 个，最远端选 3 个，中间选 4 个。

(4) 结果判定：将实测热力入口循环水量与其设计值相比，全部达到 0.9～1.15，或大于

1.15的处数不超过10%,没有1个小于0.9,判定为合格,否则判定为不合格。

2. 采暖系统补水率

(1)检测条件:在采暖系统正常运行工况下且水力平衡度检验合格后进行,检测时间不少于72 h。

(2)检测仪器:流量计量装置(具有累计流量显示功能)。

(3)检测对象:独立供热系统。

(4)结果判定:将检测时间内系统的总补水量与设计循环水量累计值比较,补水率不大于0.5%判定为合格,否则判定为不合格。

3. 室外管网输送效率

(1)检测条件:在最冷月系统处于正常工况下进行,检测时间不少于24 h。

(2)检测仪器:热量表。

(3)检测对象:独立供热系统。

(4)结果判定:将检测时间内全部热力入口测得的热量累计值总和与锅炉房或热力站总管测得的热量累计值相比,效率不小于0.9时判定为合格,否则判定为不合格。

4. 室外管网供水温降

(1)检测条件:系统处于正常工况10 d后进行,检测时间为24 h。

(2)检测仪器:温度巡检仪。

(3)检测对象:每个采暖系统。

(4)结果判定:计算检测时间内热源出口供水温度检测平均值与热用户侧最远端热力入口供水温度检测平均值的差,与设计温降相比,测定的供水温降不大于设计供回水温降的10%时判定为合格,否则判定为不合格。

5. 采暖锅炉热效率

采暖锅炉热效率检测相关内容可参照《生活锅炉热效率及热工试验方法》(GB/T 10820—2011)。

(1)检测仪器:燃料消耗量、耗电量、水流量、压力、温度测量仪器。

(2)检测对象:将独立的采暖锅炉作为进行实时综合运行热效率的检测对象。

(3)结果判定:锅炉热效率的计算分两步完成,先计算锅炉供热量,再计算锅炉热效率。

1)计算锅炉供热量:对蒸汽、热水、真空、常压锅炉分别有不同的计算公式。

2)计算锅炉效率:对燃煤、燃气、燃油、电加热锅炉分别有不同的计算公式。

系统热效率满足节能设计标准或设计要求判定为合格;如果没有设计值,采暖锅炉的热效率的检测结果满足表8-13中相对应燃料锅炉的效率时,判定该锅炉的热效率符合要求,否则应判定不符合要求。

表8-13 燃煤生活锅炉应保证的最低热效率值　　　　　　　　　　　　　　%

锅炉额定蒸发量 $D/(t \cdot h^{-1})$ 或锅炉额定热功率 N/MW	褐煤	烟煤			贫煤	无烟煤	
		I	II	III		II	III
	锅炉热效率						
$D \leqslant 0.143$ $N \leqslant 0.1$	65	62	65	68	65	58	63
$0.143 < D < 0.5$ $0.1 < N < 0.35$	67	65	68	72	69		
$0.5 \leqslant D < 1$ $0.35 \leqslant N < 0.7$	71	68	72	74	71	60	65
$0.7 \leqslant N \leqslant 1.4$	73	70	74	76	73	63	70

续表

锅炉额定蒸发量 $D/(t \cdot h^{-1})$ 或锅炉额定热功率 N/MW	褐煤	烟煤			贫煤	无烟煤	
		Ⅰ	Ⅱ	Ⅲ		Ⅱ	Ⅲ
	锅炉热效率						
$N>1.4$	75	72	76	78	75	66	74

注：表中所列为锅炉达到额定蒸发量或额定热功率时的热效率。

典型工程案例

扬州××建筑工程质量检测有限公司于2012年5月20日接受江苏××置业有限公司委托，对其××小区一期工程地下室外墙所用江阴市规格为1 200 mm×600 mm×30 mm、类别为X150的XPS保温板的导热系数、压缩强度、尺寸稳定性等进行检测，该检测项目实施的具体步骤、技术要领、文书格式等如下：

（1）委托单位提交规范的检测委托书，此委托书即检测合同，一式二份，检测单位和委托单位各一份，检测单位依此进行检测，委托单位以此为凭证取检测报告，检测委托书如图8-8所示。

扬州××建筑工程质量检测有限公司
检测委托书　　　　　　　　　　NO：

委托单位	江苏××置业有限公司			工程名称	××小区一期工程		委托编号	2012-2
建设单位	江苏××置业有限公司			施工单位	南通五建		委托日期	2012年5月
监理单位	江苏建苑			取样地点	☑工程现场　□其他		工程监督注册号	
样品状态	☑可检　□不可检			委托方提供资料名称			样品来源	☑送样　□抽样
样品处置方式	☑委托检测公司处理　□委托方取回				报告提交方式		☑自取　□邮寄　□电子方式	
序号	样品名称	规格等级	产地及批号	代表数量	试样组数	使用部位	成型日期	养护状态	检测项目	检测依据
1	XPS板	X150	江阴市 1 200 mm×600 mm×30 mm		1	地下室外墙			导热系数，压缩强度，尺寸稳定性	GB/T 10801.2—2002
2										
3										
4										
5										
6										
检测费用				支付方式		□现金　□支票　□记账		备注		

注：1．本检测委托书即为检测合同，一式二份，本公司一份，委托单位一份（取报告凭证）。
　　2．委托单位应见证取样送检，并对委托试样负责，本公司对送检试样负责。
　　3．本公司于　　年　　月　　日提供检测报告二份。委托单位拖欠试验费，本公司有权拒发检测报告。

送样员：　　　　　　　　　　见证员：　　　　　　　　　　收样员：
电　话：　　　　　　　　　　电　话：　　　　　　　　　　电　话：
地　址：　　　　　　　　　　地　址：　　　　　　　　　　地　址：

图8-8　检测委托书

（2）检测单位依据委托书签订的检测项目、检测依据、规定的仪器设备、要求等进行检测，按规范填写检测的原始记录，如XPS板材尺寸稳定性检测原始记录，表观密度、压缩强度检测原始记录、绝热材料稳态热阻原始记录等，原始记录包括检测依据、任务单编号、样品情况、环境温湿度、所用仪器及规格型号、检测人员及审核人员、检测数据、检测时间等，原始记录如图8-9～图8-11所示。

（3）检测单位按照江苏省建设厅统一制定的"江苏省工程质量检测报告"规范要求出具检测报告，详如图8-12所示。

EPS(XPS)板材尺寸稳定性检测原始记录 No

样品名称		XPS保温板			规格型号		X150		样品状态		☑可检 □不可检			任务单编号	pb12-00072	
		1	2	3	平均			1	2	3	平均			尺寸变化率	平均尺寸变化率	
试验前长度/mm	1	99.8	99.3	99.5	99.5	试验后长度/mm	1	100.0	99.6	99.7	99.8			0.3	0.5	
	2	99.6	99.7	99.8	99.7		2	99.9	100.2	100.5	100.2			0.5		
	3	99.2	99.2	99.3	99.2		3	99.9	99.8	99.8	99.8			0.6		
试验前宽度/mm	1	99.5	99.8	99.4	99.6	试验后宽度/mm	1	99.1	99.3	99.0	99.1			-0.5	0.5	
	2	99.1	99.3	99.2	99.2		2	98.3	99.0	98.4	98.6			-0.6		
	3	99.2	99.4	99.3	99.3		3	98.6	99.0	98.7	98.8			-0.5		
		1	2	3	4	5	平均	1	2	3	4	5	平均			
试验前厚度/mm	1	29.2	29.3	29.2	29.1	29.5	29.3	29.3	29.4	29.3	29.2	29.6	29.4	0.3	0.5	
	2	29.3	29.5	29.0	29.3	29.5	29.3	29.4	29.7	29.1	29.2	29.6	29.4	0.3		
	3	29.6	29.2	29.4	29.5	29.5	29.4	29.7	29.4	29.5	29.7	29.7	29.6	0.7		
检测环境		(70±2)℃ 48 h		检测依据		GB/T 8811—2008			仪器设备		☑数显卡尺 LS050024			☑鼓风干燥箱 TT010006		
备注																

检测： 审核： 检测日期 2012年 月 日

图 8-9 EPS(XPS)板材尺寸稳定性检测原始记录

EPS(XPS)板表观密度、压缩强度检测原始记录 No

样品名称					XPS保温板				规格型号			X150		样品状态		☑可检 □不可检			任务单编号		pb12-00072	
								试样尺寸									干表观密度			压缩强度			
		长度/mm					宽度/mm					厚度/mm					体积/mm³	质量/g	结果/(kg·m⁻³)	横截面积/mm²	荷载/N	结果/kPa
1	2	3	4	5	平均	1	2	3	4	5	平均	1	2	3	4	5	平均						
99.8	100.0	99.3	99.6	99.3	99.6	99.3	99.2	99.9	99.9	99.4	99.4	29.3	29.5	29.6	29.5	29.5	29.5				9900.24	1680	169.7
99.8	99.4	99.3	99.8	99.7	99.6	99.2	99.9	99.9	99.4	99.8	99.6	29.2	29.4	29.6	29.5	29.4	29.4				9920.16	1540	155.2
99.2	99.6	99.7	99.4	99.4	99.5	99.8	99.9	99.5	99.8	99.8	99.8	29.2	29.1	29.2	29.3	29.1	29.1				9930.10	1660	167.2
99.2	99.1	99.8	99.9	99.1	99.4	99.2	99.7	99.8	99.7	100.0	99.7	29.2	29.4	29.5	29.4	29.6	29.4				9910.18	1710	172.5
99.5	99.1	100.1	100.0	99.4	99.6	99.5	99.9	99.7	99.8	100.0	99.8	29.2	29.4	29.5	29.4	29.6	29.4				9940.08	1650	166.0
设备		□数显卡尺LS050024 □电子天平FM060002 ☑万能试验机FW010003 □涂料试件试验箱TT010011																平均值/(kg·m⁻³)			平均值/kPa		
环境		23 ℃ 50%				检测依据			GB/T 8813—2008												166.0		
备注																							

检测： 审核： 检查日期 2012年 6月 5日

图 8-10 EPS(XPS)板表观密度、压缩强度检测原始记录

绝热材料稳态热阻检测原始记录

检测仪器：CD-DR3030A导热系数测定仪　　检测环境：23 ℃　　检测依据：GB/T 10294—2008

样品编号：pb12-00072　　|◀ ◀ 记录选择 ▶ ▶|

采样时间	左侧试件相关温度/℃				右侧试件相关温度/℃				平均导热系数/(W·m⁻¹·K⁻¹)	计量板加热功率/W
	计量板	计量板边缘	防护板	冷板	计量板	计量板边缘	防护板	冷板		
13：02：01	35.056	35.104	35.082	14.985	35.015	35.088	35.106	15.064	0.029 3	0.910
13：32：01	35.090	35.140	35.128	14.936	35.052	35.122	35.151	15.009	0.028 8	0.899
14：02：01	35.091	35.140	35.121	14.961	35.055	35.124	35.141	15.036	0.028 6	0.892
14：32：01	35.085	35.131	35.110	14.958	35.039	35.113	35.129	15.032	0.028 6	0.891
平均值	35.081	35.129	35.110	14.960	35.040	35.112	35.132	15.035	0.028 8	0.898
最大值	35.091	35.140	35.128	14.985	35.055	35.124	35.151	15.064	0.029 3	0.910
最小值	35.056	35.104	35.082	14.936	35.015	35.088	35.106	15.009	0.028 6	0.891
试件面积：0.0225 m²			试件厚度：0.029 m		设备修正系数：1			修正后导热系数：0.028 8		

检测：刘日林　　审核：徐国祥　　检测日期：2012-6-6

图 8-11　绝热材料稳定热阻检测原始记录

质监号：
账号：ZX-0000987

见证人：韩明铮
见证号：090018

CMA
2009101014R

有见证送样

XPS保温板检验报告

共1页第1页

PB12-00072

委托单位	江苏××置业有限公司	委 托 人	张桥正　委托日期 2012-05-28
工程名称	××小区一期工程	生产厂家	江阴
工程地址	—	建设单位	江苏××置业有限公司
施工单位	南通五建建设工程有限公司	监理单位	扬州建苑监理公司
品　　种	XPS保温板	检测标准	GB/T 10801.2-2002《绝热用挤塑聚苯乙烯泡沫塑料XPS》
检测日期	2012-05-29至2012-06-07　类　别 X150	检测环境	温度23 ℃ 湿度 50%
结构部位	地下室外墙	代表数量	—

报告编号 K009213[illegible]00072
委托编号 [illegible]89
检测类别 [illegible]
样品状态 完好
样品编号 [illegible]00072
规　　格 1 200mm×600mm×30mm
初检样品单编号 —

序号	检验项目	计量单位	技术指标	实测值	单项评定	检测结论
1	热阻	(m²·K)/W	—	—	—	样品经检验，所检项目符合GB/T 10801.2—2002《绝热用挤塑聚苯乙烯泡沫塑料XPS》标准规定的技术要求
2	压缩强度	kPa	≥150	166	合格	
3	导热系数	W/(m·K)	≤0.030	0.0288	合格	
4	尺寸稳定性	%	≤2.0	长度：0.5宽度：0.5厚度：0.5	合格	
5	规格	—	—	—	—	
6	水蒸气渗透系数	ng/(m·s·Pa)	—	—	—	
7	燃烧性能	—	—	—	—	
8	吸水率	%	—	—	—	
9	厚度	mm	—	—	—	
备注	—		仪器设备	DR01 CD-DR-3030A导热系数测定仪，FW020010 MZ-5000D微控电子万能试验机，LS050024 数显卡尺，TT010011 涂料试件试验箱，TT010012 101A-2烘箱		

检测报告说明：1．若对报告有异议，应于收到报告之日起十五日内，以书面形式向检测单位提出，逾期视为[illegible]异议。
2．送样检测，仅对来样检测负责。　　3．未加盖本公司检测专用章，报告无效。

报告日期：20[illegible]-06-07
检测单位：扬州华正建筑工程质量检测有限公司
地　　址：扬州市[illegible]458号
电　　话：(0514)87832193　邮　编：225002

负 责 人：陈[illegible]　　审　核：徐国祥　　试　验：刘日林

上岗证号　04702　　04698　　04687

图 8-12　XPS保温板检验报告

本章小结

1. 建筑节能检测，就是用标准的方法、适合的仪器设备和环境条件，由专业技术人员对节能建筑中使用原材料、设备、设施和建筑物等进行热工性能及与热工性能有关的技术操作，它是保证节能建筑施工质量的重要手段，通过实测可评价建筑物的节能效果。

2. 建筑节能检测的方法和技术主要是依据国家、行业或地方制定的标准和规范，如《居住建筑节能检测标准》(JGJ/T 132—2009)、《建筑节能工程施工质量验收标准》(GB 50411—2019)、《建筑外窗气密、水密、抗风压性能现场检测方法》(JG/T 211—2007)、《公共建筑节能施工质量验收规程》(DB11/510—2017)、《民用建筑节能现场检验标准》(DB11/T 555—2015)等。

3. 建筑节能检测机构是工程检测机构中从事建筑节能检测、建筑能效评定的专业机构，在从事建筑节能检测业务之前必须取得相应的资质。建筑节能检测机构的资质证书主要有两个：一个是建设主管部门核发的专项业务检测资质；另一个是质量技术监督部门核发的计量认证证书。前者要求机构具备的是机构能够开展的业务范围，后者要求机构运行的能力和质量保证措施。

4. 节能建筑的节能性主要体现在保温系统主要组成材料节能性，外墙保温系统节能性。建筑外门窗三性，采暖、通风与空调、配电与照明等设备系统节能性，建筑节能检测的内容就是围绕上述四个方面的具体指标进行的，如导热系数、密度、抗压强度或压缩强度、耐候性、抗风压值、水蒸气透过湿流密度、单点锚固力、热阻等，气密性、水密性、抗风压性能，供热系统室外管网的水力平衡度、供热系统的补水率、室外管网的热输送效率、总风量、空调机组的水流量检测、空调系统冷热水、冷却水总流量及平均照度与照明功率密度等。

复习思考题

1. 简述建筑节能检测的目的和意义。
2. 围护结构传热阻主要包括哪两个部分的内容？
3. 简述门窗三性检测的内容和要求。
4. 建筑节能工程现场检测有哪些内容和方法？
5. 建筑物的空调需冷量和需热量的影响因素有哪些？
6. 简述热流计法的检测原理，并指出主要的仪器设备。
7. 列举几种常见的建筑围护结构的检测项目。
8. 建筑物外保温系统的耐候性检测结果是如何评定的？
9. 保温、隔热材料的燃烧性能等级是如何划分的？
10. 建筑物采暖系统的热工性能有哪些？

本章相关
教学资源

综合训练题

1. 现有一栋建筑面积为 1 800 m² 的建筑，仅有一个热力入口，需检测该建筑的采暖热工性能，包括室外管网水力平衡度、采暖系统补水率、室外管网热输送效率、室外管网供水温降。请选择正确的检测仪器，设计检测步骤并制成检测表格。

2. 在进行采暖居住建筑节能效果评价时，"建筑物室内平均温度"是需要检测的重要指标之一，进行这一指标检测时的依据是什么？应达到的具体标准是什么？采取的检测方法是什么？数据处理时所用公式是什么？检测所用仪器有哪些？请根据本章内容并查找资料，回答以上问题。

参 考 文 献

[1] 王立雄. 建筑节能[M]. 北京：中国建筑工业出版社，2009.
[2] 王瑞. 建筑节能设计[M]. 2版. 武汉：华中科技大学出版社，2019.
[3] 赵军，戴传山. 地源热泵技术与建筑节能应用[M]. 北京：中国建筑工业出版社，2007.
[4] 彭世瑾，王莉芸，蒋兴林. 深圳建科大楼绿色建筑节水设计[J]. 中国给水排水，2011，27(2)：45-49.
[5] 刘振印. 建筑给水排水节能节水技术探讨[J]. 给水排水，2007，33(1)：62-71.
[6] 焦秋娥. 建筑给水排水中的节水节能[J]. 给水排水，2009(35)：382-383.
[7] 李炳华，宋镇江. 建筑电气节能技术及设计指南[M]. 北京：中国建筑工业出版社，2011.
[8] 文桂萍. 建筑电气照明节能设计的探讨[J]. 四川建筑科学研究，2007(6)：218-221.
[9] 庄莉. 建筑电气照明节能设计的探讨[J]. 工程建设，2012，44(1)：48-63.
[10] 曹学林. 建筑照明节能设计分析[J]. 低压电器，2008(2)：32-36.
[11] 龙惟定，武涌. 建筑节能技术[M]. 北京：中国建筑工业出版社，2011.
[12] 王崇杰. 房屋建筑学[M]. 2版. 北京：中国建筑工业出版社，2008.
[13] 班广生，刘忠伟，余鹏. 建筑采暖与空调节能设计与实践[M]. 北京：中国建筑工业出版社，2011.
[14] 陈明球. 生态建筑空调暖通节能技术[J]. 建材与装饰旬刊，2016(2)：202-203.
[15] 庄友明. 冰蓄冷空调的运行模式及制冷主机容量确定[J]. 流体机械，2003，31(2)：56-59.
[16] 王寅. 大空间建筑空调设计的节能途径[J]. 能源研究与利用，2012(6)：34-36.
[17] 郑瑾，赵学义，薛一冰. 大学校园教学楼"烟囱"通风技术分析[J]. 山东建筑大学学报，2009(02)：156-159.
[18] 田斌守. 建筑节能检测技术[M]. 2版. 北京：中国建筑工业出版社，2010.
[19] 陈春滋，李书田. 建筑节能设计与施工技术[M]. 北京：中国财富出版社，2011.
[20] 建设部信息中心. 绿色节能建筑材料选用手册[M]. 北京：中国建筑工业出版社，2008.
[21]《建筑节能应用技术》编写组. 建筑节能应用技术[M]. 上海：同济大学出版社，2011.
[22] 建设部工程质量安全监督与行业发展司. 全国民用建筑工程设计技术措施节能专篇（建筑）[M]. 北京：中国计划出版社，2007.
[23] 中华人民共和国住房和城乡建设部，国家市场监督管理总局. GB 50411—2019 建筑节能工程施工质量验收标准[S]. 北京：中国建筑工业出版社，2019.
[24] 中华人民共和国住房和城乡建设部，国家市场监督管理总局. GB/T 50378—2019 绿色建筑评价标准[S]. 北京：中国建筑工业出版社，2019.